水产动物
生理学

第 2 版

温海深　主编

中国海洋大学出版社

·青岛·

图书在版编目（CIP）数据

水产动物生理学/温海深主编 . —2版 . —青岛：
中国海洋大学出版社，2023.2（2024.7重印）
ISBN 978-7-5670-3435-8

Ⅰ.①水… Ⅱ.①温… Ⅲ.①水产动物—生理学—
教材 Ⅳ.①S917.4

中国国家版本馆CIP数据核字（2023）第034259号

出版发行	中国海洋大学出版社		
社　　址	青岛市香港东路23号	邮政编码	266071
网　　址	http://pub.ouc.edu.cn		
出 版 人	刘文菁		
责任编辑	丁玉霞	电　　话	0532-85901040
电子信箱	qdjndingyuxia@163.com		
印　　制	青岛海蓝印刷有限责任公司		
版　　次	2023年2月第2版		
印　　次	2024年7月第2次印刷		
成品尺寸	185 mm × 260 mm		
印　　张	28		
字　　数	550千		
印　　数	1001～2000		
定　　价	99.00元		
订购电话	0532-82032573（传真）		

发现印装质量问题，请致电0532-88786655，由印刷厂负责调换。

前言

第2版

目前我国开设水产养殖学专业的高校已经达到80余所，动物生理学是水产养殖学专业的重要专业基础课程。与动物科学专业相比，水产养殖学专业所涉及的水产动物种类繁多，除了传统的鱼类之外，还包括虾蟹类、贝类等。由于各个学校人才培养方案不尽相同，有些学校以《动物生理学》为教材，有些学校以《鱼类生理学》为教材。目前我国没有全国统编的《水产动物生理学》教材。近20年来，随着我国水产养殖业的迅猛发展，对各种水产动物的研究日益增多，在生理学方面也取得了大量宝贵的资料，逐步形成了比较成熟的理论和实验技术体系，特别是在虾蟹类、海水鱼类等重要养殖动物研究方面取得很大进展，为本教材的编写创造了必要条件。本教材在《水产动物生理学》第1版（温海深主编，2009年出版）的基础上，试图将近10余年来有关水产动物生理学的研究成果加以系统整理，同时参考温海深和齐鑫主译的《鱼类繁殖学》、王克行主编的《虾类健康养殖理论与技术》（2008年出版）等，进行内容更新与补充，形成具有我国水产动物特色的教科书。

本书共分为11章，第一章绪论、第十章内分泌生理学、第十一章繁殖生理学由温海深编写，第二章神经肌肉组织的一般生理学由齐鑫编写，第三章中枢神经系统、第七章呼吸与鳔、第九章排泄与渗透调节由张沛东和齐鑫编写，第四章感觉器官生理学、第五章血液生理学、第六章血液循环生理学由李广丽编写，第八章消化与吸收生理学由于红编写。相比《水产动物生理学》第1版，本教材增加了第十一章繁殖生理学，补充了虾蟹类、贝类、海水卵胎生硬骨鱼类生理学内容。本教材适合作为水产养殖学本科专业教材，以及研究生相关专业参考教材。

《水产动物生理学》（第2版）在编写过程中，得到中国新农科水产联盟规划教材建设项目支持，同时得到国家级一流专业建设点项目、教育部新农科建设与改革等项目资助，在此一并表示深深的谢意。

由于水平所限，书中不足之处在所难免，恳请读者批评指正。

温海深

于中国海洋大学（青岛）

2022年4月

前言

第 1 版

《动物生理学》是水产养殖专业、海洋渔业科学与技术、海洋生物资源与环境等专业的重要专业基础课程，由于各个学校教学计划不同，有些学校以《动物生理学》（普通动物）为教材，有些学校以《鱼类生理学》为教材，还有部分学校以《家畜生理学》为教材，目前我国没有全国统编的《水产动物生理学》教材。多年来，在水产动物中，以鱼类生理学研究最为成熟，国内先后出版了几部《鱼类生理学》教材和专著，为水产动物生理学教学奠定了一定基础。近年来，随着我国水产养殖业的迅猛发展，对各种水产动物的研究日益增多，在生理学方面也取得了大量宝贵的资料，逐步形成了比较成熟的理论体系，特别是在虾蟹类和海水鱼类等重要养殖动物研究方面取得很大进展，为本教材的编写创造了必要条件。本教材试图将近20余年来有关水产动物生理学的研究成果加以系统整理，形成具有我国水产动物特色的教科书。本书由中国海洋大学牵头，联合广东海洋大学、青岛农业大学、内蒙古民族大学等水产养殖专业教师，经历3年时间编著而成。

全书共分为10章，绪论和内分泌生理学由温海深和姚珺编写，神经肌肉组织的一般生理由温海深和何峰编写，中枢神经系统由战新梅编写，感觉器官生理、血液生理和血液循环生理由李广丽和张沛东编写，呼吸与鳃和排泄与渗透调节由刘宗柱编写，消化与吸收生理由温海深和杨景峰编写。

本书在编写过程中，得到中国海洋大学教材编写基金和出版基金资助，同时得到教育部水产养殖专业特色项目资助，以及中国海洋大学出版社等多家单位的支持和合作，在此一并表示深深的谢意。

由于水平所限，书中不足之处在所难免，恳请读者批评指正。

编者于中国海洋大学（青岛）

2008年9月

目　录

第一章

绪　论

∙∙∙

第一节　生理学概述

一、何为生理学

生物学（biology）是研究生命活动现象及其规律的一门科学，生理学（physiology）是研究生物机体生命功能（机能，function）及其发生机制（mechanism）的一门科学。生理学是生物学的一个分支，根据研究对象不同，可以分为微生物生理学、植物生理学、人体生理学（生理学）、家畜生理学、动物生理学、畜禽生理学、鱼类生理学及昆虫生理学等。近年来还出现了特殊条件下生理学，如高山生理学、潜水生理学、航空生理学、运动生理学。从学科之间联系角度，产生了比较生理学、生理生态学、进化生理学、发育生理学等。其中，动物生理学大部分内容是关于器官和系统的机能，一般称之为器官生理学，但也在整体和环境水平及细胞和分子水平上阐述其机能。研究生理学需要注意三个原则，即结构与机能的统一、局部与整体的统一、机体与环境的统一。

二、生理学发展简史

生理学是人类生活和生产实践活动的产物，反过来又为实践服务。最初，生理学的形成与发展与临床医学有着密切关系，人们在与疾病斗争的实践中积累知识、概括总结、记于书籍；通过对人体和动物的实验分析，深入探索生理功能的内在机制和相互关系，逐渐形成了系统的理论科学。医学中关于疾病问题的理论研究是以人体生理学的基本理论为基础的；同时，通过医学实践又可以检验生理学理论是否正确，并不断以新的内容和新的问题丰富生理学理论和推动生理学研究。因此，生理学主要是伴随医学发展起来的一门实验科学。后来，随着农学、渔业、畜牧、兽医等学科的快速发展，逐渐产生了植物生理学、家畜生理学、动物生理学及鱼类生理学等。

（一）人体及高等动物生理学发展简史

纵观生理学发展历史，可划分为3个阶段：古代生理学（17世纪以前），近代生理学（17—20世纪）和现代生理学（20世纪以后）。

1. 古代生理学

公元前2世纪（秦末汉初），我国出现了第一部经典医学专著《黄帝内经》，建立了祖国医学宝贵的阴阳五行学说。两千年以前就出现了有关经络、脏腑、七情六淫等详细的记载。

在西方国家，公元前4世纪古希腊名医希波克拉底（Hippocrates）创建了气质学说，以整体观点看生命机体机能。公元2世纪，古罗马名医盖伦（Galen）提出了"解剖推论功能"，并做了初步的动物活体解剖，用从狗、猴身上得到的知识推断人的情况。与此同时，其还提出了三位一体的"灵气说"、心血潮运动说、肝脏产生自然之气、肺脏产生生命之气、脑产生智慧之气等理论。这些理论在欧洲文艺复兴早期一直占统治地位。虽然他的观点现在看来错误较多，但对医学贡献较大。欧洲文艺复兴时期，首开人体解剖的先河，比利时学者维萨里（Andreas Vesalius）出版了《人体结构》，纠正了盖伦的部分错误，为人体生理学发展作出了贡献。

2. 近代生理学

生理学真正地成为一门实验性科学是从17世纪开始的。1628年英国医生威廉·哈维（William Harvey）证明了血液循环的途径，认为心脏是循环系统的中心，并出版了著名的生理学专著《心血运动论》（*On the Motion of the Heart and Blood in Animals*）。这是历史上第一次以明确的实验论证了血液循环方式、途径和规律，同时创造了近代生理学的活体解剖实验方法，开辟了实验生理学道路。

显微镜的发明和物理学、化学学科的迅速崛起，给生理学的发展创造了良好的条件。17世纪法国哲学家笛卡尔（Decartes）首先将反射概念应用于生理学，认为动物的每一活动都是对外界刺激的必要反应，刺激和反应之间有固定的神经联系，他称这一连串的活动为反射。这一概念为后来神经系统活动规律的研究开辟了道路。这一时期，英国著名生理学家谢灵顿（Sherrington）阐明了神经系统的活动规律，苏联著名生理学家巴甫洛夫（Pavlov）通过研究循环系统和消化系统的神经调节，创建了高级神经活动系统，对医学、心理学、生理学以及哲学都产生了深远的影响。1847年路德维格（Ludwig）发明了记纹鼓（Kymograph）。这个时期的生理学发展较快，主要进行器官、系统水平研究，记纹鼓的发明具有划时代意义。

3. 现代生理学

19世纪后叶以来，生理学进入了系统化的境界，它通过神经和内分泌的研究把各个器官连成了一个整体。同时，随着其他学科的快速发展，生理学已经不仅仅停留在器官生理学水平上，在细胞和分子水平研究方面异常活跃，已深入到细胞内环境稳态及其调节机制、细胞跨膜信息传递的机制、基因水平的功能调控机制等方面，使生命活动基本规律得到了较深入阐述。

目前，生理学与其他学科不断交叉和渗透，产生了许多新的研究领域，如神经免疫内分泌学和整体生理学等，特殊条件（劳动、运动、高空、高原、潜水等）下的研究也取得了很大进展。同时，生理学向微观分子和宏观整体两个水平快速扩展，这是当今生理学发展的总趋势。

我国现代生理学有近一百年的发展历史。1926年北京协和医学院生理系主任林可胜发起成立了中国生理学会，翌年创刊《中国生理学杂志》。学会的成立和专业杂志的出版，对于生理学在我国的发展起到了很好的推动作用。当时我国生理学的研究工作主要集中于人体及高等动物胃液分泌、物质代谢、神经肌肉和心血管运动的神经调节等方面，受到了国际生理学界的重视。其中，生理学家林可胜系统研究了脂肪在小肠中抑制胃液分泌和胃运动的机制，发现并命名了肠抑胃素，这是中国人发现的第一个激素，是消化生理学中的经典性工作。

北京大学赵以炳教授（1909—1987）是我国著名的动物生理学家，动物冬眠生理学的创始人。在肌肉的渗透性、皮肤呼吸、哺乳动物冬眠与低体温以及高级神经活动生理学等方面作出了突出贡献，对刺猬冬眠的研究享有国际声誉。曾致力于创建我国第一个理科生理学专业，为全国综合大学生理学的教学、科研和人才培养作出了重要贡献。他提倡理科生理学科研以细胞生理学和比较生理学为主攻方向，对我国比较生理学发展起到了推动作用。20世纪60年代，他支持翻译了美国生理学名著《何威氏生理学教科书》（第18版）。1985年，赵以炳的学生陈守良（1931—2019）主编出版《动物生理学》（北京大学出版社）教材，主要以人类和哺乳动物为实验对象，阐述生理机制；2005年编著《动物生理学》（第3版，北京大学出版社），至今还在部分综合性大学动物学专业使用。

华中农业大学杨秀平教授（1944—），2002年主编出版《动物生理学》（高等教育出版社），2008年列入国家"十一五"规划教材，并同时出版《动物生理学学习指南》（高等教育出版社），2016年主编出版《动物生理学》（第3版，高等教育出版社）。该套教材在目前我国高等农业院校动物科学、动物医学、水产养殖学专业中广泛使用，效果良好。

（二）水产动物生理学发展简史

水生动物与陆生动物相比具有很大的生理学差异，并且种类繁多。水产动物中，鱼类生理学发展历史较长。20世纪30年代，德国人翁德（Wunder）编写了《中欧淡水鱼生理》（1936），被认为是鱼类生理学发展的第一个里程碑，属于现代生理学发展年代，之后，鱼类生理学发展较快；苏联人普契科夫（Пучков）编写了较系统的《鱼类生理学》（1941）教材；日本学者川本信之总结了鱼类生理学研究成果，出版了《鱼类生理学》（1957）；英国人勃朗（Brown）编写了《鱼类生理学》（1957）。这些著作在当时都有较大的影响。因此，20世纪50年代被认为是鱼类生理学发展的第二个里程碑。20世纪60年代末以来，加拿大的霍尔（Hoar）和兰德尔（Randall）等人编写了内容极为丰富和全面的《鱼类生理学》巨著，至目前为止，已出版10余卷。特别是近10多年，各国鱼类生理学的研究十分活跃，领域广泛且内容深入。

1958年以来，我国鱼类生理方面的研究随着渔业生产发展的需要而发展起来。为了解决养殖生产中"四大家鱼"的苗种来源问题，1958年春，中国水产科学研究院珠江水产研究所钟麟主持和领导了运用注射鲤鱼（*Cyprinus carpio*）垂体的方法，成功实现"四大家鱼"人工繁殖；同年秋，中国科学院实验生物研究所（现细胞生物研究所）朱洗主持和领导了运用注射人绒毛膜促性腺激素（HCG），成功实现"四大家鱼"人工繁殖，从此结束了完全依靠从长江等天然江河中捞取鱼苗的历史。同时，中国科学院实验生物研究所、武汉大学及中国科学院水生生物研究所等单位结合"四大家鱼"人工繁殖进行了组织生理研究。20世纪70年代初，中国科学院生物化学研究所、上海水产大学、中国科学院动物研究所及中国水产科学研究院长江水产研究所等单位共同协作，运用自行全人工合成的促黄体素释放激素（LRH）及其类似物（LRH-A）进行"四大家鱼"催产获得成功。这种新的合成催情剂因活性高、成本低，迅速在全国推广，同时也进一步促进了我国鱼类生殖生理及内分泌生理的研究。1976年，上海水产大学与中国科学院生物化学研究所合作在国内率先提取了鲤科鱼类的促性腺激素（GtH），并建立了鱼类促性腺激素的放射免疫测定技术。上海水产大学和中山大学在我国主要养殖鱼类的生殖生理研究方面，特别是对鱼类促性腺激素和性激素的研究做了大量深入的工作，同时还进行了鱼类营养生理方面的研究，为开展我国人工配合饲料养鱼提供了理论基础。厦门大学和中国科学院生理研究所在鱼类视觉生理、趋光生理和行为生理方面的研究也已达到一定的水平，积累了大量有理论价值和实践意义的资料，开创了我国鱼类行为学的研究。过去的40年中，我国鱼类生理学研究已取得十分可喜的成绩，某些领域的研究已接近国际水平，但某些学科至今仍是空白，与国际水平还有较大差距。如今，已发展到多学科相互渗透和新技术不断应用的研究趋势，并逐步深入到从细胞水平和分子水平分析生理活动的机制，这必将迎来鱼类生理学的迅猛发展。

湖南师范大学刘筠院士（1929—2015），长期从事鱼类及水生经济动物生殖生理的教学和研究，先后进行了长江流域"四大家鱼"的人工繁殖和技术推广应用研究。20世纪80年代后期，刘筠应用细胞工程和有性杂交相结合的综合技术，建立了国内第一个鱼类多倍体基因库，成功地培育出三倍体鲫鱼和三倍体鲤鱼。他著有《中国养殖鱼类繁殖生理学》（1993年）等专著。

中山大学林浩然院士（1934—），主要从事鱼类生理学和鱼类内分泌学研究，取得了具有国际先进水平的科技成果。20世纪80年代以来，林浩然和加拿大的R.E.彼得合作，阐明了鱼类脑垂体促性腺激素的合成与分泌受神经内分泌调节的作用机制。这项研究成果充实了鱼类生殖内分泌学的理论，为鱼类人工催产新药物和新技术的开发提供了坚实基础。在此基础上，他们成功研制了高活性的新型鱼类催产剂，这在国内外都是首创的，学术界称之为第三代鱼类催产剂，此项技术被命名为"林–彼方法"。林浩然主编出版《鱼类生理学》（第2版，广东高等教育出版社，2007）、《鱼类生理学实验技术和方法》（广东高等教育出版，2006）、《鱼类生理学》（中山大学出版社，2011）；翻译出版美国科学出版社的"鱼类生理学"系列专著中的《鱼类神经内分泌学》（2017）、《鱼类应激生物学》（2019）。

除此之外，20世纪以来，我国学者先后编写、翻译了多部比较有影响力的鱼类生理学教材，研究对象从传统的淡水鱼类逐渐深入到海洋鱼类，如王义强主编的《鱼类生理学》（1990）教材、赵维信主编的《鱼类生理学》（1992）教材、冯昭信主编的《鱼类生理学》（2000）教材、温海深主编的《水产动物生理学》（2009）教材、魏华和吴垠主编的《鱼类生理学》（第2版，2011）教材、温海深和齐鑫主译的《鱼类繁殖学》（2020）教材等。但是关于甲壳动物、贝类等其他主要水生经济动物的生理学教材，国内未见出版。

三、动物生理学的主要内容与研究层次

（一）主要内容

人体及高等动物生理学主要内容，可以分为3个部分，包含13个方面，其中水产动

物生理学不包含体温调节、泌乳等内容。

（1）细胞是基本生理单位：细胞膜物质转运、细胞之间的信号转导、神经肌肉组织的一般生理。

（2）器官与系统是生理的基本功能框架：感觉器官与感觉、血液、血液循环、呼吸与鳃、消化与吸收、排泄与渗透调节、繁殖。

（3）生理功能调节是核心内容：神经系统生理学、内分泌生理学、神经内分泌-免疫网络。

（二）研究层次

动物机体的结构和功能十分复杂，在研究其生理功能及产生的机制时，必须从不同的水平提出问题并进行研究。根据研究的不同层次，动物生理学的研究内容一般可分成如下3个水平。

1. 整体和环境水平的研究

动物机体总是以整体的形式存在，有两层含义：一是动物机体总是以整体的形式与外界保持密切的联系；二是动物机体的各器官系统的活动都是围绕着生命活动而进行的。整体和环境水平的研究，就是从整体观点出发，研究机体各器官系统的功能活动规律及其调节、整合过程，以及机体与生活环境之间的相互作用，阐明当内外环境变化时机体功能活动的变化规律及机体在整体存在状况下的整合机制。

2. 器官和系统水平的研究

完整的机体是由各种器官和系统组成的，要了解一个器官或系统的功能和它在机体中的作用，就必须将它们分解开来，一部分一部分地研究。因此，从器官和系统水平上的研究就是要观察和研究各器官系统的活动特征、内在机制、影响和控制它们的因素，以及它们对整体活动的作用及意义。

3. 细胞和分子水平的研究

生命活动的物质基础是生物机体，构成机体的最基本结构和功能单位是各种细胞，也就是说，器官的功能是由构成该器官的各种细胞的特性决定的。然而，细胞的生理特性又是由构成细胞的各个分子，特别是生物大分子的物理和化学特性所决定的。因此生理学的研究有必要深入到分子水平。对机体和器官功能的研究常在细胞和生物大分子水平上进行阐述，这类研究称为普通生理学或细胞生理学。

要全面地理解和阐明某一生理功能的机制，必须同时从细胞和分子、器官和系统以及整体3个水平进行研究。

四、生理学研究方法与实验内容

（一）研究方法

1. 观察

以动物活体为对象，用物理学或化学的基本方法，通过数据处理、科学分析得出对生命活动规律的认识。

2. 实验

分为急性实验和慢性实验。

（1）急性实验：实验动物最终死亡。又分为在体实验（麻醉状态下，暴露出实验器官）和离体实验（将组织或器官分离处理，放在人工环境下研究）。急性实验要求条件简单，对问题分析较透彻，属分析法。但在离体、麻醉或破坏中枢神经系统时取得的结果有一定的片面性和局限性。

（2）慢性实验：在完整正常的动物体上对某一器官或生理现象进行实验，通过造瘘、摘除等手段，待手术创伤恢复后用于实验，属综合法。但应用范围受限，许多生理问题目前还找不到合适的手术方法。

急性实验和慢性实验都有局限性和优缺点，选用时要与目的相适应，并对结果作正确预估。

（二）实验内容

除了电生理实验外，水产养殖动物典型的综合性与设计性实验类型，主要包括：

1. 典型的综合性实验类型

（1）鱼类全血的采取、血细胞及脆性鉴定、血液凝固过程观察等；

（2）主要养殖水产动物游泳能力测定；

（3）主要养殖水产动物渗透压测定；

（4）主要养殖水产动物体色测定；

（5）主要养殖水产动物味觉测定；

（6）鱼类性腺、脑、垂体及相关组织器官切除。

2. 典型的设计性实验类型

（1）水温对主要养殖水产动物耗氧率的影响；

（2）外源激素注射、埋植对鱼类繁殖功能的影响；

（3）卵巢、精巢、垂体等器官离体孵育实验；

（4）鱼类外周血液激素含量测定；

（5）主要养殖水产动物组织学切片与细胞学鉴定；

（6）主要养殖水产动物组织总脂、蛋白等含量测定。

第二节　生命活动的基本特征

生物体的生命活动多种多样，千姿百态。怎样来判断一个生物体是否具有生命？大量的研究证实，新陈代谢、兴奋性和生殖是各种生物体生命活动的基本特征。

一、新陈代谢

新陈代谢是指机体与环境之间进行的物质和能量交换，是实现自我更新的过程。新陈代谢包括合成代谢（同化作用）和分解代谢（异化作用）。合成代谢是指机体不断从环境中摄取营养物质来合成自身新的物质，并储存能量的过程。分解代谢是指不断分解自身原有物质，释放能量供生命活动的需要，并把分解产物排出体外的过程。物质的合成和分解称为物质代谢，伴随物质代谢而发生的能量储存、释放、转移和利用等过程称为能量代谢。新陈代谢过程中，物质代谢和能量代谢同时进行，紧密联系在一起。

生命活动的一切功能都是建立在新陈代谢的基础上，新陈代谢一旦停止，生命也就随之终结，所以，新陈代谢是生物体生命活动的最基本特征。

二、兴奋性

除了最基本的生命活动特征之外，生物体还必须具备对外界刺激发生反应的能力，由此生物体不断适应环境，得以生存。

（一）兴奋与兴奋性

活组织或细胞受到外界刺激时发生反应的能力称为兴奋性。接受刺激后，机体内部的代谢活动及其外表状态发生相应变化称为反应，状态明显增强的称为兴奋，减弱的称为抑制。兴奋和抑制相互联系、相互制约，都是活细胞具有兴奋性的表现；兴奋是兴奋性的表现，兴奋性则是兴奋的前提。

几乎所有活组织或细胞都具有兴奋性，但是反应的灵敏度和反应表现形式有所不同。通常神经细胞、肌肉细胞、腺体细胞表现出较高的兴奋性，称为可兴奋细胞或可兴奋组织。

（二）刺激与条件

能被生物体所感受并且引起生物体发生反应的环境条件变化称为刺激。

（1）阈刺激（threshold stimulus）：发生兴奋的最小刺激。

阈上刺激（supro-threshold stimulus）：大于阈刺激。

阈下刺激（sub-threshold stimulus）：小于阈刺激。

（2）刺激强度：基强度（rheobase）是最小阈刺激强度；阈强度（threshold intensity）是引起组织兴奋的最低刺激强度。阈值越低兴奋性越高，相反则越低。

（三）兴奋性的变化规律

在细胞接受一次刺激而出现兴奋的当时和以后的一个短时间内，其兴奋性将经历一系列有次序的变化，然后才恢复正常。这说明细胞或组织接受连续刺激时，由于它们接受前一刺激而改变了对后来刺激的反应能力。

三、生殖

生物体生长发育到一定阶段后，能够产生与自己相似的子代个体，这种功能称为生殖或繁殖。任何生物个体的寿命都是有限的，必然要衰老和死亡。一切生物都是通过产生新个体来延续种系，所以生殖是动物绵延和繁殖种系的重要生命活动，也是生物体重要的生理学特征。对于高等动物，生殖是通过两性生殖器官的活动来实现的，生殖过程包括生殖细胞（精子和卵子）的形成过程、交配和受精过程以及胚胎发育过程等重要环节。

第三节　动物生理功能的调节

一、内环境与稳态

内环境（internal environment）和稳态（homeostasis）是生理学最重要的概念，机体的所有生命活动都是围绕稳态进行的。

（一）内环境

细胞外液被称为机体的内环境。

细胞直接生存于细胞外液中，不与外环境发生直接联系。细胞新陈代谢所需的养料和代谢产物来自细胞外液，再通过细胞外液与外环境交换。

（二）稳态

内环境理化因素的相对稳定性是高等动物生命存在的必要条件。内环境理化性质在不断转换中处于动态平衡状态，称为稳态。由于细胞不断进行着新陈代谢，新陈代谢本身就在不断扰乱内环境的稳态，外环境的强烈变动也影响内环境的稳态。因此，机体的各器官系统如血液、呼吸、消化等的生理功能必须不断地进行调节，以纠正内环境的过分变动，从某个方面参与维持内环境稳态。稳态是生理学核心概念，即机体依赖调节机制，对抗内外环境变化的影响，维持内环境等生命指标和生命现象处于动态平衡的相对稳定状态。稳态又叫自稳态。

二、生理功能调节方式

机体对内外环境变化的反应，由三种调节机制来完成，即神经调节（nervous regulation）、体液调节（humoral regulation）、自身调节（autoregulation）。

（一）神经调节

（1）反射（reflex）：神经活动的基本过程是反射，是中枢神经系统参与下对刺激产生的规律性应答。

（2）反射弧（reflex arc）：反射的结构基础为反射弧，包括感受器、传入神经、神经中枢、传出神经和效应器。

（3）神经调节的特点：快速、准确。高等动物躯体运动主要依赖神经调节。

（二）体液调节

体液调节指某些细胞产生并分泌的某些特殊的化学物质，经体液运输到达全身的器官组织或某一器官组织，通过作用于细胞上相应的受体，对这些组织细胞的活动进行调节。许多内分泌细胞所分泌的各种激素，通过体液循环的通路对机体的功能进行调节。体液调节又称激素调节。

有些内分泌腺本身直接或间接地受到神经系统的调节，体液调节是神经调节的一个传出环节，称为神经-体液调节。

神经调节占主导地位，是机体最主要的调节方式。其特点是迅速而精确、范围局限、持续时间短暂。体液调节比较缓慢、作用持久而弥散。两者相互配合使生理功能调节更趋于完善。

（三）自身调节

自身调节是一些重要的细胞、组织、器官在不依赖于神经或体液调节的情况下，自身对刺激发生的适应性反应。一般来说，自身调节的幅度较小，不十分灵敏，但仍有一定的意义。

三、生理功能调控模式

利用工程技术控制论原理来分析人体许多功能的调节机制，发现功能调节过程和控制过程有共同的规律。在一个细胞内也存在着许多极其精细复杂的控制系统，从细胞和分子的水平上对细胞的各种功能进行调节。生理学侧重于讲授器官和整体水平上的各种控制系统，即器官内各个部分之间的功能调控以及不同器官之间的功能调控。任何控制系统都由控制部分和受控部分组成，从控制论的观点来分析，控制系统可分为非自动控制系统（non-automatic control system）、反馈控制系统（feedback control system）和前馈控制系统（feed-forward control system）三大类。

（一）非自动控制系统

非自动控制系统是一个开环系统，即系统内受控部分的活动不会影响控制部分的活动。这种控制方式是单向的，即只由控制部分发出活动指令控制受控部分，受控部分则不能返回信息。这种控制方式对受控部分的活动实际上不能起调节作用。在人体正常生理功能的调节中，这种方式的控制系统是极少见的。应激条件下，促肾上腺皮质激素（ACTH）分泌增多属于这种方式。

（二）反馈控制系统

反馈控制系统是人体生命活动最常见的系统，它是闭环的，即控制部分发出信号指示受控部分发生活动，受控部分则发出反馈信号返回到控制部分，使控制部分能根据反馈信号来改变自己的活动，从而对受控部分的活动进行调节。在反馈控制系统中，反馈信号对控制部分的活动可发生不同的影响。在正常人体内，大多数情况下反馈信号能减低控制部分的活动，为负反馈（negative feedback）；在少数情况下反馈信号能加强控制部分的活动，为正反馈（positive feedback）。

负反馈控制系统的作用是使系统保持稳定。机体内环境之所以能维持稳态，就是因为有许多负反馈控制系统的存在和发挥作用。而正反馈控制系统的活动使整个系统处于再生状态。正反馈不可能维持系统的稳态或平衡，只能是破坏原先的平衡状态。

（三）前馈控制系统

前馈控制系统是指控制部分发出信号，指令受控部分进行某一活动，同时又通过另一快捷途径向受控部分发出前馈信号，及时地调控受控部分的活动，使正常人体在内外环境因素的不断变化中能较好地保持各种机能的稳定。一般地说，负反馈调节可以纠正刺激引起的过度反应，但总是在过度反应出现以后才进行，过度现象的纠正总要滞后一段时间，而且易矫枉过正，引起波动。前馈机制则可以更快地对中枢活动进行控制，例如，要完成某一动作，脑发出神经冲动指令一定的肌肉收缩，同时又通过前馈机制，使这些肌肉的收缩受到制约，不致收缩过度，从而使整个动作完成得更准确。条件反射也属于此类。动物生理功能控制系统模式图见图1-1。

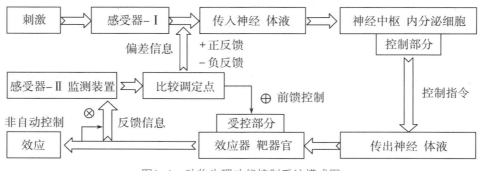

图1-1　动物生理功能控制系统模式图

本章思考题

（1）概念：兴奋性、刺激、内环境、稳态、反馈、前馈控制系统。

（2）机体生理功能的调节方式有几种？

（3）阐述生理学家林可胜的典型事迹。

主要参考文献

陈守良.动物生理学［M］.3版.北京：北京大学出版社，2005.

林浩然.鱼类生理学［M］.2版.广州：广东高等教育出版社，2007.

［葡］玛丽亚·若昂·罗查，［挪］奥古斯丁·阿鲁克，［印］B.G.卡普尔.鱼类繁殖学［M］.温海深，齐鑫，译.北京：中国农业出版社，2020.

王克行.虾类健康养殖理论与技术［M］.北京：科学出版社，2008.

魏华，吴垠.鱼类生理学［M］.2版.北京：中国农业出版社，2011.

温海深，李吉方，张美昭.海水养殖鲈鱼生理学与繁育技术［M］.北京：中国农业出版社，2019.

杨秀平，肖向红，李大鹏.动物生理学［M］.3版.北京：高等教育出版社，2016.

赵维信.鱼类生理学［M］.北京：高等教育出版社，1992.

第二章

神经肌肉组织的一般生理学

· ·

第一节　细胞膜的结构与物质转运

　　细胞（cell）是生物体的基本结构单元和功能单位。生物体内所有的生理功能和生化反应都是在细胞及其代谢产物的物质基础上进行的。一百多年前，光学显微镜的发明推动了细胞的发现。此后对细胞结构和功能的研究，经历了亚细胞水平和分子水平等具有时代特征的研究层次，揭示出众多生命现象的机制，积累了极其丰富的科学资料，从而诞生了细胞生物学等新兴学科。因此，生理学的学习应该从细胞生理开始。

一、细胞膜结构

（一）细胞膜的成分

　　动物都具有类似的细胞膜结构，这种结构也见于其他生物膜，是一种在细胞中普遍存在的基本结构形式，称为单位膜（unit membrane）或生物膜。各种生物膜主要由脂质、蛋白质、糖类以及水、金属离子等物质组成，尽管不同来源的膜中它们的比例有所不同，但糖类一般占比极少。

（二）细胞膜结构模型

　　目前还没有一种能够直接观察膜分子结构的直观技术方法，被大多数学者所接受的是美国的Singer和Nicholsom提出的液态镶嵌模型（fluid mosaic model）。其基本内容：膜的共同结构特点是以液态脂质双分子层为基架，其中镶嵌着具有不同分子结构的蛋白质，后者主要以α-螺旋或球形蛋白质的形式存在。

（1）脂质双分子层：磷脂类占70%以上，胆固醇含量低于30%，还有少量属鞘脂类的物质。这种结构热力学稳定，可以自动形成并维持。脂质的熔点很低，体温条件下呈液态，使细胞可以承受相当大的张力，即使外形改变也不致破裂。

（2）细胞膜蛋白质：以两种形式同膜脂质结合，占20%～30%的表面蛋白质以带电的氨基酸或基团（极性基团）与膜两侧的脂质结合；占70%～80%的结合蛋白质通过一个或几个疏水的α-螺旋与脂质分子结合。

（三）细胞膜糖类

细胞膜糖类主要是一些寡糖链（oligosaccharide）和多糖链，以共价键的形式和膜脂质或蛋白质结合，形成糖脂和糖蛋白；这些糖链绝大多数裸露在膜的外侧。单糖排序上的特异性作为细胞或蛋白质的"标志"或"天线"——抗原决定簇。

细胞膜的化学组成和结构模型见图2-1。

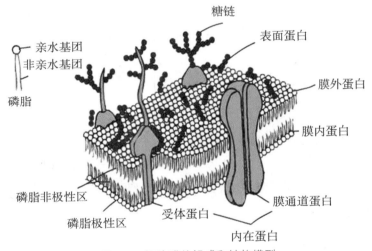

图2-1　细胞膜的组成和结构模型

（引自范少先，2000）

二、细胞膜的物质转运功能

细胞膜成分中的脂质分子层主要起到屏障作用，膜中的特殊蛋白质则与物质、能量和信息的跨膜转运和转换有关。这些内容是20世纪70年代以来，分子生物学和细胞生物学中最活跃的领域之一。

（一）单纯扩散

单纯扩散（simple diffusion）属于被动转运（passive transport），动力是来自某物质顺着电化学梯度做跨膜转运时释放的电化学势能，而不需要细胞膜或细胞另外提供能量。

在生物体系中，脂溶性的物质分子按扩散原理作跨膜运动或转运称单纯扩散。分子依靠热运动，由高浓度向低浓度一端扩散，是一种单纯的物理过程。单纯扩散方式主要是氧气、二氧化碳等气体分子，它们能溶于水，也溶于脂质。

（二）易化扩散

易化扩散（facilitated diffusion）属于被动转运。一些不溶于脂质或溶解度很小的物质，依赖细胞膜上特殊结构的蛋白质分子，从高浓度向低浓度一端扩散，称为易化扩散，由载体和通道介导。

1. 载体介导的易化扩散

主要转运许多必需的营养物质，如葡萄糖、氨基酸等。被转运物质与载体上的特异性位点或结构域结合产生变构，转运之后物质和载体解离（图2-2）。载体蛋白质的共同特性是有较高的结构特异性、饱和现象、竞争性抑制、可变性。

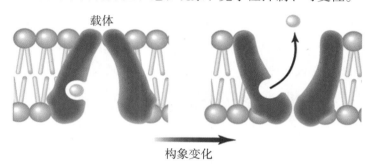

载体

构象变化

图2-2　载体介导的易化扩散

2. 通道介导的易化扩散

离子浓度发生改变或快速运动，激活细胞膜上通道蛋白质（ionophorous protein），转运相应的离子。通道通常以离子名称命名。通道对离子的选择性，决定于通道开放时它的水相孔道的多少和孔壁带电情况。通道蛋白质的结构和功能状态因细胞内外各种理化因素的影响而迅速改变，有静息、激活和失活状态。见图2-3。

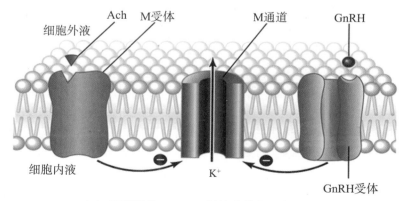

Ach　M受体　M通道　GnRH

细胞外液

细胞内液　K+　GnRH受体

Ach. 乙酰胆碱；GnRH. 促性腺激素释放激素。

图2-3　通道介导的易化扩散

（三）主动转运

主动转运（active transport）指细胞通过本身的某种耗能过程，将某种物质的分子或离子由膜的低浓度一侧移向高浓度一侧的过程。由膜或膜所属的细胞直接或间接提供ATP，由低浓度向高浓度转运，直至转运完成。主动转运可分为原发性主动转运和继发性主动转运。

1. 原发性主动转运

在细胞膜上普遍存在Na^+-K^+-ATP酶，即钠泵（sodium pump）。它除了能转运Na^+和K^+外，还可以分解ATP使之释放能量。每消耗1个ATP分子，可泵出3个Na^+，并耦联泵入2个K^+（图2-4）。主要特点：① 专一性；② 转运速度可达饱和；③ 方向性；④ 选择性抑制；⑤ 与能量传递系统耦联。

钠泵活动的意义：① 细胞内高K^+浓度是许多代谢及反应进行的必需条件；② 维持细胞正常形态。如果没有钠泵主动转运Na^+，细胞外液中的Na^+会进入细胞内，导致渗透压升高，大量水进入膜内，引起细胞肿胀，进而破裂；③ 它能够建立起一种势能贮备，是可兴奋细胞（组织）兴奋的基础，也可供其他耗能过程应用。

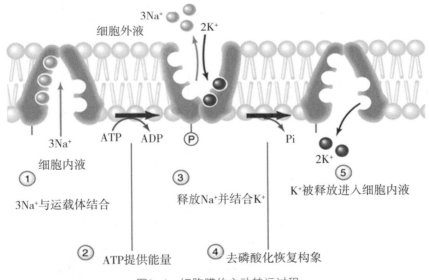

图2-4　细胞膜的主动转运过程

2. 继发性主动转运

被转运物质逆浓度梯度转运的能量间接来自ATP水解，这种形式的转运被称为继发性主动转运或联合（或协同）转运。每一种联合转运都有特定的转运体蛋白。

（四）出胞与入胞式物质转运

出胞是指一些大分子物质或固态、液态的物质团块可通过细胞膜排出体外。首先形成囊泡，并逐渐向膜移动，然后与膜融合，最后将分泌物排放。出胞过程如图2-5所示。

入胞是指细胞外某些物质进入细胞的过程。其中细菌、病毒、异物等大分子固体物质进入细胞的过程称为吞噬；脂蛋白颗粒、大分子营养物质进入细胞的过程为胞饮。

被转运物质与膜表面的特殊受体蛋白质相互作用而引起的入胞现象，称为受体介导式入胞。

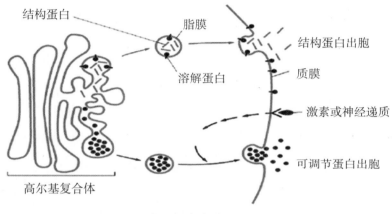

图2-5　物质的出胞过程

第二节　细胞的跨膜信息传递功能

一、跨膜信号传递

细胞外液中的各种化学分子，选择性地同靶细胞膜上特异受体结合，再通过跨膜信号传递（transmembrane signaling）或跨膜信号转导（transmembrane signal transduction）过程，间接地引起靶细胞膜的电变化或其他细胞内功能的改变，这一过程被称为跨膜信号传递。不论是化学信号中的激素和递质分子，还是非化学性的外界刺激信号，当其作用于相应的靶细胞时，都是通过类似的途径完成跨膜信号传递，这些过程所涉及的膜蛋白质为数不多，在生物合成上由几类特定基因家族所编码。因此，关于跨膜信号传递的研究，早已超出了递质或激素作用机制范畴，成为细胞生理学中一个有普遍意义的新篇章。不同细胞通过少数几类膜蛋白质和几种作用方式，就能接受多种多样外界刺激信号的影响。

二、跨膜信息传递的主要方式

（一）离子通道介导的跨膜信号传递

根据控制离子通道开放或关闭的不同原理，可将通道分为化学门控通道、电压门控通道和机械门控通道等。

1. 化学门控通道

由某种化学物质介导的通道活动。常见在神经肌肉接头处，当兴奋传递到神经末梢时，末梢释放乙酰胆碱（Ach）分子，它与终板膜上的受体结合，引起肌细胞兴奋与收缩。Ach与受体的α亚单位结合引起通道结构开放，使终板膜外高浓度Na^+内流，膜内K^+外流，膜两侧静息电位（resting potential）趋于消失，完成Ach跨膜传递。这些受体属于化学依赖性通道之一，除了Ach外，氨基酸类递质也通过这种方式传递。见图2-6。

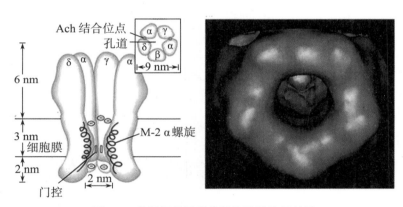

图2-6　化学门控通道介导的跨膜信号转导

2. 电压门控通道

电压门控通道具有与化学门控通道类似的分子结构，但控制其开放与否的因素却是通道所在膜两侧的跨膜电位改变；电压门控通道存在一些对跨膜电位改变敏感的基因或亚单位，由它们诱发整个通道分子功能状态的改变。如前所述，Ach引发终板电位（endplate potential，EPP），这个电位可使相邻肌细胞膜中的Na^+和K^+通道相继开放，使肌细胞产生动作电位（action potential）。动作电位在终板膜和肌细胞膜上传导，也是由于一些电压门控通道被邻近已兴奋的膜电位变化所激活，而相继出现动作电位的结果。

3. 机械门控通道

外来机械信号引起细胞跨膜电位变化。内耳毛细胞顶部的听毛产生弯曲时，毛细胞会出现暂短的感受器电位，这也是一种跨膜信号转换。

4. 细胞间通道

细胞间通道是沟通胞浆和细胞外液的跨膜通道，它允许相邻细胞之间直接进行胞浆内物质交换。典型的细胞间通道发生在缝隙连接，相邻两个细胞膜相隔2.0 nm左右，膜上蛋白质通道对接，允许分子直径小于1 nm的物质分子通过，包括电解质分子、氨基酸、葡萄糖和核苷酸等。可以实现同步性传递。

（二）通过膜受体–通道蛋白质完成的跨膜信息传递

受体（receptor）通常存在于细胞膜表面或细胞内，主要是球蛋白，也有的是糖蛋白或脂蛋白。

1. G蛋白质

G蛋白是鸟苷酸结合蛋白（guanine nucleotide-binding protein）的简称，是一类蛋白质家族，有数十种之多，但结构和功能极为相似。G蛋白通常由α、β、γ 3个亚单位组成。α亚单位通常起催化亚单位的作用。当G蛋白未被激活时，它结合1分子GDP；当G蛋白与激活了的受体蛋白在膜中相遇时，α亚单位与GDP分离而又与1分子GTP结合，这时α亚单位同其他两个亚单位分离，并对膜结构中的效应器酶起作用，后者激活（或抑制）引起胞浆中第二信使物质生成增加（或减少）。

2. 第二信使

兴奋性G蛋白激活腺苷酸环化酶（AC），使胞浆中的ATP生成了大量的环一磷酸腺苷（cAMP），它起到第二信使的作用，激活相应的环腺苷酸门控通道，完成生理功能（图2-7）。目前发现膜的效应器酶并不只有腺苷酸环化酶，第二信使物质也不只有cAMP，近年来还发现有相当数量的外界刺激信号作用于受体后，可以通过G蛋白，再激活一种称为磷脂酶C（PLC）的膜效应器酶，以膜结构中的磷脂酰肌醇为间接底物，生成三磷酸肌醇（IP_3）和二酰甘油（DG），它们作为第二信使，通过Ca^{2+}的动员，影响细胞内过程，完成跨膜信号传递（图2-8）。

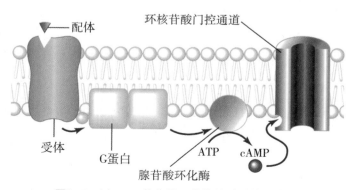

图2-7 以cAMP作为第二信使的跨膜信号传递

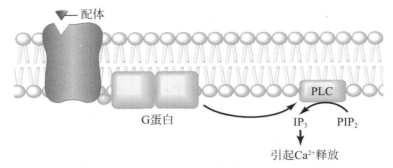

图2-8 以IP₃和DG为第二信使的跨膜信号传递

上述第二信使介导的传递方式既有区别，又有联系。第一，这两种作用形式不是绝对分开，两者作用上有交叉。第二，许多化学信号分子，不是只能作用于两种跨膜信号传递系统中的一种，如Ach，当它作用于神经-肌肉接头处时，终板膜上存在特异结合的化学门控通道，但当Ach作用于心肌或内脏平滑肌时，遇到的却是受体—G蛋白—第二信使系统。因此，同一种刺激信号通过何种跨膜信号传递系统起作用，关键在于靶细胞膜上具有何种感受结构。

第三节　生物电现象与细胞兴奋性

一、生物电现象

在埃及残存史前古文字中，已有电鱼击人的记载。已知在世界各地的海洋和淡水中，能放电的鱼有500多种，例如电鳗、电鳐、电鲇等，它们既能放电，又能根据反射回来的电信号，准确判断同伙和竞争对手的存在，以采取不同的对策。南美洲电鳗可称得上是"电击冠军"，它能产生高达880 V的电压；北大西洋巨鳐一次放电功率，能把30个100 W的电灯点亮。有趣的是，世界上最早的伏打电池，就是19世纪初意大利物理学家伏打，根据电鳐和电鳗的电器官设计出来的。他模仿电鱼的电器官，把许多铜片、盐水浸泡过的纸片和锌片交替叠在一起，这才得到了功率比较大的直流电池。但对于生物电现象的研究，只能是在人类对于电现象一般规律和本质有所认识以后，随着电测量仪器的精密化而日趋深入。目前，心电图、脑电图、肌电图，甚至视网膜电图、胃肠电图的检查，已经成为发现、诊断和治疗疾病进程的重要手段；但人体和各器官的电现象的产生，是以细胞水平的生物电现象为基础的。在生理学的发展历史上，生物电现象的研究是同生物组织或细胞的另一重要特性——兴奋性的研究相伴随进行。

二、兴奋性及其产生机制

（一）兴奋性和兴奋

活体组织或细胞对外界刺激发生反应的能力，称为兴奋性。实际上，所有活体组织或细胞都具有某种程度的兴奋性，只是反应的灵敏度和反应的表现形式有所不同。在各种动物组织中，神经、肌细胞以及某些腺体细胞表现出较高的兴奋性，它们只需接受较小的刺激，就能表现出某种形式的反应，通常被称为可兴奋细胞或可兴奋组织。不同组织或细胞受刺激而发生反应时，外部可见的反应表现形式不同，如各种肌细胞的机械收缩、腺细胞的分泌活动等，但所有这些变化都是由刺激引起的，这些反应称为兴奋。在研究组织的兴奋性时，常用较低等动物的组织作为观察对象。

随着电生理技术的发展，兴奋性和兴奋的概念有了新的含义。大量事实表明，各种可兴奋细胞处于兴奋状态时，虽然可能有不同的外部表现，但它们都有一个共同的、最先出现的反应，这就是受刺激处的细胞膜两侧出现动作电位或冲动（impulse）；而各种细胞所表现的其他外部反应，实际上都是由细胞膜的动作电位进一步触发所引起的。因此，动作电位是大多数可兴奋细胞受刺激时共有的特征性表现，它是细胞表现其他功能的前提或触发因素。在近代生理学中，兴奋性被理解为细胞在受刺激时产生动作电位的能力，而兴奋则表示产生动作电位的过程或动作电位本身。

（二）刺激与反应

引起机体细胞、组织、器官或整体的活动状态发生变化的任何环境因子变化，称为刺激；由于刺激而引起机体活动状态的改变，称为反应（response）。刺激要引起组织细胞发生兴奋，必须在以下3个参数达到某一临界值：刺激强度、刺激的持续时间以及刺激强度对于时间的变化率。不仅如此，这3个参数对于引起某一组织和细胞的兴奋并不是一个固定值，它们存在着相互影响的关系。在实验室中，常用各种形式的电刺激作为人工刺激，用来观察和分析神经或各种肌肉组织的兴奋性，度量兴奋性在不同情况下的改变。这是因为电刺激可以方便地由各种电仪器获得，其强度、作用时间和强度－时间变化率可以容易地控制和改变；并且在一般情况下，能够引起组织兴奋的电刺激并不造成组织损伤，因而可以重复产生。

（三）兴奋性的度量

在一定刺激强度下，刺激持续时间越短，作用越弱；刺激持续时间越长，所需要刺激强度越小。当刺激时间超过一定限度后，阈强度不再随着刺激时间增长而进一步减少，这个最小阈强度称为基强度。用基强度刺激引起兴奋所需要的最短时间称为利用时（utilization time）；用2倍基强度刺激引起兴奋所需要的最短时间称为时值（chronaxie）。以刺激强度为纵轴，刺激时间为横轴作的曲线为刺激强度–时间曲线，类似于等轴双曲线，但曲线的两端达到一定的点后逐渐与两个轴平行，表示可兴奋组织的兴奋性规律。但该曲线的测定相对比较麻烦，实际上常常使用基强度和时值表示组织的兴奋性大小，组织兴奋性的大小与这两个指标的倒数成正比。

（四）兴奋性的变化过程

在细胞接受一次刺激而出现兴奋的当时和以后的一个短时间内，它们的兴奋性将经历一系列有次序的变化，然后才恢复正常。这一特性说明，在细胞或组织接受连续刺激时，有可能由于它们接受前一刺激而改变了对后序刺激的反应能力。在组织接受第一个刺激或称条件刺激（conditioning stimulus）而兴奋后一个较短的时间内，无论再受到多么强大的第二个刺激或称测定刺激（test stimulus），都不能再产生兴奋，这一段时期，称为绝对不应期（absolute refractory period，ARP）。之后，刺激有可能引起新的兴奋，但刺激强度必须大于阈强度，这个时期称为相对不应期（relative refractory period，RRP）。即在绝对不应期内，由于阈强度成为无限大，此时的兴奋性下降到零；在相对不应期内，兴奋性逐渐恢复，但仍低于正常值。在相对不应期内之后，组织还经历了一段兴奋性轻度增高的超常期（supranormal period，SNP），继而又出现低于正常的低常期（subnormal period）。以上各期的长短，在不同细胞中可以有很大差异，一般绝对不应期相对较短。见图2-9。

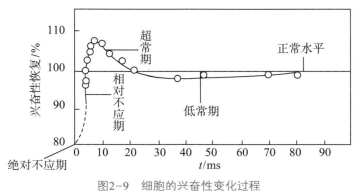

图2-9　细胞的兴奋性变化过程

（引自杨秀平，2006）

三、生物电的记录与描述

（一）组织生物电的记录

细胞或组织在静息或活动状态下所伴随的各种电现象总称为生物电现象。神经在接受刺激时，虽然不表现肉眼可见的变化，但受刺激的部位会产生一个可传导的电位变化，并以一定的速度传向肌肉，这一点可以用生物电测量仪器测得。当神经干在右端受到刺激时，神经纤维将产生一个传向左端的动作电位，当它传导到第一个引导电极处时，该处的电位暂时变为负值，在荧光屏上可相应看到一次光点波动；当动作电位传导到第二个引导电极处时，该处电位为正值，于是荧光屏上会出现另一次方向相反的光点波动；这样记到的两次电位波动，称作双相动作电位。对神经标本做一些特殊处理，如将第二个记录电极下方的神经干损伤，使该处不能产生兴奋，那么再刺激神经右端时，在示波器上只能看到一次电位波动，称为单相动作电位。双相或单相动作电位，是在神经干或整块肌肉组织上记录到的生物电现象，是许多神经纤维或肌细胞电变化的复合反映。

（二）单个细胞的生物电记录

目前已经确知，生物电现象的产生是以细胞为单位，以细胞膜两侧带电离子的不均衡分布和选择性离子跨膜转运为基础的。因此，只有在单一神经或肌细胞进行生物电的记录和测量，才能对它的数值和产生机制进行直接和深入的分析。由于一般的细胞纤小脆弱，单一细胞生物电一般通过以下方法测量：一种方法是利用某些无脊椎动物特有的巨大神经或肌细胞，如枪乌贼的神经轴突，其直径最大可达100 μm；另一种方法是进行细胞内微电极记录，即用一个金属或细玻璃管制成的充有导电液体而尖端直径只有1.0 μm或更细的微型记录电极，由于它只有尖端导电，可用它刺入某一个在体或离体的细胞或神经纤维的膜内，测量细胞在不同功能状态时膜内电位和另一位于膜外的参考电极之间的电位差（即跨膜电位），这样记录到的电位变化，只与该细胞有关而几乎不受其他细胞电位变化的影响。

（三）静息电位

静息电位指细胞未受刺激时存在于细胞膜内、外两侧的电位差。测量细胞静息电位时，当两个电极都处于膜外时，只要细胞未受到刺激或损伤，可发现细胞外部表面各点都是等电位的。但如果让微电极缓慢地向前推进，让它刺穿细胞膜进入膜内，那么在电极尖端刚刚进入膜内的瞬间，在记录仪器上将显示出一个突然的电位跃变，这表明细胞膜内、外两侧存在着电位差。因为这一电位差是存在于细胞的表面膜两侧的，故称为跨膜静息电位，简称静息电位，也称为膜的极化（polarization）。在所有被研究过的动植物细胞（除少数植物细胞）中静息电位都表现为膜内较膜外为负。如果规定膜外电位为零，则膜内电位大都在$-100 \sim -10$ mV。例如，枪乌贼的巨大神经轴突和蛙骨骼肌细胞的静息电位为$-70 \sim -50$ mV，哺乳动物的肌肉和神经细胞为$-90 \sim -70$ mV，人的红细胞为-10 mV。静息电位在大多数细胞中是一种稳定的直流电位，只要细胞未受到外来刺激而且保持正常新陈代谢，静息电位就稳定在某一相对恒定水平。

（四）动作电位

当神经或肌肉细胞受到一次短促的阈刺激或阈上刺激而发生兴奋时，细胞膜在静息电位的基础上会发生一次迅速而短暂的、可向周围扩布的电位波动，称为动作电位。当静息电位的数值向膜内负值加大的方向变化时，称作膜的超级化（hyperpolarization）；如果膜内电位向负值减少的方向变化，称作去极化或除极（depolarization）；细胞先发生去极化，然后再向静息状态时膜内所处的负值恢复，则称作复极化（repolarization）。当神经纤维在安静状况下受到一次短促的阈刺激或阈上刺激时，膜内原来存在的负电位将迅速消失，并且进而变成正电位，构成了动作电位变化曲线的上升支；动作电位上升支中零位线以上的部分，称为超射（overshoot）。之后膜内电位下降，由正值的减小发展到负电位状态，构成了动作电位曲线的下降支。构成动作电位主要部分的脉冲样变化，称为锋电位（spike potential）。在锋电位下降支最后恢复到静息电位水平以前，膜两侧电位还要经历一些微小而较缓慢的波动，称为后电位（after potential），恢复过程先出现一个负后电位（negative after potential），再出现一段延续更长的正后电位（positive after potential）。负后电位应称为去极化后电位，而正后电位应称为超极化后电位。

动作电位的核心是锋电位，是产生细胞兴奋的标志，仅在刺激满足一定条件或在特定条件下刺激强度达到阈值时才能产生。但单一神经或肌细胞动作电位产生的一个特点是，只要刺激达到阈强度，再增加刺激并不能使动作电位的幅度增大，即锋电位可能因刺激过弱而不出现，但在刺激达到阈值以后，始终保持某种固有的大小和波形。此外，动作电位不是只出现在受刺激的局部，它在受刺激部位产生后，还可沿着细胞膜向周围传播（传播的范围和距离并不因原初刺激的强弱而有所不同），直至整个细胞膜都依次兴奋并产生一次同样大小和形式的动作电位。这种在同一细胞上动作电位大小不随刺激强度和传导距离而改变的现象，称作"全或无"现象。在不同的可兴奋细胞中，动作电位虽然在基本特点上类似，但变化的幅值和持续时间存在差异。锋电位存在的时期相当于绝对不应期，这时细胞对新的刺激不能产生新的兴奋；负后电位出现时，细胞正处于相对不应期和超常期，正后电位则相当于低常期。见图2-10。

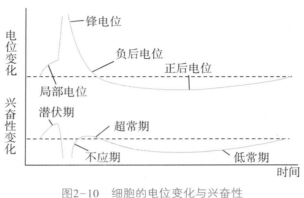

图2-10　细胞的电位变化与兴奋性

（引自张玉生，2000）

四、生物电产生的机制

（一）静息电位和K$^+$平衡电位

已知所有正常生物细胞在Na$^+$泵作用下，细胞内的K$^+$浓度远高于细胞外，而细胞外Na$^+$浓度远高于细胞内。在这种情况下，K$^+$必然会有一个向膜外扩散的趋势，而Na$^+$有一个向膜内扩散的趋势。事实上，膜在静息状态下只对K$^+$有通透性，K$^+$只能移出膜外，而膜内带负电荷的蛋白质大分子不能移出细胞，于是随着K$^+$移出，出现膜内负电而膜外正电的状态。K$^+$向外扩散的作用并不能无限制地进行，这是因为扩散至膜外的K$^+$形成外正内负的电场力，会抑制K$^+$的继续外移，而且K$^+$移出的越多，这种抑制作用也会越大。因此，当促使K$^+$外移的膜两侧K$^+$浓度势能差同已扩散出的K$^+$形成的电势能差相等，亦即膜两侧的电化学（浓度）势能代数和为零时，将不会再有K$^+$的跨膜净移动，而由已扩散出的K$^+$形成的膜内外电位差，也稳定在某一数值不再增大。这一稳定的电位差在类似的人工膜物理模型中称为K$^+$平衡电位。其精确数值可根据物理化学中著名的Nernst公式计算得出。

（二）锋电位和Na$^+$平衡电位

膜在受到刺激时出现了膜对Na$^+$通透性的突然增大，超过了K$^+$的通透性，Na$^+$迅速内流，结果先是造成膜内负电位迅速消失；而且由于膜外Na$^+$的浓度势能较高，Na$^+$在膜内负电位减小到零电位时仍可继续内流，直至内流的Na$^+$在膜内形成的正电位足以阻止Na$^+$的内流为止。这时膜内所具有的电位值，称为Na$^+$平衡电位。随后很快出现膜内电位向静息状态恢复（复极），造成了锋电位曲线的快速下降支。这是由于Na$^+$通透性的消失，并伴随K⁺通透性的增大。每次兴奋后的静息期内，Na⁺泵活动增强，将兴奋时多进入膜内的Na⁺泵出，同时也将复极时流出膜外的K⁺泵入，使兴奋前原有的离子分布状态得以恢复。这一过程中膜两侧电位并无明显改变。但在膜内Na⁺蓄积过多而使钠泵的活动过度增强时，上述的定比关系可以改变，结果是泵出的Na⁺量有可能明显高于泵入的K⁺量，导致膜内负电荷相对增多，使膜两侧电位向超极化的方向变化。这时的Na⁺泵，称为生电性Na⁺泵。正后电位是由于生电性Na⁺泵作用的结果。负后电位，则是在复极时迅速外流的K⁺蓄积在膜外侧附近，因而暂时抑制了K⁺外流的结果。

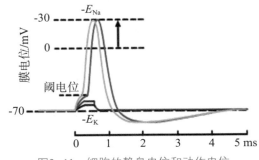

图2-11　细胞的静息电位和动作电位

静息电位和动作电位产生见图2-11。

五、兴奋的传导机制

（一）阈电位和锋电位的产生

膜内负电位必须去极化到某一临界值时，才能引发的整段膜一次动作电位，这个临界值比正常静息电位的绝对值小10~20 mV，称为阈电位（threshold potential）。当外来刺激引起的去极化达到阈电位水平时，由于较多量Na⁺通道的开放造成了膜内电位较大的去极化，而此去极化已不再能被K⁺外流所抵消，因而能进一步加大膜上Na⁺通道开放的概率，结果又使更多Na⁺内流造成膜内进一步去极化，如此反复形成一种正反馈的过程，称为再生性循环。其结果使膜内去极化迅速发展，形成动作电位陡峭的升支，直至膜内电位上升到近于Na⁺平衡电位的水平。阈电位是用膜本身去极化的临界电位值描述动作电位的产生条件。阈强度是作用于标本时能使膜的静息电位去极化到阈电位的外加刺激的强度。

（二）局部兴奋及其特点

单个阈下刺激会对可兴奋细胞产生何种影响？阈下刺激不能使膜电位达到阈电位而发生去极化，但能引起膜上Na⁺通道的少量开放，少量内流的Na⁺和电刺激造成的去极化的叠加，在受刺激的膜局部出现一个较小的膜的去极化反应，称为局部反应或局部兴奋。局部兴奋由于强度较弱，且很快被外流的K⁺所抵消，因而不能引起再生性循环完成兴奋或动作电位的产生。局部兴奋有以下几个基本特性：

（1）不是"全或无"，而是随着阈下刺激的增大而增大。

（2）不能在膜上作远距离的传播，只能产生局部兴奋，称为电紧张性扩布（electrotnic propagation）。

（3）局部兴奋是可以互相叠加，有可能达到阈电位而引发一次动作电位，称为兴奋总和。

（4）无不应期。体内某些感受器细胞、部分腺体细胞和平滑肌细胞，以及神经细胞体上的突触后膜和骨骼肌细胞的终板膜，在受刺激时不产生"全或无"形式的动作电位，只出现微弱而缓慢的静息电位变化，分别称为感受器电位、慢电位、突触后电位和终板电位。这些电位也具有类似局部兴奋的特性，是产生动作电位的过渡性电变化。

（三）兴奋的传导机制

（1）兴奋在无髓神经纤维上的传导：可兴奋细胞的特征之一是任何一处的膜产生的动作电位，都可沿着细胞膜向周围传播，使整个细胞膜都经历一次类似被刺激部位的离子电导的改变，表现为动作电位沿整个细胞膜的传播过程，称为传导（conduction）。所谓动作电位的传导，实际是已兴奋的膜部分通过局部电流刺激了未兴奋的膜部分，使之出现动作电位，这样的过程在膜表面连续进行，表现为兴奋在整个细胞的传导。由于锋电位产生期间电位变化的幅度和陡度相当大，因此在单一细胞局部电流的强度超过了引起邻近膜兴奋所必需的阈强度数倍以上，因而以局部电流为基础的传导过程是相当安全的，亦即一般不易因某处动作电位不足以使邻接的膜产生兴奋而导致传导阻滞，这一点与一般化学性突触处的兴奋传递有明显差别。见图2-12。

图2-12 兴奋在无髓神经纤维上的传导

（2）兴奋在有髓神经纤维上的传导：当有髓鞘纤维受到刺激时，动作电位只能在邻近刺激点的朗飞结（node of Ranvier）处产生，而局部电流也只能发生在相邻的朗飞结之间，动作电位表现为跨过每一段髓鞘而在相邻朗飞结处相继出现，称为兴奋的跳跃式传导。跳跃式传导时的兴奋传导速度，比无髓纤维或一般细胞的传导速度快得多。而且由于跳跃式传导时，单位长度内每传导一次兴奋所涉及的跨膜离子运动的总数要少得多，因此它还是一种节能的传导方式。

　　无髓纤维增加传导速度的一个可能途径是增大轴突的直径，这样可以减少膜内液体的电阻而增加局部电流的强度。如果一条神经纤维在中间部位受到刺激，将会有动作电位由中间向两端传送，这是由于局部电流可以出现在原兴奋段两侧。由此可以理解，兴奋在同一细胞上的传导，并不限于朝向某一方向。以动作电位为兴奋出现的指标，可以测定兴奋在各种细胞的传导速度。例如，人体一些较粗的有髓神经纤维的传导速度，最快可高于100 m/s；构成心脏内部传导系统的浦肯野细胞，传导速度为4~5 m/s，是心肌细胞中传导速度最快的。

第四节　肌肉收缩

　　人体各种形式的运动，主要是靠一些肌细胞的收缩活动完成。不同肌肉组织在功能和结构上各有特点。但从分子水平，各种收缩活动都与细胞内所含的收缩蛋白质，即肌动蛋白（actin，肌纤蛋白）和肌凝蛋白（myosin，肌球蛋白）相互作用有关。收缩和舒张过程的控制，也有某些相似之处。本节以骨骼肌为重点，说明肌细胞的收缩机制。

　　骨骼肌是体内最多的组织，约占体重的40%。在骨和关节的配合下，通过骨骼肌的收缩和舒张，完成人和高等动物的各种躯体运动。每个骨骼肌纤维都是一个独立的功能和结构单位，它们至少接受一个运动神经末梢的支配，且骨骼肌纤维仅在支配它们的神经纤维有神经冲动传来时，才能进行收缩。因此，人体所有的骨骼肌活动，是在中枢神经系统的控制下完成的。

一、神经-骨骼肌接头处兴奋的传递

（一）神经-骨骼肌接头（neuromuscular junction）

　　运动神经末梢到达肌肉细胞表面时，先失去髓鞘，以裸露的轴突末梢嵌入肌细胞膜（称作终板膜或突触后膜）的小凹（褶）中，这部分轴突末梢也称为突触前膜。突触前膜和终板膜并不直接接触，而是被充满了细胞外液的突触间隙隔开，有时神经末梢下方的终板膜还有规则地再向细胞内凹入，形成许多皱褶，其意义在于增加突触后膜的面积，使它可以容纳较多数目的蛋白质分子。同一根轴突的全部分支及其所支配的肌纤维，称为运动单位（motor unit）。在轴突末梢的轴浆中，除了有许多线粒体外，还含有大量无特殊构造的囊泡。囊泡内含有Ach，Ach首先在轴浆中合成，然后贮存在囊泡内。每个囊泡中贮存的Ach量通常是恒定的，Ach通过出胞作用释放。在神经末梢处于静息状态时，一般只有少数囊泡随机地进行释放，不能对肌细胞产生兴奋。但当神经末梢处有神经冲动传来时，大量囊泡向轴突膜的内侧面靠近，通过囊泡膜与轴突膜的融合，并在融合处出现裂口，使囊泡中的Ach全部进入突触间隙（图2-13）。

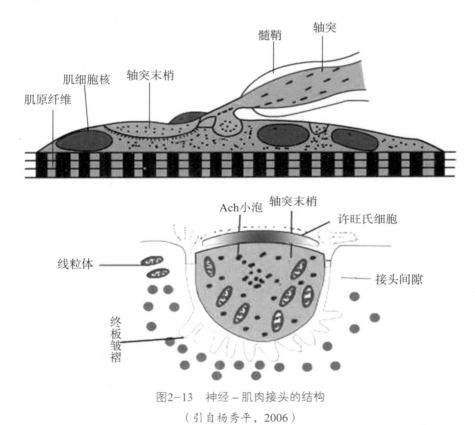

图2-13　神经－肌肉接头的结构

（引自杨秀平，2006）

（二）兴奋在神经－骨骼肌接头处的传递过程

神经冲动使轴突末梢膜去极化，引起了该处电压门控Ca^{2+}通道开放，继而引起细胞间隙液中的Ca^{2+}进入轴突末梢，触发囊泡移动以至释放Ach。当Ach分子通过突触间隙到达终板膜表面时，与该处的特殊通道蛋白质的两个α亚单位结合，每分子的通道将结合两个分子的Ach，并引起的蛋白质分子内部构象的变化，导致通道开放。这种通道开放时，出现膜的去极化。这一电位变化，称为终板电位。终板电位是一种局部电位，具有局部电位的特征：不表现"全或无"特性，其大小可随突触前膜的Ach释放量增多而增加；不能传播，只能在局部呈电紧张性扩布；无不应期，可表现总和现象等。终板电位产生时，以电紧张性扩布的形式影响终板膜周围肌细胞膜。一般的肌细胞膜与神经轴突的膜性质类似，其中主要含电压门控式Na^+通道和K^+通道；因而当同终板膜邻接的肌细胞膜的静息电位由于终板电位的影响而去极化到该处膜的阈电位水平时，就会引发一次向整个肌细胞膜作"全或无"式传导的动作电位，后者再通过所谓兴奋-收缩耦联，引起肌细胞出现一次机械收缩。

二、骨骼肌的超微结构

骨骼肌细胞在结构上最突出的特点，是含有大量的肌原纤维（myofibril）和丰富的肌管系统（sarcotubular system），且其排列高度规则有序。肌细胞是体内耗能做功，完成机体多种机械运动的功能单位。

（一）肌原纤维和肌小节

每个肌纤维含有大量的肌原纤维，呈平行排列，纵贯肌纤维全长。每条肌原纤维的全长都呈现规则的明、暗交替的明带（I带）和暗带（A带）；而且在平行的各肌原纤维之间，明带和暗带又都分布在同一水平上。暗带的长度比较固定，在暗带中央，有一段相对透明的区域，称为H带，其长度随肌肉所处状态的不同而存在变化。在H带中央有一条横向的暗线，称为M线。明带的长度是可变的，在肌肉静息时较长，在肌肉收缩时可变短。明带中央也有一条横向的暗线，称为Z线。肌原纤维上每一段位于两条Z线之间的区域，是肌肉收缩和舒张的最基本单位，包含一个位于中间部分的暗带和两侧各1/2的明带，合称为肌小节（sarcomere）。由于明带的长度可变，肌小节的长度在不同情况下也可发生变化。

（二）粗肌丝与细肌丝

用X线衍射等精密方法进一步研究发现，肌小节的明带和暗带包含有更细的、平行排列的丝状结构，称为肌丝（faliments）。暗带中含有粗肌丝（直径约10 nm），其长度与暗带相同。实际上暗带的形成就是由于粗肌丝的存在，M线则是把成束的粗肌丝固定在同一定位置的某种结构。明带中含有细肌丝（直径约5 nm），它们由Z线结构向两侧明带伸出，有一段伸入暗带，和粗肌丝处于交错和重叠的状态。如果由两侧Z线伸入暗带的细肌丝未能相遇而隔有一段距离，这就形成了H带。肌肉被拉长时，肌小节长度增大，这时细肌丝由暗带重叠区拉出，使明带长度增大，H带也相应地增大。粗、细肌丝相互重叠时，在空间上也呈现规则排列，这可从肌原纤维的横切面上看出。在通过明带的横断面上只有细肌丝，其所在位置相当于一个正六边形的各顶点；在通过H带的横断面上只有粗肌丝，它们都处于正三角形的各顶点上；而在H带两侧的暗带的横断面上，则可看到粗、细肌丝交错存在的情况。这里，每一条粗肌丝正处在以六条细肌丝为顶点的正六边形的中央，而这就为收缩时粗、细肌丝之间的相互作用提供了必需条件。见图2-14。

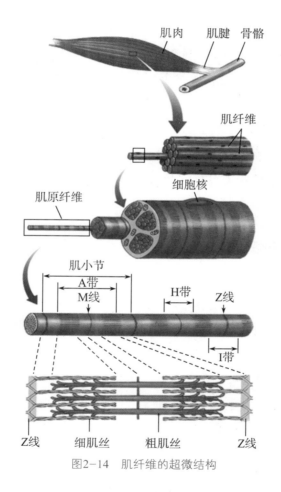

图2-14　肌纤维的超微结构

（三）肌管系统

肌管系统指包绕在每一条肌原纤维周围的膜性囊管状结构，由来源和功能均不相同的两组独立的管道系统组成。走行方向和肌原纤维相垂直的，称为横管系统（T管，transverse tubule），由肌细胞的表面膜向内凹入而形成。横管系统穿行在肌原纤维之间，并在Z线水平形成环绕肌原纤维的管道。横管系统相互连通，管腔通过肌膜凹入处的小孔与细胞外液相通。肌原纤维周围还有另一组肌浆网，其走行方向和肌小节平行，称为纵管系统（L管，longitudinal tubule）。纵管系统包绕每个肌小节的中间部分，这是一些相互沟通的管道，但是在接近肌小节两端的横管时管腔出现膨大，这个膨大结构称为终末池（terminal cistern），可使纵管以较大的面积和横管相靠近。

每一横管和来自两侧肌小节的纵管终末池，构成了三联管（triad）结构。横管和纵管的膜在三联管结构处并不接触，中间尚隔有间隙，这样的结构有利于细胞内外的信息传递。目前普遍认为横管系统的作用是将肌细胞兴奋时出现在细胞膜上的电位变化沿T管膜传入细胞内部，纵管系统和终末池的作用是通过对Ca^{2+}的贮存、释放和再积聚，触发肌小节的收缩和舒张；而三联管是把肌细胞膜的电位变化和细胞内的收缩过程耦联起来的关键部位。见图2-15。

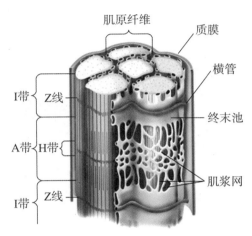

图2-15　骨骼肌的肌管系统

三、骨骼肌的收缩机制

（一）肌肉收缩的滑行学说

20世纪50年代初期提出了滑行理论（sliding theory），其主要内容是肌肉收缩时虽然在外观上可以看到整个肌肉或肌纤维的缩短，但在肌细胞内并无肌丝或所含的分子结构的缩短，而只是在每一个肌小节内发生了细肌丝在粗肌丝中间的主动滑行，亦即由Z线发出的细肌丝在某种力量的作用下主动向暗带中央移动，结果各相邻的Z线都互相靠近，肌小节长度变短，造成整个肌原纤维、肌细胞乃至整条肌肉长度的缩短。滑行现象最直接的证据是肌肉收缩时并无暗带长度的变化，而只能看到明带长度的缩短，并且同时也看到暗带中央H带相应地变窄。这说明细肌丝在肌肉收缩时也没有缩短，仅向暗带中央移动，和粗肌丝发生了更大程度的重叠。随着肌肉生物化学及其他细胞生物学技术的发展，肌丝滑行的机制已基本上从组成肌丝的蛋白质分子结构的水平得到阐明，对于与滑行的开始和终止有关的各种控制因素，也有了较深入的了解。见图2-16。

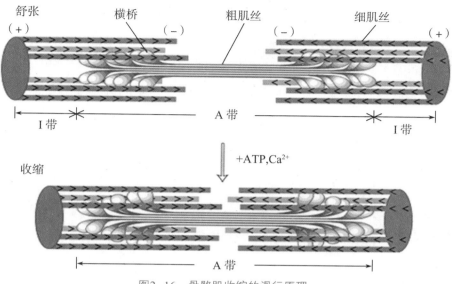

图2-16 骨骼肌收缩的滑行原理

（二）肌丝的分子组成和横桥运动

（1）粗肌丝：粗肌丝主要由肌凝蛋白所组成，其分子在粗肌丝中呈独特而有规则的排列。一条粗肌丝含有200～300个肌凝蛋白分子，每个分子长150 nm，呈长杆状，一端有球状膨大部。在组成粗肌丝时，各杆状部朝向M线聚合成束，形成粗肌丝的主干，球状部有规则地裸露在M线两侧的粗肌丝主干的表面，形成横桥（cross bridge）。当肌肉静息时，横桥与主干的方向相垂直，突出粗肌丝表面约6 nm。X线衍射法证明，横桥在粗肌丝表面的分布位置也是严格有规则的，即在粗肌丝的同一周径上只有两个相隔180°的横桥突出；在与此周径相隔14.3 nm的主干上有另一对横桥突出，但与前一对有60°的夹角；如此反复，到第四对横桥出现时，其方向正好与第一对横桥平行，且与第一对横桥相隔42.9 nm。上述横桥的分布情况，正好与一条粗肌丝为6条细肌丝所环绕的情况相对应，亦即在所有横桥出现的位置，正好有一条细肌丝与之相对。对于每条细肌丝而言，粗肌丝表面每隔42.9 nm就伸出一个横桥与之相对。这种对应关系，对于粗细肌丝之间的相互作用是必需的。

（2）细肌丝：细肌丝至少由3种蛋白质组成，其中60%是肌动蛋白。与肌凝蛋白一同被称为收缩蛋白质。肌动蛋白分子单体呈球状，在细肌丝中聚合成双螺旋状，成为细肌丝的主干。细肌丝中还有另外两种蛋白质，它们不直接参与肌丝间的相互作用，但可影响和控制收缩蛋白质之间的相互作用，故称为调节蛋白质。其中一种是原肌凝蛋白（tropomyosin，原肌球蛋白），也呈双螺旋结构，在细肌丝中和肌动蛋白双螺旋并行，在肌肉静息时原肌凝蛋白的位置正好在肌动蛋白和横桥之间，阻碍两者相互结合的作用；另一种调节蛋白质称为肌钙蛋白（troponin），肌钙蛋白在细肌丝上不与肌动蛋白分子相连接，只是以一定的间隔出现在原肌凝蛋白的双螺旋结构上。肌钙蛋白的分子呈球形，含有3个亚单位：亚单位C中有一些带双负电荷的结合位点，因而对肌浆中出现的Ca^{2+}有很大的亲和力；亚单位T的作用是使整个肌钙蛋白分子与原肌凝蛋白结合；而亚单位I的作用是在亚单位C与Ca^{2+}结合时，把信息传递给原肌凝蛋白，引起后者的分子构象改变，解除它对肌动蛋白和横桥相互结合的阻遏作用。见图2-17。

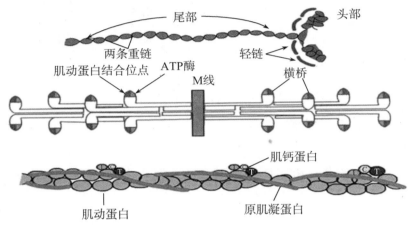

图2-17　骨骼肌的粗肌丝和细肌丝结构与横桥组成

（引自杨秀平，2006）

（3）横桥运动：当肌细胞上的动作电位引起肌浆中Ca^{2+}浓度升高时，作为Ca^{2+}受体的肌钙蛋白结合了足够的Ca^{2+}，从而引起了肌钙蛋白分子构象的某些改变，这种改变传递给了原肌凝蛋白，使后者的构象也发生改变，其结果是使原肌凝蛋白的双螺旋结构发生扭转，这就把静息时阻遏肌动蛋白和横桥相互结合的因素解除，实现了两者的结合。在横桥与肌动蛋白的结合、扭动、解离和再结合、再扭动构成的横桥循环过程中，细肌丝不断向暗带中央移动。与此同步进行的是ATP的水解和化学能向机械能的转换，完成了肌肉的收缩。横桥循环在一个肌小节以至整个肌肉中都是非同步进行的，这样才能使肌肉产生恒定的张力和连续的收缩。参与循环的横桥数目以及横桥循环的进行速率，是决定肌肉收缩程度、收缩速度以及所产生张力的关键因素。

（三）兴奋-收缩耦联

不论何种刺激在引起收缩之前，先在肌细胞膜上引发动作电位，而后才出现肌细胞的收缩，某种信号传递过程把两者联系起来，这一过程称为兴奋-收缩耦联

（excitation-contraction coupling）。它包括3个主要步骤：兴奋（电信号）通过横管系统传向肌细胞；三联管结构的信息传递；纵管系统对Ca^{2+}释放和再聚积。横管膜产生以Na^+内流为基础的膜去极化或动作电位，这一电位变化沿着凹入细胞内部的横管膜传导，深入三联管结构和每个肌小节的近旁。当肌膜上的电位变化沿横管系统到达三联管时，肌浆网膜上Ca^{2+}通道开放，Ca^{2+}通过易化扩散进入肌浆，到达肌丝区。传递这一信号的可能是横管膜上存在的一种特殊蛋白，也可能是管膜因电变化而产生了第二信使类物质IP_3，其作用于Ca^{2+}通道并使之开放。Ca^{2+}泵将释放到肌浆中的Ca^{2+}逆浓度差由肌浆转运到肌浆网中；由于肌浆中Ca^{2+}浓度的降低，和肌钙蛋白结合的Ca^{2+}也随后解离，引起肌肉舒张。见图2-18。

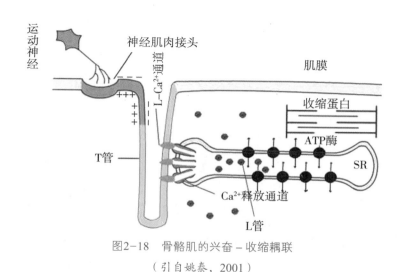

图2-18　骨骼肌的兴奋－收缩耦联

（引自姚泰，2001）

四、骨骼肌收缩的外部表现

（一）肌肉的收缩与做功

骨骼肌在体内的做功是指其在受刺激时能产生缩短或张力，借以完成躯体的运动或抵抗外力的作用。当肌肉克服某一外力而缩短，肌肉就完成了一定量的机械功，其数值等于所克服的阻力和肌肉缩短长度的乘积。但肌肉在收缩时能做多少功，则取决于负荷条件和肌肉本身的功能状态。肌肉在体内或实验条件下可能遇到的负荷有两种：一种是在肌肉收缩前就加在肌肉上的，称为前负荷（preload），它使肌肉在收缩前就处于某种程度的被拉长状态，这时的肌肉长度称为初长度（initial length）；由于前负荷的不同，同一肌肉就要在不同的初长度条件下进行收缩。另一种负荷称为后负荷（postload），它是在肌肉开始收缩时才能遇到的负荷或阻力，它不增加肌肉的初长度，但能阻碍收缩时肌肉的缩短。

等长收缩（isometric contraction）：长度不变时肌肉进行的收缩。

等张收缩（isotonic contraction）：张力不变的情况下进行的肌肉收缩。

（二）肌肉的单收缩和单收缩的复合

1. 骨骼肌的单收缩

整块骨骼肌或单个肌细胞受到一次短促的刺激时，先是产生一次动作电位，紧接着出现一次机械收缩，称为单收缩（single contraction）。根据收缩时肌肉所处的负荷条件不同，单收缩可以是等长的，也可以是等张的，收缩全过程可分为潜伏期（latent period）、缩短期（shortening period）、舒张期（relaxation period）。肌肉收缩的幅度与刺激强度有关，阈刺激只能引起少量高兴奋性神经元兴奋，随着刺激强度的增大，引起更多的，甚至全部运动单位兴奋，这一现象称为收缩的总和效应。正常情况下，当骨骼肌在运动神经的支配下进行自然收缩时，所接受来自神经的信号均为连续兴奋，同理，收缩种类为复合收缩。

2. 复合收缩

如果给肌肉以连续的脉冲刺激，肌肉的收缩情况将随刺激的频率不同而变化。在刺激频率较低时，因每一个新的刺激到来时由前一次刺激引起的单收缩过程已经结束，于是每次刺激都引起一次独立的单收缩。当刺激频率增加到某一限度时，后来的刺激有可能在前一次收缩的舒张期结束前即到达肌肉，于是肌肉在自身尚处于一定程度的缩短或张力存在的基础上进行新的收缩，发生了所谓收缩过程的复合，这样连续进行下去，肌肉就表现为不完全强直收缩（incomplete tetanus）。其特点是每次新的收缩都出现在前次收缩的舒张期过程中，在描记曲线上形成锯齿形。如果刺激频率继续增加，那么肌肉就有可能在前一次收缩的收缩期结束以前或在收缩期的顶点开始新的收缩，于是各次收缩的张力或长度变化可以融合而叠加起来，使描记曲线上的锯齿形消失而得到一条平滑的收缩总和曲线，这就是完全强直收缩（complete tetanus）。产生完全强直收缩所需要的最低刺激频率，称为临界融合频率（critical fusion frequency）。

3. 复合收缩过程中动作电位的变化

由于正常体内由运动神经传到骨骼肌的兴奋冲动都是快速而连续的，体内骨骼肌收缩几乎都属于完全强直收缩，只不过强直收缩的持续时间可长可短。强直收缩显然可以产生更大的收缩效果，其所能产生的最大张力可达单收缩的4倍。这是因为肌肉在只接受一次刺激时，释放到肌浆中的Ca^{2+}很快被肌浆网上的Ca^{2+}泵回收入肌浆网，而连续刺激可使肌浆中的Ca^{2+}维持在一个饱和的高浓度水平。不同肌肉单收缩的持续时间不同，因而能引起肌肉出现完全强直收缩的最低临界频率在不同肌肉种类中也不同。单收缩快速的眼球内直肌需要每秒约350次的高频刺激才能产生完全强直收缩，而收缩缓慢的比目鱼肌只需每秒约30次的频率就够了。但不论不完全强直收缩还是完全强直收缩，伴随每次刺激出现的肌肉动作电位都只出现频率加快，始终各自分离，而不会发生融合或总和。这是由于肌肉的动作电位只持续$1 \sim 2$ ms，当刺激频率加速到下一次刺激落于前一次刺激引进起的动作电位持续期间时，组织又正好处于兴奋的绝对不应期，这时新的刺激将无效，既不能引起新的动作电位产生，也不引起新的收缩。见图2-19。

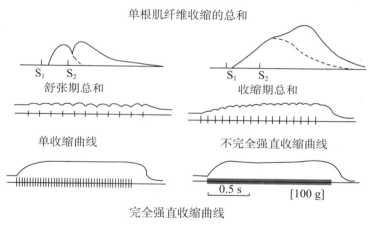

图2-19　肌肉的复合收缩过程及其电位变化

本章思考题

（1）基本概念：兴奋性、刺激、反应、阈刺激、阈强度、基强度、时值、静息电位、动作电位、锋电位、后电位、单纯扩散、易化扩散、通道、主动转运、传导、受体、G蛋白、运动单位、终板电位、肌小节、兴奋-收缩耦联、等张收缩、等长收缩、不完全强直收缩、完全强直收缩、临界融合频率。

（2）阐述细胞膜的基本结构。

（3）物质跨膜运输有几种方式？机制是什么？

（4）阐述跨膜信号传递的主要途径及其机制。

（5）阐述兴奋性的变化过程。

（6）阐述静息电位和动作电位产生的机制。

（7）阐述神经冲动的产生与传导过程。

（8）阐述冲动在神经肌肉接头处的传递过程。

（9）阐述骨骼肌纤维的结构。

（10）阐述骨骼肌的收缩过程。

主要参考文献

陈守良.动物生理学［M］.3版.北京：北京大学出版社，2005.

王玢，左明雪.人体及动物生理学［M］.2版.北京：高等教育出版社，2001.

温海深.水产动物生理学［M］.青岛：中国海洋大学出版社，2009.

杨秀平.动物生理学［M］.3版.北京：中国农业出版社，2016.

第三章
中枢神经系统

··

神经系统是动物机体内起主导作用的系统，由脑、脊髓、脑神经、脊神经、植物性神经以及各种神经节组成，分为中枢神经系统和周围神经系统两大部分。中枢神经系统是神经系统的主体部分，包括脑和脊髓，其主要功能是储存、加工和传递信息，产生各种感觉、心理活动，支配及控制人或动物的全部行为。周围神经系统又称外周神经系统、周边神经系统，包括除脑和脊髓以外的神经部分，可分为脑神经、脊神经和植物性神经（自主神经）。根据其功能，周围神经系统可分为传入神经（感觉神经）和传出神经（运动神经），前者能够将周围神经冲动传送到中枢神经系统，后者则能够将中枢的冲动传向周围器官。植物性神经分为交感神经和副交感神经两类。

动物（包括水产动物）体内各器官系统的功能及活动各异，但都在神经系统直接或间接的控制下，统一协调完成整体功能活动。来自体内外环境变化的信息，由各级中枢整合分析并发出指令信号，经传出神经到达效应器（如肌肉、腺体、发声、发光和发电等器官），并由效应器做出相应的生理响应，以适应内外环境的变化，维持生命活动的正常进行。

第一节　动物神经系统的演化

动物愈进化，神经系统愈发达，对系统活动的调控作用愈精细、灵活，动物适应内外环境变化的能力愈强。动物的神经系统演化经历了从简单到复杂、从分散到向头部集中以及皮层形成的过程，从弥散、网状、梯形、链状到管状，直至前端分化成脑的5个部分以及大脑皮质的形成。这个过程是在动物漫长的种族发生（系统发生）过程中逐步形成的，是动物对生存环境的适应性进化的表现。

头索动物（文昌鱼）的神经元集中在背部形成神经管，前端膨大形成脑泡，由神经索按节段排列形成脊神经，该结构是神经系统分化为脑与脊髓的雏形。

脊椎动物（鱼类、两栖类、爬行类、鸟类和哺乳类）神经管的前端膨大为脑，并分化成大脑、间脑、中脑、小脑、脑桥和延髓等部分（图3-1），并从脑和脊髓发出周围神经，支配躯体肌肉和内脏器官的活动。随着脊椎动物的进化发展，神经系统的结构与功能也愈来愈复杂和完善，并成为控制整个机体的机构，出现机体调节机能向大脑皮质高度集中的皮质化过程。

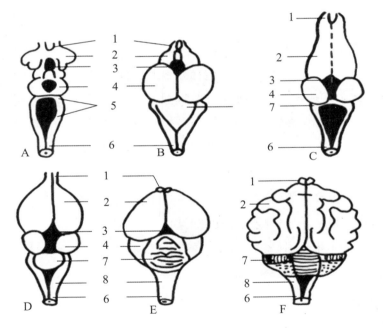

1. 嗅叶；2. 大脑；3. 松果体；4. 视叶；5. 菱脑；6. 脊髓；7. 小脑；8. 延脑。

A. 七鳃鳗；B. 花鲈；C. 蛙；D. 鳄；E. 鸽；F. 猫。

图3-1 脊椎动物脑的比较

（仿程红，2000）

第二节　神经元活动的一般规律

一、神经元的结构和功能

神经系统内主要含神经细胞和神经胶质细胞两类。神经元即神经细胞，是构成神经系统结构和功能的基本单位。神经元的大小及形状差异很大，但大多数神经元与典型的脊髓运动神经元的结构相近（图3-2），由胞体和突起两部分组成。胞体包括胞核和核周围胞质，是物质的合成部分和代谢中心，大多集中在大脑和小脑皮质、脑干和脊髓灰质以及神经节内。突起分为树突和轴突。树突发自胞体，分支多而短，呈树枝状，可视为胞体的延伸。轴突指由胞体轴丘

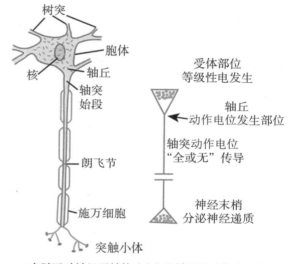

有髓运动神经元结构（左）及神经元功能（右）。

图3-2　有髓运动神经元的功能分段

（仿杨秀平等，2016）

（axon hillock）发出的细长的突起，也称神经纤维，其直径均匀，但长短不一。轴突形态上的特点是胞浆中没有尼氏体（Nissl's body）。从胞体发出的圆锥状隆起部分称为轴丘。轴丘的起始部分没有髓鞘，而是一段裸露的轴突（50~100 μm），该无髓部分称为始段（initial segment），在始段上一般很少有或没有突触小体（也称突触终结，synaptic knob）。始段是神经元动作电位起源的区域。一般一个神经元只有一根轴突，但每根轴突可发出与轴突垂直的侧支，轴突末端分成许多分支，为神经末梢。有些神经元没有轴突，有些神经元则没有树突。无脊椎动物中，大部分神经元的突起无法区分是树突还是轴突。胞体和树突是接受与整合信息的部位；轴突是传导信息的区域；神经末梢是释放神经递质的部位。神经元的突起不论有多长，在生理上都是神经元的一部分。如果切断树突或轴突与神经元胞体的联系，几天或几周内被切断

的部分就会变性以至于坏死。如果胞体未受损伤，且神经元突起有神经膜包围，则神经元可以再生；中枢神经系统没有神经膜，因此被切断的突起不能再生。

轴突一般都有髓鞘包被，但在轴丘及轴突末梢则没有髓鞘。每个神经末梢的末端膨大呈球状，称为突触小体，突触小体内有丰富的线粒体和囊泡，囊泡内含有神经递质。轴突内的胞质称轴浆，内含细长的线粒体、微管及微丝。轴丘膜的兴奋性最高，轴突膜则能传导冲动。胞浆在胞体与轴突之间作双向流动，称为轴浆流，行使物质运输的功能。胞体内合成的物质，如蛋白质与神经分泌物，可通过轴浆运输到轴突末端。

按轴突上是否有髓鞘，可将神经纤维分为有髓神经纤维和无髓神经纤维两种。实际上，无髓神经纤维的轴突也往往有一薄层神经膜。神经膜是构成髓鞘的施万细胞（Schwann cell）的一部分。施万细胞的细胞膜缠绕在轴突外表形成多层膜结构的髓鞘，而环绕在最外层的含有细胞质和细胞核的部分是神经膜。

神经元根据功能差异或在反射弧中所处的位置，一般可分为3类：

（1）传入神经元，又称感觉神经元，直接与感受器联系，接受体内外的刺激，将兴奋传递到中枢神经系统，如脑和脊髓的神经节细胞。

（2）传出神经元，又称运动神经元，直接与效应器联系，把兴奋从中枢传递到肌肉、腺体等效应器，如分布在中枢神经系统及自主性神经节内的多极神经元、脊髓的运动神经元等。

（3）中间神经元，又称联络神经元，主要在中枢内起中间连接作用，如脊髓的闰绍细胞（Renshaw cell）。其机能是接受其他神经元传来的神经兴奋后，再将兴奋传给另一神经元，起到联络作用。在整体中，许多脊神经或脑神经是由传入与传出纤维构成的混合神经。中间神经元为分布在脑和脊髓内的多极神经元，并形成神经网络。

此外，神经元还可根据引起后继单位兴奋还是抑制，而分为兴奋性神经元和抑制性神经元；还可根据神经纤维末梢释放的化学递质不同，分为胆碱能神经元、肾上腺素能神经元、多巴胺能神经元、5-羟色胺能神经元和γ-氨基丁酸（GABA）能神经元等。神经元是高度分化的细胞，其基本功能：① 感受体内、外各种刺激，并引起兴奋或抑制；② 对不同来源的兴奋或抑制进行分析、综合或贮存，再经传出神经将信号传递给所支配的器官和组织，产生一定的生理调节和控制效应；③ 一些神经元除具有典型的神经细胞功能外，还能分泌激素，能将中枢神经系统中其他部位传来的神经信息转变为激素信息，如下丘脑（hypothalamus）神经细胞分泌抗利尿激素、催产素、促甲状腺激素释放激素（TRH）、促性腺激素释放激素（gonadotropin-releasing hormone，GnRH）、促生长激素释放激素等。

除神经元外，神经组织内还有大量的神经胶质细胞，广泛存在于中枢和周围神经系统。中枢神经系统主要包括星形胶质细胞、少突胶质细胞和小胶质细胞；周围神经系统主要包括施万细胞和卫星细胞。它们具有分裂和增殖能力，特别是脑或脊髓受到损伤时能大量增殖，局部出现许多巨噬细胞，吞噬变性的神经组织碎片，并由星形胶质细胞填充缺损。少突胶质细胞形成中枢神经纤维的髓鞘，起到绝缘作用，可防止神经冲动传导时的电流扩散，使神经元的活动互不干扰。神经胶质细胞参与了血脑屏障（blood brain barrier，BBB）的形成，是构成血脑屏障的重要组成成分［例如，将一种活性染料台盼蓝（trypan blue）注入动物的血液内，其身体各器官都被染上蓝色，唯独脑组织不着色。因此，认为血液与脑组织之间存在一种血脑屏障，限制某些物质进入脑组织］。这些细胞还起到支持和营养神经细胞的作用。

二、神经纤维传导兴奋的特征

神经纤维的主要功能是传导兴奋，即传导动作电位。神经纤维传导兴奋具有如下特征。

（一）结构和功能完整性

神经冲动沿神经纤维传导，必须是在一根结构与功能都完整的神经纤维上进行。如果神经纤维受到损害，如被切断、损伤、麻醉或低温处理而破坏了其完整性，则会发生传导阻滞或丧失传导功能。

（二）绝缘性

一条神经干可包含成千上万条神经纤维，但每条神经纤维的兴奋仅沿自身传导，相邻神经纤维间的兴奋传导互不干扰。这是因为髓鞘（少突胶质细胞）和各纤维之间存在着具有绝缘作用的结缔组织。

（三）双向性

一根被分离出来的神经纤维上的任何一点受刺激时，其产生的动作电位都可沿神经纤维同时向两端传导。

（四）相对不疲劳性

与突触传递相比较，神经兴奋传导表现为不易发生疲劳，因为神经冲动传导的耗能较突触传递要少得多。以50～1 000 Hz的电刺激连续刺激神经纤维9～12 h，神经纤维仍可保持传导兴奋的能力。

（五）不衰减性

神经纤维在传导动作电位时，不论传导距离的长短、动作电位的大小，频率和速度都始终保持不变。这是动作电位"全或无"的体现，称为传导的不衰减性。

神经纤维的传导速度可用电生理学方法进行测定，影响传导速度的因素：① 神经纤维的粗细。一般情况下，神经纤维的直径越大，内阻越小，局部电流的强度和扩布的范围越大，因而其传导速度越快。有髓神经纤维的直径每增加1 μm，其传导速度增加6 m/s。② 髓鞘的有无或厚薄。有髓纤维传导兴奋是以跳跃的方式，而无髓纤维以逐点式传导，所以有髓纤维传导速度快于无髓纤维。在一定范围内，髓鞘越厚，传导的速度也越快。③ 温度的高低。随着体温或局部温度的降低，神经纤维的传导速度减慢，当温度降至0 ℃时，传导终止，这也是低温麻醉的原理。对于直径相同的有髓神经纤维，恒温动物的传导速度要比变温动物快。④ 生理状态的改变。即使是同一条神经纤维，由于生理状态的改变（如血液供应不足或缺氧时），其传导速度也有明显改变。

三、突触与突触传递

神经元之间在结构上不存在原生质的交流，在功能上却存在着密切的联系，称为突触。从广义上讲，一个神经元与另一个神经元或其他细胞（如肌细胞或腺体细胞）在机能上发生联系的部位，都称为突触，是信息传递和整合的关键部位。因此，突触是神经电信号从一个细胞传递到另一个细胞时细胞间相互接触的部位，是细胞间进行信息传递的特异性功能单位。

根据传递媒介的性质，突触还可分为电突触和化学突触。前者以离子流动为信息传递的媒介，后者以化学物质（即神经递质）作为信息传递的媒介。哺乳动物的突触传递几乎都是化学突触，电突触主要见于鱼类和两栖类。在电子显微镜下，可以观察到突触由突触前膜、突触间隙和突触后膜3部分构成（图3-3）。

根据突触接触的部位，按胞体、轴突和树突的相互组

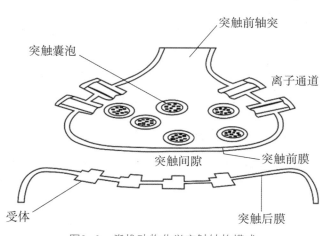

图3-3　脊椎动物化学突触结构模式

合，可分为9种突触类型。其中，最主要的突触接触形式有3种，也称为经典突触（图3-4）：

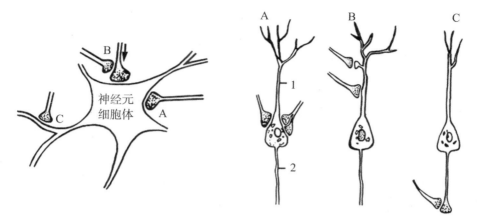

1. 树突；2. 轴突。

A. 轴突-胞体突触；B. 轴突-树突突触；C. 轴突-轴突突触。

图3-4　高等动物突触的类型

（仿王玢，2001）

（1）轴突-树突突触：一个神经元的轴突末梢与另一个神经元的树突相接触。

（2）轴突-胞体突触：一个神经元的轴突末梢与另一个神经元的胞体相接触。

（3）轴突-轴突突触：一个神经元轴突末梢与另一个神经元轴丘或轴突末梢相接触。

（一）电突触

Furshpan和Potter在1959年首次指出在螯虾的可兴奋细胞之间存在电学传递。电学传递可以发生在中枢神经系统的细胞之间、平滑肌细胞之间、心肌细胞之间、感受器细胞和感觉轴突之间。电突触的结构基础是突触前膜和后膜之间的缝隙连接（也称裂隙接头），电流很容易通过缝隙连接从一个细胞到达另一细胞。这种电突触也同样允许动作电位的局部电流通过，因此动作电位可以在电突触的缝隙连接之间传播，这与在轴突上的传播没有本质上的不同。电传递的特点是快速同步，基本上无突触延时。从一个细胞到另一细胞的缝隙连接的电阻一般是对称的，且没有方向性。但也有例外，例如，螯虾的大运动纤维之间的电突触的电阻是不对称的，电流向某一方向流动比向相反方向更容易。因此，一条轴突上的冲动可以引起第二条轴突的动作电位，但是第二条轴突上的冲动不能引起第一条轴突上冲动的传出。

电镜下观察无脊椎动物和低等脊椎动物的神经组织发现，神经元之间的任何一部分都可以彼此形成突触，如树突–树突型突触、树突–胞体型突触和胞体–胞体型突触等。但上述3种突触常为生物电传递突触，其结构特征是突触间隙极窄，只有20～30 Å（埃），其连接的形式为低电阻的缝隙连接。

（二）化学突触结构

神经冲动在经典突触上的传递又称为化学突触传递。经典突触即指一个神经元的轴突末梢与另一个神经元的胞体或突起相接触的部位。

突触前膜和突触后膜是特化的神经元膜，比一般神经元膜略厚，突触间隙宽10～50 nm。突触间隙的液体与细胞外液直接相连，具有相同的离子成分。在突触小体的轴浆内，有较多的线粒体和大量聚集的突触小泡（synaptic vesicle）。突触小泡内含有高浓度的化学递质，线粒体可以提供合成新递质所需的ATP。突触前膜向突触小体的胞浆内伸出一些致密突起（dense projection），而突触小泡常聚集在致密突起处。不同神经元的突触小泡的形态和大小不完全相同，并且所含递质种类也不尽相同。突触后膜上存在着能与一定的递质发生特异结合的受体，通过改变突触后膜对离子的通透性，激起突触后神经元的变化，产生神经冲动或发生抑制。一个神经元的轴突末梢可分出许多末梢突触小体，它可以与多个神经元的胞体或树突形成突触。因此，一个神经元可影响多个神经元的活动；一个神经元的胞体或树突可接受许多神经元传来的信息。

（三）化学突触的兴奋传递

虽然在腔肠动物、环节动物、软体动物、节肢动物、低等和高等脊椎动物体内均发现在某些神经元之间存在缝隙连接和电突触，但大多数的突触还是属于化学突触。化学突触是经典的突触，其传递过程：当突触前神经元兴奋时，神经冲动以"全或无"方式传导至其轴突末梢，使突触前膜去极化。当去极化到一定程度时，引起突触前膜上Ca^{2+}的通透性增加。Ca^{2+}由突触间隙（细胞外液）进入突触小体膜内，进而促进了突触小泡与突触前膜的接触、融合及破裂，把突触小泡内所含的化学递质释放到突触间隙中去（胞吐作用）。递质经弥散通过突触间隙到达突触后膜，立即与突触后膜上的特异受体结合，改变突触后膜对离子的通透性，使突触后膜上某些离子进入突触后膜，导致突触后膜发生一定程度的去极化或超极化。这种突触后膜上的电位变化称为突触后电位。

化学突触传递具有以下特点：① 单向性；② 突触延搁，需0.5～1.0 ms；③ 易受环境因素和药物的影响；④ 易疲劳性。

由于递质对突触后膜通透性的影响不同，突触后电位有两种类型：

（1）兴奋性突触后电位。神经冲动传至轴突末梢，使突触前膜兴奋并释放兴奋性化学递质，经突触间隙到达突触后膜受体，并与之相结合，使后膜某些离子通道开放，提高膜对Na^+的通透性，使膜电位降低，发生局部去极化，即产生兴奋性突触后电位（excitatory postsynaptic potential，EPSP），持续时间约10 ms。突触后电位是局部兴奋，可发生空间和时间的总和。

（2）抑制性突触后电位。突触的神经元轴突末梢兴奋，释放到突触间隙中的是抑制性神经递质。此递质与突触后膜特异性受体结合，使离子通道开放，提高膜对K^+、Cl^-，尤其是Cl^-的通透性，使突触后膜的膜电位增大，出现突触后膜超极化，称为抑制性突触后电位（inhibitory postsynaptic potential，IPSP），持续时间大约10 ms（图3-5）。此时，突触后神经元不易去极化，不易发生兴奋，表现为突触后神经元活动的抑制。

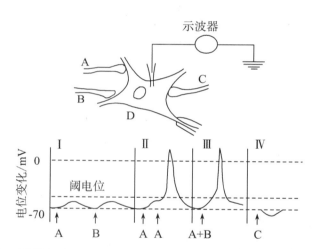

A神经元和B神经元的轴突分别与D神经元的胞体或树突形成兴奋性突触，C神经元的轴突则与D神经元的胞体或树突形成抑制性突触。

Ⅰ. 兴奋A神经元或B神经元在D神经元上引发的EPSP；

Ⅱ. EPSP的时间性总和，达到阈电位时引发动作电位；

Ⅲ. EPSP的空间性总和，达到阈电位时引发动作电位；

Ⅳ. 兴奋C神经元在D神经元上引起的IPSP。

图3-5　兴奋性突触后电位和抑制性突触后电位

四、中枢神经元的联系方式

中枢神经系统内神经元不仅数量巨大，而且相互之间的联系方式非常复杂，其主要的联系方式有以下几种。

（一）单线式联系

一个突触前神经元仅与一个突触后神经元发生突触联系。如视网膜中央凹处的一个视锥细胞常只与一个双极细胞形成突触联系，该双极细胞也只与一个神经节细胞形成突触联系。

（二）辐散式联系

一个神经元的轴突可通过其轴突末梢分支与许多其他神经元建立突触联系，称为辐散式联系（divergent connection）（图3-6A）。通过这种联系，中枢神经系统可以把一个神经元的兴奋或抑制同时传导到许多其他神经元，使它们同时产生兴奋或抑制，从而扩大了作用效果。通常机体内的传入神经元和自主神经元的轴突末梢在中枢后与其他神经元发生突触联系时，多以辐散方式为主。例如，脊髓背根的传入神经进入脊髓后，其轴突分支除了与本节脊髓的中间神经元及传出神经元形成突触联系外，还有分支与上、下行关节段的中间神经元形成突触联系。此外，亦可上升至各级中枢，直至大脑皮质形成突触联系。辐散的范围大小与刺激的强度及当时神经中枢的机能状态有关。

（三）聚合式联系

一个神经元的胞体与轴突可接受许多不同轴突来源的突触联系，称为聚合式联系（convergent connection）（图3-6B）。这种联系可使许多神经元的作用同时引起同一神经元兴奋而发生总和，也可使许多不同来源的神经元的兴奋和抑制在同一神经元上发生整合。通常传出神经元与其他神经元发生突触联系时，以聚合方式为主，此为传出神经元最后公路的结构基础。它能使多个来源于不同传入神经元的兴奋汇聚于同一个传出神经元，呈现出协调的反射活动。

脊髓中，传入神经元的纤维进入中枢后，除以分支与本节段脊髓的中间神经元及传出神经元发生突触联系外，还有上行与下行的分支，并以其侧支在各节段脊髓与中间神经元发生突触联系。因此，传入神经元与其他神经元发生突触联系时主要表现为辐散式联系。传出神经元接受不同轴突来源的突触联系，主要表现为聚合式联系。

（四）链锁式与环状式联系

中枢神经系统内中间神经元的加入，使神经元之间的联系呈多样性。由于联系方式的不同组合，出现了链锁式联系（图3-6C）和环状式联系（图3-6D）。在这些联系中，辐散与聚合方式可同时存在。当兴奋通过链锁式联系时，可以在空间上加强或者扩大其作用范围。当兴奋通过环状式联系时，则由于这些神经元的性质不同，而表现出不同的生理效应。如果其中各神经元都是兴奋性神经元，则兴奋得到加强和延续，起正反馈作用，并在刺激停止后，反射活动仍然持续一段时间，产生所谓"后放"或后放电（after discharge）现象。如果环状结构内存在抑制性中间神经元，并同其返回联系的胞体形成抑制性突触，则冲动经过环状传递后，将减弱或终止，这是一种负反馈作用，可使原来的神经活动及时终止。

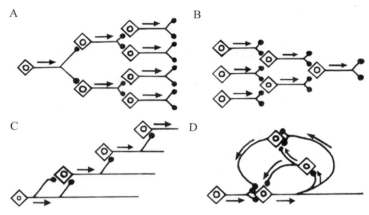

A. 辐散式；B. 聚合式；C. 链锁状；D. 环状式。

图3-6 中枢神经元的联系方式模式图

（仿杨秀平，2002）

五、中枢神经递质

在中枢神经系统内，神经元间化学突触的信息传递是由神经递质完成的。神经递质是指神经末梢释放的特殊化学物质，它能作用于所支配的神经元或效应细胞膜上的特殊受体，从而完成信息传递功能。中枢神经系统内，从突触前神经元末梢释放，作用于突触后膜的神经递质称为中枢神经递质；如果由外周神经末梢释放，作用于效应器的神经递质则称为外周递质。

确定一种化学物质为神经递质一般需要符合下列条件。① 合成：突触前神经元内存在合成该递质的前体物质和酶系。② 贮存：合成的递质通常贮存于突触前神经元轴突末梢的突触小泡内，以利于保存和运输。③ 释放：当神经冲动到达突触末梢时，突触小泡破裂将神经递质释放进入突触间隙。④ 受体：释放的神经递质能与突触后膜上的特异受体结合，使突触后膜产生（兴奋性或抑制性）突触后电位。⑤ 失活：在突触的部位存在使该递质失活的酶或摄取、回收该递质的其他失活方式，使递质的作用能迅速终止。⑥ 实验验证：当人为施加递质至突触后神经元或效应器细胞时，能引起相同的生理效应，用递质的受体激动剂或阻断（拮抗）剂等药物，能分别拟似或阻断该递质的突触传递功能。

（一）中枢神经系统的递质种类

中枢神经系统的递质种类主要有四类：乙酰胆碱、胺类、氨基酸类和肽类等。

1. 乙酰胆碱

Ach是中枢神经系统的重要递质，在中枢内分布较广，主要起兴奋性递质的作用。中枢神经系统能够合成并由其末梢释放Ach的神经元，称为胆碱能神经元。由这些神经元发出的轴突投射到脑内不同区域形成胆碱能通路，支配胆碱能敏感神经元。在中枢神经系统的广泛区域内存在大量的胆碱能神经元、胆碱能通路和胆碱敏感神经元，它们被统称为中枢胆碱能系统。它们在运动、感觉、心血管活动、摄食、饮水、体温调节、睡眠与觉醒以及学习记忆等生理过程中均发挥重要作用。

2. 胺类

（1）单胺类：神经系统内含有单胺结构的递质统称为单胺类递质。这类递质属于儿茶酚胺（catecholamines，CA），包括多巴胺（dopamine，DA）、去甲肾上腺素（norepinephrine，NE）、肾上腺素（epinephrine，E）和5-羟色胺（5-hydroxytryptamine，5-HT）。

多巴胺除了作为去甲肾上腺素的前体存在于大脑皮质，其本身也是一个独立的神经递质。中枢的多巴胺能神经元胞体主要集中于中脑，参与调控锥体外系的运动，调节机体的情绪和精神活动，与促性腺激素、催乳激素、抗利尿激素及α-促黑素细胞素等的分泌调节有关，还参与认知、摄食等功能活动。

在中枢神经系统中，以肾上腺素为递质的神经元称为肾上腺素能神经元，其胞体主要分布在延髓，肾上腺素能系统与血压、呼吸、神经内分泌调节等功能相关。脑内去甲肾上腺素能神经元的胞体主要集中在脑桥和延髓。由于血脑屏障的存在，外周的去甲肾上腺素很难进入脑，因此，中枢去甲肾上腺素能系统形成一个相对独立的功能系统。中枢去甲肾上腺素能系统主要与动物的觉醒、情绪、躯体运动和内脏活动、心血管以及下丘脑内分泌调节等多种生理或病理行为有关。

动物体内的5-羟色胺，约99%存在于外周，只有1%左右位于中枢神经系统。5-羟色胺同样难以通过血脑屏障，因此中枢和外周神经系统的5-羟色胺基本上属于两个独立的系统。研究表明5-羟色胺是存在于无脊椎动物中枢和外周神经系统的神经递质。脊椎动物的中枢神经系统存在5-羟色胺能神经元，但在外周神经中尚未发现以5-羟色胺为递质的神经纤维。因此，目前的研究主要将5-羟色胺作为中枢递质而探索其功能。5-羟色胺能神经元主要集中在低位脑干的中缝核群和下丘脑，其神经元向头端和尾端均存在众多投射，脑的各个部位几乎都有5-羟色胺能神经元的传入。5-羟色胺主要与睡眠、情绪和精神活动、痛觉和镇痛、体温调节、心血管活动和躯体的运动功能相关。5-羟色胺还与肾上腺皮质激素和性激素的分泌以及性活动相关。

（2）组胺（histamine, HA）：组胺是一种很强的生物活性物质，在结缔组织的肥大细胞内含量较高，在脑内的含量较低。但组胺构成了脑内完整的组胺能神经元系统。组胺能神经元的胞体局限地分布于下丘脑基底部后侧的结节乳头核群，存在广泛的双侧性上行和下行投射，但以同侧为主。组胺能神经元主要参与调节神经内分泌、边缘系统的功能、觉醒和睡眠，以及参与痛觉调制。

3. 氨基酸类

氨基酸类递质包括兴奋性递质（谷氨酸、天冬氨酸）和抑制性递质（甘氨酸、GABA）两大类。谷氨酸和天冬氨酸为酸性氨基酸，广泛分布于大脑皮质和感觉传入通路。谷氨酸是哺乳动物中枢神经系统中分布最广泛的兴奋性神经递质，不仅对神经元有快速兴奋作用，还参与神经发育、老化、突触发生及可塑性等许多缓慢的生命过程。GABA属于抑制性递质，普遍存在于中枢神经系统的大脑皮质、小脑皮质、纹状体等部位，引起突触后膜超极化，产生突触后抑制。在脊髓内GABA还能引起突触前去极化，产生突触前抑制。GABA除了对神经元有抑制作用外，对腺垂体许多激素的分泌也有一定的影响，另外，脑内GABA系统对于维持骨骼正常的兴奋性和痉挛阈值有非常重要的作用。甘氨酸是广泛分布于中枢神经系统的另一种抑制性神经递质，在脊髓内的含量最高。破伤风毒素可阻止神经末梢释放甘氨酸，可引起肌肉痉挛和惊厥。

4. 肽类

近年来已发现脑内存在30多种神经肽作为神经递质（或调质）：① 阿片样肽，如内吗啡肽、β-内啡肽（β-EP或β-END）、脑啡肽（NEKS）类和强啡肽（SYN）类，它们都是具有吗啡样活性的多肽。脑啡肽可经阿片受体抑制大脑皮质、纹状体和中脑导水管周围灰质神经元放电。脊髓背角胶质区的脑啡肽能调节痛觉纤维传入活动。阿片样肽除在镇痛中起一定作用外，还具有调节内分泌、心血管活动和呼吸运动的功能。② 下丘脑释放的调节性多肽既有激素又有神经递质的作用，如促甲状腺激素释放激素（TRH）、黄体生成素释放激素（LHRH）、促肾上腺皮质激素释放因子（CRF）、生长激素释放因子（GRF）、生长抑素（GHRIH）、血管升压素（VP）和催产素（OT）。③ 某些脑肠肽，如P物质、血管活性肠肽（VIP）、胆囊收缩素（CCK）、胃泌素（gastrin）及胃动素（motilin）等也起到神经递质作用。例如，P物质可能是初级感觉神经元的兴奋性递质，与痛觉传入活动有关；血管活性肠肽能加强乙酰胆碱递质的作用；神经肽Y可影响下丘脑-垂体轴活动及脑内肾上腺素能神经元的活动，其生物学效应与血管活性肠肽的作用相拮抗。

递质的共存：一个神经元内可含有两种以上的神经递质（包括调质）。通常多是一种经典递质与一种神经肽或多种神经肽的共存。递质共存是一种普遍现象，可起到递质间的调节作用。如，支配猫唾液腺的副交感神经内Ach和血管活性肠肽共存，Ach能引起唾液腺分泌唾液，但并不能增加唾液腺的血流量；而VIP虽不能直接影响唾液腺的分泌，但能增加唾液腺的血流量，提高唾液腺上的Ach受体亲和力，从而增强Ach分泌唾液的作用。

（二）神经调质

神经调质（neuromodulator）是神经元产生的另一类化学物质，同样作用于特异受体，但其作用并非直接在神经元之间传递信息，而是调节信息传递效率，起到增强或削弱递质效应的作用，所发挥的作用称为调制作用。例如，LHRH不能直接引起离子通道开放，但能先与其受体结合激活与受体耦联的G蛋白，G蛋白再作用于磷脂酶C（PLC），使磷脂酰肌醇分解为三磷酸肌醇（IP_3）和二酰基甘油（DAG）。IP_3作为第二信使，经过细胞内的一系列酶促反应，再度激活ATP的受体（P_2XR），使P_2XR与ATP结合开放离子通道。在这里ATP作为神经递质出现，LHRH作为神经调质出现。

（三）神经递质的受体

受体一般是镶嵌于细胞膜或细胞内、能与某种化学物质（如递质、调质、激素）发生特异结合的特殊蛋白质分子。能与受体发生特异性结合，并产生生物效应的化学物质称为激动剂；只发生特异性结合、但不产生生物学效应的物质则称为拮抗剂，两者统称为配体。一般认为受体与配体的结合具有以下4个特性。

（1）特异性。特定的受体只与特定的配体结合，激动剂与受体结合后能产生特定的生物效应，但特异性结合并非绝对的，而是相对的。

（2）饱和性。分布于膜上的受体数量是有限的，因此它结合配体的数量也是有限的。

（3）可逆性。配体与受体既可以结合也可以离解，但不同配体的离解常数是不同的，有些拮抗剂与受体结合后很难解离，几乎为不可逆结合。若预先使用药物与受体结合，神经递质则不能发挥作用。这种能与受体结合使递质不能发挥作用的药物称为受体阻断剂。递质与相应的受体阻断剂在化学结构上有一定的相似性，因此两者都可与同一受体结合而发生竞争性反应。受体阻断剂的不断发现促进了对递质与受体作用关系的深入了解。

（4）受体的脱敏性。当受体长时间处于存在一定浓度配体的环境中时，大多数受体会失去反应性，即产生脱敏现象。脱敏现象有两种类型：同源脱敏和异源脱敏。同源脱敏是指细胞与其特异配体结合后仅对该配体失去反应性，而仍保持对其他配体的反应性。异源脱敏是指细胞因与其特异配体结合后对其他配体也失去了反应性。产生受体脱敏性可能是由于受体内化或受体的mRNA降解加速，使得受体数量减少。

受体的种类繁多，主要分为以下四大类。

1. 胆碱能受体

凡是能与Ach结合的受体均称为胆碱能受体。胆碱能受体有两类：M型受体和N型受体。M型受体广泛存在于副交感神经节后纤维支配的效应细胞上，以及汗腺、骨骼肌内的血管上，与乙酰胆碱结合后产生一系列副交感神经兴奋的效应。这类受体还能与毒蕈碱相结合，故M型受体又称为毒蕈碱型受体。M型受体与乙酰胆碱相结合产生的效应称为毒蕈碱样作用（或M样作用）。M型受体可分为M_1、M_2和M_3 3种亚型。有机磷农药和新斯的明对胆碱酯酶有选择性抑制作用，可造成乙酰胆碱在神经肌肉接头处和其他部位大量积聚，引起M样作用，如瞳孔缩小、大汗、流涎及肌肉痉挛等症状，应用阿托品可阻断上述效应，使症状缓解。阿托品是M型受体阻断剂。N型受体存在于交感和副交感神经节神经元的突触后膜和骨骼肌终板膜上，与乙酰胆碱相结合后，产生兴奋性突触后电位，导致节后神经元或骨骼肌兴奋。因这类受体还能与烟碱结合，产生相似的效应，故又称为烟碱型受体。N型受体与乙酰胆碱结合所产生的效应称为烟碱样作用（或N样作用）。N型受体分为N_1和N_2两个亚型。N_1受体分布于神经节神经元突触后膜，称为神经元型烟碱受体；N_2受体分布于骨骼肌终板膜上，N_2受体是N型Ach门控通道，又称为肌肉型烟碱受体。箭毒可阻断N_1和N_2烟碱受体。N_2受体的阻断剂能阻断兴奋的神经—肌肉传递，使肌肉松弛，在临床外科手术中可用作肌肉松弛剂。

2. 肾上腺素能受体

能与儿茶酚胺（包括去甲肾上腺素、肾上腺素）特异结合的受体称为肾上腺素能受体（adrenergic receptor），广泛存在于交感神经节后纤维支配的效应细胞上（除了汗腺）。肾上腺素能受体除对交感神经末梢释放的递质起反应外，还对血液中的儿茶酚胺（由肾上腺髓质分泌或由体外注入）起反应。肾上腺素能受体有两种类型：α型和β型肾上腺素能受体（简称α受体和β受体）。β受体又分为3种亚型，即$β_1$、$β_2$和$β_3$受体。

3. 突触前受体

受体不仅存在于突触后膜，也存在于突触前膜，调节神经末梢的递质释放。

4. 中枢内递质的受体

中枢神经递质种类繁多，因此相应的受体也较多。

第三节　反射活动的一般规律

一、反射及反射弧

神经系统功能的基本方式是反射。反射是指在中枢神经系统参与下，机体对内、外环境刺激的规律性应答。反射的概念在生理学实践中不断地发展，成为神经系统生理学的基本概念。现今，反射概念具有更广泛的内容，可以分为非条件反射和条件反射两类。

非条件反射指先天固有、数量有限、比较固定和形式较低级的反射活动，如防御反射、食物反射、性反射等。非条件反射是动物在长期的种系发展中形成的，仅通过皮质下中枢即可形成，无需大脑皮质参与。这些反射对个体生存和种系维持具有重要生理意义，使机体能初步适应环境。

条件反射是指在出生后的生活或个体发育过程中，通过后天训练学习而形成的反射，可以建立，也可消退，数量亦可不断增加。它是动物在个体的生活过程（经历）中根据具体的生活条件，在非条件反射的基础上建立起来的一种特定的反射活动。条件反射的建立扩大了机体反应范围，能使机体更加适应于复杂变化的生存环境，有更高的灵活性。条件反射主要是大脑皮质的功能。条件反射不断建立，并与非条件反射越来越多地融合，因此条件反射逐渐占据主导地位。

反射活动的结构基础和基本单位是反射弧，包括感受器、传入神经、神经中枢、传出神经和效应器5个基本部分。一个反射活动过程可简单地描述为，一定的刺激被相应的感受器所捕获，使感受器兴奋，兴奋以神经冲动的方式由传入神经传向中枢，通过中枢的分析与综合产生兴奋，中枢的兴奋又经传出神经到达效应器，使效应器的活动发生相应的变化。在实验条件下，人工刺激直接作用于传入神经也可引起反射活动，但在自然条件下，反射活动一般都需经过完整的反射弧来实现，如果反射弧中任何一个环节中断或被破坏，反射便不能发生。反射弧包括单突触反射弧和多突触反射弧。单突触反射弧：如膝跳反射的中枢仅在脊髓，传入与传出神经元之间只有一个突触。多突触反射弧：从传入到传出神经元之间插入一个或多个中间神经元。

形成条件反射的基本条件就是无关刺激与非条件刺激在时间上的结合，这个过程称为强化。建立条件反射时，首先发出无关刺激（铃声、节拍器、灯光等），再以反射的刺激（食物）强化此无关刺激，引起反射；然后使无关刺激和非条件反射强化在时间上结合一段时间，隔一定时间再重复结合一次。如此结合几次后，条件反射逐渐巩固。无关刺激变成这一反射的信号刺激。这时，只需无关刺激就能引起这一反射。这种反射的建立，需要一些特殊的条件，因此称为条件反射，又称经典条件反射。另一种条件反射比较复杂，称为操作式条件反射，它要求动物完成一定的操作。例如，大鼠踩杠杆才能进食，其特点是动物必须通过自己完成某种运动或操作后才能得到强化。由此可见，条件反射是在非条件反射的基础上建立的。条件刺激必须略先于非条件刺激或至少是与非条件刺激同时出现；非条件反射中枢必须有足够的兴奋性，机体本身必须健康；这种反射必须反复强化，多次结合。但是，如果反复应用条件刺激，而又得不到非条件刺激的强化，条件反射就会逐渐减弱，最后消失，这称为条件反射的消退。一个正在进行的条件反射，有可能被突然出现的一个新的强刺激所抑制，导致该条件反射暂时消退。此外，条件刺激太强或作用时间过久，也会抑制正在进行的条件反射。总之，为了建立条件反射，使用的条件刺激要固定，强度要适宜，而且要经常用非条件刺激来强化和巩固。否则，已经建立的条件反射也会因受到抑制而逐渐消退。

条件反射的建立，极大地扩大了机体反射活动的范围，提高了动物活动的预见性和灵活性，从而使动物更精确地适应环境的变化。例如，食物条件反射建立后，动物不再是消极地等待食物进入口腔后才开始进行消化活动，而是可以根据食物的形状和气味去主动寻找食物，即在食物入口之前就做好了消化的准备。

各种脊椎动物包括鱼类，对内外环境的适应，都是通过非条件反射和条件反射实现的。条件反射活动是机体精确适应生活环境不可缺少的神经活动，反射活动是它们独立生存的基本条件。

鱼类作为低等脊椎动物的代表，并没有进化出大脑皮质结构，因此其是否能形成条件反射引起了人们的关注。研究表明大多鱼类（如丁鲹、圆腹雅罗鱼、鳊鲅鱼、鲽鱼、梅花鲈、虾虎鱼、鳕鱼等）能在多种不同刺激训练下建立条件反射。关于形成条件反射的脑结构，有些学者认为鱼类中脑和端脑都具有形成条件反射的能力。许多鱼类条件反射实验是以食物作为非条件刺激物，而条件刺激物则是声、光、味和有香气的物质等。应用这些方法，鱼类可以区别出小范围的盐度、水流方向以及温度（0.1℃范围内）等的改变。一般在条件刺激物和非条件刺激物作了11～20次的结合后，就可建立条件反射。从能否建立条件反射，可推知鱼类的视觉、嗅觉、味觉、听觉以及对磁场的反应情况，这为声、光、电捕鱼及赶鱼、诱鱼等提供了有益资料，具有一定的学术上和经济上的意义。比如，应用条件反射的方法，可以很好地明确鱼类的听觉特性，包括听觉阈值、环境噪声对鱼类听觉的遮蔽效果、音频辨别能力、声源定位能力和对学习音的记忆力等。研究发现，鱼类的听觉特性存在物种差异。骨鳔类听觉最敏感，可以感受的频率范围为16～13 000 Hz；非骨鳔类次之；无鳔类的听觉能力较差，可听频率范围很小。但鱼类无论内耳和鳔有无联系，对低频音几乎都很敏感，可听频率下限一般为50 Hz。

二、兴奋在中枢传布的特征

神经冲动在中枢传布时，往往需要通过一次以上的突触交替。由于突触的结构和化学递质的参与等因素的影响，神经冲动在中枢的传布完全不同于在神经纤维上的传导。兴奋在中枢神经的传布有以下特征。

1. 单向传布

在中枢内存在大量的化学突触。经典的化学突触研究认为，兴奋只能由突触前神经元传向突触后神经元，即从一个神经元的轴突末梢向另一个神经元的胞体或突起传递兴奋。因此兴奋只能由传入神经元向传出神经元方向传布。因为在突触传递时，神经递质贮存在突触前神经元的轴突末梢内，所以只有当传递至突触前末梢时，才能引起神经递质的释放。即在反射弧中，兴奋只能从脊髓背根传入，由腹根传出。其中背根是感觉性的，腹根是运动性的。这个规律称为贝麦二氏定律（Bell-Magendie law）。但近年来的研究发现，突触后的细胞也能释放一些物质（如NO、多肽等）逆向传递到突触前末梢，改变突触前神经元释放递质的过程。因此，可以认为，突触前、后膜之间的信息沟通是双向的。

2. 中枢延搁

兴奋在中枢传递时所需时间较长的现象，称为中枢延搁（central delay）。产生中枢延搁主要是突触传递过程繁多，兴奋在突触之间传递需要消耗时间，最终导致突触延搁的产生。据测定，经过一次突触传递需要0.3~0.5 ms。反射过程中，通过的突触数目越多，中枢延搁耗时越长。据此，可以根据中枢延搁时间来判断反射活动的复杂程度。

3. 总和

在中枢内，单根神经纤维的单一冲动所引起的EPSP较小，不足以使突触后神经元产生兴奋，从而不能引起反射性传出效应。因此兴奋在中枢传布需要多个EPSP的总和，才能达到阈电位水平，进而触发动作电位。兴奋的总和包括时间性总和、空间性总和。如单根传入纤维先后传入多个冲动即为时间性总和，许多传入纤维同时传入冲动至同一神经中枢即为空间性总和。

4. 兴奋节律的改变

在一个反射活动中，传出神经和传入神经的冲动频率往往不同。传出神经元发放冲动的频率不但取决于传入冲动的节律，还取决于中间神经元与传出神经元的联系方式及其自身的功能状态。

5. 后放

后放是指在反射活动中，当对机体的刺激停止后，传出神经仍可发放冲动，使反射活动持续一段时间。如电刺激蛙的后肢，蛙腿产生屈曲反射，但刺激停止后，屈腿反射并不会马上消失而是持续一段时间。产生后放的主要结构基础是神经元之间的环状联系。此外，在效应器发生反应时，其本身的感受器（如肌梭）又受到刺激，由此产生的继发性冲动经传入神经到达中枢，这种反馈作用起到纠正或维持原先的反射活动的作用，也可产生后放。如果切断背根的传入神经，后放的时间会大大缩短。

6. 局限化与扩散

感受器在接受一个适宜刺激后，一般仅引起局部的神经反射，而不产生广泛的活动，称为反射的局限化（localization）。如电刺激脊蛙（破坏脑而保留脊髓的蛙）的后肢，仅引起蛙后肢的屈肌反射（flexor reflex）；但如果用过强的刺激刺激其皮肤或内脏，则会引起蛙的广泛的活动，称为反射的扩散（generalization）。神经元的辐散式连接方式是扩散的结构基础。

7. 对内环境变化的敏感性和易疲劳性

机体缺氧、体内CO_2和其他酸性代谢产物过多等因素均可影响神经递质的合成与释放，导致突触传递能力的变化。突触后膜受体具有高度特异性，有些药物可以特异地与受体结合从而加强或阻断突触传递过程。上述因素均可作用于中枢而改变其兴奋性，亦即改变突触部位的传递活动。

三、中枢抑制

在兴奋性递质的作用下，突触后膜上的Na^+或Ca^{2+}通道开放，导致Na^+或Ca^{2+}内流，使突触后神经元去极化，形成的电位变化称为EPSP。此时突触后神经元对其他刺激的兴奋性升高。EPSP若不能达到阈电位水平，虽不能引起突触后神经元兴奋，但可提高其兴奋性，产生易化作用。神经元各部兴奋性并不一样，以轴突起始段处（轴丘）的阈值最低，最易产生兴奋。

反射活动之所以能协调是因为在中枢内既有兴奋活动又有抑制活动。与兴奋过程一样，抑制过程也是主动活动过程。例如，吞咽时呼吸停止；屈肌反射进行时，伸肌反射（extensor reflex）受抑制。中枢协调的意义在于使体内的反射活动有一定的次序、一定的强度，并有一定的意义。如果中枢抑制受到破坏，反射活动就不能协调地进行。中枢抑制主要通过突触抑制实现，根据其产生机制和部位的不同，将其分为突触后抑制和突触前抑制。

（一）突触后抑制

在哺乳动物中，突触后抑制都是由抑制性中间神经元的活动引起的。神经系统中突触后抑制的神经通路中一般都有抑制性中间神经元的参与。这些神经元兴奋时，轴突末梢释放抑制性递质，突触后膜在该抑制性递质作用下产生超极化，使该突触后神经元对其他刺激的兴奋性降低，致使突触后神经元的活动受到抑制，故称为突触后抑制（图3-7）。这种突触后膜上的电位的变化称为IPSP。IPSP的产生是因某种抑制性递质作用于突触后膜，使后膜上Cl^-通道外放，引起Cl^-内流，从而使后膜发生超极化（静息时细胞膜内负外正的状态称为膜的极化状态；当膜两侧的极化现象加剧时称超极化；相反，当极化现象减弱时称去极化）。研究发现，IPSP的产生也与K^+通道开放和K^+外流增加，以及Na^+或Ca^{2+}通道关闭有关。IPSP也可以总和或加深，使下一个神经元不易兴奋。事实上突触后膜在一定时间的状态是EPSP和IPSP相互抵消的净结果。如果IPSP占优势，突触后神经元就呈抑制状态；如果EPSP占优势，则呈兴奋状态。当EPSP的值达到阈电位水平时，突触后神经元就产生冲动。

突触后抑制主要分为传入侧支性抑制和回返性抑制两类。

1. 传入侧支性抑制（afferent collateral inhibition）

传入纤维进入中枢后，在兴奋某一中枢神经元的同时，又发出侧支去兴奋另一个抑制性中间神经元，通过该抑制性中间神经元的活动转而抑制另一个中枢神经元，这种突触后抑制称为传入侧支性抑制（图3-7A）。例如脊髓腹角运动神经元，有的支配伸肌，有的支配屈肌。伸肌肌梭的传入神经进入脊髓后，直接兴奋所支配的伸肌运动神经元，同时发出侧支，去兴奋一个抑制性中间神经元，通过该抑制性中间神经元去抑制屈肌运动神经元，导致伸肌收缩而屈肌舒张。这种抑制曾被称为交互抑制（reciprocal inhibition）。这种形式的抑制并非脊髓独有，脑内也存在，其作用是使不同中枢之间的活动相互协调。

2. 回返性抑制（recurrent inhibition）

中枢的某一神经元兴奋时，其冲动在沿轴突向外传播的同时，又经其轴突的侧支去兴奋另一抑制性中间神经元，该抑制性中间神经元兴奋后，释放抑制性递质，再返回抑制原先发动兴奋的神经元及其同一中枢的其他神经元（图3-7B），这一过程称为回返性抑制。其结构基础是神经元之间的环状联系。例如，脊髓闰绍细胞是一种抑制性中间神经元。其末梢释放抑制性递质甘氨酸。脊髓腹角运动神经元兴奋引起肌肉收缩的同时，经其侧支使闰绍细胞兴奋，闰绍细胞的轴突反过来又抑制脊髓腹角运动神经元的活动。回返性抑制是一种负反馈调节，能及时终止神经元的活动，并促使同一中枢内许多神经元之间的活动同步化，对神经元的活动在时间上和强度上进行及时的修正。

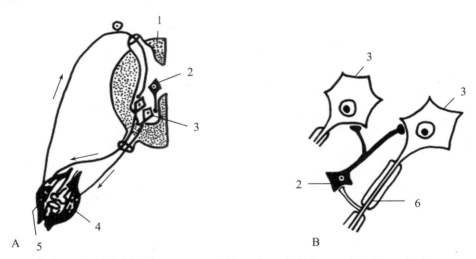

1. 脊髓；2. 抑制性中间神经元；3. 运动神经元；4. 拮抗肌；5. 主动肌；6. 轴突。

A. 传入侧支性抑制；B. 回返性抑制。

图3-7 两类突触后抑制

（仿杨秀平，2002）

（二）突触前抑制

1. 突触前抑制的概念

突触前抑制是指兴奋性突触前神经元的轴突末梢受到另一抑制性神经元的轴突末

梢的作用，使其兴奋性递质的释放减少，从而使兴奋性突触后电位减小，以至不容易甚至不能引起突触后神经元兴奋，呈现抑制效应。这种突触后神经元的抑制过程是通过改变突触前膜的活动而引起的，因此称为突触前抑制。

2. 突触前抑制的形成

突触前抑制的结构基础是轴突-轴突式突触和轴突-胞体式突触的联合。如图3-8A所示，轴突b与轴突a形成轴突-轴突式突触，并不直接与运动神经元的胞体相接触。正常情况下，轴突a末梢兴奋可使运动神经元产生EPSP。如果在轴突a末梢兴奋之前，轴突b末梢先兴奋一定时间，则可因轴突b末梢兴奋时释放的GABA，激活轴突a末梢上的GABA$_a$受体，引起轴突a末梢的Cl$^-$电导增加，使轴突a末梢去极化，而使传到轴突a末梢的动作电位的幅度变小，于是进入轴突a末梢的Ca^{2+}数量也减少，转而使轴突a末梢释放的兴奋性递质量随之减少，最终导致EPSP明显小于没有轴突b末梢参与时运动神经元的EPSP，运动神经元表现为抑制（图3-8B）。

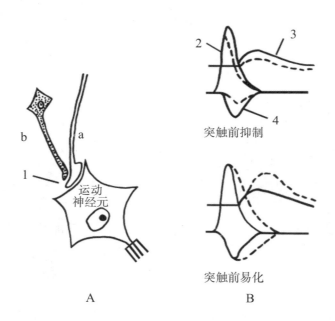

1. 突触前抑制；2. 突触前动作电位；3. 突触后神经元的EPSP；4. 突触前神经元的Ca^{2+}内流。

A. 神经元联系方式；B. 机制，虚线表示抑制或易化效果。

图3-8　突触前抑制和突触前易化的神经元联系方式及机制

（仿杨秀平，2002）

3. 生理意义

突触前抑制广泛存在于中枢神经系统中，尤其在感觉传入途径中多见。如一个感觉兴奋传入中枢后，除沿特定的通路传向高位中枢外，还通过多个神经元对其周围邻近的感觉传入纤维的活动产生突触前抑制，从而抑制其他感觉传入，有利于产生清晰、精确的感觉定位。

4. 中枢易化

易化（facilitation）是指某些生理过程变得更容易发生的现象。中枢易化（central facilitation）可分为突触后易化和突触前易化。突触后易化（postsynaptic facilitation）表现为EPSP的总和。突触后膜的去极化可使膜电位接近阈电位水平，如果在此基础上再出现一个刺激，就较容易达到阈电位水平而产生动作电位。突触前易化（presynaptic facilitation）与突触前抑制具有相同的结构基础。与突触前抑制相反，如果到达轴突a末梢的动作电位时程延长，则会使Ca^{2+}通道的开放时间相应延长，运动神经元上的EPSP增大，导致突触前易化的发生。有研究发现5-羟色胺在轴突-轴突式突触末梢的释放，可引起细胞内cAMP水平升高，使K^+通道发生磷酸化而关闭，从而缓冲动作电位复极化过程，于是进入末梢a的Ca^{2+}数量增加，释放的递质增多，最终导致运动神经元上的EPSP增大（图3-8B）。例如，某些软体动物的神经元在易化性神经元释放的5-羟色胺作用下关闭K^+通道，减少K^+内流，延长动作电位的时程，使Ca^{2+}内流增加，对突触后细胞产生易化作用。

突触前抑制的特征是潜伏期较长，一般在刺激传入神经后20 ms左右发展到峰值，而后其抑制作用逐渐减弱，整个持续时间可达200 ms。

第四节 中枢神经系统的感觉机能

动物对机体内、外环境中的各种各样的刺激，首先是由感受器官感受，然后将刺激转换为感觉传入神经的动作电位，并通过各自的通路传到中枢。经过中枢的分析整合，从而形成感觉。

一、脊髓内的感觉传导功能

脊椎动物的脊髓纵贯脊椎管的始末，脊髓的形状和分化程度依动物种类不同而有较大差异。圆口类的脊髓呈扁平带状，灰质部分尚未分化成明显的背角和腹角。鱼类的脊髓呈椭圆柱形，背腹方向略扁平，脊髓由前向后逐渐变细，但在胸鳍和腹鳍部位略膨大。背、腹面分别具有背中沟和腹中沟，依次将脊髓分成左、右两半。围绕在脊髓神经管腔四周呈蝶形的灰质，是神经元本体，灰质周围为白质，里面只有神经纤维。灰质分化成明显的背角和腹角，不过两背角尚未完全分开。

脊髓是中枢神经系统的低级反射中枢，通过脊神经与周围器官发生机能联系。每根脊神经又分为背根和腹根，背根是感觉性的，腹根是运动性的。皮肤和肌肉中的感受器，将信息通过传入神经纤维传送给脊髓灰质；脊髓发出指令性信号通过运动神经元传送给肌纤维，从而支配某些肌肉的活动。脊髓是中枢神经系统的低级部位，以脊神经与机体的各部相联系。白质是上行（前行）和下行（后行）神经束的通道，传导感觉和运动的神经冲动，把组织器官与脑的活动连接起来。来自躯干、四肢和一些内脏器官的神经冲动，经脊髓的上行（前行）神经纤维束传至高级中枢（脑），高级中枢的大部分传出活动经下行（后行）神经纤维束传到脊髓，然后支配躯体和内脏活动。因此，脊髓通过上行和下行神经纤维束使躯体组织器官与脑的活动保持密切联系。

对于大脑皮质发达的高等脊椎动物来说，传入冲动经脊神经背根进入脊髓后，沿各自的前（上）行传导通路传至丘脑，经过交换神经元后到达大脑皮质。由脊髓向前（上）传导的感觉传导路径可分为浅感觉传导通路和深感觉传导通路两大类。浅感觉传导通路主要传导痛觉、温觉和轻触觉。深感觉传导通路主要负责传导肌肉与关节的本体感觉和深部压觉，并且皮肤的精细触觉也由它传导。二者的传导路径基本一致。不过，在浅感觉传导通路中，传入神经进入脊髓的界面上先交叉到对侧，再上行；而对于深感觉传导通路来说，传入神经先上行到延脑的薄束核和楔束核后再交叉到对侧。因此，当脊髓半离断时，离断的同侧发生深感觉和辨别觉障碍，而离断的对侧发生浅感觉障碍。

脊髓下行神经纤维束主要发源于脑干的网状结构。在七鳃鳗脑干网状结构中（图3-9），有7~9对巨大的神经元，称缪氏细胞（Müller cell）。还有2对特大的细胞，称莫特纳细胞（Mauthner cell）。缪氏细胞和莫特纳细胞的轴突都沿脊髓下行，直接或间接与脊髓运动神经元形成突触，支配躯体肌肉的运动。莫特纳细胞的树突直接接受听神经的输入。如轻敲水族箱壁引起鱼的惊逃反射，便是由莫特纳细胞兴奋引起的。

板鳃鱼类脑干中同时存在上述两种细胞，硬骨鱼类均有缪氏细胞，但只有活泼的真骨鱼类才有且仅有1对莫特纳细胞。

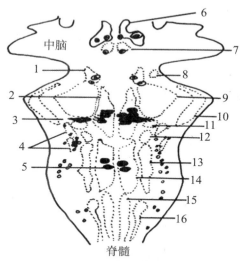

1.菱脑网状结构前核；2.菱脑网状结构内侧核；3.莫纳特细胞；4.听觉侧线神经运动核；5.缪氏细胞；6.中脑网状结构核；7.动眼神经；8.滑车神经核；9.三叉神经运动核；10.听觉侧线叶；11.面神经运动核；12.吞咽神经运动核；13.迷走神经运动前核；14.菱脑网状结构后核；15.迷走神经运动后核；16.脊髓运动核。
图示网状结构核和脑神经运动核的分布。
图3-9　七鳃鳗脑干的背面观
（仿赵维信，1992）

正常情况下，脊髓的反射活动受高级中枢的控制，但脊髓本身能独立地行使反射机能，完成某些躯体运动和内脏活动的基本反射。如猫鲨在脊髓与脑的联系切断后仍能游泳，对其身体进行机械刺激，会改变游速和方向。脊髓是许多内脏反射活动的初级中枢。具有血管张力反射、排粪反射、排尿反射、发汗反射等功能，但这种反射调节功能是初级的，不能很好地适应生理功能需要。

二、延脑

延脑是动物脑中非常重要的部分，延脑直接与脊髓贯通，可看作是脑向后延伸或脊髓向前延伸的部分，故称为延脑或延髓。鱼类的第V～X对脑神经都发源于延脑，延伸至心脏以及听觉器、侧线、呼吸器官等。延脑既是运动中枢，又是感觉中枢。此外，延脑又是脑和脊髓之间运动和感觉的各种信号传递通道。延脑还是中枢神经系统高级部位和脊髓之间感觉或运动通路联络转换站。

鱼类的延脑，根据信号传递的类型，可分为几个发出神经纤维的区，即躯体与内脏的感觉性区和躯体与内脏的运动性区。其中感觉性区传递来自皮肤、侧线、前庭以及一般感觉和三叉神经的信息，这些神经丛（复合体）组成由延脑发出的皮肤感觉神经支，功能是外受性（extroceptive）本体感受。内脏的感觉性区传送来自化学感受器（味觉）和内脏器官神经纤维的信息，联合面神经、舌咽神经和迷走神经的感觉支，功能是内受性（introceptive）信息的传递。躯体的运动性区发出传出运动神经纤维到眼球和舌咽部肌肉。内脏的运动性区包含来自面神经、舌咽神经和迷走神经的传出运动神经纤维，分布到内脏器官的肌肉和腺体，功能有运动、分泌、内脏运动和血管舒缩等。

延脑背侧往往有几处向上或向两侧突起形成的神经叶，是感觉中枢集中的地方。这些神经叶都接受同名神经感觉纤维的输入，属初级感觉中枢。例如，鱼类具有发达的面叶和迷走叶。面叶和面神经相联系，有颜面感觉中枢。迷走神经发源处形成迷走叶。面叶和迷走叶均具有味觉中枢，如鲤鱼、鲇鱼等。面叶感觉皮肤表面味觉，迷走叶感觉口腔内味觉。有的鱼还有舌咽叶。延脑还有皮肤感觉中枢、平衡感觉中枢。面叶、舌咽叶、迷走叶的机能比较复杂，因为这些神经的一部分传入纤维传递味觉信息，另一部分纤维传递温觉、痛觉和触觉信息。听叶（acoustic lobe）和听神经联系，听觉侧线叶（acoustical-lateral lobe）和侧线神经支联系；味叶（gustatory lobe）和分布到头部、口腔和咽腔味蕾的味觉神经联系。软骨鱼类延脑前段两侧有耳状突，又名听侧区，是听觉和侧线的共同中枢。电觉鱼类的听觉侧线叶还具有一个初级电觉中枢。

延脑是鱼类的听觉、皮肤感觉、侧线器官、呼吸、心血管运动和食物反射的中枢。破坏鲤鱼或狗鱼延脑的左侧或右侧，会导致对侧鳃盖的呼吸运动停止；如果切断延脑中部，则两侧的鳃盖运动都会中止。延脑存在着许多维持生命活动的神经中枢，堪称"活命中枢"，同时还是调节色素细胞作用的中枢，能使身体的色素细胞收缩，引起皮肤颜色变淡。

三、小脑

水生动物小脑的形式、大小和结构有较大差别。盲鳗没有小脑。七鳃鳗的小脑的形状像一块简单的横板。板鳃类的小脑很发达，由小脑体两侧的小脑耳构成，小脑体又被横沟分为前、后叶，有的分成前、中、后叶。小脑前部遮盖着一部分视叶，后部覆盖于延脑之上。硬骨鱼类的小脑一般可分为小脑体、小脑瓣和小脑后叶3部分。小脑瓣常突入中脑。各种鱼类小脑瓣的发达程度不同。如鲤鱼很发达，以致将视叶挤向两侧，并将中脑的腹面占满；而青鱼的小脑瓣虽发达，但没有将其背部突破。小脑后叶在机能上相当于板鳃鱼类的小脑耳。小脑是调节动物运动的中枢。鲨类的小脑发达，这与其迅速游泳的能力相关。

鱼类小脑体的外层白质由神经纤维组成，中央灰质主要由颗粒细胞（granular cell）组成，两层之间为一些较大型的细胞，即浦肯野氏细胞（Purkinje cell）。蒲肯野氏细胞在不同的鱼类有所不同。在进化较高等的鱼类，这种巨大神经细胞有十分复杂的树状突结构。

硬骨鱼类的小脑后叶和板鳃类的小脑耳，都直接接受来自听神经和侧线神经的感觉输入。小脑的侧叶接受侧线神经和前庭神经（vestibular nerve）纤维，小脑体接受来自脊髓、三叉神经、视顶盖以及其他系统的传入神经纤维。小脑体和小脑瓣都能接受较高级的感觉输入。如金鱼、鲇鱼、板鳃鱼类的小脑体中均有视觉中枢。鲇鱼的视觉传入纤维起源于间脑视上核。来自湿觉、痛觉、触觉等体壁感觉的神经冲动通过脊髓上行纤维和延脑副楔核的接替也到达小脑体。三叉神经感觉纤维也直接或间接进入小脑。

四、中脑

圆口类、软骨鱼类和硬骨鱼类的中脑都较发达。圆口类中，盲鳗的中脑只有一个，没有分为明显的左、右两半，但占的体积较大，把小脑挤得极小，几乎不可见；七鳃鳗的中脑亦很发达，它和延脑大部分的上方都被以脉络膜（chorioidea）。在脊椎动物中，中脑脉络丛仅见于七鳃鳗。中脑背部形成一对视叶，是所有脊椎动物的视觉中心。硬骨鱼类的中脑视叶发达，因被小脑瓣所挤，偏向两侧，均呈半月形。鱼类的中脑不仅是视觉中枢，还是综合各部感觉的高级部位。

鱼类的中脑由腹面的基部（被盖）和背面的视顶盖组成。视顶盖的发达程度随种类而异，硬骨鱼类一般高于板鳃鱼类。视神经在间脑腹部交叉后，其纤维一部分终止于间脑视核，大部分终止到对侧中脑视顶盖。可见视顶盖是鱼类主要的初级视觉中枢。视顶盖主要接受视神经输入，还接受脊髓、脑干网状结构和小脑的输入。视顶盖的传出纤维进入延脑的网状结构和间脑。视顶盖下方的半圆形突起称为被盖或半圆托，这是第二级的听觉、侧线觉和电觉中枢。

鱼类的视神经是完全交叉的，右眼的视神经只进入视叶的左半部，而左眼的视神经只进入视叶的右半部。

鱼类的视叶（中脑盖）有一定的再生能力。视叶切除后，由位于视叶管室膜细胞区（该区铺衬第三脑室）的基质区衍生的细胞再生新的视叶。再生通常由背基质区的细胞开始，而尾基质区是中脑盖再生最活跃的部位。基质区能在视叶内不断产生新的细胞，但产生实质细胞的能力受年龄的影响，因为基质区随着年龄增长而变薄，直到老化不再能产生新的细胞。如果基质区受到破坏，视叶很难再生和恢复正常的细胞结构；如果切除背基质区和尾基质区，只有视叶的基部能够再生。所以，只有保留基质区的部位才能使视叶再生。

五、间脑

与高等动物一样，鱼类的间脑也包含上丘脑、丘脑和下丘脑3个部分，是一个小而且高度复杂的结构。间脑的一部分被后部发达的中脑掩盖，背面是松果体（pineal body）。间脑背侧的丘脑不发达，腹侧的下丘脑比较发达，与脑的许多部位联系，是嗅觉、味觉和其他感觉的调节中枢。从丘脑外部观看，其两侧下叶之间是漏斗，向下延伸形成垂体柄，与垂体相连，后面是血管囊，可能与压力感受和内分泌有关。

（一）丘脑及其感觉投射系统

丘脑接受除嗅觉以外的所有感觉的投射，经换元后，向脑发出神经纤维，是最重要的感觉中继站；同时可进行感觉的初步分析与综合。大脑皮质不发达的动物中，丘脑是感觉的最高级中枢。根据投射的结构和功能不同，可把丘脑感觉投射系统分成两大类（图3-10）：一是特异性投射系统（specific projection system），二是非特异性投射系统（non-specific projection system）。

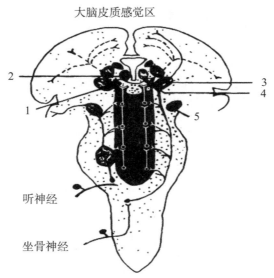

1. 腹前核；2. 背内侧核；3. 腹后核；4. 中央中核；5. 内侧膝状体。

黑色区域代表脑干网状结构；实线代表丘脑特异投射系统；虚线代表丘脑非特异投射系统。

图3-10　高等动物感觉投射系统示意图

（仿杨秀平，2002）

1. 特异性投射系统

特异性投射系统是指由丘脑接替核发出纤维，以点对点的方式投射到大脑皮质特定区域的投射系统。其主要功能是引起特定的感觉，并激发大脑皮质产生传出神经冲动。丘脑的联络核大部分也与大脑皮质有特定的投射关系，所以也属于特异性投射系统。

2. 非特异性投射系统

非特异性投射系统是指丘脑的髓板内核群弥散地投射到大脑皮质的广泛区域，不具有点对点的关系。主要功能是提高大脑皮质兴奋性，维持动物的觉醒。当各种特异感觉前（上）传到脑干时，均发出侧支与脑干网状结构中的神经元发生突触联系，在脑干内经多次换元后前（上）行，抵达丘脑髓板内核群，然后进一步弥散投射到大脑皮质广泛区域。由于各种感觉传入侧支进入脑干网状结构后，都发生了广泛的汇聚，所以非特异性投射系统不存在专一的特异性感觉传导功能，是各种不同感觉的共同前（上）传路径。实验表明，刺激中脑网状结构能唤醒动物；如果在中脑头端切断网状结构，动物则由清醒转入昏睡状态。这些说明，在脑干网状结构内存在有上行唤醒作用的功能系统，这一系统称为脑干网状结构上行激动系统（ascending reticular activating system），它通过丘脑非特异性投射系统行使功能。这一系统含有较多的突触联系，因此易受药物的影响而产生传导阻滞。例如，巴比妥类催眠药及全身麻醉药（如乙醚）都是通过阻断该上行激动系统的兴奋传导而起作用的。

两种感觉投射系统的作用虽有不同，但在神经系统感觉与分析过程中具有密切的关系。只有在非特异感觉投射系统维持大脑皮质清醒状态的基础上，特异感觉投射系统才能发挥作用，并形成清晰的特定感觉。

（二）间脑的功能

鱼类的间脑小，有一部分被很发达的中脑从后方遮盖，从背面不易看见。

上丘脑由松果体、松果旁体和缰核组成。除七鳃鳗等低等脊椎动物有明显的松果旁体外，大部分硬骨鱼类在性成熟时松果旁体便退化消失。松果体的主要功能是对光的感受性和分泌褪黑激素（melatonin，N-乙酰-5-甲氧色胺）。七鳃鳗的松果体区域还有通到脑垂体的神经通路：用脑垂体激素可使它们表现显著的颜色变化的节律，如破坏松果体区域后，这种反应就受到干扰或停止。有些鱼类的松果体区域对黑色素细胞的变化及它对明暗的反应有影响。如用光照松果体，可使腺体内有抑制和兴奋的变化。

丘脑的发育较差，两侧形成外侧膝状核，其大小在各种鱼类中不同，另外还形成一些丘脑核。下丘脑包含许多由不同的神经细胞组成的核团，是汇集来自端脑各种信息的主要中心；由端脑中部和两侧发出的神经纤维，终止于下丘脑的视前区。从味觉区和听觉侧线系统而来的神经纤维也进入下丘脑。从下丘脑后输出通路分别到达端脑各部、小脑的运动中枢、丘脑背部、中脑盖和神经垂体（posterior pituitary 或 neurohypophysis）。

鱼类下丘脑较发达，能间接接受多种感觉神经纤维的输入，是嗅觉、味觉和其他一些感觉的调节中枢；其传出纤维进入三叉神经运动核，并且与面神经运动核等许多部位相联系，因此是鱼类反射中枢之一。

鱼类的下丘脑与生殖和摄食等机能的调节都有重要关系，在下丘脑的许多神经核中，视前核（nucleus preopticus，NPO）和侧结核（nucleus lateralis tuberis，NLT）具有内分泌功能，能促进或抑制垂体释放各种激素以调节生长、生殖活动。视前核和侧结核的分泌细胞和它的分泌颗粒在数量上有季节性变化和年龄变化。

鱼类的视前核是由大神经细胞组成的大细胞视前核（nucleus preopticus magnocellularis）和小神经细胞组成的小细胞视前核（nucleus preopticus parvocellularis）组合而成，其神经分泌细胞分泌物质通过轴突输送到达脑垂体的激素分泌细胞，调节激素的分泌活动。这些神经分泌细胞不仅具有神经分泌的功能，亦起着神经传导作用。

六、端脑和嗅叶

鱼类的端脑又称前脑，由嗅脑及大脑组成，其中嗅脑由嗅球、嗅束及嗅叶三个部分组成，与嗅觉器官有密切关系。嗅球位于脑的最前端，与嗅觉器官嗅囊紧接。嗅球后方有嗅束连于大脑前方的嗅叶上。鱼类的嗅球离端脑的距离长短不一，嗅球直接接受嗅神经输入的纤维。嗅球是鱼类的初级嗅觉中枢。鱼类的嗅球是由僧帽细胞（mitral cell）、星形细胞和颗粒细胞组成的，这与其他脊椎动物的相似。

嗅神经纤维与僧帽细胞的树突形成突触，僧帽细胞的轴突汇集成嗅柄，进入端脑。端脑的传出纤维也经嗅柄进入嗅球，抑制僧帽细胞的活动。可见端脑是高级嗅觉整合中枢。鱼类没有像高等脊椎动物中所见的大脑及皮质，它们的大脑很原始，含有相当发达的基底神经节。端脑的背区接受高级感觉输入，像高等脊椎动物的大脑皮质一样行使学习、记忆、条件反射等高级机能。如切除端脑的罗非鱼建立条件反射的能力显著减弱，被切除端脑的鱼就不可能去学习条件躲避反应。

基底神经节的许多神经细胞集中而形成纹状体。纹状体是鱼类高级运动中枢。它具有上行和下行神经纤维来连接它和中枢神经系统的其他部分。在鸟类以下的动物，纹状体是中枢神经系统的高级部位，在这里进行着运动机能的最高级整合。硬骨鱼类圆腹雅罗鱼在切去端脑以后，不再用鼻而用眼来探索食物；将依靠嗅觉来觅食的猫鲨的端脑切除后，会导致它因为不能探索食物而无法生存。

端脑对鱼类的生殖行为起着重要作用，但具明显的种属差异。双斑伴丽鱼（*Hemichromis bimaculatus*）和五彩搏鱼（*Betta splendens*）的端脑被切除后，其所有的生殖行为完全消失。但切除大头罗非鱼（*Tilapia macrocephala*）的端脑只使其特有的交配行为消失。完全切除斑剑尾鱼（*Xiphophorus maculatus*）的端脑只使交配的频率降低。整体摘除端脑的虹鳉（*Poecilia reticulata*）的正常交配和攻击行为受到抑制。可见，端脑并不直接影响鱼类生殖行为形式的形成，而只起某些促进作用。

损伤端脑的特定部位会损害一些特定行为（如攻击、交配、抚幼）的平衡，而端脑对这些先天性行为起着组织和综合的作用。摘除三棘刺鱼端脑的不同部分，发现它们对攻击、生殖和抚幼行为起着不同的作用。例如，切除端脑的前部或两侧，攻击行为受抑制，交配的时间缩短，而抚幼行为延长；切除端脑的中部和后部，却得到相反的影响，攻击行为增强，交配时间延长而抚幼行为减弱；只切除端脑中部，攻击行为增强而生殖行为受到抑制。

端脑还参与鱼类色觉（对外界环境颜色变化的感觉）、摄食行为、游泳运动、集群能力、对敌害和障碍物的回避等的协调和综合作用。将端脑和小脑同时切除后，损害的性质和程度往往和只切除小脑的结果一样，表明鱼类端脑和小脑之间还没有建立起像高等脊椎动物那种功能上的联系。

鱼类的嗅叶和端脑具再生能力，但依不同种类及其年龄而存在差异。鲤鱼的嗅束能再生，但端脑却不能再生；虹鳉的端脑在切除后1～2个月能完全再生到正常水平；三棘刺鱼除端脑前部切除后不能再生外，切除端脑其他部分都可以再生。端脑的再生首先是从管室膜开始，然后形成新的神经元和神经纤维。

七、大脑皮质的感觉分析功能

对于大脑皮质发达的水生脊椎动物来说，各种感觉传入冲动最终都会传送到大脑皮质，在此处进行信息的加工和综合，产生感觉。因此，大脑皮质是产生感觉的最高中枢。

（1）躯体感觉区：躯体感觉区位于大脑皮质的顶叶。来自浅感觉和深感觉的冲动，经丘脑都投射到此区。除头、面部外，身体各部在躯体感觉区的投影均为左右交叉和前后倒置排列，而且感觉功能愈精细，其相应感觉区所占的区域范围也愈大（图3-11）。猴等灵长类动物躯体感觉区在顶叶中央后回，但如果中央后回遭损伤，躯体感觉仅是削弱并不消失，说明还有第二感觉区。人的第二感觉区位于中央前回和岛叶之间，面积较小，双侧、正向投射，不过精确性较差，只能对感觉进行粗略分析。

（2）肌肉本体感觉区：肌肉本体感觉是指肌肉和关节的运动感觉和位置感觉，与肌肉的牵张感受器和关节感受器的传入冲动有密切关系。

（3）内脏感觉区：来自内脏感受器的传入冲动可投射到第一和第二体感觉区。

（4）视觉区：位于大脑皮质的枕叶。此区接受来自视网膜的冲动，再通过特定的纤维，投射到此区的一定部位。

（5）听觉区：听觉区位于大脑皮质的额叶。听觉的投射是双侧性的，即一侧皮质的代表区与双侧耳蜗感受功能有关。

（6）味觉区和嗅觉区：味觉投射区位于中央后回头面部感觉投射区的下侧。嗅觉投射区位于边缘叶的前底部区，包括梨状区皮质前部、杏仁核的一部分和海马。嗅觉区在大脑皮质的投射区随着进化而缩小。在高等动物只有边缘皮质的前底部区。

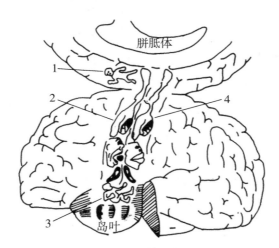

1.运动辅助区；2.运动区；3.第二体感区；4.第一体感区。

图3-11　大脑皮质体表感觉与躯体运动功能代表区示意图

（仿杨秀平，2002）

第五节　中枢神经系统对躯体运动机能的调节

动物的各种躯体运动都是在神经系统的调控下进行的，神经系统对躯体运动的调节都是复杂的反射活动；中枢神经系统的不同部位在躯体运动调节中有着不同的作用。骨骼肌一旦失去神经系统的调节，就会发生麻痹。然而，躯体运动的神经调节机制十分复杂，迄今尚不完全清楚。

一、脊髓对躯体运动的调节

（一）脊髓的运动神经元和运动单位

脊髓是运动控制的最低层次的结构，是躯体运动反射的最基本中枢，由一个位于脊髓中央的灰质区和一个包围灰质的白质区组成。灰质是脊髓神经元胞体所在，白质由神经元的轴突组成。

负责躯体运动的神经元包括存在于脊髓腹（前）角的运动神经元和存在于脑神经核团内的运动神经元（Ⅰ、Ⅱ、Ⅶ对脑神经核除外）。根据神经元胞体的大小和对肌纤维支配的情况，可将脊髓腹（前）角的运动神经元分为α、β、γ 3种。α运动神经元胞体较大，其轴突经脊髓腹（前）根离开脊髓，直接支配骨骼肌。γ运动神经元分散在α运动神经元之间，其胞体较小，轴突纤维很细，轴突经脊髓腹（前）根离开脊髓分布到骨骼肌的肌梭内肌纤维上从而支配梭内肌，能增强肌梭对牵拉刺激的敏感性。两者末梢释放的递质均为乙酰胆碱。β运动神经元胞体较大，其纤维对骨骼肌的梭内肌和梭外肌都有支配，但其功能尚不清晰；其轴突构成躯体运动的传出纤维，经脊髓腹（前）根到达所支配的骨骼肌。在脊髓中支配某一特定肌肉的运动神经元集结成群，构成了运动核，而且支配不同肌肉的运动神经元是按照一定的顺序有规律排列的。除运动神经元外，脊髓中还分布着大量的中间神经元，对躯体运动起到信息整合和回返性抑制作用。

由一个α运动神经元及其分支所支配的全部肌纤维组成了一个运动单位。不同运动单位的大小相差很大，取决于运动神经元轴突末梢分支数量的多少。一般是肌肉愈大，运动单位也愈大；运动单位小有利于进行精细的运动，运动单位大有利于产生强大的肌张力。如在眼外肌一个运动单位只含有6~12根肌纤维，而在四肢肌肉（如三角肌）一个运动单位含有的肌纤维多达2 000根。前者有利于进行精细的运动，后者有利于产生巨大的肌张力。γ运动神经元的细胞体较小，其纤维也很细，但兴奋性较高，常以较高的频率持续放电。

（二）脊休克

突然横断脊髓与延脑之间的联系，横断面以下（后）的脊髓暂时丧失反射活动，进入无反应状态，这种现象称为脊休克（spinal shock）。主要表现：横断面以下的脊髓所支配的骨骼肌反射消失；肌紧张（muscular tension）降低甚至消失；外周血管扩张；血压下降；发汗反射消失；直肠和膀胱中粪尿潴留。脊休克是研究脊髓功能常用的方法，通常将脊髓与高位中枢离断后的动物称为脊髓动物。脊休克经过一段时间后，脊髓反射可逐渐恢复。恢复的速度随物种而异，如鱼类、两栖类数分钟后可恢复，犬和猫需要数天，人类需数周或数月之久。一般来说，比较原始的、简单的反射先恢复，比较复杂的反射后恢复。脊休克发生的主要原因是，断离后的脊髓突然失去高位中枢（主要指大脑皮质、脑干网状结构和前庭核）的下行易化性影响（即提高兴奋，使反射易于发生），使兴奋性降低，因而对外周传入的信号丧失反应的能力。根据金鱼、鲫鱼（Carassius auratus）和虹鳟的脊髓切断试验，其切断的脊髓有再生现象，而哺乳动物则无法再生。脊休克可以恢复，说明脊髓可以完成某些简单的反射活动，称为脊髓反射。在整体情况下，脊髓反射受高级神经中枢的调节。

（三）脊髓反射

1. 牵张反射

当骨骼肌在受到外力牵拉而伸长时，能反射性地引起受牵拉的同一块肌肉收缩的反射活动，称为牵张反射（stretch reflex）。牵张反射的感受器是肌肉中的肌梭和腱器官。

（1）肌梭：是肌肉内一种梭形的特殊感受器装置。肌梭内含6~12根肌纤维，称为梭内肌纤维，外面有结缔组织囊。肌梭囊外的肌纤维称为梭外肌纤维。肌梭附着在梭外肌纤维上，二者呈并联关系。梭内肌纤维的收缩成分位于肌梭的两端，而感受装置位于其中间部，两者呈串联关系（图3-12）。梭外肌由脊髓α运动神经元的传出纤维支配；γ运动神经元的传出纤维支配梭内肌。当肌肉受外力被拉长，肌梭被拉长，可刺激梭内感受器，而使传入冲动增多，引起同一肌肉的α运动神经元兴奋和梭外肌收缩，从而完成一次牵张反射。当肌肉收缩时，梭内肌松弛，感受器受到的牵拉刺激减弱，肌梭传入冲动减少，甚至停止发放冲动。如果在梭外肌收缩时，梭内肌也收缩，则可以保持肌梭对牵拉刺激的敏感性，肌梭的传入冲动可以不变。当肌梭的传入纤维引起α运动神经元兴奋时，γ运动神经元也兴奋，而γ运动神经元的兴奋引起梭内肌收缩时，因收缩力量不够大，不会引起整块肌肉收缩，但可因高频率放电使梭内感受器对牵拉刺激的敏感性增高，增加传入冲动。因此肌梭主要感受肌肉的长度变化，而梭内肌收缩则可调节肌梭的敏感性。

此外，还有一种分布于肌腱胶原纤维之间的牵张感受装置，称为腱器官。腱器官与梭外肌纤维呈串联关系，其功能与肌梭不同。当梭外肌发生等长收缩时，腱器官的传入冲动发放频率增加，肌梭的传入冲动不变；当梭外肌发生等张收缩时，腱器官的传入冲动频率不变，肌梭的传入

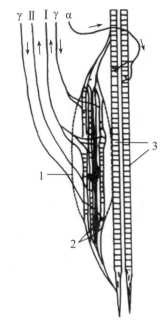

1. 肌梭；2. 梭内肌纤维；3. 梭外肌纤维。

图3-12　肌梭模式图

（仿杨秀平，2002）

冲动减少。当肌肉受到被动牵拉，腱器官和肌梭的传入冲动发放频率均增加。因此，腱器官是张力感受器。此外，腱器官的传入冲动对同一肌肉的α运动神经元起抑制作用。一般认为，当肌肉受到牵拉时，首先兴奋肌梭而发动牵张反射，引致受牵拉的肌肉收缩；当牵拉力量进一步加大时，则可兴奋腱器官，使牵张反射受到抑制，这样可避免被牵拉的肌肉受到损伤。

（2）牵张反射：包括腱反射（tendon reflex）和肌紧张。腱反射是指快速牵拉肌腱时引起的牵张反射，也叫位相性牵张反射。例如，叩击膝关节下的股四头肌，肌腱反射性地引起股四头肌收缩，称为膝反射。另外，还有肘反射及跟腱反射。腱反射的感受器是肌梭，传入纤维是Ia类纤维，基本中枢位于脊髓腹角的α运动神经元，效应器是同一肌肉中的梭外肌。腱反射的潜伏期短，传播时间只够一次突触传递时间（0.7 ms），因此它是一种单突触反射，肌梭的传入纤维经背根进入脊髓后直接与腹角的α运动神经元形成突触联系。在腱反射中，主要使受牵拉的肌肉收缩，而同一关节的相对抗的肌肉则受到抑制。整体情况下，腱反射受高级神经中枢的调节。

肌紧张是指缓慢、持续牵拉肌腱时（如重力）引起的牵张反射，表现为受牵拉的肌肉发生轻度、持续、交替和不易疲劳的紧张性收缩，以阻止其被拉长。肌紧张是保

持身体平衡和维持姿势最基本的反射活动，也是进行各种复杂运动的基础。动物站立时，支持体重的关节因重力作用而弯曲，关节弯曲会使伸肌肌腱受到持续的牵拉，反射性地引起该肌肉轻度、持续的收缩，以对抗重力引起的关节屈曲，从而维持站立姿势。这可能是同一肌肉内的不同肌纤维交替收缩的结果，因而不易疲劳。肌紧张和腱反射的反射弧组成基本相似，但肌紧张是多突触反射，即在肌梭传入纤维末梢和运动神经元之间有中间神经元接替。肌紧张产生过程还需要γ运动神经元的参与，否则肌梭的敏感性下降，传入的冲动减少，不能维持肌紧张。

2. 节间反射

节间反射（intersegmental reflex）是指脊髓某些节段神经元发出的轴突与邻近上下节段的神经元发生联系，通过上下节段之间神经元的协同活动所产生的一种反射活动。脊髓动物在反射的后期可出现复杂的节间反射。如刺激动物腹背皮肤，可引起后肢发生一系列的有节奏性的搔扒动作，称为搔扒反射（scratching reflex）。

脊髓可分为若干节，如鲫鱼为30节。脊神经的分布有明显的节段性，每一节有一对脊神经。每一背根的感觉纤维分布在皮肤的区域，称为皮节；每一腹根的运动纤维所支配的躯体肌肉群，称为肌节。皮节间或各肌节间并不截然分开，相邻数节存在着互相重叠交错。因此，刺激一对脊神经腹根，可引起多个肌节的收缩。

3. 屈肌反射与对侧伸肌反射

脊髓动物肢体的皮肤受到伤害性刺激时，会发生同侧肢体的屈肌收缩，而与屈肌相拮抗的伸肌舒张，使肢体屈曲，这种反射活动称为屈肌反射。通过屈肌反射可使受损伤的肢体避开伤害性刺激，具有保护性意义。屈肌反射一般在刺激施加后几毫秒才出现，并有 $6 \sim 8$ ms 的后放；对侧伸肌反射要到刺激后 $0.2 \sim 0.5$ s 才出现。屈肌反射是一个多突触反射，伤害性刺激信号进入中枢，并不直接兴奋运动神经元，而是先进入中间神经元池，然后再兴奋运动神经元，至少有3个神经元。

伸肌反射出现时，与伸肌相拮抗的屈肌发生舒张。这种相对固定关系是脊髓反射的特征，也是兴奋和抑制交互影响脊髓不同运动神经元的结果，这种神经支配的关系称为交互神经支配（reciprocal innervation）。交互神经支配在中枢神经系统中具有重要的生理意义，它使一切反射活动协调。从简单的牵张反射，到复杂的随意的肢体运动，都有拮抗肌群的交互抑制。交互抑制是指当支配某一肌肉的运动神经元接受某种传入冲动而发生兴奋时，支配其拮抗肌的神经元则受到该冲动的抑制。在中枢神经系统中，交互神经支配的联系广泛存在，以致不同的机能系统之间也具有交互抑制关系。如呼吸反射和吞咽反射就是相互拮抗的一对反射。

一侧伤害性刺激引起同侧屈肌反射的同时，还会引起身体对侧出现伸肌反射，这种越至对侧发生的反射称为对侧伸肌反射。对侧伸肌反射属于姿势反射，可在促进机体避开伤害性刺激的同时，又有利于支持体重及维持姿势，因而对动物适应环境有重要的意义。这种反射也是踏步运动机制的重要部分。在对侧伸肌反射中同样存在交互神经支配关系，即在伸肌收缩时，屈肌舒张。对侧伸肌反射产生的原因是，当刺激很强时，使传入神经元活动增多，一些传入神经元的冲动传到对侧，其中一部分末梢通过抑制性中间神经元与支配屈肌的运动神经元发生抑制性突触联系，另一部分末梢则通过兴奋性中间神经元与支配伸肌的运动神经元发生兴奋性突触联系，使对侧屈肌抑制和伸肌兴奋，从而导致对侧肢体伸直。

躯体动作最终取决于脊髓运动神经元和脑干运动神经元所发出的冲动的形式和频率。因为脊髓运动神经元是运动传出通路上的最后公路，许多来自外周传入的信息和高位中枢的调控兴奋性和抑制性信息最终都汇聚到这些运动神经元上，并在此发生整合，然后经传出纤维支配骨骼肌的运动。汇聚到运动神经元的各种神经冲动，可能有以下3个方面的功能：① 引发随意运动；② 调节姿势；③ 协调不同肌群的活动，使运动能平衡和精确地进行。

二、脑干对姿势的调节

姿势反射（postural reflex）：包括状态反射、翻正反射、直线和旋转加速度反射等。

1. 状态反射

在头部空间位置改变以及头部与躯干部的相对位置改变时，可反射性地改变躯体肌肉的紧张性，这种反射称为状态反射。状态反射包括迷路紧张反射和颈紧张反射。迷路紧张反射是内耳迷路的椭圆囊和球囊的传入冲动对躯体伸肌紧张性的反射性调节。颈紧张反射是颈部扭曲时，颈上部椎关节韧带和肌肉本体感受器的传入冲动对四肢肌肉紧张性的反射调节。在去大脑动物中，当动物取仰卧位时，伸肌紧张性最高，而取俯卧位时伸肌紧张性最低。这是因为当头部位置不同时，由于重力对耳石膜的作用，囊斑上各毛细胞顶部不同方向排列的纤毛所受到的刺激不同，引起内耳迷路的刺激不同。在正常情况下，马上坡时头向下俯，引起前肢伸肌紧张性减弱，后肢肌紧张性加强；下坡时头向上仰，引起前肢伸肌紧张性加强，后肢伸肌紧张性减弱，这就是状态反射的结果。

2. 翻正反射

正常动物可保持站立姿势，若将其推倒则可翻正过来，这种反射称为翻正反射。

如将动物四足朝天从空中落下，则可清楚地观察到动物在下坠过程中，首先是头颈扭转，然后前肢和躯干跟随着扭转过来，最后后肢也扭转过来。当动物坠落到地面时，可四肢着地。该反射包括一系列的反射活动：最先是不正常的头部位置刺激视觉与内耳迷路，引起头部的位置翻正；头部翻正后，头与躯干的相对位置不正常，刺激颈部关节韧带及肌肉，从而使躯干的位置也翻正。

鱼类的脑干对躯体的运动调控有非常重要的作用。例如，把鲨鱼的中脑和延脑完全切断，鱼体的运动虽能保持协调，但不能正常地在水平面或垂直面转变方向；在迷走神经发出处之后切断延脑，会使鲨鱼长时间活跃地向前游动，如果在这个部位切断延脑的左半部或右半部，则鱼朝向切断的一侧游动，而切断的对侧保持平静；在第Ⅷ对和第Ⅸ对脑神经发出处之间横切延脑，会导致周期性的游泳运动，鱼向前直接游，但极易为各种体表的刺激所抑制；如果在鲨鱼延脑一侧切断听神经，然后再在同侧或对侧的迷走神经发出处之后做延脑的半切，会使鳍的活动紊乱，且出现摇摆不定的游动，表明由听神经发出到身体肌肉的神经通路是沿着延脑的两侧下行，其中一部分直行，另一部分交叉到对侧。鱼类的延脑是重要的呼吸生理调节中枢，所以当沿着鳐类延脑的中线纵切后，喷水孔和鳃（包括鳃裂和鳃弓）的活动不协调；由于延脑调控呼吸器官的活动不仅在左、右侧存在着不同的功能部分，而且在同一侧亦可能存在不同的功能部分，因此，如果把延脑沿中线纵切，又在延脑的不同部分横切，就可以区分出诸如控制喷水孔、控制第一对鳃裂和鳃弓活动等等的调节部分。

三、基底神经节对躯体运动的调节

基底神经节主要指位于大脑半球底部的一大核团，包括尾（状）核、壳核、苍白球，统称为纹状体。此外，丘脑底核、黑质和红核在结构和功能上与纹状体有密切联系，因此也常包括在基底神经节内（图3-13）。

基底神经节是皮质下调节运动的重要中枢，它与随意运动的产生和稳定、肌紧张的调节、躯体运动的整合及本体感觉传入信息的处理等有关。例如，在记录清醒猴苍白球单个神经元的放电活动中，可观察到当肢体进行随意运动时神经元放电有明显的改变，说明其与随意运动有关。又如，用电刺激动物大脑皮质运动区后，再刺激尾核或苍白球，可使皮质运动区发出的运动反射被抑制，而且抑制效应在刺激停止后仍可维持一定时间。实验表明，基底神经节参与运动的设计和程序编制，即可将一个抽象的设计转换为一个随意运动。因此，基底神经节是皮质下调节躯体运动的重要中枢。然而，其对躯体运动的调节机制目前尚不清楚。

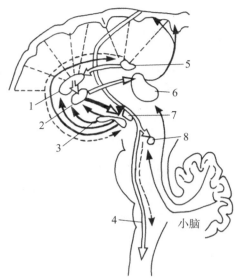

1.壳核；2.苍白球；3.黑质；4.锥体通路；5.尾状核；6.丘脑；7.丘脑底核；8.红核。

图3-13　基底神经节纤维联系示意图

（仿杨秀平，2002）

四、小脑对躯体运动的调节

小脑是躯体运动调节重要中枢，对维持姿势、调节肌紧张、协调和形成随意运动均有重要作用。依动物进化及传入和传出联系的不同，小脑可分为三个主要功能区，即古（前庭）小脑、旧（脊髓）小脑和新（皮质）小脑。

1. 维持身体平衡

维持身体平衡主要是古小脑的功能。古小脑是指绒球小结叶，绒球小结叶的身体平衡功能与前庭器官及前庭核活动有密切关系。因此古小脑又称前庭小脑（vestibulocerebulum），参与躯体姿势平衡。切除动物绒球小结叶后，动物平衡失调以致站立不稳，但肌肉的随意运动仍很协调。

2. 调节肌紧张

调节肌紧张主要是旧小脑的功能。旧小脑由小脑前叶和后叶的中间带构成，主要接受脊髓小脑束传入纤维的投射，因此又叫脊髓小脑（spinocerebellum）。它接受来自肌肉与关节的本体感受器、视觉和听觉信息。小脑前叶存在对肌紧张调节的易化区和抑制区，小脑前叶的两侧有增强肌紧张的作用，蚓部有抑制肌紧张的作用，它们是通过脑干网状结构抑制区和易化区而发挥作用的。刺激后叶中间带能使双侧肌紧张加强。当这部分小脑发生病变时，使易化作用减弱，表现为肌张力减低和肌无力等症状，出现运动协调障碍，称为小脑共济失调（cerebellar ataxia）。

3. 协调随意运动

新小脑（neocerebellum）的功能是协调随意运动。新小脑主要指小脑半球。新小脑损伤后，常出现同侧肢体的肌肉张力减退或无力的现象，另一个突出的表现是随意运动失调。如随意运动的速度、范围、强度和方向都不能很好地控制。

鱼类小脑的功能与高等脊椎动物的相似，主要是协调运动的中枢，对维持身体平衡起重要作用。还参与调控视觉、听觉及其他感觉器官的功能。小脑和小脑瓣发达的鱼类，活泼、游泳能力强，如金枪鱼、鲨鱼、鲱鱼和鳕鱼等。而比较迟钝、游泳力能弱的鱼类，如海马、鲅鳒和鲽的小脑都很小。切除猫鲨一侧的小脑耳，出现前身弯向施加手术一侧，切除小脑部分越多，身体弯曲的范围越大，由于持久弯曲，鱼就向施行手术方向做绕圈运动，说明同一侧肌肉紧张度增加。切除鲫鱼、鲤鱼、鲈鱼、狗鱼的一半小脑，其身体平衡和运动机能被破坏，表现身体弯曲、侧身、进行摇摆不定的运动；完全切除小脑，除身体平衡和运动紊乱外，视觉、听觉、触觉、痛觉都受到破坏。因此，鱼类小脑既是身体平衡和肌肉运动的中枢，亦参与调控视觉、听觉及其他感受器官的功能。

五、大脑皮质对躯体运动的调节

大脑皮质是调节躯体运动的最高级中枢，其主要功能是发动和控制随意运动。如果大脑皮质一定区域受到损伤，或者大脑皮质后（下）行至脊髓和脑神经运动核的传导通路受到损伤，随意运动将出现障碍，甚至丧失随意运动的能力。大脑皮质对躯体运动的控制作用主要有两部分：其一是皮质运动区的作用，主要是制定运动计划、编制运动程序，发布指令；其二是将运动指令输出，控制低位控制中枢。

（一）锥体系统

锥体系统（pyramidal system）是指由大脑皮质发出，并经延脑锥体而后（下）行，到达脊髓的传导束，即皮质脊髓束。虽然皮质脑干束后（下）行时不通过锥体，但它在功能上与皮质脊髓束相同，因此也包括在锥体束范围内（图3-14）。

锥体系统是大脑皮质后（下）行控制躯体运动的直接通路。皮质脊髓束中约80%的纤维在延髓锥体跨过中线到达对侧后（下）行，纵贯脊髓全长，称为皮质脊髓侧束；其余约20%的纤维不跨越中线，在脊髓同侧后（下）行，称为皮质脊髓前束。这两部分与脊髓腹角的运动神经元接触。皮质脑干束的纤维后（下）行，分别与支配头、面部肌肉的运动神经元接触。过去认为，锥体系统的后行（下）途中仅有两级神经元，一在皮质，另一在脊髓或脑干。现已证明，这种上、下位神经元的直接联系与动物进化过程中技巧性活动的发展、发育有关。锥体系统后（下）行冲动既可兴奋α运动神经元，又可兴奋γ运动神经元，提高肌梭敏感性，共同调节控制肌肉收缩完成精细动作。

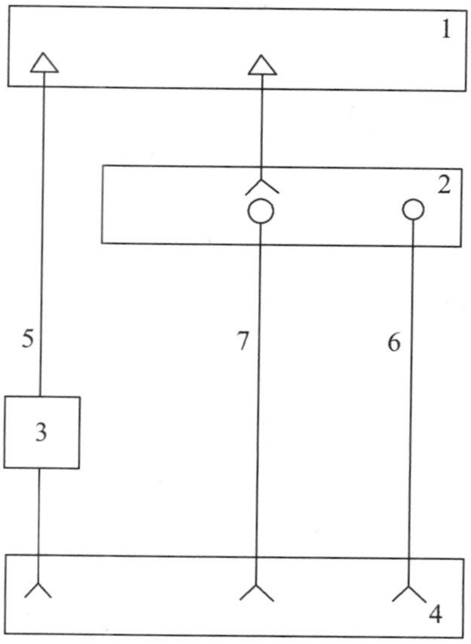

1. 大脑皮质；2. 皮质下核团；3. 延髓锥体；4. 脊髓；5. 锥体束；6. 锥体外系统；7. 皮质起源的锥体外系统。

图3-14　锥体系统和锥体外系统示意图

（仿杨秀平，2002）

此外，上述通路发出的侧支和一些直接起源于运动皮质的纤维，经脑干某些核团接替后形成顶盖脊髓束、网状脊髓束和前庭脊髓束，它们主要与肌紧张的调节、大块肌群的协调性运动调节及姿势的调节有关；而红核脊髓束的功能是参与四肢远端肌肉有关精细运动的调节。在皮质脊髓束和皮质脑干束中也有来自皮质躯体感觉区的纤维，这进一步表明躯体运动区和躯体感觉区的划分是相对的，躯体感觉区在一定程度上也参与了躯体运动的调节。

锥体系统后（下）行纤维与脊髓中间神经元之间也有突触联系，可以改变脊髓拮抗肌肉运动神经元之间的对抗平衡，使肢体的运动具有更合适的强度，保证机体运动协调性。

（二）锥体外系统

皮质下某些核团（尾核、壳核、苍白球、黑质、红核）的后（下）行纤维在延髓锥体之外，故叫锥体外系统（extrapyramidal system，图3-14）。它的后行纤维不直接到达脊髓或脑干运动神经元，对脊髓的调控是双侧的，主要调节肌紧张。在进化上，锥体外系统发生更早，在皮质的代表区更广泛。和锥体系统不同，锥体外系统的机能主要是协调全身各肌肉群的运动，保持正常的姿势。由于锥体外系统在后（下）行中经过多次更换神经元，因此其协调肢体运动就不像锥体系统那样精细。

第六节 中枢神经系统对内脏机能的调节

调节内脏机能的神经系统称为植物性神经系统，或称内脏神经系统，或称自主神经系统。之所以称这一神经系统为自主神经系统，是因为它的活动一般不受意识支配。实际上它还是受脑的高级神经系统的控制，并不完全独立自主。它与躯体神经系统组成外周神经系统。植物性神经主要分布在平滑肌、心肌和腺体。在中枢神经的主导下，控制呼吸、循环、消化、代谢、腺体分泌和生殖等对生命活动至关重要的机能。植物性神经系统也包括传入神经和传出神经，但习惯上仅指支配内脏器官的传出神经，从解剖和机能两方面来看，可分为交感神经和副交感神经两部分（图3-15）。

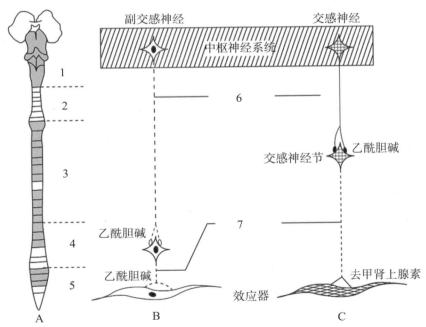

1.脑干；2.颈髓；3.胸髓；4.腰髓；5.骶髓；6.节前神经纤维；7.节后神经纤维。

A. 交感神经胸腰段及副交感神经（头、骶部）的节前神经元在脑干及脊髓中的位置；B、C.交感神经和副交感神经的节前和节后神经纤维的示意图，在神经节及效应器处的突触性递质也同时注明。

图3-15 外周植物性神经系统的起源和结构

（仿赵维信，1992）

从中枢神经系统发出的自主神经并不直接到达效应器官，途中必须在外周神经节中经过一次神经元的交换，经交换神经元再发出纤维到达效应器官。由中枢发出的纤维称节前纤维，由外围神经节发出的纤维称节后纤维。然而，支配肾上腺髓质的交感神经是唯一例外，它相当于一个没有节后纤维的外周神经节。交感神经节离效应器器官较远，因此节前纤维短，而节后纤维长；副交感神经节离效应器官较近，有的神经节就在效应器官壁内，因此节前纤维长，而节后纤维短。

哺乳动物交感神经元位于脊髓胸腰段（第1胸段至第2或第3腰段脊髓之间）灰质侧角内，其轴突纤维由相应的节段从腹根传出，大多数终止在脊椎两侧椎旁神经节内（椎旁神经节联合成两条交感神经干或交感神经链），少数终止在脊椎附近椎前神经节内，称节前神经元和节前纤维。节前纤维较粗，有髓鞘，进入椎旁或椎前神经节内更换神经元，称节后神经元，它发出较长节后纤维支配效应器。由于每根交感神经节前纤维往往与多个节后神经元发生突触联系，刺激交感神经节前纤维引起的反应比较弥散。

副交感神经的起源比较分散，一部分起自脑干的脑神经核，另一部分起自脊髓骶部灰质侧角，分布较局限。某些器官不受副交感神经支配，例如皮肤和肌肉的血管、汗腺、肾脏。节前神经元位于脑干内第Ⅲ、Ⅶ、Ⅸ、Ⅹ对脑神经的神经核及骶段（荐段）脊髓2—4节的灰质侧角内。副交感神经系统与交感神经系统传出部分不同之处在于，前者神经节并不构成神经干或神经链，而是分散于所支配的器官附近，在这些神经节内交换神经元，发出节后纤维支配就近的器官，因而节后纤维一般较短。因副交感神经节前纤维与节后神经元发生突触联系较少，因此，刺激副交感神经节前纤维引起的反应比较局限。

自主神经系统的功能在于调节心肌、平滑肌和腺体（消化腺、汗腺、部分内分泌腺）的活动。交感和副交感神经系统对同一效应器具有如下特点：

（1）双重支配。除少数器官外，一般组织器官都接受交感和副交感神经的双重支配，并且交感和副交感神经的作用往往具有拮抗性。例如，迷走神经能增强小肠平滑肌运动，而交感神经则抑制其活动。这一特点使机体能够从正反两方面调节内脏活动，从而使内脏的工作状态能适合机体当时的需要。有时两者的作用也是一致的，如对唾液腺的分泌，交感和副交感神经都起促进作用。但两者的作用也有差别：前者引起的唾液腺分泌量少而黏稠的唾液；而后者引起的唾液腺分泌量多而稀薄的唾液。

内脏器官受双重神经支配，这是植物性神经系统结构和功能的重要特征。仅有少数内脏和组织只受一种神经支配，例如，食管上部只有副交感神经（迷走神经）支配，皮肤和骨骼肌内的血管只受交感神经支配。嗜铬组织（chromartin tissue）只受交感神经节前纤维的支配。

（2）紧张性支配。自主神经对效应器的支配，一般具有紧张性作用。例如，切断心迷走神经（cardiac vagus nerve），心率即加快；切断心交感神经（cardiac sympathetic nerve），心率则减慢。

（3）交感神经系统的活动一般比较广泛，常以整个系统参与反应，主要在于促使动物机体整体机能对环境急剧变化时的适应（应急）。例如，在剧烈运动时，机体出现心率加速、皮肤与腹腔内脏血管收缩、循环血量增加、血压升高、支气管扩张、肾上腺素分泌增加等现象。副交感神经系统活动比较局限，主要在于保护机体，休整、恢复，促进消化和能量储藏，以及加强排泄和生殖等方面的功能。例如，机体在安静时副交感神经往往加强，此时心脏活动抑制，瞳孔缩小，消化功能增强以促进营养物质吸收和能量补充等。

（4）与效应器本身的功能状态有关。自主神经的外周性作用与效应器本身的功能状态有关。例如，刺激交感神经可抑制无孕动物子宫的运动，而对有孕子宫却可以加强其运动。

与哺乳动物相比，鱼类植物性神经系统较为低等。一般认为，鱼类很难区分交感和副交感神经系统，因为鱼类的自主神经系统还处于低级阶段，双重神经支配也不够完善。真骨鱼类已具有明显的交感神经干纵贯体内，向前可延伸至第Ⅲ对脑神经，交感神经纤维分布到眼、胃肠道、消化腺、鳔、泄殖系统、血管及色素细胞，唯在心脏尚未有定论。已知副交感神经纤维循第Ⅲ对脑神经分布到眼球的虹膜上；另一重要的副交感神经纤维循第Ⅹ对脑神经的内脏分支分布到食管、胃、肠及附近的一些器官上，另外还分布到静脉窦和鳔上。尚未发现骶段神经与副交感神经系统相关。

本章思考题

（1）神经冲动传导的基本特性。

（2）化学突触的结构与传递过程。

（3）中枢神经递质及其种类。

（4）神经递质受体及其类型。

（5）神经元的联系方式。

（6）中枢兴奋的特征。

（7）中枢抑制特征及其机制（突触后抑制，突触前抑制）。

（8）感受器的一般生理特征。

（9）特异投射系统与非特异投射系统。

（10）γ环路活动及其意义。

（11）去大脑僵直及其原因。

（12）小脑对躯体运动机能的调节。

（13）锥体系统和锥体外系统及功能。

（14）交感和副交感神经的结构特征与功能比较。

（15）下丘脑对内脏机能的调节。

主要参考文献

陈守良.动物生理学［M］.3版.北京：北京大学出版社，2005.

程红.脊椎动物神经系统的比较［J］.生物学通报，2000，35（11）：12-14.

李永材，黄溢明.比较生理学［M］.北京：高等教育出版社，1985.

林浩然.鱼类生理学［M］.广州：广东高等教育出版社，1999.

施璟芳.鱼类生理学［M］.北京：中国农业出版社，1991.

王玢，左明雪.人体及动物生理学［M］.2版.北京：高等教育出版社，2001.

杨秀平.动物生理学［M］.北京：高等教育出版社，2002.

杨秀平，肖向红，李大鹏.动物生理学［M］.3版.北京：高等教育出版社，2016.

姚泰.人体生理学：上册［M］.3版.北京：人民卫生出版社，2001.

赵维信.鱼类生理学［M］.北京：高等教育出版社，1992.

Miller S A, Harley J P. 动物生理学（Zoology）［M］.影印版.5版.北京：高等教育出版社，2004.

第四章
感觉器官生理学

·····································

第一节　感觉器官概述

鱼类为了在不断变化着的环境中生存与繁殖，必须能够感知环境的变化并做出相应的反应。鱼类通过各种感觉器官中的感受器，将感受到的内、外环境刺激转换为神经冲动，经神经传导通路，传送到中枢神经系统而产生相应的感觉。

鱼类在感知环境的变化后，通过传出神经将反应信息传递到肌肉、鳍等效应器，完成摄食、逃避敌害、生殖洄游、集群等反应行动。如果丧失了感觉机能就不可能因外界刺激而产生反射活动，因此，感觉对于机体适应外界环境的变化和生存具有重要的生物学意义。

一、感受器和感觉器官

1.感受器

感受器是指分布在体表或组织内部的一些专门感受机体内、外环境变化的特殊结构或装置，如耳蜗中的毛细胞、视网膜上的视锥细胞和视杆细胞等。

感受器与神经细胞不同，它不能单独将刺激转变为感觉，而是首先将刺激转变为神经冲动，传送到中枢神经系统后，经过加工处理再传送到效应器，使之发生规律性反应。由此可见，感受器的基本功能是转换能量，即将各种形式的刺激能量（光能、声能、机械能和化学能等）转译为神经冲动，因此有人称之为微型换能器。

感受器的组成形式多种多样。有的感受器就是外周感觉神经的末梢本身，如体表或组织内部与痛觉感受有关的游离神经末梢；有的感受器是在裸露的神经末梢周围再包绕一些由特殊结缔组织构成的被膜样结构，如分布在各种组织中与触压有关的环层小体；但对一些与机体功能密切相关的感觉来说，体内存在着一些结构和功能高度分化了的感觉细胞，它们以类似突触的形式再和感觉神经末梢相联系，如视网膜的光感受细胞、耳蜗中的声波感受细胞、味蕾中的味觉感受细胞等。

2. 感觉器官

感觉器官是指感受器以及与它相连的非神经性附属结构共同构成的特殊装置。如视觉器官除视网膜上的视锥细胞和视杆细胞外，还包括折光系统；听觉器官除毛细胞外还有传音系统等。高等动物的一些最重要的感觉器官如眼、耳、鼻、舌等均分布于头部，常称为特殊感官。而对于鱼类，虽然感觉器官不如高等脊椎动物的那样发达，但某些感觉器官的灵敏度却大大地超过陆生动物，这些感觉器官与周围环境相互适应，在摄食、洄游、逃避敌害等方面发挥重要的作用。

二、感受器的分类

机体众多的感受器可根据多种方法进行分类。按照分布的部位不同，感受器可分为外感受器和内感受器。外感受器是指位于身体表面，主要感受外界环境变化的感受器，如视觉、听觉、触觉、嗅觉、味觉等感受器；内感受器是指位于身体内部，感受内环境变化的感受器，如动脉化学感受器、内脏压力感受器等。按照所接受刺激的性质不同，感受器可分为光感受器、声感受器、化学感受器、电磁（包括光和热）感受器、机械感受器、温度感受器等。

三、感受器的一般生理特性

各种感受器虽然在结构与功能方面不尽相同，却具有某些共同特征。

1. 感受器的适宜刺激

各种感受器最突出的机能特点就是它们各有自己最敏感的刺激形式。这一敏感性最高的刺激形式或种类，为该感受器的适宜刺激，如一定波长的电磁波是视网膜光感受细胞的适宜刺激，一定频率的机械振动是耳蜗毛细胞的适宜刺激。每一种感受器只有一种适宜刺激。但感受器对非适宜刺激也可能产生反应，如压迫眼球，也能产生光觉，但所需要的刺激强度要较适宜刺激大得多。正因为如此，机体内、外环境的变化总是先作用于和它们相对应的那种感受器。这是由于动物在长期进化过程中逐步形成了具有各种特殊功能结构的感受器以及相应的附属结构，使得它们有可能对内、外环境中某种有意义的变化进行精确分析。

对一感受器施以适宜刺激，要使该感受器兴奋也必须具有一定的强度，即产生感觉的刺激强度必须达到或超过强度阈值。此外，刺激也必须持续一段时间，才能引起感觉，这就是感觉的时间阈值。在某些感受器还有面积阈值的概念，如施以一较弱的刺激时，必须有较大的面积才能产生触觉。但各种感受器对其适宜刺激的感觉阈并非一成不变，例如，在寂静的环境和噪声大的环境中听觉的感觉阈就不同，前者的感觉阈低，后者的感觉阈高。感受器构造愈是高度分化，其敏感性和特殊性也愈是显著。

2. 感受器的换能作用

各种感受器在功能上都有一个共同点，即把作用于它们的各种刺激的能量转换为相应的传入神经纤维上的动作电位，这种能量转换作用即称为感受器的换能作用（transduction）。因此，每一个感受器都可看作一个特殊的生物换能器。感受器换能的基本过程是将刺激能量转换为膜蛋白分子构象的改变，引起细胞膜对离子通透性发生改变，从而在感受末梢或感受细胞上引起一个在性质上类似于局部兴奋或终板电位的电变化，这种电位变化称为感受器电位（receptor potential）或发生器电位（generator potential）。感受器电位不是"全或无"形式的，它的大小在一定范围内和刺激强度成正比，有总和现象，只能以电紧张的形式在膜上扩布一个很短的距离，但感受器电位的这种影响可以使邻近的具有正常特性的膜产生去极化，当这种去极化达到该处膜的阈电位数值时，就会在感觉神经上引起一次传向中枢的动作电位。

3. 感受器的编码作用

感受器在把外界环境的刺激转换成动作电位时，不仅仅是发生了能量形式的转换，更重要的是把刺激所包含的环境条件变化的信息，转移到了动作电位的序列和组合中，这一过程就是感受器的编码作用。例如，外界物体可以在视网膜上成像，但由视网膜传向中枢的信号，只能是视神经纤维上的动作电位，因此，外界物体或物像的信息只能包含在这些动作电位的序列和组合中。

当外界环境的刺激逐渐加大，感受器电位会因"时间"或"空间"上的总和而达到阈电位，最终在感觉神经上触发一次动作电位。但由于动作电位是"全或无"式的，因此刺激强度的信息不可能体现在动作电位的幅度大小和波形上，而是以频率编码的形式传入中枢神经系统。强刺激引起高频率的冲动发放，弱刺激引起低频率的冲动发放，但每个冲动的动作电位幅度是一样的。

刺激强度一般以两种方式影响动作电位的频率。当刺激强度在一定范围内增大时，一种方式是使单一神经纤维发放动作电位的频率按比例增加，另一种方式则由于感觉神经元的感觉阈值有高低之分，因此强刺激可引起更多数目的神经纤维参加反应。给皮肤以触、压刺激时，随着触、压力量的增加，传入神经上动作电位频率逐渐增高，参与电信号传导的神经纤维数目也逐渐增多。

4. 感受器的适应现象

感受器接受刺激后，感觉冲动的发放频率不仅与刺激强度有关，也与刺激作用的持续时间有密切的关系。当恒定强度的刺激持续作用于感受器时，将引起感觉传入神经上动作电位的频率随刺激时间延长而逐渐降低，这一现象即称为适应现象（图4-1）。

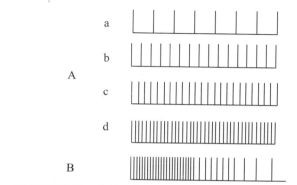

A. 不同刺激强度的发放频率：a. 40 mmHg（1 mmHg=133.322 Pa）；

b. 80 mmHg；c. 140 mmHg；d. 200 mmHg。

B. 光感受器对持续刺激的适应，示冲动频率的降低。

图4-1　感觉冲动的发放频率

（引自Bronk等，1935）

适应是所有感受器的一个功能特点，但它出现的快慢有很大差别。根据适应出现的快慢，通常将感受器分为快适应感受器（rapidly adapting receptor）和慢适应感受器（slowly adapting receptor）。快适应感受器以触觉和嗅觉感受器为代表，当受到刺激时，只是在刺激作用后的短时间内有传入冲动发放，以后刺激虽然依然存在，但传入冲动可以逐渐降低为零；慢适应感受器以肌梭、颈动脉窦压力感受器和痛感受器为代表，它们在刺激持续作用时，一般只在刺激开始后不久出现一次冲动频率的某些下降，但以后仍可较长时间维持在这一水平，直到刺激被撤除为止。感受器适应的快慢各有其生理意义。如触觉的作用一般在于探索新异的物体和障碍物，它的快适应有利于感受器和中枢再接受新的刺激，增强机体对环境的适应能力；而慢适应则有利于机体对某些机能如姿势、血压等进行持久而恒定的调节，或者向中枢持续发放有害刺激信息，以达到保护机体的目的。适应并非疲劳，因为对某一刺激适应后，增强此刺激强度又可引起新的冲动增强。

感受器适应的机制比较复杂，它可发生在感觉信息转换的不同阶段。一般认为，决定适应出现快慢的因素之一，与感受器特有的非神经性附属结构有关，此外，感受器的换能过程、离子通道的功能状态，以及感受器细胞与感觉神经纤维之间突触传递的特性等，都可以影响感受器的适应。在整体情况下，感觉的适应不仅与感受器的适应现象有关，也与产生感觉的有关中枢的某些特性有关。

第二节 视 觉

眼是动物的光感受器，它由含有感光细胞的视网膜和作为附属结构的折光系统等部分构成。外界物体的光线射入眼中，透过眼的折光系统，成像于视网膜上；视网膜上的感光细胞将光能转变成神经冲动，再经视神经到达高级中枢，产生视觉。

鱼类生活于水域环境中，为了适应这一特定的外界环境，它们的视觉器官——眼睛的构造和机能有了相应的变化。鱼类眼睛的大小和位置，随它们所处的水域环境和生活习性的不同而有很大差异。有的鱼类眼睛很大，如大眼鲷、带鱼、狗鱼等；而有的鱼类眼睛很小，如条鳅、鲇鱼等；还有一些生活于深海或洞穴中的鱼类如鲈鲉的眼睛则完全退化。鱼类眼睛通常生长在头部左右两侧，但某些底栖鱼类如比目鱼、鳐鱼等眼睛生长于头部上方。双髻鲨眼睛生长位置很特殊，两眼分别长在头前部向两侧的突出物上。

与陆栖高等动物不同，鱼类没有泪腺，大多数鱼类还缺乏眼睑。但某些鲨鱼具有由下眼皮褶形成的瞬膜，能遮住一部分眼球；某些鱼类如鲐鱼、鲱鱼、鲻鱼等具有含脂肪的脂眼睑，几乎可以盖到瞳孔。不少鱼类在生殖季节时甚至整个眼睛上都覆以脂肪，因此在怀卵时不趋光。

鱼类的眼球近似椭球形，其内部构造和其他高等脊椎动物的相似，由眼球壁和内部的折光介质系统所组成（图4-2）。

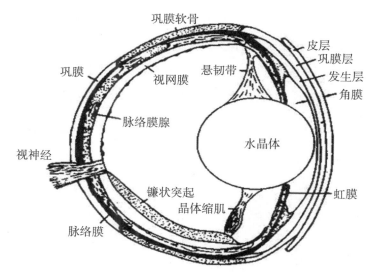

图4-2 典型硬骨鱼类眼的纵断面模式图

（仿J. R. Brett，1957）

一、眼的构造

1.眼球壁的结构

眼球壁由巩膜、脉络膜和视网膜3层构成。最外层为不透明的巩膜，由结缔组织构成，对眼起保护作用。软骨鱼类及鲟鱼的巩膜是软骨质的，硬骨鱼类巩膜则大多数是纤维质的。巩膜在眼球前方形成透明的角膜。角膜具有折光作用，光线即透过角膜而落到水晶体上。鱼类角膜比较平坦，折射系数与水相近，与水中生活相适应。

紧贴在巩膜内面的一层是脉络膜，富含血管及色素，既可供给视网膜营养，又可吸收眼内光线以防止光的散射，具有很强的新陈代谢机能。脉络膜大致由3层组织构成。第一层紧贴在巩膜内面，称银膜，含鸟粪素，作用类似反光体，它可将微弱光线反射到视网膜；第二层为血管膜，主要由分支的血管组成；第三层为色素膜，由色素细胞组成。血管膜与色素膜两层相贴，颜色相仿，解剖时不易区分。脉络膜向前延伸成为虹膜，其中央的小圆孔即为瞳孔。虹膜的肌纤维可调节瞳孔的大小，但通常鱼的瞳孔反应都比较差。有些鱼如七鳃鳗等，其虹膜缺少肌肉，瞳孔不能收缩。但少数硬骨鱼类如鳗鲡、鲹鲦、鲽鱼等，它们的瞳孔收缩运动比较强。

眼球壁的最内层为视网膜，为高度分化的神经组织，是产生视觉作用的部位。视网膜的结构按主要细胞层次可简化为4层（图4-3），由外到内依次为色素细胞层、感光细胞层、双极（联合细胞）细胞层和神经节细胞层。色素细胞层含有黑色素颗粒和维生素A，对感光细胞起营养和保护作用。软骨鱼类色素细胞层还有反光片（鸟粪素），能反射微弱光线，加强对感光细胞的刺激。感光细胞层由视杆细胞和视锥细胞构成，它们含有的感光色素在感光换能中起重要作用。双极细胞层担任联络的功能，它通过突触联系将感光细胞和神经节细胞联系起来。神经节细胞是视网膜的最后一站，其轴突组成视神经，通往视觉中枢。

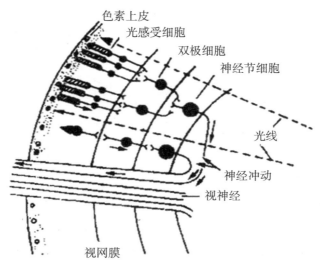

图4-3　视网膜的主要细胞层次及其联系模式图

2. 眼的折光系统

眼的折光系统包括角膜、水状液、水晶体和玻璃体。眼球的内腔充满具有折光作用的水状液、水晶体和玻璃体。水晶体由无色透明角质体组成，一般呈球形，具有聚焦作用。角膜与水晶体之间充满一种略似盐水、透明且流动性大的液体，称水状液。水晶体与视网膜间有一很大的空腔，充满玻璃体，它是一种黏性很强的透明胶状物，能固定视网膜的位置，并阻止水晶体向后移动。

3. 眼折光的调节

正常状态下，来自远处物体的平行光线聚焦在视网膜上。当物体向眼移近时，鸟类和哺乳动物等可以依靠眼的自行调节，包括晶状体变凸、瞳孔缩小以及眼球汇聚3个方面使来自较近物体的光线在视网膜上聚焦，形成清晰的图像，这个过程称为眼的调节。但鱼类的水晶体是很坚实的球体，没有弹性，不能改变形状，因此，眼的调节是依靠悬挂晶状体的悬韧带（位于水晶体上方）、晶体牵缩肌（位于水晶体下方）和睫状肌的舒缩来改变水晶体与视网膜的距离来完成的。看远物时，晶体牵缩肌收缩，使水晶体后移，缩短了水晶体与视网膜的距离，使远处物体在视网膜上聚焦成像；看近物时，晶体牵缩肌放松，由于焦距短，近处的物体也能在视网膜膜上成像。有些鱼类水晶体呈椭球形，水晶体到视网膜侧面的距离短于到后面视网膜的距离，因此这类鱼可以从侧面看清远方的物体，它们不需要进行眼的调节。

由于鱼类的水晶体呈球形，并且没有弹性，而且大多数鱼类生活在混浊的水域里，光线在水里被大量颗粒质点如浮游生物、细菌、有机盐类等吸收和散射，因此过去认为，鱼类是近视眼。但近年来许多研究表明，鱼是正视眼，大多数鱼在静息状态或进行眼的调节后能看清远处的物体。如黑鲷在水质良好时能看清楚50 m远的饵料生物；体长5~10 cm的小鱼在0.5~3 m范围内，能清楚地辨别其他个体。

二、视网膜的感光机能

1.光感受细胞

感光细胞有视杆细胞和视锥细胞两种。硬骨鱼类还有一种由两个形态相似的视锥细胞纵向融合而成的双锥细胞。视杆细胞呈圆柱状，可以感受弱光，但不感受强光，不能辨别颜色，对物体精细结构的分辨能力差；视锥细胞呈圆锥状，能感受强光刺激，并具有辨色和精细分辨的能力。这两种细胞在结构上相似，都由外段、内段、核部和终足4个部分构成（图4-4）。外段是一个个薄片平行排列的片层结构，是感光色素集中的部位，视杆细胞和视锥细胞的区别除了外形不同之外，它们所含的感光色素也不同。内段富含线粒体，密集成团形，称椭圆体。椭圆体与核部之间是肌样体，具有收缩作用，可改变外段的位置。感光细胞的末段为终足，两种感光细胞都通过终足与双极细胞发生突触联系。

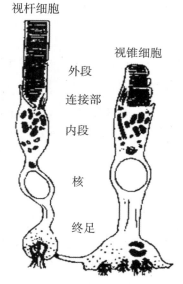

图4-4 感光细胞模式图

光感受细胞在视网膜上的分布因鱼的种类不同而变化很大。在白天活动的昼出性鱼类的视网膜中，一般来说，视杆细胞的数量略多于视锥细胞，如狗鱼、鲈鱼，其视杆细胞和视锥细胞数量之比约为3∶1，噬人鲨为4∶1；而在夜间活动的夜出性鱼类的视网膜中，视杆细胞数量的数量则大大超过视锥细胞，如鳊鱼的视杆细胞和视锥细胞数量之比为20∶1，江鳕为90∶1；栖息于水深大于300 m的深海鱼类的感光细胞全部是视杆细胞，如深海鲑、管角鱼等。

在人类的视网膜中，有一个中央凹，其大部分区域内只有视锥细胞而无视杆细胞，并且此处的视锥细胞特别细长和密集，它们与双极细胞、神经节细胞的联系呈现一对一状态，因此可以说中央凹是视觉最敏感的部位。某些鱼类的视网膜中也有相当于中央凹的部位。绝大多数鱼类虽然没有中央凹，但在它们视网膜后部区域，有视锥细胞密度较高的部位。只有视杆细胞的深海鱼类，在视网膜也可形成类似中央凹的部位，此处视杆细胞小而密集。一般认为这些部位是鱼类视觉最敏感的部位。

2. 光化反应

视网膜感光细胞能接受光线的刺激，并将光能转变为神经冲动，这种机能的物质基础就是感光细胞中的感光色素。感光色素在吸收光能以后，发生一系列的化学变化，引起电位变化，形成神经冲动。

由视杆细胞提取出的感光色素称为视紫红质。视紫红质是由一分子视蛋白和一分子称为视黄醛的生色基团所组成的结合蛋白。在暗处，视黄醛以11-顺视黄醛形式和视蛋白紧密地结合在一起。光照时，视黄醛发生分子构象的改变，即由原本呈11-顺型（一种较为弯曲的分子构型），变成全反型（11-全反视黄醛，一种较直的分子构象），与视蛋白分离（图4-5）。视黄醛的这种改变，可导致视蛋白分子构象发生改变，是诱发视杆细胞换能的关键过程。视紫红质在光照时迅速分解为视蛋白和视黄醛，在暗处又可重新合成，这种可逆反应的平衡点取决于光照的强度，光照愈强，分解愈强。视紫红质在分解和再合成过程中，有一部分视黄醛将被消耗，必须靠血液循环中的维生素A来补充，以维持足够量的视紫红质的再生。维生素A经氧化可转变为11-顺视黄醛，参与视紫红质的合成。当血液中维生素A不足时，就会影响视紫红质的再生及其光化反应的正常进行，从而影响机体对暗光的感觉，导致夜盲症的发生。

鱼类视杆细胞中的感光色素为视紫红质和视紫质。海水鱼类主要是视紫红质；淡水鱼类既有视紫质，也有视紫红质。只含有视紫红质（某些鲤科和花鳉科）或视紫质（主要是淡水的鲇鱼类和棘鳍类）的鱼类很少。此外，有些鱼类的两种感光色素比例呈现季节性变化；光照强度也可以影响这种比例。

视锥细胞的光化反应还不十分清楚，推测其与视杆细胞中的光化反应基本相同。视锥细胞的感光色素也是一种结合蛋白，即视蛋白和视黄醛的结合体。从鸡的视网膜（只含有视锥细胞）中提取出一种感光色素，称为视紫蓝质，但目前还不能证明其他物种的视锥细胞也含有这种感光色素。业已证明，大多数脊椎动物都有3种不同的视锥色素，分别存在于3种不同的视锥细胞中。3种视锥色素都含有相同的11-顺视黄醛，但视蛋白的分子结构不同，所以，视锥细胞和视杆细胞在性质以及感光机能上的差异主要取决于视蛋白。正是视蛋白分子结构的微小差异，决定了与它们结合的视黄醛分子对某种波长的光线最为敏感。视锥细胞功能的重要特点在于它具有辨别颜色的能力（后述）。

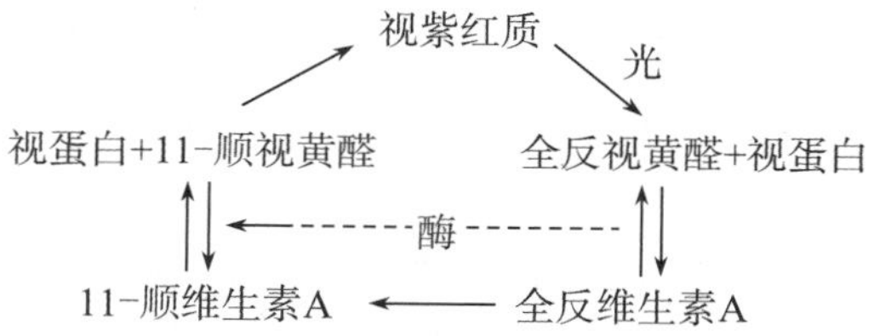

视紫红质 光

视蛋白+11-顺视黄醛 —— 全反视黄醛+视蛋白

——————酶————————

11-顺维生素A ←—— 全反维生素A

图4-5 视紫红质的光化学反应

3. 光强调节

鱼类受到不同光照度的光照射时，可实现不同的调节以达到光感受细胞的有效光照度，保护光感受细胞不致受到过强光线的损伤，或保证眼睛在昏暗时也能行使视觉功能。

通常鱼类的瞳孔对光线调节的机能很差，而且有些鱼类的虹膜缺少肌肉，其瞳孔不能收缩，仅鲨鱼和鳗鲡反应较好。夜行性的鲨鱼瞳孔收缩能力强，虹膜肌发达，在强光条件下瞳孔括约肌收缩使瞳孔缩小成一个水平或垂直的缝，减少入射的光线；弱光时瞳孔开肌收缩，瞳孔放大。某些鳐鱼、比目鱼和线口鲀等则有瞳孔盖，利用瞳孔盖的缩小和扩大，来调节射入瞳孔的光量。

绝大多数硬骨鱼类没有瞳孔盖，也不能调节瞳孔大小，因此视网膜中色素细胞和感光细胞的相对运动是调节光线适宜强度而被感受的重要调节机制。色素细胞具有长的突起，这些突起向感光细胞延伸并和它们的外节交错对插。光照时，色素细胞伸展，细胞内大部分黑色素颗粒转移到长突起里，视杆细胞的肌样体伸长，结果把视杆细胞外节耸入色素细胞层中保护起来。与此同时，视锥细胞的肌样体收缩，以防止其外节被色素细胞包围。所以，在强光下只有视锥细胞感受光线，产生明视觉。微光或暗光时出现相反的过程，色素细胞向内即细胞核方向收缩，黑色素集中在细胞体，视杆细胞的肌样体也收缩，结果使其外节脱离色素细胞层而行使视觉机能，视锥细胞放松，朝着视杆细胞相反的方向运动。这时视锥细胞虽然未被色素细胞所覆盖，但由于它们对光的敏感性较视杆细胞低，因此，弱光不能使视锥细胞兴奋（图4-6）。

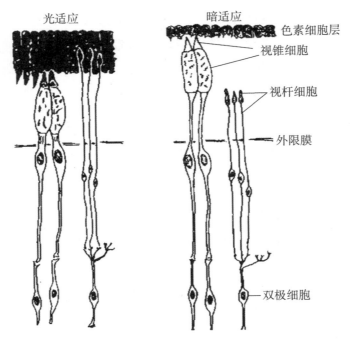

图4-6　视网膜黑色素细胞与光感受细胞的相对运动

（仿F. W. Munz，1971）

多数鱼类的视网膜或脉络膜内具有透明的反光层，能将反射到视网膜上的光线再次反射到光感受细胞，从而使鱼类在光线昏暗的环境里仍有敏锐的视觉。软骨鱼类的色素细胞层还含有反射性物质鸟嘌呤的颗粒或结晶形成的反光片。在强光下，反光片上覆盖着色素细胞的突起，吸收光线防止反射到视网膜；在弱光时，经过透明的视网膜射来的光线射至反光片上，可第二次反射至视网膜，从这种反光片折回的反射非常光亮，能使鱼眼在弱照明条件下也可以有较清晰的视物（图4-7）。

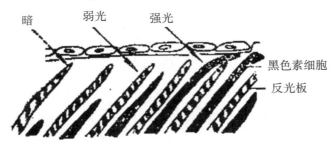

图4-7　角鲨反光层在不同光照条件下的有效反光面积

（仿F. W. Munz，1971）

三、颜色视觉

1. 可见光谱

光是一种电磁辐射波，波长变化大，人类可感受的光谱范围为390～770 nm （紫色390～424 nm，靛青424～455 nm，蓝色455～492 nm，绿色492～575 nm，黄色575～585 nm，橙黄585～647 nm，红色647～723 nm），此范围的光称为可见光。与陆生脊椎动物相比，水产动物对长波光的感觉不敏感，这可能与这些波长的辐射线在水中被吸收有关。鱼类种类不同，可见光谱范围的幅度也有差异，但和高等动物相近。底层鱼类的可感受光谱范围较窄，为410～650 nm，而上层鱼类则有比较宽的可感受光谱范围，为400～750 nm。

2. 三原色学说

通过光谱敏感曲线的测定以及条件反射方法等手段，已证明大多数鱼类同哺乳动物一样，都具有颜色感觉。颜色视觉的形成可以用三原色学说（trichromacy theory）解释。该学说认为，视网膜中存在3种不同的视锥细胞，分别含有对红光（最大吸收峰值在625 nm）、绿光（最大吸收峰值在525 nm）、蓝光（最大吸收峰值在450 nm）敏感的一种主要感光色素或光化物质，对一种颜色敏感的视锥细胞可能也含有其他两种感光色素，但不敏感，因此，3种视锥细胞的吸收光谱有很大部分的重叠。由于3种视锥细胞对不同的波长具有不同的敏感性，因此当一定波长的光线作用于视网膜时，可引起三种视锥细胞不同程度的兴奋，这样的信息传至中枢，经过综合就产生不同的颜色感觉。例如，红、绿、蓝这三种视锥细胞兴奋的程度比例为4∶1∶0时产生红色感觉，比例为2∶8∶1时产生绿色感觉，等等。显然，分别对红、绿、蓝三色最为敏感的视锥细胞的存在，是色觉形成的基础。

色觉感受符合色混合现象。当红光和绿光同时作用于一个色域时，除可引起灰白色感觉外，也可以产生橙、黄色等感觉，具体颜色取决于这两种光的相对强度。用红、绿、蓝色3种光以适当强度相混合，可以配比出光谱中任何一种颜色光，这种原理早已广泛应用于彩色照相、彩色电视等方面，因此，红、绿、蓝色这3个单色称为原色，色觉的这个性质也称为色觉的三色性。3个配比不但能配比出各种有色光，也能配比出白光。也就是说，当几个色感受机制同时兴奋时，可产生亮度感觉。

按色觉的有无，鱼类可以分成两大类型。第一类型的鱼类只能感知光亮度的差别，而不能辨别颜色，如板鳃鱼类几乎没有视锥细胞，因此属于无色觉鱼类；第二类型的鱼类能辨别颜色，它们能感觉的光谱分为两段：一个有色段（在感光光谱的中央）和两个色盲段（在感光光谱的两端），大多数硬骨鱼类属于这一类型。一般鱼类可清楚地分辨蓝色、绿色，但红色和黄色常会混淆。由于长波光在水的浅表层已被吸收，而紫色光却能深入到500 m的水深处，因此，鱼眼对红光不太敏感，而对黄、绿、蓝、紫色光较为敏感。根据鱼类对颜色的辨别能力，可以运用有色光源进行光诱捕鱼。

四、其他水生经济动物的光感受器

光感受器是感光细胞一个特化部分。眼睛的类型大致分为两种：单眼（single eye 或 chambered eye）和复眼（compound eye）。单眼主要分为三种。第一种是简单原始的小孔眼（pinhole eye）和杯状眼（cup eye），这两种原始眼睛主要出现在软体动物中，由于结构比较简单，只能观察到物体的位置。第二种是凹透镜眼（concave mirror eye），例如蛤和甲壳类的眼睛，能产生明亮却模糊的图案。第三种是最高等的眼睛——正透镜眼（positive lens eye），也叫相机型眼（camera eye），脊椎动物如人的眼就属于这种，在无脊椎动物中，头足类也拥有这种眼睛。复眼主要分为联立象眼（apposition eye）和重叠象眼（super position eye），这两种眼睛在结构上均由小眼（ommatidia）组成。联立象眼中每个小眼都有独自成像的功能，而重叠象眼中的小眼则通过相互合作在视网膜上成像。光感受器细胞分为两个基本的类型，一种具有微绒毛（microvilli），另一种具有睫纤毛（cilia），二者均有很大的膜表面积来容纳光转换器分子——视蛋白。微绒毛光感受器也叫弹状细胞（rhabdomeric）光感受器，主要存在于无脊椎动物中，而所有脊椎动物的光感受器都是睫纤毛光感受器，也叫睫状细胞（ciliary）光感受器。这两种光感受器的形态有区别，微绒毛光感受器上表面垂直折叠以增加它的表面积，而睫纤毛光感受器增加表面积则通过对睫纤毛的膜水平折叠，使它看起来像一叠盘子。它们的生化反应过程也是不同的，节肢动物和软体动物的微绒毛受体在光的刺激下极化，吸收光子，打开 Na^+ 通道。而脊椎动物的睫纤毛光感受器在光的刺激下关闭 Na^+ 通道而超极化。脊椎动物和无脊椎动物的光信号转换机制也是不同的。脊椎动物光感受器利用环 GMP（cyclic GMP）作为二级传导系统，无脊椎动物则是利用三磷酸肌醇。视锥细胞和视杆细胞是由古老的睫纤毛光感受器原体进化而来的，视神经节细胞、无长突细胞和极细胞是从微绒毛光感受器原体进化而来的。

1. 贝类的光感受器

贝类为动物的第二大门，种类仅次于节肢动物，它们的光感受器在各纲中差异很大。

大多数多板纲动物都没有头眼，但某些多板纲种类的贝壳表面有一种特殊的感光器官——微眼（aesthetes），在微眼中有角膜、晶体、色素层、虹膜和视网膜，基本构造与脊椎动物的眼近似。双壳类虽然也没有头眼，但它们的外套膜和水管上的色素细胞具有很强的感光性，真正的眼是在外套膜边缘的这些色素细胞特化形成的。双壳类眼的构造表现出两种不同的形式：一种以蚶为代表，它们的视觉器官不大分化，都聚集在一起，构成复眼，其中每个单眼仅是一个具有角膜的色素细胞；另一种以扇贝为代表，眼的构造相当复杂，有角膜、晶体、色素层和视网膜等结构，内部还有一折光层，可能具有色觉。有学者以椎实螺科的*Radix peregra*眼的趋光性为基础，研究了眼的光谱敏感性。结果表明，*R. peregra*具有单色视觉系统，可能存在视色素视紫红质，该视色素可能基于视网膜A1，其吸收最大值在490 nm左右的蓝绿色光谱范围内。

几乎所有的腹足类都有一对头眼，但不同种类之间眼构造的复杂程度不同。简单的眼只有一层带有色素的视网膜，没有晶体和玻璃体，而复杂的眼分化出了角膜和玻璃体等构造。营掩埋型生活或深海生活的种类，由于眼的作用显著减弱，眼不同程度地退化或完全消失。

原始的头足类动物鹦鹉螺的眼像一个小孔，没有晶状体，与单眼类似；鹦鹉螺可通过缩小眼睛小孔来增加分辨率，但缩小小孔会导致更少的光线到达小孔底部的感光细胞上，从而导致图像昏暗。相反，如果放大小孔，图像的分辨率又会降低。因此鹦鹉螺只能看到一个昏暗的世界。高等头足类动物的眼通常位于头部两侧，在无脊椎动物中进化程度最高，感官发达。其结构也较为复杂，前方有角膜，后面有巩膜，此外还有虹膜、瞳孔、水晶体、睫状肌等构造，巩膜之内有视网膜，属于典型的相机型眼。然而，与脊椎动物眼睛起源于神经外胚层不同，头足类的视网膜、晶状体和角膜都由表皮外胚层发育而来，两者在胚胎发育过程中差异较大。

扇贝没有特化的头部，其眼睛分布在外套膜上，属于非头部眼。扇贝眼睛是镜面反射眼，是眼睛进化中的一种独特的形式；其眼睛中有双层的视网膜结构，分别由脊椎动物型的睫纤毛感光细胞和无脊椎动物型的微绒毛感光细胞组成。扇贝眼睛中有反光膜（视网膜后的镜面），可以将反射光线聚焦到视网膜，使得穿过视网膜的光线能够再次被捕捉到。

2. 虾蟹类的光感受器

虾蟹类的感觉器官相当发达，是节肢动物里最完善的。其不但具有发达的视觉器官，还具有化学感受器、触觉感受器、平衡器、内感受器和弦音器等多种感受器。

甲壳动物的光感受器主要是复眼，一般为一对，大而具柄，结构与昆虫的复眼相似。每一复眼由辐射状排列的单位小眼镶嵌而成，每个小眼具有一个小眼面，即角膜晶体。多数长尾类、铠甲虾类的小眼面为四边形，而多数短尾类、口足类、寄居蟹类和磷虾类的小眼面为六边形。小眼面形态的多样性可能与进化有关。

小眼分为折光系统和感光系统两部分。折光部分包括角膜、角膜生成细胞和晶锥。角膜和晶锥共同起着晶状体的作用，具有通过和集合光线使之到达感光部分的功能。感光部分由7～11个小网膜细胞构成，分成三种类型，分别为"1+7"结构、"4+7"结构，罗氏沼虾则仅由7个小网膜细胞组成。小眼周围具有吸收和反射光线的色素层。中国明对虾（*Fenneropenaeus chinensis*）小眼表层为角膜，角膜下为晶锥细胞，晶锥细胞下为晶锥柄，晶锥细胞和晶锥柄外均包有色素。在甲壳动物的眼上，色素细胞或完全包含在小网膜细胞内，或者在小网膜细胞内与远端色素细胞合在一起，其功能是使眼能够适应强光照。在亮光下，色素分散，并保卫整个小眼，使光不能从邻近的小眼漏出；在暗光下，色素沿着小眼下移，使晶锥裸露，进入小眼的光线可从侧面反射到邻近的小眼内，以确保收集到可能得到的最大光照。晶锥柄与视网膜细胞相连，下接神经系统，如此构成了一个光路系统。无数小眼形成的"点"的影像互相结合，便形成"镶嵌的影像"。组成复眼的小眼数目因物种而异，小眼数目越多，成像清晰度越高。甲壳类属于变态发育，尽管磷虾类、十足目动物和口足类动物的成体差异很大，但它们的幼体复眼非常相似。这种幼体阶段眼睛相对简单的光学系统很可能是为了预先适应成体的多样性。

目前还没有人测量过虾蟹类对不同光照度的白光的敏感性。日本沼虾（*Macrobrachium nipponense*）对红光（750 nm）和绿光（560 nm）的敏感性高于蓝光（480 nm）和蓝绿光（580 nm），而中国明对虾对绿光和蓝光反应敏感，但对红波段的光线不敏感，海虾也可对不同波长的光产生不同的行为反应，并具有一定程度的辨色反应。研究揭示虾蟹类应该具有两种光感受系统。许多节肢动物可以看到紫外线，因为它们有一个光感受器对波长约为350 nm的光峰值敏感。大趾虾蛄（*Neogonodactylus osterdii*）至少有4种紫外线感受器位于R8细胞中。研究表明，这些口足类动物颜色视觉系统可能是独一无二的，适合它们生活在色彩斑斓的热带珊瑚礁（Marshall等，1999）。口足类的眼睛是动物界中最复杂的眼睛之一，它们的复眼拥有所有动物中最多的感光细胞类型（某些物种有16～21种不同的感光细胞类型），使它们能够分辨颜色以及线偏振光和圆偏振光。其中一些种类有12种不同的光感受器类型，每一种都处于一组波长从深紫外光到远红光（300～720 nm）的狭窄波段。对大趾虾蛄的研究发现，口足类动物使用了一种以前未知的颜色视觉系统，这种系统基于视觉信号扫描眼球运动，实现了一种颜色识别而不是辨别。口足类动物能够基于色卡测试进行简单的颜色辨别。

3. 蛙的视觉器官

蛙的视觉器官与鱼类的相似，但眼球的角膜较为突出，水晶体近似于圆球形而稍扁平，晶体与角膜之间的距离比鱼类的稍远，因此比鱼类能看到的物体稍远。水晶体牵引肌能拉牵水晶体向角膜靠近，借以调节聚焦，这一点与鱼类眼中的镰状突将晶体向后方牵引聚焦正好相反。此外，在脉络膜和水晶体之间有辐射状肌肉可控制瞳孔的大小以调节进入眼球的光量。眼的附属结构有眼睑、瞬膜、泪腺、鼻泪管等，后两种是陆生动物为保护角膜不致干燥受伤的构造。

蛙类有少许色觉，但不发达。蛙眼对静止的物体或有规律运动的物体反应很弱，但对头前部飞行的昆虫等反应迅速。

两栖动物视网膜的不同寻常之处在于，除了单视锥细胞和双视锥细胞外，还有两种视杆细胞：红视杆细胞外节异常大，细胞核与外界膜接触，这一层通常被锥核占据；绿视杆细胞与红视杆细胞的不同之处在于具有较短的外节和细长的内节。与红视杆细胞相比，单视锥细胞有一个小得多的逐渐变细的外节，以及一个丰满的内节，其中既有椭球状的线粒体（比视杆细胞内的线粒体密度低），也有染色较深的油滴或脂滴。单视锥细胞上有油滴，而红视杆细胞上没有油滴。视杆细胞、视锥细胞和双视细胞的比例与昼夜活动的相对程度相关。

第三节　听觉与侧线感觉

在水生环境中，由于应用视觉定向的正确性相对较低，因此，机械性感受可以起到辅助视觉进行定位、摄食、避敌等作用。鱼类的机械感觉器官主要包括内耳和侧线等。当感受器细胞受到声音、水流、压力及重力等刺激后，可将机械能转变成神经冲动，传到中枢产生听觉、位觉和侧线觉等。研究表明，内耳有听觉（频率范围为$16 \sim 13\,000$ Hz）和平衡感觉（位觉）的机能，而侧线则具有感觉水流、水压、听觉（频率范围为$1 \sim 25$ Hz）和触觉等方面的机能。鱼类的趋流性（逆流的趋性）、趋音性（趋向或避开声源）、趋触性（接触刺激的趋性）、发声现象等行为的形成与鱼类的机械感觉均有一定的联系，因此，听觉与侧线感觉在鱼类摄食、生殖、防御、洄游和集群等生命活动中起着重要的作用。侧线和内耳末梢器官在起源和构造方面基本相似，因此这两个器官常被合称为听觉侧线系统。

一、侧线

1. 侧线（lateral line）的构造

对于脊椎动物，最原始的声音感受器就是为鱼类和少数两栖类所特有的侧线感觉系统。侧线是沟状或管状的皮肤感觉器。原始的侧线感觉器是一种感觉芽（sensory bud），常常个别分散分布，具有触觉及水流觉的机能。随着发育，感觉芽逐渐沉入皮下，彼此连接相通并形成封闭的长管，且完全与皮肤分开，仅以一个个小孔与外界相通。低等的鲨类和全头类的银鲛侧线大多呈沟状，高等的鲨类、鳐类和硬骨鱼类的侧线则常呈管状。侧线主支分布在头以后身体的两侧，由迷走神经的侧线分支所支配。头部的侧线主要由面神经的各分支所支配，有些种类头部侧线不明显。

侧线管内充满淋巴液，感受器即浸润在淋巴液中。感受器由梨状的感觉细胞和柱形的支持细胞所组成。感觉细胞的顶部有30～50条感觉毛。其中，位于胞顶一侧边缘的一条最长，称为动纤毛；其余的短毛数量较多，长度分级，称为静纤毛（图4-8）。感觉细胞具有感觉及分泌机能，它们的分泌物在感受器外表凝结成长的胶质顶（感觉顶），感觉毛即被包藏在感觉顶的内部，在感觉细胞上有感觉神经末梢分布（图4-9）。

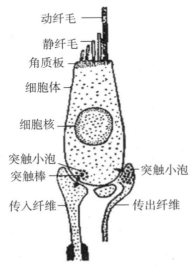

图4-8　感觉毛细胞的亚显微结构

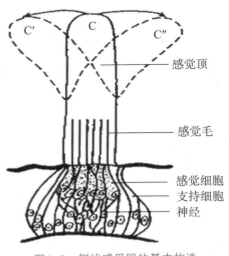

图4-9　侧线感受器的基本构造

鱼类侧线的发展和生活习性及栖息场所有着密切联系。经常生活在流水中的活泼游泳种类具有发达的侧线管；底栖鱼类如鳅和狗鱼行动迟缓，侧线管则相对较少；鳐类营底栖生活，身体扁平，善于感受来自上下的震动，在背、腹面有发达的侧线器官；以游泳生物为食的鱼类，体两侧侧线尤其发达。

2. 侧线的机能

研究表明，侧线具有感受水流的机能。当用橡皮管直接喷水到狗鱼的侧线上时，狗鱼背鳍会张开，身体向对侧弯曲；增加刺激强度，所有的鳍均会进行运动，并且改变自身的位置。但切断神经及破坏侧线器官后，这些反应全部消失。经过训练的盲鱼能准确地找到发出刺激的场所；鲹鱼甚至可以感知直径仅0.25 mm的玻璃丝在身体附近所造成的水流扰动。鱼类依靠侧线感受身体周围的水流情况来确定物体的位置，不仅可感觉到运动着的水中物体，而且能感觉到静止的水中物体。据此推测，根据水流扰动感知在一定距离处运动的饵料、敌害，同样是侧线器官的主要机能。生活在江河的淡水鱼类或潮汐区域的海水鱼类依赖水流的方向来确定游泳方向，侧线也被认为是控制这种趋流行为的主要感觉器官。

表面波是在风、潮汐、地震作用下，同时也是在船只及活动渔具等的搅动下在水表面所产生的。鱼类通过侧线对水流的高度敏感性可对表面波产生很好的反应。非洲鳉齿鱼能根据表面波而发现在水面上运动的昆虫，这种鱼对10～40 Hz的表面波最敏感。当频率为15 Hz时，非洲鳉齿鱼能感觉到的表面波振幅低达2 μm。利用电生理和条件反射等方法也相继证明了鱼类具有测定表面波方向的能力，并对表面波存在高度的敏感性。

大量的实验表明，侧线不仅具有水流感觉的机能，而且还具有听觉机能。侧线能对低频声起反应，而其可听频率的范围依种类而不同。鲫鱼的侧线能感受1～25 Hz的低频声，鲤鱼侧线能感受5～25 Hz的低频声，而海鲇的侧线器官能感觉到的近场声波为50～150 Hz。也有人认为，6～16 Hz的低频声是鱼类侧线最适宜的刺激，对过高或过低频率的声刺激，侧线均不太敏感。此外，侧线也具有辨别声源方位的能力。当声源垂直于身体侧面时，海鲇后侧线神经记录到的反应最大。

鱼类触觉十分发达，但没有专门的触觉感受器。除分布于皮肤的感觉神经的自由末梢能接受触觉刺激外，感觉芽、侧线等均具有接受触觉刺激的作用。用毛发触及侧线以上鳞片，可得到相近于人类皮肤触觉最敏感区的触觉阈值。由此可见，侧线感受器作为触觉感受器也是相当灵敏的。

二、听觉

耳的适宜刺激是空气或水震动的疏密波。动物种类不同，适宜的声波刺激频率相差很大。一般哺乳动物的可听声频范围为20～20 000 Hz，而狗为16～30 000 Hz；家禽的听力范围为125～10 000 Hz；除骨鳔鱼类外，大多数鱼类的听觉很差，听觉频率的上限一般低于1 000 Hz。鱼类只有内耳，内耳受位听神经的支配。鱼类内耳的构造比其他脊椎动物的简单得多，没有耳蜗或任何耳蜗的痕迹。较差的听觉可能与没有特化的耳蜗，从而无法使声音集中到耳石上有关。

（一）内耳的构造

一般认为，内耳是由一个或几个侧线器官演化而来的。典型的内耳可以分成上、下两部分（图4-10）：上部包括椭圆囊（utriculus）和3个互相垂直的半规管（semicircular canal，前半规管、后半规管和水平半规管）及其壶腹（ampula），主要起平衡感觉的作用；下部包括球状囊（sacculus）和瓶状囊（lagena，听囊），主要起听觉作用。椭圆囊、球状囊、瓶状囊和半规管都是膜质的管道，管道内外充满淋巴液，对内耳起着周密的保护作用。

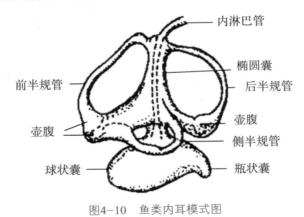

图4-10　鱼类内耳模式图

脊椎动物的半规管共有三个，它们各处于一个平面上，彼此互相垂直。每个半规管与椭圆囊连接处都有一个相对膨大的部分，称为壶腹。壶腹内有一隆起的结构，称为听嵴或壶腹嵴（crista acustica）。听嵴的构造很像侧线感觉器官。听嵴被以由长椭圆形的感觉毛细胞、支持细胞和基底细胞所组成的感觉上皮。感觉毛细胞一端有许多纤细而短的静纤毛和一根较长且粗的动纤毛。这些纤毛伸到位于壶腹腔的胶质顶器内，它们可以随着半规管内的内淋巴液的流动而偏斜，从而反射性地引起某些平衡反应。

椭圆囊、球状囊和瓶状囊又称为耳石器官。囊内侧壁上具有特殊的感受结构——

囊斑（maculae acustica，听斑），囊斑上的感觉上皮也由感觉毛细胞和支持细胞组成。3个囊内都含有石灰质的耳石（otolith）或耳砂。耳石和感觉毛细胞之间由耳石膜隔开。耳石膜的表面有无数小孔，毛细胞的纤毛从小孔伸入。

（二）内耳的机能

鱼类的内耳既是声音感受器，也是重力感受器和角加速度感受器。摘除内耳后，鱼类身体会严重丧失平衡，暂时或长期失去肌肉的紧张性。因此，内耳除具有听觉机能外，还具有保持和调节肌肉紧张性、维持身体平衡的作用。

1. 平衡感觉

平衡感觉是指察觉身体是否保持平衡的感觉，即察觉头相对于地心引力方向的位置和头做直线加速运动或角加速运动时的加速情况的感觉。内耳的上部，即椭圆囊和半规管是平衡机构的中心。切除椭圆囊和半规管，鱼完全失去平衡，但不影响听觉。鱼类的平衡反射效应器是眼、鳍和躯干部的肌肉。

对于半规管来说，角加速运动或角减速运动是最适宜的刺激。由于半规管位于3个相互垂直的平面内，因此无论鱼体朝哪个方向转动，总会使相应半规管壶腹中的感觉毛细胞因管腔中内淋巴的惯性而受到冲击，顶部纤毛向某一方向弯曲，引起传入神经上冲动频率的升高或降低。这些信息传入中枢神经系统，引起眼和鳍、肌肉的补偿性运动，以调整姿势，保持平衡。

电生理研究表明，水平半规管对鱼绕背腹轴的旋转有反应，但对绕头尾轴和横轴的旋转没有反应，而前、后半规管对绕3个轴的旋转都有反应。概括地说，半规管只对头部转动时所产生的角加速度起反应，一旦头部位置稳定，不管这时头的方位如何，反应都消失。而耳石器官感受头部静态位置的变化或鱼体运动时产生的重力加速度或线加速度。通常，耳石和感觉上皮都是紧紧地黏附在一起的。进一步的研究表明，鱼类椭圆囊囊斑中的感觉毛细胞的动纤毛是朝外侧和朝内侧散开排列的。当耳石受到重力加速度或直线加速运动的影响而在囊斑表面流动时，感觉毛细胞就会因其上的纤毛束受到牵拉弯曲刺激而发放冲动，从而对鱼体各轴（包括由头部到尾部、两侧和对角）的倾斜产生姿势的调节反射。对于大多数鱼类来说，椭圆囊可以控制位置变化所引起的所有姿势反射，而球状囊和瓶状囊几乎没有感觉平衡的机能。但在少数鱼类（如鳐鱼），球状囊和瓶状囊也和椭圆囊一样参与身体平衡的调节。此外，鱼类视觉定向在控制姿势与运动上也有一定的作用。

2. 听觉

鱼类的听觉器官主要是内耳下半部的球状囊和瓶状囊，侧线器官和鳔也参与或辅助内耳的听觉功能。侧线器官主要感受100 Hz以下的低频声波和察觉近距离的物体，而内耳和鳔组成远处声波感受器。当外界声波传到鱼体时，内耳的内淋巴液发生震荡，对感觉毛细胞上的纤毛产生横向切力，触发毛细胞产生去极化或超极化。

侧线、听嵴以及囊斑中的感觉毛细胞都具有一种重要的特性，即当纤毛保持自然状态直立时，细胞膜内外存在约−80 mV的静息电位，同时与它相连的神经纤维有中等频率的神经冲发放；当外力使静纤毛倒向动纤毛一侧时，毛细胞发生去极化（达−60 mV），神经纤维传入冲动频率升高，表现为兴奋效应；相反，外力使动纤毛倒向静纤毛一侧时，毛细胞发生超极化，同时神经纤维传入冲动频率下降，低于毛细胞静息时的频率，表现为抑制效应（图4−11）。冲动频率增减的信息传至中枢，产生听觉，从而引起相应的反应。

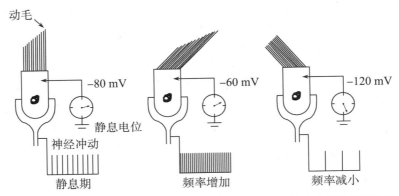

图4−11　毛细胞顶部纤毛受力对细胞静息电位和神经纤维冲动发放频率的影响

鱼类听觉的敏感性及可听频率范围在不同种类中有相当大的差异。大量的实验结果表明，鳔的有无、大小、形状及其与内耳的联系方式与听觉能力密切相关。此外，耳石的形状、大小及其在各囊中的相对位置等对鱼类的听觉的敏感性及可听频率范围也有影响。

一般来说，无鳔的鱼类听觉敏感性很低，可听频率范围也很小，如鲽鱼的可听频率范围仅为40～250 Hz，听觉阈值高达−13～−10 dB。而有鳔鱼类，鳔与内耳有联系的鱼类比鳔与内耳没有联系的鱼类对高频声有更大的敏感性，且具有较高的可听频率上限。但鱼类无论鳔与内耳有无联系，对低频声都很敏感，其可听频率下限一般均在50 Hz以下，某些鱼类甚至还能感受到人类所不能感受的频率为16 Hz以下的次声波。内耳通过韦伯氏器（Weberian apparatus）与鳔相联系的骨鳔鱼类（图4−12），或者鳔自身伸出的盲管和球状囊相联系的长颌鱼科、攀鲈科等鱼类，可听频率范围较宽；在最佳听觉频率范围内，骨鳔鱼类和鳔、耳间有联系的鱼类，听觉阈值可低达−60 dB，比人类的听觉还要灵敏；音调辨别能力较强，鲹可辨别1/4全音。但非骨鳔鱼类和鳔、耳间无联系的鱼类听觉能力差，可听频率上限均降至1 000 Hz以下；听觉阈值高达7 dB，远比人类的听觉阈值高；音调辨别能力较差，斗鱼的音调辨别幅度在1个八度以上。

鱼类听觉能力的差异，是因为不同鱼类对声音感受的机制不同。声波是发声体的机械振动引起空气、液体或固体的质点发生相应的振动而产生的，声源在水下振动同时产生质点位移波和声压波，骨鳔鱼类除能直接感受质点位移波外，还可通过鳔接受声压波。有些非骨鳔鱼类如鲱鱼的鳔与内耳有联系，也能感受这两种波，但无鳔鱼或鳔与内耳没有联系的非骨鳔鱼只能感受质点位移波。听觉的生物学意义不仅是预告危险或食物存在的信号，对于可发音的鱼类，它们可从同种个体那里得到信号，这在生殖季节选择异性具有重大意义。

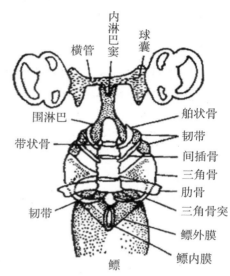

图4-12　骨鳔鱼类的韦伯氏器及其与鳔、内耳的关系

三、其他水生动物的机械感觉

机械感受细胞（mechanosensory cells）或机械感受器（mechanoreceptor）是专门检测机械力如剪切、压缩或张力的细胞。探测机械力的感受细胞通常有一种或多种特殊的纤毛。这些机械感觉细胞是听觉、本体感觉或重力感觉的基础。目前尚不清楚纤毛是如何参与检测机械力的，以及不同动物类群的机械感觉纤毛细胞与感觉系统之间的关系。机械感细胞通过跨膜通道将力转化为细胞信号，这一过程被称为机械转导（mechanotransduction）。

1.软体动物的机械感觉

软体动物双壳类身体外露的部分触觉比较灵敏，特别是外套膜的边缘，其上有环绕神经的分布。在外套边缘常有感觉突起或发达的触手。此外，在外套膜缘、唇瓣和身体的上皮部，还有一种没有分化成特殊器官的感觉上皮，它呈圆筒状，有很长的波浪形感觉毛，专司触觉作用。腹足类整个身体表面的皮肤，特别是身体前部、头和足的边缘，感觉最为灵敏。此外，在身体表面还形成特殊化的感觉附属物如触角，专司触觉机能。而多种裸鳃类在鳃的附近或周围，甚至整个体表面，都布满了对触觉较敏感的皮肤延长物和触角状突起。

　　双壳类平衡器位于足部，平衡器中有耳砂或耳石。平衡器壁由具有纤毛的支持细胞和感觉细胞相互排列而成，并共同分泌液体充满平衡器腔。腹足类听觉器，是皮肤陷入的一个小囊，囊壁内面由纤毛上皮构成，在上皮中有感觉细胞。小囊中含有由囊壁分泌的液体，液体中沉有结晶的耳石或耳砂。有人利用纯音曝光、固定在牡蛎壳上的加速度计和水柱中的水听器研究了太平洋牡蛎（*Magallana gigas*）的听觉，采用高频无创瓣膜测量仪记录牡蛎瓣膜运动，测量牡蛎的敏感性，发现在足够高的声能下，牡蛎会对频率在10～1 000 Hz范围内的声音产生反应，瞬时关闭瓣膜，最大灵敏度在10～200 Hz。由于部分瓣膜关闭和伤害性反应难以区分，牡蛎很可能探测到较低声能的声音。某些腹足类无平衡器，在爬行的种类中位于足神经节附近。平衡器受脑神经节控制。对长鳍枪乌贼（*Loligo pealeii*）进行的基于听觉诱发电位（auditory evoked potential，AEP）方法的研究，揭示了枪乌贼对声音的探测与大多数鱼类相似，是通过平衡囊来探测声场的粒子运动分量。

　　2. 虾蟹类的机械感觉

　　触觉感受器主要有分布于体表的各种刚毛、绒毛结构以及平衡囊（statocyst）。各类司触觉作用的刚毛、绒毛又称感觉毛（hair sensillae）、触觉毛，一般遍布全身甲壳表面。它们都是表皮细胞向外突出而成的，基部有神经末梢。通常在附肢上也存在多种感觉毛以感知触觉。感觉毛也可以作为声音感受器，对空气的周期性移动发生反应，它们似乎与低频率的振动有关，或者是作为一个运动的本体感受器。作为触觉和振动感受器的感觉毛，只在被真正触动时才产生感受器电位，在其他情况下，它们主要作为本体感受器，当"休止"位置被改变时就一直发放电位。

　　已证明，对虾科和樱虾科虾类第二触角的触鞭是检测振动的特化器官，作用类似于鱼类的侧线。触鞭上各节均具刚毛，虾类在活动时两触鞭向左右及背侧方向弯曲，平行伸向躯体后方，可检测到来自周围的振动，其感受野可与视野相比，因而对虾类动物能够很好地探测到捕食者。

　　虾蟹类的平衡囊功能类似于脊椎动物的相应器官，是对地心引力起反应的无脊椎动物原始的体位感受器，也可以对振动起反应。它主要提供平衡反射的输入信号，也作为补偿眼运动的输入信号。平衡囊通常是一个囊状结构，囊内排列着一些感觉毛细胞，并充满液体，囊壁悬挂着石灰质颗粒（平衡石）或外来的砂粒。当动物运动时，由于地心引力的牵引，平衡石的位置发生改变，从而压到位于平衡囊内的不同部位的毛细胞上。对虾的平衡囊通常位于小触角的原肢节基部，由体壁内凹形成，内凹的空腔即为平衡囊腔。囊壁为几丁质，其上分布有多种感觉刚毛，每一刚毛基部都有感觉神经末梢与脑相连。在刚毛丛中有砂粒或平衡石，砂粒位置的改变可触及一方的刚毛，从而引起冲动通到脑，产生相应的平衡身体动作。引起感受器电位的力是作用于纤毛上的定向移力而不是压力。平衡囊在节肢动物也具有声音感受器的作用，它们利用一种类似于鱼类耳石系统的基于质量的加速度计系统对声粒子运动做出反应。声粒子运动使生物以与周围水相同的频率和相位运动，因为生物和周围水的声阻抗大致相等。然而，由于密度的不同，平衡石移动的频率和相位与身体的其他部分不同。平衡石的这种不同运动通过剪切力使平衡石毛发偏转，并刺激神经反应。目前，对甲壳类动物的声音探测知之甚少，对于许多物种，感知声音的原理是粒子运动或是声压尚不清楚。对一种鼓虾（*Alpheus richardsoni*）的研究中发现，鼓虾对只产生粒子运动的振动台和同时产生粒子运动和声压的水下扬声器都有反应，证明它们能探测到声粒子运动。破坏平衡器降低甚至消除了听力敏感性，可见鼓虾利用平衡囊探测声粒子运动。对美国龙虾（*Homarus americanus*）进行的基于AEP方法的研究，揭示了平衡囊并不是负责龙虾声音检测的感觉器官，而覆盖大部分龙虾身体的外表皮毛发——毛发扇（hairfans）则很可能负责声音探测。在新西兰桨蟹（*Ovalipes catharus*）中，研究人员利用医学影像技术、微CT和AEP，研究了平衡囊器官的形态和功能。发现桨蟹对较低频率（100～200 Hz）最敏感。切除平衡囊后，粒子运动刺激等的所有AEP反应均消失。表明在一定频率范围内，平衡囊确实是桨蟹主要的听觉器官。十足目不同成员的平衡囊结构和敏感性可能存在根本差异。

机械感受器的一个广泛的结构特征是它们的感觉器官中有一根或多根纤毛。这些纤毛被定义为由基底体支撑的含有微管的细胞器，在超微结构上是多样的，可以运动也可以不运动。纤毛常被数量不一、形态各异的微绒毛包围。目前尚不清楚纤毛是否直接参与介导机械感觉或具有其他功能，如维持微纤毛感觉器官的结构。关于纤毛如何感知力量的生物物理细节也不清楚，已经提出了几个可能模型。

在节肢动物中，纤毛机械感觉细胞模型嵌在某些器官上，如感觉刚毛、毛类、钟状感受器和弦音感受器。与毛细胞相比，Ⅰ型器官细胞中的纤毛可能在机械转导中发挥更重要的作用。不同Ⅰ型器官机械感觉细胞类型的基本结构类似，因此转导装置可能遵循类似的工作原理（图4-13A）。纤毛通常有一个改良的结构，两个基体串联排列导致近端9+0轴丝。微管的数量可能向纤毛的远端（12～1 000个微管）增加，形成高度有序的排列结构，在一些细胞中称为管状体，或保持正常的轴突（例如一些弦状器官）。纤毛末梢的小管通过被称为微管-膜连接（MMC）的顺应式结构与质膜相连（图4-13B）。纤毛膜与周围的树突鞘形成细胞外桥。通过使器官变形、拉伸或偏转，这种力通过细胞外桥传递到纤毛尖端，那里可能有机械转导装置。TRPN通道NOMPC在纤毛的顶端表达，在那里它形成了MMC的一部分（图4-13B）。NOMPC是一个具有长链锚蛋白重复序列（ankyrin repeats，AR）的机械转导通道。通过AR与微管的结合，在睫状尖端变形时，NOMPC中的通道可能被打开。

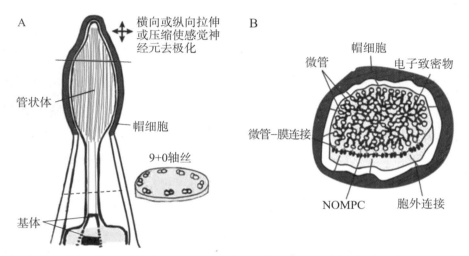

A、B.节肢动物Ⅰ型器官感觉细胞。A.Ⅰ型器官感觉细胞纤毛示意图。轴突是横切面（沿虚线），在其近端显示9+0轴丝。轴突远端微管数量增加。纤毛尖端的拉伸或挤压使感觉神经元（SN）去极化。这个区域被称为管状体。顶侧与帽细胞紧密相连。B.管状体的横截面（图A中沿实线）。外围微管与纤毛膜连接。机械传导通道NOMPC定位于纤毛膜，并通过MMC与微管机械耦合。从帽细胞到纤毛的细胞外连接也显示出来。

图4-13　虾蟹类纤毛机械感觉细胞模型

（Alberto等，2020）

3. 蛙的听觉器官

蛙耳的构造与鱼类的已有不同，除了内耳，还有中耳。内耳构造与鱼类的相似，瓶状囊已较为发达。青蛙的内耳包含3个区域，它们对空气中的声音很敏感，并且在功能上是截然不同的。① 两栖类乳突（amphibian papilla，AP）的低频吻端神经纤维的反应是复杂的。毛细胞的电调谐可能有助于这些反应的频率选择性。② AP的尾部部分覆盖蛙的听觉范围的中频部分。它与哺乳动物的耳蜗和其他脊椎动物的耳朵一样，具有产生诱发性及自发性耳声发射（otoacoustic emissions，OAE）的能力。③ 基底乳突主要作为单一的听觉滤过器。其简单的解剖和功能特点可作为一个模型系统来测试关于发射产生的假设。基底乳突的刺激频率耳声发射（SFOAE）的组延迟是由以下假设造成的：① 通过中耳的正向和反向传输，由于盖膜过滤的机械延迟，以及通过内耳液体的快速向前和反向传播。② 中耳的发生完全适应空气中听觉的需要。③ 中耳的鼓膜可以接受空气中的声波的能量，经过耳柱骨的递送，将声能传至内耳的卵圆窗。

4. 龟的听觉器官

龟听觉器官的基底膜很短，不可能靠声波进行频率分析。它主要通过毛细胞产生电共振导致频率的调谐，这种电共振主要是位于毛细胞基底膜上的Ca^{2+}通道和由Ca^{2+}激活的K^+通道（或Ca^{2+}通道）完成。

在龟中，中耳的结构是封闭的，狭窄的耳咽管连接到口腔。龟耳对空气中的声音比其他鼓膜四足动物的更不敏感。像其他两栖动物一样，龟也面临着陆栖和水生听力之间的取舍。使用激光振动测量技术和听性脑干反应（auditory brainstem response，ABR）来测量巴西红耳龟（*Trachemys scripta elegans*）对振动刺激的敏感性、对空气中和水下声音的敏感性，发现龟在水下对声音最敏感，它们的灵敏度依赖于大的中耳，中耳有一个附着在小柱上的顺应性鼓膜盘。在椎间盘后面，中耳是一个体积约为0.5 mL、水下共振频率约为500 Hz的充满空气的大腔。水下激光振动测量显示峰值振动频率为500～600 Hz，最大振动频率为300 μm/（s·Pa），大约是周围水域的100倍。在空气中，听性脑干反应听觉图对300～500 Hz的声音表现出最佳的敏感性。移除皮肤覆盖物前后的声像图，显示鼓膜软骨的敏感性没有变化，提示鼓膜是关键的声音接收器。如果从声强的角度比较空气和水的阈值，水的阈值比空气的低20～30 dB。研究表明，龟的鼓膜耳适用于水下听力。

第四节　嗅觉与味觉

嗅觉和味觉是动物对化学物质的感觉器，它们都是特殊分化了的外部感受器。对于陆生脊椎动物，嗅觉是距离性感觉，其感受器感受气体状态物质的刺激；味觉为接触性感觉，其感受器感受溶液状态物质的刺激。而水生动物的嗅觉和味觉则都是由溶液状态物质的刺激所引起的，二者分工具有重叠性，但二者仍可明确加以区分，如嗅觉中枢在端脑，而味觉中枢在延脑。此外，嗅觉器官为内陷的嗅囊，其感受器具有低刺激阈；而味觉器官则为分布范围极广的味蕾，其感受器具有高刺激阈。

在鱼类，除了嗅觉和味觉器官专门感受化学刺激外，鱼体表还存在一些神经丘和游离的神经末梢，它们也具有感受化学刺激的能力，这种化学感受称为"一般化学感觉"。体表神经丘的一般化学感觉与嗅觉和味觉不同，它们最敏感的是单价阳离子，如K^+、Na^+、NH_4^+、Li^+等，而二价阳离子中，对Ca^{2+}、Mg^{2+}的敏感度较高。生活环境的差异，导致了海水鱼与淡水鱼体表神经丘对Na^+的敏感度的明显差异，海水鱼对Na^+不敏感，而对K^+很敏感；而淡水鱼对K^+和Na^+都很敏感。

水产动物大多具有敏锐的化学感觉，以感受其生存环境中的许多信息。水生动物生活在含有各种化学物质的水体中，因此它们的行为会受到某些引诱物、驱避物、信息素、种间的异常物等化学物质的影响，通过嗅觉、味觉以及体表神经丘的感受，引起它们对食物和配偶的识别、对栖息环境的选择、对敌害和有害物质的逃避以及洄游等行为反应。明确水生动物化学感觉的作用及作用机制，对渔业生产有重大的实践意义。

一、嗅觉

（一）嗅觉器官的结构

鱼类的嗅觉器官为内陷的嗅囊，嗅囊表面由许多皱褶的嗅觉上皮覆盖。嗅觉上皮由嗅细胞、支持细胞、基底细胞和黏液细胞组成，血管、淋巴管和嗅神经分布其上（图4-14）。嗅细胞是双极初级神经元：一端发出若干细长的树突到达嗅上皮表面，树状突起末端膨大并具有一些能运动的纤毛，称为嗅结；另一端细长的突起（轴突）伸向固有膜，称为嗅神经纤维。无嗅球而具嗅叶的鱼类，嗅神经长，它们在固有膜内集合成束，形成嗅神经，通到嗅脑的嗅叶，如鳗鲡、狗鱼、鲑鱼和大多数硬骨鱼类；有嗅球的鱼类轴突不集成束，嗅神经细短，通达紧接嗅囊的嗅球，如板鳃鱼类中的鲨类和鳐类。

鱼类嗅觉的发达程度，可以从嗅上皮的形状加以判断。嗅觉迟钝的鱼类，如狗鱼、刺鱼，嗅上皮呈圆形，皱褶少或无；嗅觉敏锐的鱼类，如鳗鲡、大头鲇，嗅上皮呈长形或椭圆形，皱褶多，有的呈玫瑰状，因而得名"嗅玫瑰"（图4-14）。从嗅上皮占体表面积的百分比及所含的嗅细胞数量，也可以看出鱼类嗅觉的敏感程度。嗅觉迟钝的狗鱼和刺鱼，嗅上皮分别占体表面积的0.2%和0.4%；嗅觉发达的鲔，嗅上皮占3.6%。

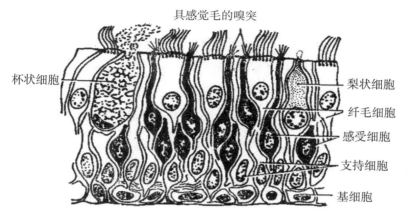

图4-14 鳗鲡嗅上皮的显微结构

软骨鱼类属嗅觉灵敏型，嗅觉器官比视觉器官发达。硬骨鱼类则分为3大类群：第一类是一些非肉食性鱼类，如鲹鱼与鲍鱼，眼与嗅囊同样发达；第二类眼比嗅囊发达，是一些嗅觉不太发达，白日捕食的肉食性鱼类，如狗鱼与刺鱼；第三类眼比嗅囊发达，是一些嗅觉发达的肉食性鱼类，如鳗鲡和江鳕。

鱼类的嗅觉器官依鱼种类不同存在相当大的差异，有些鱼类的嗅觉器官还存在性别差异。圆口纲嗅觉器官最为特殊，单一的鼻孔开口于头背部正中，只有一个嗅囊；软骨鱼类和硬骨鱼类多具有成对嗅囊。绝大多数鱼类每个嗅囊都有完全分开的前、后2个鼻孔，前面是进水孔，后面是出水孔。水被动地进入前鼻孔，经嗅囊后从后鼻孔流出，或主动地借纤毛摆动或借嗅囊后方的副嗅囊起唧筒作用。

（二）嗅觉机理

鱼类的嗅觉刺激物是溶解在水中的化学物质，因此只有水流通过嗅上皮，嗅感受细胞才能接受刺激。水流经过嗅觉器官有3种方式：第一种是纤毛摆动型，这些鱼类（如鳗鲡）的嗅上皮除感觉细胞具有纤毛外，还有纤毛细胞，纤毛的同步摆动起了蠕动泵的作用，使水连续地通过嗅囊；第二种是副嗅囊活动型，这些鱼类（如鲤鱼）的嗅囊与1～2个副嗅囊相连，当鱼类呼吸或口腔张开、闭合时，副嗅囊的体积扩大或缩小，将水从前鼻孔吸入，后鼻孔泵出，形成间歇的水流通过嗅囊；第三种为中间型，这些鱼类（如斑月鳢）同时具有纤毛和副嗅囊。

关于嗅觉产生的机理，一般认为当嗅细胞受悬浮于空气或溶解于水中的气味物质刺激时，可通过膜受体-G蛋白-第二信使系统引起膜上电压门控式Na^+通道开放，Na^+内流，从而产生去极化型感受器电位；当感受器电位经总和达到阈电位时，可在轴突膜上引起不同频率的动作电位，并沿着轴突传入嗅球，进而传向更高级的嗅觉中枢，引起嗅觉。

（三）嗅觉敏感性

地球上物质气味有上千种，但基本气味只有少数的七种，即乙醚味、薄荷味、樟脑味、花卉味、麝香味、腐臭味和辛辣味，其余各种气味感觉都是由上述七种基本气味组合而成。气味相同的物质，都具有共同的分子结构。每一种嗅细胞只对一种或两种特殊气味刺激产生反应，而且不同性质的气味刺激有专用的传入路径和投射终端位点。各种嗅细胞兴奋程度不同，总和后产生不同的嗅觉感觉。

电生理学和条件反射方法常被用来研究鱼类的嗅觉敏感性。鱼类大多具有灵敏的嗅觉，经训练后能够辨别纯粹的气味（如香豆素、粪臭素）和品味（如葡萄糖、醋酸、奎宁）的物质。鱼类不但能感受多种化学物质，而且能对结构相似的化学物质加以区别，例如盲鲹可辨别浓度为 5×10^{-9} mol/L 的氯苯酚和酚。鱼类的嗅上皮对乙醇、酚和许多其他化合物的敏感性阈值范围和哺乳类相似，如虹鳟（*Oncorhynchus mykiss*）能感受浓度为 1×10^{-9} mol/L 的 β-苯乙醇，红大麻哈鱼能感受浓度为 1.8×10^{-7} mol/L 的丁子香酚。欧洲鳗的嗅觉更为灵敏，能感受浓度为 2×10^{-6} mol/L 的芷香酮和 3.5×10^{-19} mol/L 的苯乙醇，其嗅觉灵敏度与狗相似，超过人类嗅觉能力的 1 200 倍。鱼类的嗅上皮对氨基酸也呈现了电生理上的高度敏感性，较敏感的鱼类的阈值在 $10^{-8} \sim 10^{-7}$ mol/L，但脯氨酸和羟脯氨酸在各种鱼类的研究中都是特别差的嗅觉刺激物。对某些鲑鳟鱼类来说，胆盐是强刺激剂，可能与其"返家乡"行为有关。

不同鱼类的嗅觉敏感性差异很大，如多鳍鱼对牛心提取液的敏感性阈值为 $10^{-14} \sim 10^{-13}$ g/L，鲹鱼为 $10^{-7} \sim 10^{-6}$ g/L。不同发育阶段，鱼类的嗅觉灵敏度也存在差异。黑鲷初孵仔鱼的嗅囊很小、很浅，细胞没有分化，5 d 后嗅囊细胞才开始分化，24 d 嗅囊分化完毕，嗅觉开始功能化，参与摄食反应。此外，嗅觉敏感性还受温度、湿度、大气压、作用时间等外界因素以及体内各种内在因素变化的影响，如秋冬季节，嗅觉一般不敏感。湿度增大时，嗅觉敏感性提高。某些鱼的嗅觉还与激素有关，如金鱼注射雌二醇，嗅觉灵敏度升高。

嗅觉和味觉一样都具有明显的适应现象。但值得提出的是，动物对某种气味适应后，并不影响对其他气味的敏感性。

二、味觉

（一）味觉器官的结构

味觉器官和嗅觉器官在生理机能方面相似，然而它们在结构和发生上是十分不同的。味觉是由一组细胞聚合而成的味蕾主持的。典型的味蕾呈梨形，直径为 20 ~ 60 μm，长度为30～100 μm 。味蕾由味感受细胞、支持细胞和基底细胞组成。味感受细胞上端均有被称为味毛的微绒毛突起，由味蕾孔伸至外面，基部有味觉神经纤维细支分布（图4-15），神经纤维和味觉细胞形成突触联系。味蕾起源于内胚层，有别于其他的感觉器官。

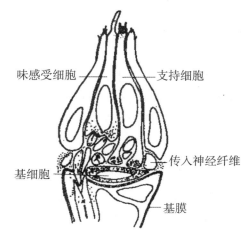

图4-15 鲇鱼的味蕾

鱼味蕾细胞类型目前有两种分类法：一种是将味蕾细胞分成亮细胞、暗细胞和基细胞3种类型，少数动物味蕾被发现含有3种以上的细胞；另外一种分类法把味蕾细胞分为Ⅰ、Ⅱ、Ⅲ和Ⅳ型。Ⅰ型细胞类似于暗细胞，Ⅱ型细胞类似于亮细胞，Ⅲ型细胞类似于基细胞，Ⅳ型像中间细胞并被认为是味觉受体细胞。在哺乳类味蕾超微结构研究中曾普遍认为暗细胞是味觉感受细胞，而通过对大量非哺乳类味蕾的研究发现，亮细胞的上行突起能到达味觉刺激点——味孔，其胞体与味觉神经纤维联系较为紧密或者直接形成突触，表明亮细胞应为味觉感受细胞。也有人发现中间细胞与传入突触相联系，认为中间细胞有可能也是味感觉细胞。但到目前为止，关于亮细胞、暗细胞究竟哪种是味觉感受细胞的问题尚无定论。而关于基细胞，有人认为它起机械性感受器作用，也有人认为它可能行使调节作用。

对于鱼类，味蕾的分布范围极广，主要分布在口咽腔、触须、唇、颚、舌、鳍等处，鳃部、食道等区也有少量味蕾分布，鳅科、鲇科和鳕科鱼类味蕾甚至遍布全身。据报道，味蕾的最大密度范围为每平方毫米140～300个，但随鱼种以及味蕾所处的位置不同变化很大。而对于水生两栖类，味蕾主要分布在口腔黏膜上皮；爬行动物如蜥蜴类、海龟类，味蕾则仅分布于舌区。口咽腔、鳃弓上的味蕾由舌咽神经、迷走神经支配，头部皮肤（包括触须、颚器）的味蕾由面神经支配，躯干部、尾部皮肤由舌咽神经、迷走神经或二者共同支配。面神经支配的味蕾在寻找食物时起主要作用，而舌咽神经和迷走神经支配的味蕾在吞咽或唾弃食物时起主要作用。

味蕾由生发层细胞特化后形成，其衰老更替现象终生存在。沟鲇味感受细胞的更新速度与温度有关。温度为30 ℃时，味感受细胞平均每12 d更新一次；但温度为12 ℃时，每42 d才更新一次。

（二）味觉机理

与嗅感受细胞不同，味感受细胞不是神经元，但是这些味感受细胞在基底端与传入神经轴突终末形成突触。这些味感受细胞可通过化学性突触或电突触作用于基底细胞，由基底细胞通过突触传送到感觉神经轴突。

普遍认同的味觉机理：味感受细胞的微绒毛膜表面具有受体，味刺激物与受体的结合使膜的构型发生变化，引起膜上电压门控式Ca^{2+}通道开放，或者受体激活导致细胞内储备的Ca^{2+}释放，细胞内Ca^{2+}浓度增加，味感受细胞发生去极化产生感受器电位。已知鲇鱼的味感受细胞与嗅神经末梢之间是化学性突触，感受器电位使味感受细胞释放递质，递质使味神经末梢产生突触后电位，进而激发动作电位。

（三）味觉敏感性

一般认为，各种味觉是由酸、甜、苦、咸4种基本味觉组合而成的。不同物质的味道差异可能与它们的分子结构有关。通常认为，氯化钠（NaCl）能引起典型的咸味；无机酸中的H^+是引起酸感觉的关键因素，但有机酸的味道也与它们所带负电荷的酸根有关；甜味的强弱与葡萄糖的主体结构有关；一些有毒植物生物碱的结构能引起典型的苦味。在人类，舌尖部对甜味比较敏感，舌两侧对酸味和咸味比较敏感，而舌根部对苦味比较敏感。

实验证明，鱼类也有酸、甜、苦、咸4种味觉。失去前脑因而也就失去嗅觉的鲅，仍然能够用具有各种味道的物质进行训练，并且能够区别上述四种味道。鲅味蕾对葡萄糖、氯化钠、醋酸和盐酸奎宁的敏感性阈值分别是4.8×10^{-5} mol/L、4×10^{-5} mol/L、4.8×10^{-6} mol/L和4×10^{-8} mol/L，显示出比人类更高的味觉敏感性。鲤鱼对具有多价阴离子的化合物如柠檬酸钠、磷酸氢钠、$Na_4Fe(CH)_6$、四甲基铵-Cl、胆碱-Cl、谷氨酸钠、果糖、甘氨酸都有强烈的味觉反应。大多数鱼类在中性pH环境时对短链、中性或碱性氨基酸最敏感。在所检测的鱼类中，浓度范围为$10^{-5} \sim 10^{-4}$ mol/L的核苷是最有效的刺激物。虹鳟可感受的牛磺石胆酸味觉阈值低至10^{-12} mol/L，脯氨酸味觉阈值为10^{-8} mol/L，有机酸味觉阈值为$10^{-7} \sim 10^{-4}$ mol/L。此外，鱼类对人的唾液、牛奶、蚯蚓浸泡液、沙蚕提取液、氨基酸及其衍生物溶液都有反应。

鱼类的味觉敏感性具有种族特异性。东方鲀的味觉感受器对丙氨酸、甘氨酸和脯氨酸最敏感；真鲷的味觉感受器对精氨酸、丙氨酸、脯氨酸和甜菜碱最敏感。不同鱼类饵料不同，饵料化学成分在质和量上的差异，导致了鱼类对某一成分特殊的味觉敏感性。

同种鱼类对不同化学物质的味觉敏感性也不同。如罗非鱼对精氨酸、谷氨酸和天门冬酰胺最敏感，对半胱氨酸和丙氨酸敏感性次之，对脯氨酸最不敏感。

三、其他水生动物的嗅觉和味觉

（一）无脊椎动物嗅觉

1. 贝类的嗅觉

双壳类在每一鳃神经的基部，接近脏神经节处，有一个附属神经节，在它上方的皮肤衍化成感觉器官，作用类似于腹足类的嗅检器，有探测呼吸水流的作用。除此以外，双壳类还具有与嗅检器同样性质的一个附属器官，称为"外套器"。外套器是表皮的突起物，形状多样，并且在不同贝类所处的位置不同。嗅检器和外套器在双壳类均司嗅觉作用。

嗅检器为外套腔或呼吸腔的感觉器，大多数腹足类都有，但陆生种类或者水生无呼吸腔的种类常缺嗅检器。没有嗅检器的种类，一般具有嗅触角神经节。腹足类的嗅检器是由一部分上皮特化而来，常位于呼吸器的附近，通常具有突起和纤毛，还有感觉细胞。嗅检器在腹足类不同亚纲的分化程度不同，但都位于嗅检神经节上，位于水流冲洗鳃的通道上。

2. 虾蟹类的嗅觉

甲壳动物的化学感受器与脊椎动物的相比差别较大，由于其视觉较原始，因此化学感受器在甲壳动物的摄食过程中占重要地位。甲壳动物的化学感受器几乎分布于动物体全身，但主要集中在身体前端，即附肢的第一对触角、口器、颚足上，在对龙虾的研究中表明嗅觉感受器存在于第一对触角上，而味觉感受器存在于口器和颚足。甲壳动物的嗅觉在觅食、躲避敌害、寻找配偶等方面都发挥着重要作用。目前，已知包括昆虫和甲壳类在内的许多动物具有不同的嗅觉系统。这意味着它们在身体的不同区域拥有不止一个感官群（sensory population）来检测不同的气味。研究表明，眼斑龙虾（*Panulirus argus*）具有不同的感觉器官和神经元通路。它们有两个独立的感受器群（sensilla population），感受器是毛发状的传感器，位于两眼间的触角上和附肢上。第一组被称为胸传感器（thoracic sensilla），它们负责尿液检测和辅助庇护行为以及食物检测。第二组被称为头感器，也负责食物检测以及梳理行为的实施。与龙虾类似，蓝蟹有两种截然不同的毛发状化学感受器官和通路：头附件位于两眼之间的触角上（图4-16A），胸附件位于腿上（图4-16C）。这表明动物体内的各种途径在某些检测过程中重叠，如食物检测。这对动物生存是有益的，在对单个感官群造成伤害的情况下，另一套可以辅助或替代受伤的感官群发挥功能。此外，拥有两个感官群增加了动物检测到气味的可能性。蓝蟹需要将不同类型的气味区分开（例如捕食者和食物），并做出适当的反应以躲避捕食者或定位食物。

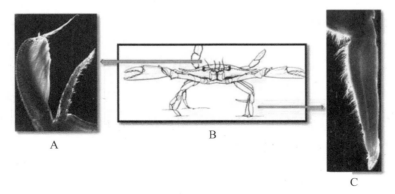

图示蓝蟹的头部感受器（A，位于触角上）和胸部感受器（C，位于腿上）。

图4-16 蓝蟹的化学感受器官

甲壳类动物化学感应系统的绝大多数工作是在软甲亚纲（Malacostraca）中进行的，其中又以十足目（Decapoda）的报道最为多见，大部分工作集中在短尾下目（Brachyura），无螯下目（Achelata）的真龙虾、螯龙虾（Homarida），螯虾亚目（Astacida）的小龙虾，歪尾下目（Anomura）的寄居蟹，等等（图4-17）。它们有几个化学感应子系统，这些可以被描述为"嗅觉"和"分布式化学感受"（distributed chemoreception），分布式化学感受指传统上称为"味觉"加上甲壳类动物的其他非嗅觉化学感觉。

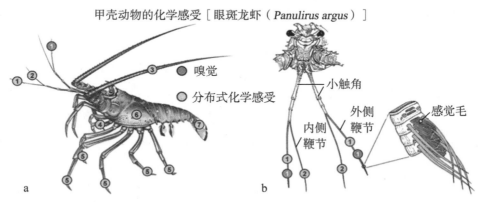

甲壳动物的化学感受［眼斑龙虾（*Panulirus argus*）］

a、b. 在眼斑龙虾（*P. argus*）不同身体部位及附肢中，介导嗅觉的感觉毛位置（白色数字）和介导分布式化学感受的化学/机械感觉感受器的位置（黑色数字）。

①第一触角外侧鞭节；②第一触角内侧鞭节；③第二触角；④口器附属物；⑤足；⑥鳃腔；⑦尾扇。

请注意，只有一种类型的嗅觉感受器（感觉毛）仅限于一个头部附肢（触角）。

图4-17 十足目甲壳类动物感应系统

［修改自佩里海洋科学研究所，a：生命周期海报系列；b：Schmidt等（2011）］

甲壳动物第一触角上分布着整齐排列的嗅毛，是执行第一触角嗅觉功能的主要感觉毛。嗅毛外形基本上呈圆柱形，末端有孔。脊椎动物嗅觉细胞的树突外覆以黏液层，而甲壳类嗅觉细胞的树突则浸没在感觉器的感觉淋巴液中。嗅感觉淋巴液是味觉物分子与感受器膜之间相互作用的介质，故感觉淋巴液对嗅觉过程具有重要意义。

甲壳动物的化学感受器通常由大量的化学受体调控，甲壳动物中主要的化学感受器是离子型谷氨酸受体（ionotropic glutamate receptor，iGluR），该种受体由古代原虫中的离子型谷氨酸受体发展而来，但不存在于后口动物中。而脊椎动物中主要的化学感受器则是代谢型谷氨酸受体（metabotropic glutamate receptor，mGluR）。

每个十足目甲壳动物的体表感觉毛含有100个以上的神经元，在感觉毛基部，细胞体集中形成纺锤状簇，每个细胞体簇调控一根感觉毛；感觉毛依赖高度分枝的树突感受外界信息。据报道，龙虾的嗅感觉神经元的数目为35万个，能对一磷酸腺苷、三甲基甘氨酸、半胱氨酸、谷氨酸、氯化铵、牛磺酸、琥珀酸酯等物质产生不同反应；而电镜下，江鳕和剑尾鱼的嗅感觉神经元分别有713万个和40万～50万个。

在许多甲壳动物，雌体的排泄物中都含有性外激素，而这种激素可由雄体小触角感知。有人推测对虾类成熟雌体存在两种性外激素，以此引诱雄虾的追逐与交配（参考《水下中国》第一集：盲虾靠发达的嗅觉系统帮它们"找对象"。）。

（二）无脊椎动物味觉

1. 贝类的味觉

由于腹足类能够选择食物，可以推断它具有味觉。腹足类的味觉器官也是由感觉细胞构成的味蕾，位于口腔内或口腔的周缘。

2. 虾蟹类的味觉

口器和步足是甲壳动物的味觉器官，口器（特别是大颚）主要与食物咀嚼有关，而步足主要与捕食有关。组成中国明对虾口器的感觉毛绝大多数为细齿状刚毛，也有许多简单光滑刚毛；步足上分布着锥状刚毛、鳞状刚毛和齿状刚毛，这些感觉毛的分布方式和外部形态都表明与味觉有关。甲壳类刚毛受控于多个双极神经元，十足目感觉毛上每个刚毛具100多个神经元（每个寄居蟹感觉毛上具300～500个感觉器），双极神经元的树突伸入刚毛腔，树突具有广泛分支，感受外环境变化，各种神经元的轴突整合成束，通入中枢神经系统，每一束神经支配一个感觉毛。

美国龙螯虾对味觉的空间定位主要靠感觉毛上的感觉器，中间的触角无定向作用。龙螯虾总是迅速无误地朝向食物味道方向，切除一侧第二触角的龙螯虾则没有这种能力，但并不总是依赖另一侧触角；切除中央第二触角并不影响螯虾的定向能力；

切除侧触角全部感觉毛后定向能力减弱，但程度不及全部切除侧触角。当龙螯虾抽动时触角能使紧密排列其上的感觉毛舒展开，增加了与周围化学物质的接触面；抽动波使化学物质的味道连续释放，延长了感受时间。

（三）蛙的嗅觉、味觉器官

蛙的嗅觉、味觉器官与鱼类的相似。蛙的鼻囊有嗅觉细胞，司嗅觉。口咽腔顶部还有一个犁鼻器或称贾氏器，这是一对盲囊状结构，也有嗅黏膜和神经纤维分布，司味觉。有学者利用光镜、电子显微镜和鼻腔树脂模型观察了无尾目尾蟾（*Ascaphus truei*）幼体和成体的嗅觉器官结构。幼体的嗅觉器官包括无感觉的前鼻管和后鼻管，连接到一个大的、包含嗅觉上皮的主嗅腔；犁鼻器是此腔的腹侧憩室。一小块嗅觉上皮（上皮带）也存在于前口腔颊腔前外侧。主嗅上皮和上皮带既有微绒毛和纤毛受体细胞，也有微绒毛和纤毛支持细胞。上皮带还含有分泌纤毛的支持细胞。犁鼻上皮仅含有微绒毛受体细胞。在变态后，成蛙嗅觉器官分为3个典型的无核动物嗅腔：主腔、中腔和下腔。主腔前部为幼虫型上皮，既有纤毛受体细胞，也有纤毛支持细胞，后部为成体型上皮，只有纤毛受体细胞和纤毛支持细胞。中腔是没有感觉的。下腔的犁鼻上皮与幼虫型相似，是一种新型的微绒毛细胞。在以前所描述的成年无尾目动物嗅觉器官主腔中存在两种不同类型的嗅上皮。通过比较，认为前嗅上皮与其他无尾动物隐窝嗅上皮同源，并具有检测水传气味的辅助鼻腔。

作为现存最大两栖类，中国大鲵的嗅觉系统也由主嗅觉系统（VOE-AOB）和犁鼻系统（MOE-MOB）组成，主嗅觉系统主要包括嗅器和嗅球，犁鼻系统主要包括犁鼻器和副嗅球。犁鼻器与嗅器共同位于嗅囊内，其中，犁鼻器小，嗅器大，犁鼻器位于嗅器腹外侧的后半部，犁鼻器的后部通过一小孔与嗅器相通。嗅器的黏膜上皮有嗅上皮、呼吸上皮（respiratory epithelium）与非嗅上皮的分化，嗅黏膜上皮下有丰富的鲍曼氏腺（嗅腺）。犁鼻器的腹内侧可见许多犁鼻腺。嗅球与副嗅球均很发达且具典型的4层板层结构，从浅到深依次为神经纤维层、小球层、僧帽细胞层、内颗粒细胞层。大鲵的嗅器起主要的嗅觉功能，而犁鼻器只起辅助作用。

四、化学感觉的机能

嗅觉几乎在水产动物行为的各个方面都有表现，对诸如摄食、觅偶、交配、洄游、避敌、集群、共栖和附着生物幼体的附着变态等方面都起着重要的作用；而味觉除对摄食起作用外，在非摄食性行为方面的作用意义不大。

1. 寻觅食物

鱼类在寻找食物时采用多种感觉渠道。依照各种感觉在寻找食物中的作用大小，可将鱼类分为视觉鱼、味觉鱼、嗅觉鱼和混合类型鱼（利用嗅觉和其他感觉觅食）。视觉性鱼虽然在寻找食物时视觉起主要作用，但嗅器官也不可或缺。如用棉花堵住星鲨（*Mustelus canis*）的鼻孔，星鲨就不能识别和确定蟹肉的位置；致盲的钝吻胖头鲹能辨别非常稀薄的水生植物气味。对某些鱼类来说，它们不仅能通过嗅觉器官辨别食物的气味，甚至还会根据食物气味的分布确定食物的位置。

2. 洄游过程的定向

嗅觉信息对洄游性鱼类（如溯河洄游的鲑鳟鱼类和降河洄游的鳗鲡）的定向十分重要。未经处理的正常鲑鱼大部分能选择回归到原来的河流，而切断嗅神经或堵塞鼻孔的鲑鱼会因失去嗅觉而影响回归。鲑鳟鱼类最终能回归到它们原来出生的河流产卵，是因为故乡水中有特殊气味。将正在溯河洄游的大麻哈鱼放养在池塘中，只需在水中加入少量的故乡河水，就会顿时使它的嗅球产生高幅度的电位反应。实验证明，鲑鱼确实能够感知各条河流中的特殊气味，同时能够区别不同河流中的气味并且将出生河流的气味铭记下来。进一步的研究发现，河流中有气味的物质是一种挥发性的有机芳香物质，它可能来源于洄游鱼类原来出生河流中的泥土、水草、非洄游性的定栖鱼类群体，此气味不随季节和年份而变化，也不会受到伐木、垦荒等人为干扰的影响。在产卵场孵化的鲑鱼，对故乡河水的特有气味形成记忆并铭记下来，所以幼鱼在生殖洄游时，会根据这种气味回归到它们出生的河流。

也有假说认为，在故乡河流中生活的幼鱼所释放的胆酸和自然界的Ca^{2+}梯度是鱼类洄游的诱导物。已有实验证实海水七鳃鳗幼鱼所释放的胆酸吸引成年个体回到合适的河流产卵。

研究洄游性鱼类回归出生河流行为的机制有重大的实践意义。例如，在银大麻哈鱼（*Oncorhynchus kisutch*）幼鱼离开产卵场的前几周，在河中加入一种叫作"吗啉"的化学制剂，当这批鱼在海洋里发育成熟向原河流洄游，到达产卵场之前，在另一条支流中加入吗啉，可以把它们诱入新的河流。采用这种方法，有可能改变鱼类的洄游路线。

3. 辨别种群和性别

嗅觉在认知同种个体方面也起重要作用，这种认知是所有社会行为和繁殖行为的基础。鱼类根据气味识别同种或异种的个体，这可能是鱼类夜间结群的方法之一。盲虾虎鱼常猎食其他鱼的仔鱼但从不误食自己的后代。据实验观察，致盲的鲹鱼经过训练后能根据气味辨认8科15种不同鱼类，还能鉴别青蛙和蝾螈，除去嗅叶后就失去这种能力。

鱼类根据气味鉴别性别最典型的例子就是盲虾虎鱼。这种成对穴居的鱼不允许其他个体进入洞穴，若闯入的是雄性，则雄虾虎鱼对付，若闯入的是雌性，则雌虾虎鱼应战。

4. 警戒反应

动物具有感知危险的能力对其生存非常重要。把一尾受伤的鲹鱼放入鲹鱼群中时，在经过半分钟的潜伏期后，整群鱼就会出现警戒反应，即迅速集中而寻求隐蔽场所，并避开受伤的个体。切除嗅觉系统后鱼类失去上述反应，证明警戒反应是由嗅觉来调节的。警戒反应是由受伤皮肤所释放的警戒素所引起的，它只存在于皮肤中，而且只在受伤时才会释放，胃、肠、肝、脾、肌肉等组织中都不含有警戒素，鱼死后警戒素即消失。在100 mL水中浸入0.1 g鲹鱼皮肤，然后将浸泡液注入容积为25～150 L的水族箱中，足以引起鲹鱼的警戒反应。至今只在骨鳔鱼类中发现警戒反应。警戒反应还与季节有关，如黑头呆鱼在生殖季节时即使皮肤破损也没有警戒反应。警戒素的提取分离尚未成功，但实验证实，嘌呤或蝶呤类化合物能引起鱼类的警戒反应，它们可能是警戒素之一。

鱼类皮肤分泌物不仅会被同种鱼类感知，而且也会被异种鱼类感知。鱼类对异种鱼类皮肤分泌物的警戒反应程度与彼此间亲缘关系有关，亲缘关系越密切，警戒反应越明显。

5. 阻抗反应

洄游的大麻哈鱼对人或猛兽的气味十分敏感，人在河流游泳，或猛兽从河流上游经过，都会阻止溯河洄游的大麻哈鱼前进，它们在原地徘徊或顺流逃避，直到气味消失后才重新溯河而上。化学分析表明，从哺乳动物皮肤上洗脱下来的化合物L-丝氨酸可能就是阻抗物之一，浓度为8×10^{-10} mol/L的丝氨酸就能对大麻哈鱼起强烈的驱逐作用。用人的洗手水和10^{-6} mol/L的丝氨酸处理后能在虹鳟的嗅球记录到脑电反应。

6. 嗅觉与生殖

嗅觉在鱼类的求偶、交配中也起着重要的作用。至少有19种鱼类在产卵前释放性诱物质，通过嗅觉吸引雄鱼，并激发其性活动。例如，雄金鱼追逐排卵前的雌鱼，若将雄鱼的鼻囊堵塞，或将其嗅神经切断，则上述求偶行为消失。金鱼的性诱物质由卵巢产生，从泄殖孔释放，沾有卵巢液的纸条同样有吸引雄鱼的作用。有些鱼类的皮肤黏液中也含有性诱物质。

鲥鱼、鲇鱼、虹鳟等鱼类的雄鱼也会释放性诱物质，通过嗅觉吸引雌鱼。鲥鱼通过臀鳍上的特殊结构释放性诱物质，鲇鱼的性诱物质存于尿和皮肤黏液中，虹鳟的性诱物质则由睾丸合成。

此外，性成熟鱼类在产卵场排出的大量的精子和卵子具有一种特殊的气味，可以随波逐流传播到很远的地方，引诱其他成熟个体前来产卵。

7. 群体控制

化学感觉亦可影响群体大小。过高密度饲养虹鳟，会使其生长受到抑制，求偶行为减少。将这种高密度养鱼的水倒入正常饲养密度的水族箱也会引起养殖鱼出现同样的反应，表明高密度饲养能使鱼释放出某种化学物质，通过化学感觉产生抑制性生理和行为反应。

第五节　发电器官与电感觉

生物电现象最早发现于鱼类的放电现象。就目前所知，生物界只有某些鱼类具有放电的能力，它们通过专门的发电器官产生强电或弱电，进行捕食、防御、定位或通信等活动。现在已知的发电鱼类已达700种以上，分布在6个目，至少代表11个独立的谱系，分布范围很广。但在众多已报道的发电鱼类中，真正进行系统研究的仅仅数十种。

一、发电器官的结构及其神经支配

除小尾电鳗等少数电鱼的发电器官起源于神经组织外，绝大多数电鱼的发电器官是由丧失了收缩能力的骨骼肌演变而来的。发电器官的基本单位是电细胞（electrocyte），常称为电板（electroplate），电板的内部构造以及电板之间的联系方式在各种发电鱼类均大致相同。

典型的电细胞是扁平的薄饼形，有规则地排列。每个电细胞分3层，即乳头层、中间层和绒毛层。乳头层具有很多乳头突起以增加表面积，无神经分布，但分布着许多毛细血管，因此被认为与营养代谢有关，也称为营养层；绒毛层在乳头层的背面，具有很多细小的绒毛，有神经伸入，故也称神经层或兴奋膜，各个电细胞神经层的表面都朝向一个方向，在绒毛层的表膜下分布有神经末梢网；中间层在乳头层和绒毛层之间，充满均匀的黏蛋白（图4-18）。每个电细胞都浸在由结缔组织构成的小室内的透明胶状物中，神经和血管深入小室分布到电细胞上。每一小室只含有一个电细胞，若干个这样的小室叠连在一起，堆砌成电板柱；若干个电板柱并列排列构成发电器官。各种电鱼发电器官的分布位置、大小、形状和排列方式等均有差异（图4-19）。生活在海水中的电鳐，发电器官并列的电板柱多，能产生强电流，适应海水的低电阻；生活在淡水中的电鳗，发电器官的电板柱长，发放高压脉冲以克服淡水的高电阻，两者都有提高电力的效果。

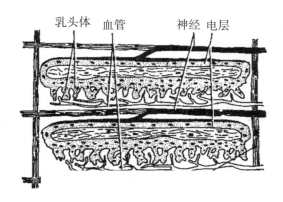

图4-18　电板的构造及相互联系

发电器官和其他效应器一样，由神经中枢在接受某些感觉信号并经过协调后发出适宜性的运动性脉冲而引起放电活动。发电器官放电的起步中枢随鱼类不同而有所不同，分别分布在中脑、延脑和脊髓。如锥颌象鼻鱼的起步中枢在中脑，裸臀鱼的起步中枢在延脑背侧，电鲇的起步中枢是脊髓第一节段中的两个神经元。调控中枢中的神经元通过电紧张突触而相互联系、相互激活，

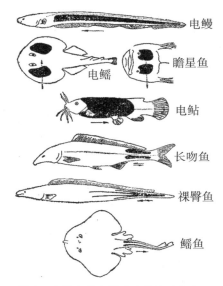

箭头示电流在发电器官内的流动方向。

图4-19　鱼类发电器官的位置、形状和构造（黑色区域）

以确保数以万计电细胞在极短的时间内同时进入放电状态，保证电器官放电同步化。

二、发电器官的放电原理

电鱼按照其发电器官的放电强弱，可以分为强电鱼（10～600 V）和弱电鱼（毫伏水平），大多数电鱼都是弱电鱼，放电微弱。如电鳗的放电电压最高可达到800 V，电鲇为400～500 V，电鳐为100 V左右；但大部分发电鱼类的放电强度相当微弱，如裸臀鱼的放电电压最高仅为0.03 V，电鳗为1 V；而有些鱼类如电鳐和电鳗则可根据不同需要，发放强电压或弱电压：捕捉饵料时电脉冲的电压较大，频率高；防

御敌害时电脉冲的电压也较大，但频率较低；探索目标时电压较低，而且脉冲连续具有规律。

不论电鱼的放电强度大小，其放电原理相同。电细胞不仅是发电器官的结构单位，也是放电的基本单位。如前述，电细胞的一侧为特化的神经层，而另一侧为乳突状的营养层，神经层有神经支配，而营养层无神经支配。静息状态时，整个电细胞膜处于极化状态，膜内带负电荷，膜外带正电荷，神经层和营养层之间没有电位差别，不会产生电流。但当发电中枢传来放电指令时，神经层的膜发生去极化直至反极化，而非神经支配的营养层极化状态不变，神经层和营养层之间就形成一定的电位差，这样每一个电细胞就成为一个小电池，电流方向从负极到正极，依神经层的所在方向而定。

单个电细胞产生的动作电位很微小，只有几十毫伏到百毫伏，但在电板柱中电细胞是串联的，因此，电板柱两端的电压等于各电细胞电位差之和。以电鳗为例，电鳗的每一个电板柱约有6 000个电细胞，若每一个电细胞产生100 mV电压，整个电板柱的电位差就高达600 V，成为巨大电压。神经将发电器官各电板柱并联在一起，并联能增加电流，电板柱越多则放电时产生的电流越强。电鳐虽然只能放出20～60 V的电压，但其电板柱多达1 000个，可产生60 A的强电流。

电细胞的神经支配与神经-肌肉接头相同，也是化学性突触，递质为乙酰胆碱，因此，箭毒、酯酶胆碱抑制剂等凡能影响接点传递的因素都会影响电鱼的放电。对于活体，电鱼放电是由支配电细胞的传出神经兴奋所激发，神经冲动使电细胞产生动作电位，因此鱼电是一种脉冲电流。对于某些产生弱电并利用电脉冲起电-回波定位作用的鱼类，如电鳗和象颌鱼，由于电细胞的两个表面都可出现电位变化，因此，神经组织一面和非神经组织一面交替活动能产生非常快的双相电脉冲而不是单脉冲，有时甚至产生三相电脉冲。

电鱼发放脉冲电的强弱和频率的高低随鱼种不同而异，并受环境变化的影响。在一定温度范围内，放电频率随温度升高而提高，但放电强度会减弱。由于放电次数的增加，发电器官会疲劳，放电强度逐渐减弱，直至停止放电。

三、发电器官的生物学意义

电鱼放电的生物学意义相当广泛，不仅可以用作猎食、攻击及防御的直接武器，而且还可以用来探索目标、探明障碍物以及发现敌害和饵料等，甚至它们还可以根据放电特征进行种类或性别的识别。

强电鱼，如电鳐、电鳗，以突然放电或高压放电将小动物击昏取而食之，或吓跑敌人用于防御。因此，一般认为，强力放电可以用作攻击和防御的直接武器。强发电鱼类的活动一般相对迟缓，通过放电行为击昏、击死那些活动力强于自身或比自身大很多的动物，不论对于猎食还是防御，都是非常重要的手段。电瞻星鱼是目前所知唯一没有电感受器的电鱼，其放电强度通常只有几伏，但由于它生活在海洋，海水导电性强，它发放的电流虽不足以将小动物击昏，但可以将其击麻以捕食。多数强电鱼的放电行为主要用于猎食，但有些鱼类如巴西电鳐的放电行为的主要作用仅仅是防御。还有许多鱼类的强力放电行为两者兼顾，有时用于攻击，有时用于防御，或者同时用于攻击和防御。

弱电鱼一般产生0.2～2 V的微弱电压，因此不可能有效地作为防御和攻击武器，放电的生物学意义主要是以电定位作用，探测水下目标，进行水下通信。弱电鱼通常生活在混浊、阴暗、能见度甚低的环境里，视觉一般不发达，但具有发电器官和电感受器。弱电鱼连续不断地发放电脉冲或连续电波，在其身体周围水域形成电场。当有目标出现于附近时，由于目标的电导率与水不同，因而电鱼周围的电场受到电波的干扰引起畸变，它的电感受器可以感受这种微弱的变化并将其转变为神经冲动，传到中枢神经系统。裸臀鱼、电鳗等都通过发电器官和电感受器的这种电定位作用去定位周围目标，从而发现饵料、逃脱敌害和避开障碍物。

弱电鱼的放电行为除能定向测距，探测目标外，还具有通信作用。将两尾电鲇分养在两个水族箱中，水族箱之间用导线相连以传导电鲇所发放的电脉冲，当以不同方法刺激其中一尾电鲇时，另一尾电鲇会出现相似的行为反应。显然，不同的电脉冲传递了不同的信息。实验证明，电鳗亚目和长颌鱼目的鱼类均利用放电来传递信息。在生殖季节，雌雄间对答发放定型连续电脉冲串，这些电脉冲串对吸引异性、促使排精和排卵同步化等方面起着重要作用。不同的电脉冲串代表不同的意义，这是发电鱼类种内联系的一种方式。

鱼类放电的频率和波形等特征依种类、性别和年龄而不同。长颌鱼目不同种类的电鱼放电的频率和波形均不同，甚至同一种群的不同个体也有各自特有的放电频率，这是电鱼辨别种群的依据之一。电鱼依据对方发出的电信号识别种类、性别和觅食，又能利用自身发出的电信号传达求偶、觅食、逃避敌害等信息。

四、电感受器

所有的细胞都具有对电刺激产生反应的能力。但就目前所知，生物界只有脊椎动物具有专门的利用特殊的感觉细胞或器官将周围电场转换成动作电位，并通过特定的神经纤维将这种信息传到中枢神经系统的感觉系统。除针鼹鼠外，几乎所有能产生电流或感受电流的种类都是水生的。许多两栖类动物幼年生活在水里的时候也具有感知电场的能力，一些种类保持这种能力直至成年阶段。

在光线不良的情况下，电感受器和机械性感受器在捕食、洄游定位、个体或群体间相互联系等方面所起的作用相似。电感受器是一种能接受外界微弱电流并产生传入冲动的特殊结构，通常由侧线感受器衍变而成，并有侧线神经的分支分布，分壶腹型（ampullary type）和结节型（tuberous type），可感受外界微弱电流和电场的存在。电感受器的感觉细胞呈柱形或立方形，基部和传入神经形成突触，顶部表面有很多微绒毛伸向外方。在现存的脊椎动物中，只有不到1/10的种类（约5 400种）具有电感觉，而且在这些具有电感觉的鱼类中，约2/3属于鲇形目。从系统进化的角度看，比较原始的鱼类绝大部分都有电觉，进化程度最高的真骨鱼类中，只有3个目的鱼类有电感觉。据此推测，电觉器官起源于原始鱼类。

1. 电感受器结构

壶腹型电感受器是所有电觉鱼类所共有的一种电觉器官。典型的壶腹型电感受器呈长颈瓶状，由一根通向皮肤表面的细管（壶腹管）和细管基部的球形壶腹组成（图4-20）。壶腹和壶腹管内充满胶质，起传导电流的作用。壶腹底部壁内埋藏有数个与神经相联系的感觉细胞，感受外界电流的存在和变化。

结节型电感受器与壶腹型的主要区别在于管腔中没有胶状物质，但腔内充满疏松排列的塞状上皮细胞，感觉细胞位于这些上皮细胞"塞"的下方，与神经细胞相连。细胞表面覆盖许多微绒毛，与支持细胞呈鳞状排列，因此又称为鳞颈状电觉器官。

裸背鳗、象鼻鱼和裸臀鱼具有以上两种类型电感受器，而板鳃鱼类和鲇鱼类只有壶腹型电感受器。

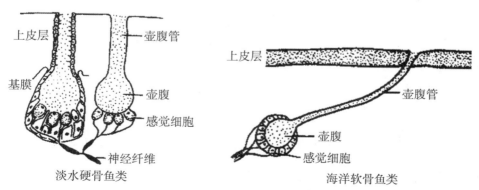

图4-20 壶腹型电感受器的结构

（仿T. Szabo，1974）

2. 电感受器功能

壶腹型电感受器是紧张性电感受器，它的特点主要是具有自发性的节律脉冲发放，在弱电流下其自发性峰电位频率发生改变，能持久地对低频率（0.3～30 Hz）或直流电刺激产生反应，因此也称为低频电觉器官或紧张性电感受器。壶腹型电感受器的胶质和感觉细胞顶部的微绒毛都是很好的电传导体，对刺激电流电阻很小，因此，感觉细胞和神经纤维的突触联系能直接反射外界环境的变化。密集的电流使电感受器基膜迅速去极化，致使突触释放化学递质的速度大于自发性释放速度，因而使分布在感觉细胞上的传入神经纤维发放传入冲动的频率增加。当外界电流通过鱼体后，电感受器基膜呈现超去极化，使突触释放化学递质的速度小于自发性释放速度，传入神经纤维发放传入冲动的频率也随之减少。这样，传入神经冲动发放频率的高低取决于通过电感受器的电流强度。具有壶腹型电感受器的鱼类能够觉察外界微弱电流的变化，电感受器把接收到的信息通过侧线神经传到小脑和延脑，经过分析与整合后发出指令到效应器官而产生相应的反应。当一条鲨鱼从埋藏在沙里的鲽鱼附近经过时，它能够通过电感受器感受鲽鱼呼吸运动所产生的微弱电流（动作电位），从而轻易发现鲽鱼并翻开泥沙将之捕食。当用小型人工发电装置发放和鲽鱼呼吸动作所产生的相似电流时，鲨鱼会出现相同的寻找捕食动作。洄游性鱼类可能还可以感受地球磁场在水中形成的微弱天然电流，并以此进行定位以利于洄游。

结节型电感受器的特点是经常处于不活动状态，只对高频（70～3 000 Hz）电流刺激产生反应，对低频或直流电刺激不敏感并迅速出现消退性反应，也称为高频电觉器官或相位性电感受器。结节型电感受器能感受电场的变化，其感觉细胞顶部的微绒毛起着电容器的作用，当外界电流通过上皮细胞传到感觉细胞时引起基膜去极化，使内膜产生峰电位并激活传入神经纤维，随着电容器的逐渐充电，电流对突触作用逐渐减弱以至终止。当外界的刺激结束时出现相反的变化过程。结节型电感受器依靠这种机制来探测环境，或确定外界物体的位置。此外，结节型电感受器既能感觉异体或同种电鱼发出的高频声波，也能感受自己发出的高频声波，因此还具有通信的作用。

本章思考题

（1）试述感受器的一般生理特性。

（2）试述化学感觉的机能。

（3）试述视网膜感光细胞的感光作用和换能机制。

（4）试述电鱼放电的原理及其生物学意义。

主要参考文献

何大仁，蔡厚才. 鱼类行为学［M］. 厦门：厦门大学出版社，1998.

何晓. 中国大鲵嗅觉系统和眼球胚后发育的组织学观察［D］. 西安：陕西师范大学，2010.

马冬梅，朱华平，桂建芳. 动物眼睛的起源与进化研究进展［J］. 生物学杂志，2013，30（1）：64-67.

苗玉涛，张亦陈，王安利，等. 水产动物摄食化学感觉研究进展［J］. 海洋科学，2002，26（6）：20-23.

孙妍. 扇贝眼睛发生和视觉功能遗传基础的基因组学研究［D］. 青岛：中国海洋大学，2015.

王义强. 鱼类生理学［M］. 上海：上海科学技术出版社，1990.

周爽男，蒋霞敏，吕腾腾，等. 头足类眼睛的研究综述［J］. 海洋科学，2019，43（11）：111-119.

Alberto B L, B Jürgen, J Gáspár. Diversity of cilia-based mechanosensory systems and their functions in marine animal behaviour［J］. Philosophical transactions of the Royal Society of London. Series B, Biological sciences, 2020, 375（1792）：20190376.

Chartes D D, Mihika T K, Adriano S. Molecular mechanisms of reception and perireception in crustacean chemoreception: a comparative review.［J］. Chemical Senses, 2016, 41（5）：381-398.

Schepeleva I P. The spectral sensitivity of the eye of a gastropod pulmonate mollusc *Radix peregra*（Müller, 1774）（Basommatophora, Lymnaeidae）［J］. Ruthenica, 2013, 23（2）：（77-180）.

第五章

血液生理学

···

第一节　机体的内环境与血液功能

生命最初出现在海洋中，原始的单细胞生活在海水中，直接从海水中吸取营养并向海水中排泄废物。当海水中出现多细胞生物时，除表面的细胞仍然与海水直接接触外，内部细胞逐渐与海水隔离，于是，机体内开始出现基本成分为盐溶液的细胞外液。在进化过程中，细胞外液进一步分化为血液和组织液等。组织液的成分仍然主要是盐溶液，但血液的成分逐渐复杂，成为细胞外液中最活跃的部分。

血液是一种由血浆和血细胞组成的流体组织，由心脏搏动推动在心血管系统中不断地循环流动，具有运输、防御和免疫、维持内环境的相对稳定、参与体液调节等多种功能。体内任何器官一旦发生血流量不足，都会造成严重代谢紊乱和组织损伤，甚至危及生命。

一、体液和内环境

1.体液

有机体内的所有液体总称为体液，包括细胞内液和细胞外液。细胞内液即存在于细胞内部的液体，占体重的40%～45%，是细胞内进行各种生化反应的场所；细胞外液是存在于细胞外部的液体，包括血浆、组织液、淋巴液和脑脊液等，占体重的20%～25%，是细胞直接生活的液体环境（图5-1）。

血浆是存在于血管中血细胞间的细胞间液，是血液的液体部分；血浆中水分及溶于水的小分子物质滤过毛细血管壁渗入组织细胞的间隙中，成为组织液。组织液中各种离子、氨基酸、糖和其他溶质的浓度与血浆相同，但蛋白质含量低于血浆。绝大部分组织液通过毛细血管壁又回到血浆中，但小部分组织液可透过毛细淋巴管形成淋巴液。存在于脑髓周围及其中心管腔中的液体为脑脊液，它和淋巴液都来自血液，又回到血液中去，因此淋巴液实际上也是组织液的一种。

细胞内液、组织液和血浆之间并不直接沟通，但水分和一切能透过细胞膜和毛细血管壁的物质都可以进行物质交换。由于血浆能在血管中不断循环流动，因此血浆成为沟通各部分组织液以及与外界环境进行物质交换的中间环节。

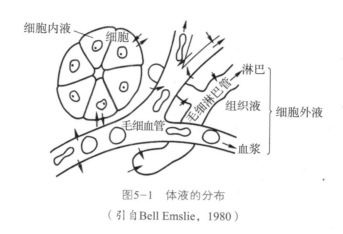

图5-1 体液的分布

（引自Bell Emslie，1980）

2. 内环境

细胞内的氧气和营养物质等是从细胞外液中摄取的，同时，细胞新陈代谢的产物也排除到细胞外液中，因此，对于组织细胞来说，细胞外液既是细胞直接浸浴和生存的环境，也是细胞与外界环境进行物质能量交换的媒介。生理学就将细胞外液构成的体内细胞赖以生存的液体环境称为机体的内环境，以区别于整体所生存的外界环境。

3. 内环境稳态及其生理意义

动物生存的外界环境变化经常发生剧烈的变化，但内环境的理化特性，如渗透压、酸碱度、温度等，以及各种化学成分的浓度虽然也经常处于变动中，但一般不会超过一定范围，而且变化甚小。这种在一定生理范围内变动的相对恒定状态即称为内环境自稳态，简称内环境稳态。内环境稳态是机体依赖多种调节机制，通过自动的、代偿性调节抵抗外界环境的变化来维持的，负反馈对维持稳态有重要的作用。由于鱼类本身的调节机能较差，所以它的血液成分常发生较大变动。

必须指出，内环境稳态是在内环境中的化学物质不断地形成与分解、输入与输出达到相等的程度所维持的一种稳定状态，而不是以相反的方向和相同的速率进行的可逆的化学反应那样的动态平衡。

内环境不仅为细胞的新陈代谢提供养料和运走代谢废物，而且还为细胞的活动提供一个理化性质相对稳定的生活环境，保证酶促反应的正常进行。细胞的正常代谢及功能活动，特别是酶的活性和细胞兴奋性的维持等，都要求内环境的理化性质如温度、渗透压、酸碱度、电解质、营养物质、氧、二氧化碳、水分、代谢产物等的性质、成分和含量维持相对恒定，并能在一定范围内随细胞代谢水平的高低和外界环境的变化做较小幅度的变动，因此，内环境稳态是细胞进行正常生命活动的必要条件。

二、血量

动物体内血液的总量称为血量，是血浆量和血细胞量的总和，包括循环血量和贮备血量。血量的多少受年龄、性别、营养状况、生理状况、活动程度和环境因素的影响。在安静状态下，大部分血液都在心血管系统内流动，称为循环血量；其余少部分血液主要滞留在肝、肺、脾（鱼类）、鳃和腹腔静脉等贮血库中，流动缓慢，红细胞比例较高，称为贮备血量。鱼类的血量通常比其他脊椎动物低，并因鱼类种类和个体不同而有差异，变化范围也很大。大多数鱼类血量仅为体重的1.5%~3%，但某些软骨鱼类血量可达到体重的5%，而哺乳动物的血量占体重的5%~10%。

具封闭血管系统的动物，体内循环血液的量相当稳定。当机体大量出血或激烈运动时，贮藏的血液就释放到循环血液中去，以补充循环血量的不足。血量的相对恒定对维持动物动脉血压和各器官的血液供应非常重要。健康动物若一次失血不超过血液总量的10%，则可因心脏活动的加强加快、血管的收缩以及贮备血的加速回流而很快恢复失血前的血量，一般不会对健康产生不良影响。通常，血浆中的水分和无机物可在1~2h内由组织液进入血管补偿；血浆蛋白质可以因肝脏合成蛋白质的速度加快而在1~2d内恢复；血液中的红细胞可以在一个月左右恢复。但倘若失血过多，机体无法通过内部的调节、代偿机能来维持正常的血压水平，血压下降，将导致体内各组织器官营养物质和氧气供应不足，机体活动出现明显障碍，严重时将危及生命。

三、血液的功能

血液的动能主要概括为3个方面，即运载与联系作用、维持内环境稳态、防御和保护功能。此外，血液还具有营养等作用，并参与机体的体液调节。

（一）运载与联系功能

血浆白蛋白、球蛋白是许多激素、离子、脂质、维生素和代谢产物的载体。氧气以及由消化道吸收的营养物质，包括葡萄糖、氨基酸、脂肪、水、无机盐等都是细胞新陈代谢所必需的，需要依靠血液运输才能到达全身各组织；同时，组织代谢产生的二氧化碳、尿素等其他废物也需要由血液运输到呼吸器官、排泄器官等排出体外。血液的运输功能主要是靠红细胞来完成的。贫血时，红细胞的数量减少或质量下降，会不同程度地影响血液的运输功能，出现一系列的病理变化。

许多体液性因素，如激素等分泌后直接进入血液，也要依靠血液运输才能到达它们所作用的靶组织或靶器官而发挥一定的生理作用。可见，血液是体液性调节的联系媒介。此外，酶、维生素等物质也要依靠血液传递才能发挥其对代谢的调节作用。因此，血液在动物体中有运载物质和联系机体各部分机能的作用。运输是血液的基本功能，其他功能几乎都与血液运输有关。

（二）维持内环境稳态

血浆虽然只占细胞外液的1/5，但其作为机体内环境的一部分，在维持内环境的稳定中起了重要的作用。由于组织液流动的范围非常有限，因此机体细胞与组织液进行物质交换，必须依靠血液在组织液与各内脏器官之间运输各种物质，才能通过内脏器官的活动来维持内环境稳态。血液中具有很多缓冲机制和体系，如维持体液酸碱平衡的缓冲体系，维持体内水平衡的体系，调节造血机能、维持血细胞数量的体系等，这些调节体系的作用虽然有限，但在血液运输各种物质的过程中，可防止其理化性质发生较大的变化。血液本身就是一个稳定系统，它在心血管系统内周而复始地循环流动并迅速流遍全身各部分，同时与各部分体液之间以及外环境广泛沟通，对机体内环境的稳定发挥了其他体液成分起不到的作用。

（三）防御和保护功能

机体具有防御或消除伤害性刺激的能力，这种自我保护的能力在血液主要体现在白细胞的吞噬作用、免疫作用以及机体的生理凝血机能3个方面。

白细胞中的粒细胞和单核细胞，以及由单核细胞发育成的巨噬细胞具有吞噬并分解外来的微生物和体内衰老、死亡的组织细胞的作用，并参与机体的炎症反应，这些活动不具有针对某一类特异性抗原的特性，常称为非特异性免疫；白细胞中的淋巴细胞受刺激而被激活后所产生的局部细胞反应或各种抗体，都具有针对某一类特异性抗原的特性，所以称为特异性免疫。此外，血浆中的各种免疫物质如免疫球蛋白、补体、凝集素和溶菌素等，也能防御或消灭入侵机体的细菌和毒素。

当血管破损时，血浆内的各种凝血因子、抗凝物质、纤溶系统物质参与凝血-纤溶以及生理性止血等过程，血液凝固对防止血液外流起着重要的保护性作用。鱼类的鳃部和皮肤受损伤出血后特别容易凝固止血，与鳃部和皮肤黏液中含有丰富的凝血酶有关。

（四）营养功能

血浆中的蛋白质起着营养储备的作用。机体内的某些细胞，特别是单核巨噬细胞系统，能吞饮完整的血浆蛋白，并由细胞内酶将其分解为氨基酸，氨基酸再经扩散进入血液，随时供给其他细胞合成新的蛋白质。

第二节　血液的化学组成和理化特性

血液是内环境的重要组成部分，它的多种理化特性和成分相当恒定，在维持内环境的稳定中起着决定性的作用。血液的生理生化指标是物种的重要特征之一，了解血液的化学组成和理化特性，对监测动物的健康状况、营养水平、繁殖力和预防疾病都有着重要的参考价值，在动物遗传育种以及环境监测领域也具有重要的研究意义。

一、血液的组成

高等脊椎动物血液多为红色，但低等脊椎动物血液颜色却多种多样，如蚯蚓的血液呈红色，河蚌血液无色，而牡蛎血液却呈淡蓝色，这种颜色差异是由血液成分中红细胞所含有的呼吸色素决定的。

血液可分成液体和细胞两部分。液体部分即为血浆，为淡黄色的液体，约占血液体积的55%，鱼类血浆中水分含量高，一般占血浆量的80%～90%，此外还有13%～15%的固体物质，包括蛋白质、无机盐、小分子有机物等。细胞部分也叫有形成分，指悬浮于血浆中的血细胞，分为红细胞、白细胞以及凝血细胞，约占血液体积的45%。

取一定量的血液与少量抗凝剂混匀置入血细胞比容管中，以每分钟3 000转的速度离心30 min后，管中血液分为上下两层：上层为淡黄色透明的血浆，下层为压紧的呈暗红色的红细胞，中间夹一薄层白色、不透明的白细胞和凝血细胞。利用此方法，可测定出红细胞在全血中所占的容积百分比，称为红细胞比体积（hematocrit），旧称红细胞比容（packed cell volume，PCV）、红细胞压积（图5-2）。由于白细胞和凝血细胞的容积大约只占血液总量的1%，因此，在测定红细胞比体积时，这部分数值常常忽略不计。

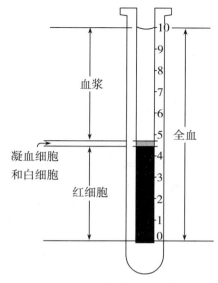

图5-2　血液各成分的比体积

红细胞比体积的变化，可反映血液中红细胞的相对浓度，比体积增大表示机体内红细胞数量增多或机体失水。鱼类红细胞比体积一般为20%~45%，运动速度快的金枪鱼甚至接近哺乳动物，达41%，但南极冰鱼（冰鱼科）红细胞比体积小于1%。从背鳍附近的静脉窦所取血样的红细胞比体积比从鱼尾附近的腹静脉所取血样的红细胞比体积低。其他因素也可导致健康鱼类红细胞比体积的改变，如压力（搬运、麻醉、水交换）、生理状态（种类、大小）、性别、环境因素（水温、溶解氧、种群密度、光周期）、活动水平（热力学）、繁殖状态、生命阶段以及饵料。一般，红细胞比体积以硬骨鱼类最大，圆口类次之，软骨鱼类最小，并且海水鱼红细胞比体积一般大于淡水鱼，雄鱼大于雌鱼，但比值依鱼的种类不同也会出现较大差异。许多生理和病理因子如运动、机体所处的海拔高度、饥饿、贫血、脱水、疾病等均可影响红细胞比体积值，如同一条鱼在患病期间，红细胞比体积下降。由于红细胞的主要功能之一是运输气体，因此，运动活泼的鱼类（如黄鳍金枪鱼等）红细胞比体积一般比较大，而运动迟缓的鱼类（如比目鱼等）红细胞比体积较小；较活跃并依赖于有氧代谢的鲨鱼比耐厌氧的鲨鱼有较高的红细胞比体积。此外，温度、盐度、季节变化等也会使红细胞比体积值出现波动。条纹狼鲈生活在5 ℃水体中红细胞比体积为39%，但在25 ℃水体中红细胞比体积为53%。因此，红细胞比体积常用来作为评价动物营养状况、健康状况、性腺发育程度、生长情况等的指标之一。通常红细胞比体积小于20%即被认为贫血，可能由失血、细胞破坏或红细胞生成减少而导致。而红细胞比体积超过45%为红细胞增多，原因可能是脱水、雄性性成熟、缺氧、压力、脾收缩或红细胞肿胀。

如果抽出血液后不加抗凝剂放入试管中，血液将在短时间内凝固。再静置一段时间，血凝块收缩并析出淡黄色的透明液体，这就是血清。血清和血浆虽然都是血液的液体部分，但内容并不完全相同，二者最主要的差别是血浆中含有纤维蛋白原，而血清中没有。

二、血浆的化学成分

虽然各种化学物质和多种细胞成分不断地进出血液，但正常情况下，血浆中各种化学成分的含量基本保持恒定，只有在病理状态下或受环境因子变化的影响会偏离正常范围。因此，血浆化学成分含量的变动，在一定程度上可以反映机体的生理、营养及疾病状况。

水是血液中各种物质的溶剂，并参与血液中各种化学反应。从分类学上属于同一科的鱼种，它们的含水量相近。据测定，生活在淡水中的鱼比生活在海水中的鱼血浆含水量低，前者平均为83.9%，后者为86.2%。即使像鳗鲡、鲈鱼等在淡水和海水中都能生活的鱼类，其含水量也是以淡水生活的个体为低。洄游性鱼类从海水进入淡水，其体内的调节机制能够将血液中的部分水分排出，这种调节功能保证了鱼体与外界环境渗透压的相互适应。此外，运动量大的鱼，血液含水量低。

1. 血浆蛋白

血浆中的主要有机物是血浆蛋白，它是血浆中多种蛋白质的总称，包括白蛋白、球蛋白和纤维蛋白原。血浆蛋白具有两个最重要的功能，一是形成胶体渗透压（colloid osmotic pressure），二是具有缓冲血液pH变化的功能。纤维蛋白原容易凝胶化而作为纤维析出，因此，除去纤维蛋白原外的其他蛋白（白蛋白和球蛋白）统称为血清蛋白。运用电泳方法对鱼类的血清蛋白进行定性，除金枪鱼未见γ-球蛋白、板鳃鱼类缺少白蛋白外，其他几种蛋白质的成分都与人的血清蛋白成分相对应。

白蛋白在3种蛋白质中分子较小，但数量最多。白蛋白的主要功能是形成和维持血浆的胶体渗透压，调节血浆和组织液间的水分平衡；白蛋白可与多种物质如水分、胆红素、胆汁酸、尿酸、钙等结合，因此可以作为载体起运输作用；白蛋白分解后产生的氨基酸又是体内合成蛋白质的原料，因此白蛋白具有营养作用；此外，白蛋白还可以与其钠盐组成缓冲对（buffer pairs），和其他无机盐缓冲对一起，缓冲血浆中可能发生的酸碱变化。白蛋白的含量与代谢、营养、疾病等密切相关，当长期处于营养不良状况下，白蛋白的含量会明显下降。

球蛋白可分为α、β、γ三类。α-球蛋白和β-球蛋白一起，与脂类或类脂类结合，运输磷脂、胆固醇、胡萝卜素、脂溶性维生素、铜、铁以及某些激素等，并在血液凝固、机体防御和免疫方面起重要作用。γ-球蛋白几乎都是抗体，能与细菌、病毒或其他异种蛋白等致病因素结合，形成抗原-抗体复合物，被吞噬细胞所消灭，对机体起保护作用。

血清蛋白的含量随鱼的种类、性别、生长速度、活动能力、营养状况、性腺发育状况的不同而异。一般软骨鱼类的血清蛋白量小于硬骨鱼类，如板鳃鱼类血清蛋白量值为每100 mL血液含1~2 g，硬骨鱼类为每100 mL血液含3~5 g，硬头鳟可达到每100 mL血液含7.9 g；硬骨鱼类中，运动活泼者血清蛋白量偏高；生长季节，饵料供应充足，血清蛋白量也会增加。生活在海水或淡水中鱼类血清蛋白的含量也有差异，硬骨鱼中淡水鱼的血清蛋白要比海水鱼高，此外，疾病、休眠等也会影响血清蛋白的含量。由此可见，血清蛋白值可作为判断动物健康、营养和疾病等状况的指标之一。

纤维蛋白原主要参与凝血和抗凝血作用。血液凝固乃是血浆中可溶性纤维蛋白原转变为不溶性纤维蛋白的结果；而凝固的血块重新转化为液体，是不溶性纤维蛋白被降解的结果。

2. 无机盐

水生动物生活在与其身体具有相同溶媒的水中，因此，水与伴随水的无机盐的移动和代谢，贯穿其整个生命活动过程。水生动物，尤其是洄游性鱼类主要通过渗透压调节以维持内环境稳态。

水生动物体内各种离子浓度相对稳定，如鳐鱼体内和外环境中Mg^{2+}和SO_4^{2-}之比为0.052，表明机体可强烈抑制海水中这些成分的渗入。鱼类之所以能使机体内的离子浓度保持在一定的、最适的生理状态，一方面取决于机体与外界之间所隔的膜的特性，另一方面则是因为其肾脏、鳃、肠等能将体内多余的离子排出，并且体内还存在一整套调节这些器官机能的内分泌机制，这样，内环境中的渗透压就可以保持相对稳定。

血浆中有多种无机盐大多以离子形式存在。重要的阳离子有Na^+、K^+、Ca^{2+}、Mg^{2+}等，重要的阴离子有SO_4^{2-}、Cl^-、PO_4^{3-}、HCO_3^-等。阴、阳离子中分别以Na^+和Cl^-占主体，NaCl是硬骨鱼类晶体渗透压（crystal osmotic pressure）的主要成分，作用是维持细胞内外水分平衡、细胞形状和大小；$NaHCO_3/H_2CO_3$构成血浆中主要的缓冲对，它和其他弱酸（碱）及其盐的混合物一起，维持体内的酸碱平衡；血浆中的K^+和Ca^{2+}的量虽然很少，但在维持神经肌肉的兴奋性等方面起重要的作用。例如Ca^{2+}在血液凝固中起重要作用；成熟雌鱼在卵黄积累阶段血浆中Ca^{2+}明显增加；而静息电位和动作电位的产生与K^+和Na^+的分布和运动密切相关。

3. 非蛋白氮

非蛋白氮（nonprotein nitrogen，NPN）是血浆中除蛋白质以外的含氮物质的总称，主要包括尿素、尿酸、肌酸、肌酐、氨基酸、多肽、氨和胆红素等物质。除氨基酸、多肽是营养物质外，其余的物质多为机体代谢产物，大部分经血液带到肾排出。血液中的氮可反映体内蛋白质的代谢状况，体内蛋白质分解代谢增强时，非蛋白氮值增高，反之则降低。机体的生理状况及食物中蛋白质的含量等均可影响非蛋白氮含量的高低。

关于鱼类非蛋白氮的研究，还不十分充分，但在软骨鱼血浆尿素含量及其作用方面，有较多发现。硬骨鱼类血液中尿素含量一般很低（不足1 g/L），但软骨鱼血液和肌肉中都有较高含量的尿素（占NPN的80%），且量上大致等同。这是由于只存在于其他动物肝脏中的精氨酸酶在软骨鱼类的所有组织内都存在，可不断生成尿素，而且软骨鱼类的鳃、消化管对尿素不通透，造成尿素不能排泄而累积下来。软骨鱼类血液中的这些尿素，是一种维持血浆渗透压的成分，它们的血浆渗透压，41%～47%由氯化钠决定，剩下的由尿素决定，而不像硬骨鱼类那样，75%由氯化钠决定，其余由其他离子决定。

4. 其他物质

血浆中的其他物质包括血糖、脂肪、激素、维生素、呼吸气体等。

血浆中无机盐浓度受外界环境及性别影响较小，但血糖、蛋白质、脂肪、激素等易受营养状况和其他环境因子、机体活动情况的影响，波动范围较大。血糖是血浆中的重要成分，来自食物消化吸收后的葡萄糖及肝糖原的分解和异生作用，是肌体组织生化活动所需能量的来源。肌肉和肝脏以糖原形式贮存糖，在血液中则以葡萄糖形式存在，二者之间时常保持动态平衡。血糖量的测定可反映鱼体的代谢水平。各种鱼类的血糖值，可分成每100 mL血液含100 mg以上、50～100 mg、50 mg以下3档。血糖值变化受栖息环境、活动性、饵料、季节、疾病、激素等因素的影响，通常生活在急流水区的鱼比缓流水区的鱼血糖高；运动活泼的鱼比运动迟钝或底栖性鱼血糖值较高；摄食糖类后血糖值会升高；患病时则逐渐下降。

乳酸是葡萄糖在肌肉无氧酵解提供能量时的代谢产物。肌肉产生的乳酸大部分进入血液，随血液循环到达肝脏，在肝脏再生成糖。血液中乳酸含量的增加会影响血红蛋白（hemoglobin，Hb）与氧的结合能力，使血红蛋白的最大氧结合量减少，从而影响气体的结合和运输。

鱼类血浆中的脂肪、胆固醇、激素等物质虽然含量很低，但具有重要作用。脂肪是能量的重要来源；胆固醇是胆汁酸和类固醇激素的前体，也是生物膜的结构组分；

激素也必须通过体液运送到远距离的靶组织和靶器官，才能发挥生理功能。

三、血液的理化特性

1. 血液的密度

血液的密度是衡量血液中水分量、血细胞量以及血浆蛋白量的一个指标，高低主要取决于红细胞数量和血浆蛋白质的浓度，血糖量、粗脂肪量、灰分等与密度并不直接相关。血液中红细胞数量愈多，则血液密度愈高；血浆中蛋白质含量愈多，则血浆密度愈高。按照密度高低的顺序来排列，则血细胞密度>全血>血浆>血清。鱼类的全血密度为1.035 mg/cm³，变化范围在1.032~1.051 mg/cm³，海水硬骨鱼类的血液密度略高于淡水鱼和软骨鱼类；血浆的密度也低于哺乳动物，变化范围在1.023~1.025 mg/cm³。

与无机物等不同，血液密度的主要决定因素血细胞量和血浆蛋白量只能进行缓慢变化，因此，密度的迅速变化是由水分变动引起的。窒息或重铬酸盐等无机盐溶液因使鳃和皮肤对水分的通透性发生改变而影响血液密度，外界渗透压的变化和NaCl溶液等也因水分进出身体引起血液中水分含量变动而影响血液密度。

2. 血液的黏滞性

黏滞性是指液体流动时，由于液体内部的分子摩擦形成的阻力，表现为流动缓慢、黏着的特性。黏度测定一般是使液体流过细管，测定液体流出的速度，通常以体外测定的血液或血浆与水相比的相对黏滞性来表示血液黏滞性的高低。

全血的相对黏滞性为4~5，其黏滞性的高低主要取决于悬浮的血球和血浆中的蛋白质，并以前者为主；而血浆的相对黏滞性为1.6~2.4，血浆黏滞性则取决于血浆蛋白的含量以及血浆中所含液体量。血液中含盐量对黏滞性影响不大。

当血液在血流速度很快时，其黏滞性不随流速而变化，但当血流速度小于一定限度时，由于红细胞可叠连或聚集成其他形式的团粒，血液黏滞性增大，血液黏滞性与流速成反比关系。血液黏滞性对血流速度和血压都有重要影响，当其他因素不变，血液黏滞性降低时，则血流速度增加，血压下降。鱼类血液的黏滞性平均为1.49~1.83。

3. 血浆渗透压

渗透压是指溶液中不易透过半透膜的溶质颗粒吸取膜外水分子的一种力量，其高低与单位溶剂中溶质分子数量的多少成正比，而与颗粒的种类和颗粒大小无关。

血浆渗透压由两部分构成。大部分渗透压主要来自溶解于其中的晶体物质（葡萄糖、尿素、无机盐等），特别是电解质，这种由血浆中小分子的晶体物质形成的渗透压称为晶体渗透压。硬骨鱼类晶体渗透压的主要部分是由NaCl形成的，而软骨鱼类则主要是由尿素形成的。由于水分和晶体物质可自由透过毛细血管壁，血浆与组织液的晶体渗透压没有差别，所以晶体渗透压对血液和组织液间的水分调节不起作用。相反，由于血浆和组织液的晶体物质中绝大部分不易透过细胞膜，所以细胞外液中的晶体渗透压的相对稳定，对于维持细胞的正常形态和大小、保持细胞内外的水分平衡极为重要。

血浆中另外一部分数值较小的渗透压是由血浆中大分子物质（蛋白质）所形成的，称为胶体渗透压。在血浆蛋白中，白蛋白的相对分子质量远小于球蛋白，而分子数量远大于球蛋白，所以胶体渗透压主要来源于白蛋白。组织液中蛋白质较少，而且血浆蛋白不易通过毛细血管壁，导致血管中蛋白质浓度大于组织液，组织间隙中的水分被吸收进入血管。所以，胶体渗透压虽然很小，但对血管内外的水平衡有重要作用。

鱼类渗透压常以冰点下降度（$\triangle t$）、毫米汞柱（mmHg）、毫米水柱（mmH_2O）以及mmol/L等表示。纯水的结冰点为0 ℃，当溶液中溶质较多时，结冰点会降低到0 ℃以下，其下降值的大小（$\triangle t$）与溶质摩尔浓度成正比，亦即与渗透压成正比。与血液冰点下降有关的主要因素是血浆中晶体物质的浓度，而与血浆蛋白和血细胞的关系很小。

鱼类血液渗透压高低随鱼类的种类不同而异，并且很不稳定。淡水硬骨鱼类血液的冰点下降度平均值为0.46 ~ 0.5，海水硬骨鱼类平均值为1.83 ~ 1.92。洄游性鱼类从海水进入淡水，或者从淡水进入海水时，由于血液中氯化物含量发生变化，其血液的冰点下降度也将随之变化。如鲱鱼在产卵季节由海水进入淡水时，血液的冰点下降度从0.64显著降低到0.486。板鳃鱼类血液因具有丰富的尿素而有很高的渗透压，其冰点下降度平均值为2.256。按照渗透压大小的顺序来排列，通常海水板鳃鱼类>海水>海水硬骨鱼类>淡水硬骨鱼类>淡水。

生理实验中常使用的与实验动物血浆渗透压相等的溶液（常用NaCl溶液），在一定时间内可维持组织细胞正常的兴奋性，这就是生理盐溶液（normal saline，physiologic saline），又称生理盐水。通常将与血浆渗透压相等的溶液称为等渗溶液，高于或低于血浆渗透压的溶液分别称为高渗或低渗溶液。哺乳动物的等渗溶液为0.85%的NaCl溶液或5%的葡萄糖，而各种淡水硬骨鱼类的等渗溶液为0.86% ~ 1%的NaCl溶液。值得指出的是，等渗溶液虽然能在一定时间内维持组织细胞正常的兴奋性，但不一定能使置于其中的红细胞保持正常的体积和形态。临床上，将能使悬浮于其中的红细胞保持正常体积和形状的盐溶液称为等张溶液。等张溶液一定是等渗溶液，但等渗溶液不一定是等张溶液。例如，NaCl不能自由透过细胞膜，所以，0.85%的NaCl溶液既是等渗溶液，也是等张溶液。但尿素能自由透过细胞膜，所以，1.9%的尿素溶液虽然与血浆等渗，但红细胞置入其中后立即破裂，所以不是等张溶液。见图5-3。

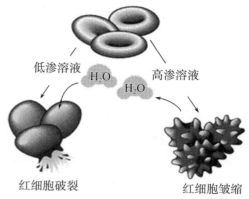

图5-3　红细胞渗透脆性效果

4. 酸碱度

血液的酸碱度变动范围很小，如哺乳动物血浆pH一般为7.2～7.5，而鱼类通常为7.52～7.71，但依种类不同而存在差异。血液酸碱度在正常情况下之所以能保持相对稳定，有赖于血液中若干缓冲对所形成的一套缓冲机制。血液中每一缓冲对都是由一种弱酸和这种弱酸强碱盐构成，它既能抗酸又能抗碱。血浆中缓冲对主要有$NaHCO_3$/H_2CO_3、Na_2HPO_4/NaH_2PO_4、蛋白酸/蛋白盐等；血细胞中缓冲对主要有$KHCO_3$/H_2CO_3、K_2HPO_4/KH_2PO_4、血红蛋白钾盐/血红蛋白、氧合血红蛋白钾盐/氧合血红蛋白（oxyhemoglobin，HbO_2）等。

在诸多缓冲对中，以$NaHCO_3$/H_2CO_3最为重要，缓冲能力最强。在正常人血中$NaHCO_3$/H_2CO_3的比例常为20：1，只要这一比例保持不变，血液的酸碱度就能保持相对稳定。血浆中$NaHCO_3$的浓度变化影响着血液的缓冲能力，因此，将100 mL血浆中所含有的$NaHCO_3$的含量称为碱储备（alkali reserve），也称碱贮。鱼类血液中$NaHCO_3$含量较低，因此其血液pH不如哺乳动物稳定。

动物在新陈代谢中要产生大量的酸，如乳酸、肌酸、碳酸、磷酸等。$NaHCO_3$为血液中主要的缓冲物质，能与强酸反应生成可挥发的弱酸——碳酸，通过呼吸以CO_2和水的形式排出体外。草食性动物的食物中含有大量的碱土金属（Na^+、K^+）的盐类，当碱性物质如Na_2CO_3进入血液时，产生的大量碳酸氢盐可由肾脏排出，从而缓冲了体内过多的碱，保持了体内的酸碱平衡。上述反应过程如下：

体液偏酸时：$HL+NaHCO_3 \Longleftrightarrow NaL+H_2CO_3$

$$\llcorner H_2O+CO_2$$

体液偏碱时：$NaHCO_3+H_2CO_3 \longrightarrow 2NaHCO_3$

动物有充分的碱贮就可以很好地完成紧张的活动而不易疲劳，由于$NaHCO_3$的变化比pH出现早，因此在疾病诊断及预后判定上碱贮的价值比测定pH重要得多。

四、其他水生动物血液的理化特性

1. 贝类血液的理化特性

贝类的血液通常无色，但有些种类在血液中含有铁的血红蛋白（血红素），使血液变成红色，这种血红蛋白与高等动物的血红蛋白在理化性能方面有很大不同，特别表现在与氧结合的能力很低；腹足类和头足类，血液中含有铜的血红蛋白（血青素，血蓝蛋白），使血液稍呈青色。这些血色素都含有重金属，具有和氧相化合的性质。贝类血色素对氧的亲和力，因种类和栖息环境而异，运动能力强的贝类与氧的亲和力强。贻贝、鲍、乌贼等贝类血清里的蛋白质几乎只有血清蛋白，它与氧结合的能力更差，100 mL乌贼或章鱼血只含氧3.9～5.0 mL。

贝类的血液密度一般比水高。生活在海水里的种类，血液密度与周围环境的海水近似，但章鱼血液密度比海水的密度高，为1.047 g/cm^3。

一般的海产贝类属于变渗透性（poikilosmolic）动物，它们体内的渗透压和环境的渗透压近似，当外环境的渗透压有变化时，其体液的渗透压也随之变化。某些贝类如鲍、扇贝、樱蛤等属于"狭盐性"贝类，对环境水中盐分极轻微的变化就无法忍受；另一些贝类如牡蛎、鸟蛤、荔枝螺等则属于"广盐性"贝类，即使环境水中盐分有比较大的变化也能忍受。

淡水产的贝类，血液里含Ca^{2+}较多，血液比周围淡水环境具有若干的碱性倾向，pH通常为7.4～8.5；而海产花缘牡蛎血液的pH为7.24。

2. 虾蟹类血液的理化特性

"血淋巴"一词常被用来表示虾蟹类的循环液，现在认为这种称法不确切，因为虾蟹类的循环液含有血细胞和血蓝蛋白，与含有小分子的组织液不同，因此应称为血液。

动物的呼吸色素有4种，即血红蛋白、血绿蛋白、血褐蛋白以及血蓝蛋白，来源于造血组织（hematopoietic tissue，HPT；图5-4，图5-5，图5-6）。血绿蛋白是一种分布极其有限的绿色色素，结构和血红蛋白非常相似，只存在于多毛纲环节动物的一些种类中。血褐蛋白和血蓝蛋白也是由金属与蛋白质所组成的。前者金属部分为铁，呈褐色，仅存在于长毛沙蚕属、单环刺螠以及海豆芽属；后者金属部分为铜，在与氧结合时为蓝色，除去氧后则为无色，存在于头足类软体动物、某些腹足动物、十足类甲壳动物、鲎等。脊椎动物中存在于红细胞和肌肉中的血红蛋白，广泛出现于除软甲（纲）类以外的各类甲壳动物的血浆中。在正常生理条件下，血蓝蛋白的含氧量常达不到饱和状态，如100 mL蟹血或蝲蛄血只含氧1.2～2.3 mL。除血蓝蛋白是主要的血浆蛋白外，虾蟹类血浆的化学组成与鱼类的相近。海洋十足目动物血浆密度为1.025～1.052 g/cm³，黏滞系数为1.20～1.50。

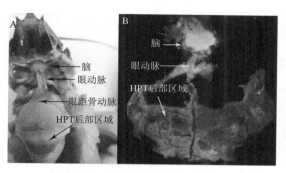

A. HPT在螯虾中的位置。HPT细胞排列在被结缔组织包围的小叶中，包裹在结缔组织中，范围从脑周围和眼动脉到覆盖胃背部；B. 整个HPT与周围的薄膜连接一起。

图5-4 螯虾（*Pacifastacus leniusculus*）造血器官

（引自Söderhäll，2016）

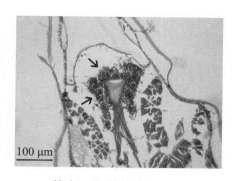

箭头显示胃周围的HPT。

图5-5 中国明对虾造血组织横切面显微照片

（引自Zhang，2006）

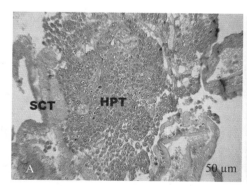

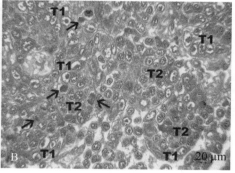

A. 造血组织HPT由海绵状组织（SCT）包围；B. 造血组织具有具有造血功能的小叶组成，而造血小叶中有两类细胞，分别是1型（T1）细胞和2型（T2）细胞。

1型细胞的细胞核呈圆形或椭圆形，比2型细胞要大，2型细胞细胞核形状不规则。箭头显示有丝分裂细胞。

图5-6 中国明对虾的造血组织结构

（引自Zhang，2006）

3. 龟鳖类血液的理化特性

龟鳖类血浆占血液体积的60%～80%，其化学组成包括电解质和有机成分。Na^+是主要的阳离子，Cl^-和HCO_3^-是主要的阴离子（占阴离子的80%～90%），三者构成血浆渗透压的85%以上。一般海龟血浆的渗透压较高，而淡水种类的渗透压则较低。

龟鳖类血浆中重碳酸盐的浓度很高，远远高于鱼、蛙和蛇，因此，龟鳖类血液有很强的缓冲能力，血浆pH通常为7.2～7.8。潜水是龟鳖类的行为特点之一，由于潜水时机体处于氧缺乏状态，能量主要来源于糖酵解或其他无氧途径，因此潜水期间其血液成分会发生大幅度变动，乳酸盐水平升高，pH可降低至6.8。

血浆中有机成分主要有血糖、游离氨基酸、胆固醇、氨、尿酸、尿素以及血浆蛋白质等。龟鳖类的血糖水平与蛙、蛇较接近，而比鱼类低，低者为33 mg/100 mL，高者可达143.7 mg/100 mL。温度、潜水、季节、摄食、饥饿等均可导致其血糖水平的波动。氨、尿酸和尿素是蛋白质代谢的产物，龟的尿素氮和尿酸的含量较蛇和蛙的低，氨在血液中仅存微量，尿酸水平较低，仅为1～9 mg/100 mL，尿素浓度则较高，为22～96 mg/100 mL。血浆蛋白质占3%～7%，其种类很多。

龟鳖类红细胞比体积为20%～35%，血红蛋白含量为6～12 g/100 mL。除动物种类不同外，年龄、个体大小、性别、季节、健康状况、环境和食物都可能影响龟鳖类红细胞比体积和血红蛋白含量。龟鳖类是变温动物，温度对血浆酸碱平衡和电解质平衡有重要影响。

第三节　血细胞生理

鱼类的造血系统和高等脊椎动物的不同，其主要的造血器官是脾脏和肾脏，产生红细胞、白细胞和凝血细胞（图5-7）。软体动物的血细胞主要在外套膜血窦的纤维柱成纤维细胞或结缔组织中形成，各纲血细胞类型有所不同，一般分为变形细胞和红血细胞（图5-8）。甲壳动物的血细胞目前尚无统一的分类标准，但普遍认同的是分为无颗粒细胞、小颗粒细胞和颗粒细胞（图5-9），由血发生器（绝大多数软甲类）以及分散在身体各部分纤维结缔组织基质中的造血细胞（切甲类）生成。血细胞以不断的自我更新和增殖方式，保持血液各有形成分的动态平衡。

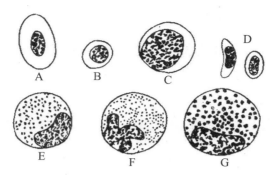

A.红细胞；B.淋巴细胞；C.无粒细胞；D.凝血细胞；E.嗜酸性粒细胞；F.嗜中性粒细胞；G.嗜碱性粒细胞。

图5-7　鱼类的各种血细胞

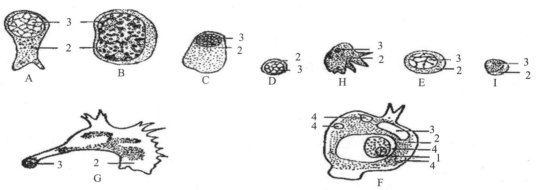

A.角贝的白细胞；B.角贝的成白细胞；C.石鳖的白细胞；D.石鳖的成白细胞；E.*Busycon canaliculatus*的淋巴细胞；F.*Busycon carica*的巨噬细胞；G.静水椎实螺的"正常细胞"属白细胞类型；H.*Amblema costata*的颗粒状变形细胞；I.*Amblema costata*的大核细胞。

1.吞噬的血细胞；2.细胞质；3.细胞核；4.空泡。

图5-8　软体动物的血细胞

（仿蔡英亚等，1994）

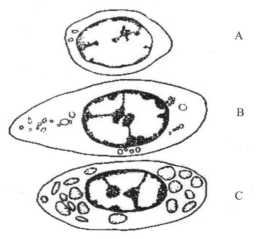

A.无颗粒细胞；B.小型颗粒细胞；C.大型颗粒细胞。

图5-9　甲壳动物的血细胞

（仿Dall W.等，1992）

尽管各种血细胞的形态、数量、大小、血沉值、渗透脆性等参数特征受季节、年龄、性别、健康状况、水域污染物和研究方法等的影响，与动物进化和生态适应等也有关，但这些参数特征能够保持相对稳定，因此被广泛地用来评价动物的健康状况、营养状况及对环境的适应状况，在生理、病理、遗传毒理学、病害防治、人工养殖和水环境污染检测等方面都具有重要的意义。

一、红细胞

（一）红细胞的形态、数量及机能

红细胞是脊椎动物血液中数量最多的血细胞。

低等脊椎动物如鱼类、两栖类、爬行动物龟鳖类的红细胞是具核的、椭球形细胞，而高等脊椎动物哺乳动物成熟的红细胞则是圆形、无核、双凹形细胞（图5-10），只有未发育成熟的红细胞或发生血液病的红细胞才具有不同形态。大多数鱼类红细胞呈椭球形，中央位置有嗜碱性的核，胞浆嗜酸性，色浅。与硬骨鱼相比，软骨鱼的红细胞通常更大、更圆。据报道，红细胞大小与其基因组大小成正比（或与脱氧核糖核酸含量决定的核大小成正比），而与标准代谢率成反比。鱼类红血细胞的大小因种类和生活环境而存在一定差异。除少数软骨鱼类的红细胞长径可超过20 μm外，绝大多数鱼类红细胞的长径为 9~18 μm，短径为7.5~10.5 μm；细胞核大小为5 μm×2.5 μm~6.5 μm×4.5 μm。长期潜伏在水体下层淤泥中生活的泥鳅（*Misgurnus anguillicaudatus*）、黄鳝（*Monopterus albus*）等鱼类红细胞较大，而活动量大的黄鳍金枪鱼、鲣鱼（*Katsuwonus pelamis*）、鲐鱼等鱼类，其红细胞均较小。总体而言，鱼类红细胞体积比哺乳动物红细胞（平均直径：狗7.0 μm，兔6.8 μm，小鼠5.7 μm）大得多。所有低等脊椎动物的红细胞都比哺乳动物和鸟类的大，如蝾螈的红细胞体积是哺乳动物的100~200倍。一般来说，进化越高等的动物，红细胞越小，数量越多，而且血细胞越高度分化，这是因为红细胞体积的缩小会带来表面积的增加，起到提高呼吸机能的作用；而细胞核的消失，可以减少红细胞自身的呼吸量。红细胞双凹盘状的形态也是对气体交换的重要适应。红细胞上述形态和数量的变化都更有利于其运输功能的完成。

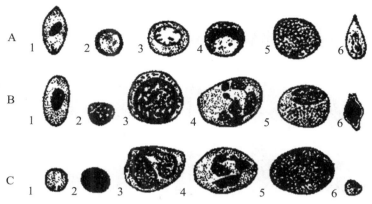

A. 真骨鱼；B. 蛙；C. 哺乳动物（人）。

A_1、B_1、C_1. 红细胞；A_2、B_2、C_2. 淋巴细胞；B_3、C_3. 单核细胞；A_3、B_4、C_4. 单核细胞；A_4. 细粒嗜酸性粒细胞；A_5. 粗粒嗜酸性粒细胞；B_5、C_5. 嗜酸性粒细胞；A_6、B_6. 凝血细胞；C_6. 血小板。

A. 约×1 800；B、C. 约×1 200。

图5-10 脊椎动物血细胞比较

（A仿Duthrie；B仿Jordan；C仿Maximow和Bloom）

衡量红细胞数量的最常用的诊断工具是红细胞比体积。红细胞的数量用每立方毫米血液中血细胞的数量表示。在鱼类红细胞数量上，存在着种间差异、季节差异、性别差异以及不同生理状态下的差异等，所有鱼类红细胞数量的变动范围为14万～360万个/mm^3，如1龄斜带石斑鱼红细胞数为140万个/mm^3，只有少数鱼类如金枪鱼，红细胞数在300万个/mm^3以上，比哺乳动物红细胞数量（平均：狗680万个/mm^3，兔560万个/mm^3，小鼠900万个/mm^3）少得多。一般来说，运动能力越强、进化程度越高等的动物，血液中红细胞的数量越多。硬骨鱼类比软骨鱼类和圆口鱼类红细胞个体小但数量多，而且在硬骨鱼类中，活泼鱼类比不活泼鱼类红细胞的数量多，如加州鲈血液中红细胞平均数量为（385.00±46.26）万个/mm^3，明显高于白斑狗鱼、草鱼、团头鲂、欧洲鳗鲡（Anguilla anguilla）、宽额鲈等鱼类。但栖息在急流中，运动也颇活泼的鲑鱼却有意想不到的大红细胞，可能与进化和生态适应两方面都有关系。此外，鱼类红细胞的大小与数量还容易受环境变化的影响，季节、昼夜以及静水压力的变化等都会影响红细胞的数量。例如，海洋性鱼类枝冠鳉鱼、厚唇隆头鱼等的红细胞数量早上最低，中午以前达最高值；虹鳟在长光照条件下生活2个月后，其PCV以及红细胞数量都会明显增加，但血红蛋白含量下降。窒息、饥饿、受伤及患病时，鱼类血液中红细胞数量减少，大小也会发生变化。

就性成熟的哺乳动物而言，由于性激素的作用，雄性红细胞数量比雌性的多。鱼类与红细胞有关的指标值也存在性别差异，但有些鱼类存在一年周期性循环变化，从而使情况变得复杂。鱼类雌、雄红细胞常数值差异的原因主要是性激素的作用，即繁殖和繁殖前、后期差异显著。雄性红细胞数量、血红蛋白量和PCV均高于雌性，特别是在繁殖前、后差异更显著。其他与红细胞有关的常数值，如红细胞脆性（Eof）、沉降率（ESR）等也存在着相似的性别差异，并因年龄差异和季节变化而不同。另外，农业或工业污水可影响到鱼类红细胞的微核率和红细胞数量，这在遗传毒理学和水环境污染检测方面都具有重要意义。

（二）红细胞的机能及其与血红蛋白的关系

红细胞的主要机能是运输氧气、二氧化碳，并对机体产生的酸、碱物质起缓冲作用。近年来还发现，脊椎动物的红细胞表面存在补体C3b受体，可吸附抗原-补体形成免疫复合物，并可激活其他免疫反应系统，因此红细胞还具有免疫作用。

红细胞运输气体的机能主要由血红蛋白完成。血红蛋白是脊椎动物的呼吸色素，见于除少数鱼类以外的全部脊椎动物中，也见于许多环节动物、一种半索动物、少数软体动物和节肢动物，是分布最广的一种呼吸色素。血红蛋白分子由1分子珠蛋白（globin）和4分子亚铁血红素（又称亚铁原卟啉）结合而成，其特性是在高氧分压 $[p(O_2)]$ 时与氧结合，在低氧分压时与氧解离。血红蛋白中亚铁血红素与氧的结合很松，在此结合中血红蛋白的构象发生改变，但铁原子仍保持原来的二价（Fe^{2+}）状态，因此不是氧化作用，而是氧合作用。血红蛋白中珠蛋白还可以与二氧化碳结合形成氨基酰化合物，但反应在结合氧时可反转。此外，血红蛋白也易与一氧化碳结合，结合后很难分离，并失去结合氧的能力。值得指出的是，血红蛋白只有在红细胞内才能发挥其生理作用，一旦红细胞破裂，血红蛋白逸出，即丧失上述功能。

血液中血红蛋白的含量通常以100 mL血液中所含有的血红蛋白的克数来表示，也有人用色素指数（即一个红细胞所含有的血红蛋白量）表示。血红蛋白含量的测定通常采用比色法，加少量盐酸于定量的血液中，使血红蛋白中亚铁血红素变为高铁血红素，这种稳定的棕黄色溶液经加水稀释使之与标准色相同，从而求出血红蛋白的克数或百分数。如人的血红蛋白含量为7~12 g/100 mL，表示每100 mL血液中有7~12 g血红蛋白；大多数硬骨鱼类血红蛋白浓度范围为5~10 g/100 mL，运动活泼的鱼类对氧有更高的需求，如金枪鱼的血红蛋白含量为17~21 g/100 mL。

鱼类的血红蛋白含量随鱼种类的不同而不同，一般软骨鱼类血红蛋白含量小于硬骨鱼类。按沙利氏比色计测定，鲟科鱼类为55%~66%，淡水鱼类为24%~51%；软骨鱼类含量相当少，甚至只有软骨硬鳞鱼和硬骨鱼类的1/2。此外，年龄、个体大小、性别、性周期、动物本身的活动性、季节变化、健康状况、环境和食物等也都可能影响血红蛋白含量。同种鱼中雄性个体血红蛋白含量比雌性个体多（虾虎鱼雄性8.1 g/100 mL，雌性5.2 g/100 mL），这种性别差异可能是性激素的差异所致；而生殖活动期的血红蛋白含量（11.0 g/100 mL）比休止期（9.7 g/100 mL）偏多，与生殖期间整个代谢亢进有关。饵料充足、营养条件好时血红蛋白含量高，运动能力强的鱼类较运动能力弱或底栖生活的鱼类有较多的血红蛋白。患赤鳍病的日本鳗鲡（*Anguilla japonica*）血红蛋白含量为6.5 g/100 mL，与健康鱼（9.4 g/100 mL）相比数值明显偏低，并且随病情发展血红蛋白含量继续下降。

（三）红细胞的生理特性

1. 红细胞渗透脆性与溶血

红细胞膜具有让某种物质通过而不让其他物质通过的特性，这称为选择通透性。所有胶体物质包括各种蛋白质（包括酶）都不能透过细胞膜，但水和绝大部分晶体物质，如葡萄糖、氨基酸、尿素等可自由透过。正常情况下，红细胞内的渗透压与其周围血浆的渗透压相等，所以红细胞得以保持一定的大小和形状。如将红细胞置于高渗溶液，渗透压高的一侧有吸水能力，则细胞内水分就会向高渗溶液渗透，细胞发生皱缩；相反，如将红细胞置于低渗溶液，水分就会进入红细胞，引起细胞膨胀。红细胞膜具有一定的弹性，当水分进入红细胞过多，红细胞体积膨大超过此弹性限度时，细胞膜就会破裂，血红蛋白逸出。不论何种原因，血红蛋白从红细胞中释放出来这一现象称红细胞溶解，简称溶血（hemolysis）。

引起溶血的原因有3类：将红细胞移至渗透压比血浆低的溶液中所引起的溶血为渗透性溶血（osmotic hemolysis）；由各种化学物质（如皂碱、酒精、尿素、甘油以及各种麻醉剂等）导致的溶血为化学性溶血（chemical hemolysis）；由生物因子（如蛇毒、植物毒中的溶血性有毒蛋白或者免疫产生的溶血素，葡萄球菌、破伤风菌等细菌制造的溶血毒素等）引起的溶血为生物性溶血（biological hemolysis）。血清和血浆有抑制溶血的作用，糖能抑制皂碱或胆汁所致的溶血。

各种鱼类发生溶血的外界溶液临界浓度并不完全相同。鲤鱼的红细胞处于0.44%～0.48% NaCl溶液中开始溶血，在0.32%～0.34% NaCl溶液中完全溶血；真枪鱼的红细胞在0.78%～0.84% NaCl溶液中开始溶血，在0.72%～0.76% NaCl溶液中完全溶血。红细胞在低渗溶液中发生膨胀、破裂和溶血的特性，称为渗透性脆性（osmotic fragility）。渗透脆性反映了红细胞对低渗溶液的抵抗力，这就是红细胞的渗透阻力。对低渗盐溶液的抵抗力小，表示红细胞的脆性大；反之，对低渗盐溶液的抵抗力大，表明红细胞的脆性小。红细胞渗透脆性的大小，可通过红细胞脆性试验测得。将待测血样等量加入不同浓度的NaCl溶液中，开始溶血的NaCl浓度是最小抵抗值，而完全溶血的NaCl浓度是最大抵抗值，两者之差是抵抗幅度。临床上常常通过测定红细胞的脆性来了解红细胞的生理状态，或作为某些疾病诊断的辅助方法。

2. 红细胞的悬浮稳定性与血沉

红细胞的密度比血浆的大，但在血管中流动时，彼此之间有一定的距离，在血浆中保持悬浮状态而不易下沉，这种特性即称为红细胞的悬浮稳定性。当将抽出的血液在防止凝固的条件下静置或离心，红细胞会逐渐下沉。通常将放置不动的红细胞沉淀的速度称为红细胞沉降率（erythrocyte sedimentation rate，ESR），简称血沉。血沉越小，说明红细胞的悬浮稳定性越大，因此血沉可用来衡量红细胞的悬浮稳定性。

将一定量的抗凝集剂（如枸橼酸钠）加到定量的血液中，充分混匀后置于血沉管中，垂直放置，记录1 h末血液上层透明血浆柱的高度，此值即代表红细胞沉降率。血沉的原因是红细胞密度大于血浆，因地球引力的作用而下沉，但关键原因在于红细胞容易相互叠连，重叠的红细胞总的外表面积与容积之比减少，因而使红细胞与血浆之间的摩擦力减少，于是沉降加速。促使红细胞叠连的原因主要决定于血浆性质，而不在红细胞本身。血浆中球蛋白，特别是纤维蛋白原及胆固醇增多时，会促使红细胞聚集和叠连，从而使红细胞沉降加速；而白蛋白、卵磷脂含量增多时，会减缓红细胞沉降。

红细胞沉降率因动物种别、性别、营养状况、性腺发育程度而异，运动、升温、紫外线或X线的照射、酒精、高渗液体的渗入等都会促使血沉速度加快，生殖、洄游等与内分泌有关的因素以及患各种疾病、炎症时血沉值也会发生变化。健康的河鳟血沉值为5.5 mm/h，患疖疮病时血沉值增加到14.8 mm/h；背鳍和腹鳍有坏死灶的鲽，其血沉值比健康鱼大2倍。因此，血沉作为常用的血液检测常规，可反映动物的生理状况以及用于诊断疾病。

3. 红细胞凝集与血型

将某种动物的血液输给同种另一个体，或输给异种个体时，有时会因为两者的血清和红细胞之间产生凝集和溶血而引起受血动物死亡。发生这种现象，是因为在红细胞膜上镶嵌有一种特殊的抗原性物质，统称为凝集原（agglutinogen），而在血清中含有相应的特异性抗体，总称为凝集素。当含有某种凝集原的红细胞与一种与它相对抗的凝集素相遇时，就会发生一系列反应，使红细胞聚集成团，进而产生红细胞的溶解。红细胞聚集成团的现象称为凝集，它的本质是抗原-抗体反应，因此凝集是一种免疫现象。

根据红细胞膜上凝集原的不同，人类的血液分为若干类型，称为血型（blood group）。在临床实践以及法医鉴定中有重要意义的主要有ABO血型系统和Rh血型系统。在ABO血型系统中，红细胞含有两种不同的凝集原，为凝集原A和凝集原B；而血清中含有两种不同的凝集素，为抗A（α）和抗B（β）凝集素。凡是红细胞膜上只含有A凝集原的为A型血，它的血清中有抗B凝集素；只含有B凝集原的为B型血，血清中有抗A凝集素；两种凝集原都有的为AB型，血清中既没有抗A也没有抗B凝集素；两种凝集原都没有的为O型，血清中含有抗A和抗B凝集素（表5-1）。在输血前进行交叉配血试验（图5-11），按照A、B、O血型之间的相互关系进行输血（表5-2）。检查血型的方法是将受检者的血液分别滴入抗A和抗B的鉴定血清中，混合后在显微镜下观察，根据是否出现凝集现象，鉴定受检者的血型（图5-12）。

表5-1 ABO血型系统的凝集原和凝集素

血型	凝集原（红细胞膜）	凝集素（血清）
A	A	抗B
B	B	抗A
AB	A，B	—
O	—	抗A，抗B

图5-11 交叉配血试验示意图

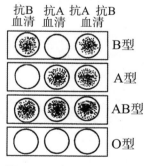

图5-12 ABO血型的鉴定

表5-2 人类各血型之间的相互关系

血型	血清（受血者）			
	O型（抗A，抗B）	A型（抗B）	B型（抗A）	AB型（无）
O	-	-	-	-
A	+	-	+	-
B	+	+	-	-
AB	+	+	+	-

红细胞（供血者）

注：+表示有凝集反应；-表示无凝集反应。

以鱼类个体之间（同种或异种）、鱼类血清对非鱼类血细胞、非鱼类血清对鱼类血细胞组合来检查凝集反应，发现鲣有2种血清类型，金枪鱼和生长在美国的海绿角鲨有4种血型，红大麻哈鱼至少有8种不同抗原类型，而且这些不同类型出现的频率通常随不同地区的种类而有所不同。在名贵鱼类贫血时，也会采用输血手段救治。同种软骨鱼之间输血无不良反应，同一类群硬骨鱼也有相似的成功报道，但一般情况下仍推荐先进行交叉配血。对鱼类血型的研究可以用来鉴别种族，在分类学上可追踪系统发生的亲缘关系，根据血型与经济性状之间的关系进行选育和品种改良，并用于研究鱼类的资源和洄游。

二、白细胞

1. 白细胞的数量及分类

白细胞是血液中除红细胞、凝血细胞以外其他各种细胞的总称。白细胞无色，有核，形状多为球形，也可变形为其他形状，体积（除鱼类的淋巴细胞）比红细胞大，但密度却比红细胞小。鱼类的白细胞在血液中占的比例很小，分类研究尚不完善，目前仍参照人体白细胞吉姆萨（Giemsa）染色方法等进行分类，根据细胞质中有无特殊的嗜色颗粒，分为有颗粒白细胞——包括嗜中性、嗜酸性和嗜碱性细胞，无颗粒白细胞——包括单核细胞和淋巴细胞（图5-13）。

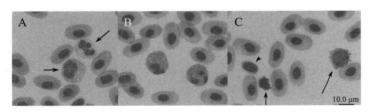

图A中长箭头指示中性粒细胞，短箭头指示单核细胞；图B中大多数细胞为红细胞，有2个嗜酸性粒细胞；图C中长箭头指示大淋巴细胞，短箭头指示小淋巴细胞，无柄箭头指示凝血细胞。

图5-13　白鲟各种血细胞

（引自Krystan R. Grant，2015）

通过电子显微镜和细胞化学法证实，鱼类如鲇鱼血液中存在中性粒细胞、嗜酸性粒细胞、嗜碱性粒细胞、淋巴细胞和单核细胞。使用一种以上的评价方法可以更好地进行细胞识别。

中性粒细胞形态多样（球形、细长形、肾形或节段形），通常呈球形，核偏位，细胞核嗜碱性；细胞质透明、浅蓝或灰色，充满无色或染色较浅的颗粒，与吞噬作用有关，在炎症过程中起主要作用（图5-13A）。硬骨鱼类嗜酸性粒细胞很少，呈球形，与嗜中性粒细胞大小相似或稍大，具圆形或分叶嗜碱的核，含嗜酸性颗粒，细胞质通常为淡蓝色，参与抵御寄生虫感染（图5-13B）。嗜碱性细胞少见，小而圆，具嗜碱性颗粒和细胞核，但因颗粒在细胞质中非常密集，大多数时候很难看到细胞核。

淋巴细胞和单核细胞是最丰富的细胞类型，呈球形；具球形核，深蓝色嗜碱性染色质，偶尔会有光滑但不规则的细胞边缘。淋巴细胞偶尔会以大、中、小描述，较小的淋巴细胞更成熟，细胞核占据更多的细胞质。鱼类外周血液中小淋巴细胞最常见，具高核质比（图5-13C）。单核细胞是鱼类外周血液中发现的最大的白细胞，形状从球形到变形虫状，具一较大的肾状嗜碱性核，细胞质通常为蓝色，可能会呈现空泡（图5-13A）。鱼类单核细胞也会转移到组织中，被称为巨噬细胞。因细胞外观与移植到组织时的阶段相似，因此"巨噬细胞"一词有时也被用来描述鱼类的单核细胞。

鱼类的白细胞在结构上与哺乳动物相差不大，鱼类的淋巴细胞、单核细胞两类颗粒型白细胞的结构与哺乳类的同类细胞基本相同，仅颗粒型白细胞核的分叶数相对较少，说明白细胞是分化较早的细胞。鱼类白细胞数量比哺乳动物的要大得多，如成年人血液中白细胞数为5 000～9 000个/mm³，平均7 000个/mm³，而鱼类血液中白细胞数一般都在10 000个/mm³以上，长吻鲨的白细胞数高达83 500个/mm³。虽然也有如鲇鱼、鳗鱼的为5 000个/mm³这样的低值，但很少见。

鱼类白细胞数量随鱼种不同有相当大的变动。以白细胞与红细胞数目之比为参数，盲鳗为1/4，鳗鲡为1/60，鲆类为1/130，表现出随鱼种进化程度由低至高，白细胞与红细胞数目之比渐趋变小。白细胞数量也存在着雌、雄差异，但白细胞数性别差异因鱼的种类不同而表现不全然相同。温度上升及运动，都可引起白细胞数量的增多。鱼类患病或受到有毒物质感染时，其白细胞数也会发生变化。如患败血症和狂游症的鲢鱼以及患赤鳍病的日本鳗鲡，其白细胞值都明显增多；受杀虫剂感染的鲤鱼，其白细胞值随染毒浓度升高和染毒时间加长而增大。性别、年龄、健康状况、季节变化、饵料等不仅影响白细胞数量，而且也影响白细胞的分类计数值。

鱼类的白细胞大部分是嗜中性粒细胞和淋巴细胞，其次是单核细胞，嗜酸性粒细胞只有很少量，而嗜碱性粒细胞一般认为不存在。如斜带石斑鱼成鱼血液的白细胞中淋巴细胞含量占73.41%，嗜中性粒细胞占22.87%，其他细胞所占比例非常小；但眼斑拟石首鱼血液的白细胞中淋巴细胞和嗜酸性粒细胞数量最多，而嗜中性粒细胞较少，而且可以同时观察到嗜酸性粒细胞和嗜碱性粒细胞。嗜中性粒细胞和淋巴细胞在所有脊椎动物中均存在，多少依鱼种而定，而嗜酸性粒细胞和嗜碱性粒细胞的有无随鱼种而异。在以淋巴细胞为主的规律下，鱼类白细胞分类计数值大致可划分为4种类型：① 嗜中性粒细胞高，单核细胞低；② 单核细胞高，嗜中性粒细胞低；③ 嗜中性粒细胞和单核细胞均高而淋巴细胞偏低；④ 嗜中性粒细胞和单核细胞均低而凝血细胞含量高。但某些鱼类如黄鳍金枪鱼、鲣鱼等白细胞中嗜中性粒细胞占大部分，其次是淋巴细胞。

2. 白细胞的生理特性与功能

白细胞是机体防御和保护机能的重要组成部分。白细胞具有向某些化学物质游移并集中的特性，称为趋化性（chemotaxis）（图5-14）。细菌毒素、抗原-抗体复合物、机体细胞的降解物能引起白细胞向其游走靠近。白细胞借助变形运动穿过血管壁，按照趋化物质的浓度梯度游走到这些物质的周围，把异物包围起来并吞到胞浆内，此过程称为吞噬（图5-15）。白细胞通过细胞内含有的氧化酶、过氧化酶、蛋白分解酶、脂肪分解酶等将吞噬的细菌等分解和消化。

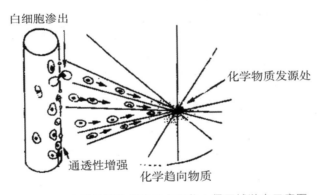

图5-14　中性粒细胞渗出和向异物入侵区域游走示意图

嗜中性粒细胞是脊椎动物主要的白细胞，在正常人、龟以及蛙的血液中占50%～70%，但在鱼类中，嗜中性粒细胞与淋巴细胞的主体地位依鱼种而异。嗜中性粒细胞具有活跃的变形能力、高度的趋化性和很强的吞噬及消化能力，它通过变形运动穿过毛细血管壁，进入感染发炎的组织，吞噬与消化侵入机体的各种病原微生物以及自身老化与坏死细胞。此外，嗜中性粒细胞还参与淋巴细胞特异性免疫反应的初期阶段。

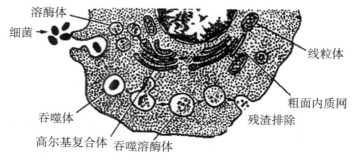

图5-15 中性粒细胞吞噬和消化细菌示意图

嗜酸性粒细胞和嗜碱性粒细胞在鱼类中数量很少或无发现，但前者在龟鳖类血液中含量很高。两种细胞的作用相似，主要参与过敏反应。嗜酸性粒细胞对组织胺有趋化性，能够释放组胺酶灭活组织胺，减轻过敏反应，并可通过与抗原-抗体复合物相结合而将其吞噬；嗜碱性粒细胞内含有肝素、组织胺和白三烯，肝素起凝血作用，而组织胺和白三烯则参与过敏反应。

淋巴细胞在机体的特异性免疫过程中起重要作用，它对"异己"构型物质，特别是对生物性致病因素及其毒性具有防御、杀灭和消除的能力。所有脊椎动物都有淋巴细胞，当其受到特殊的抗原刺激后，可分裂为T淋巴细胞和B淋巴细胞并大量增殖。T淋巴细胞主要执行细胞免疫（cellualar immunity）功能，B淋巴细胞主要执行体液免疫（humoral immunity）功能。细胞免疫是指具有特异性免疫功能的细胞直接与某种特异性抗原相互作用而实现的免疫功能。T淋巴细胞被激活后成为致敏T淋巴细胞，当这种致敏的T淋巴细胞再次受到相应抗原的刺激，就能产生多种具有生物活性的淋巴因子或细胞毒性物质等，杀灭抗原或靶细胞。体液免疫是指由免疫细胞生成和分泌特异性抗体，以对抗某一种相应的抗原而实现的免疫功能。当B淋巴细胞受到相应抗原的刺激时，就可转变为浆细胞从而分泌免疫球蛋白等抗体（IgG、IgM、IgA、IgD和IgE），抗原抗体发生反应，消除抗原的有害作用。

单核细胞目前被认为是结缔组织中巨噬细胞的前身，有活跃的变形运动和吞噬活动，能分解所吞噬的物质，又是天然免疫和获得性免疫之间的重要环节，能把抗原产物传递给淋巴细胞，协助淋巴细胞在免疫中发挥作用。

三、凝血细胞

凝血细胞又称血栓细胞，是鱼类、两栖类、爬行类和鸟类血液中的一种有核细胞，在血液凝固中作用类似于哺乳动物的血小板。哺乳动物的血小板是小而无核的不规则小体，而鱼类的凝血细胞呈纺锤形，椭球形的细胞核占据细胞的绝大部分，细胞体积比红细胞小。细胞质通常透明，但偶然可能有密度较小的嗜酸性颗粒，细胞边缘通常平滑。凝血细胞也具有彼此之间互相黏附、聚合成团的特性，通常为串链状或聚集成小块，形成松软的止血栓堵住伤口，实现初步止血。此外，凝血细胞内含有少量的凝血致活酶，而且表面的质膜还结合有多种凝血因子，如纤维蛋白原、因子Ⅴ、因子Ⅷ等，当凝血细胞接触异常表面则激活凝血过程。

凝血细胞的数量和红细胞、白细胞一样，经常随着机体的情况变化而改变。高等脊椎动物循环血液中，每立方毫米血液含有20万~40万个；但鱼类随种类不同，凝血细胞的数量差异很大，每立方毫米血液大约含有2万~10万个。而且，在同一个体，凝血细胞的数量还随着性别、生殖周期、季节以及饲养环境等因素的影响而有所变化。

四、其他水生动物的血细胞

（一）龟鳖类的血细胞

龟鳖类的红细胞呈椭球形，有核，数量为154 166~980 000个/mm³，大小为（16.9~21.5）μm ×（10.2~13.2）μm，红细胞小于两栖类而比哺乳动物大，与动物的进化地位相符。龟鳖类的红细胞较其他爬行类的大，可能与适应长时间水底栖息生活有关。动物种类、年龄、大小、性别、季节、健康状况、环境和食物都可能影响龟鳖类红细胞数量、红细胞比体积和血红蛋白值。不同种龟血细胞含量存在差异，如中华草龟（*Chinemys reevesiis*）血液中红细胞数及白细胞数要高于中华花龟（*Mauremys sinensis*）；同时，同一物种不同性别之间血细胞数量也存在差异，如雄性中华鳖（*Pelodiscus sinensis*）、卡罗林那箱龟（*Terrapene carolina*）的红细胞数量高于雌性。产卵期四眼斑龟红细胞数明显增加，与此期间能量消耗较大、活动量增加、代谢速度加快、对氧气的需要量和二氧化碳排出量增加有关。夏季随着活动量的增加，红细胞通过增大体积来提高携氧量，满足生理需求。

爬行动物的粒细胞有自己的特点，其嗜中性粒细胞也称为嗜异性粒细胞、假嗜酸性粒细胞或特殊颗粒白细胞，此外还有特有的嗜天青粒细胞，这可能正反映了爬行动物自身的特殊性。嗜碱性粒细胞细微结构、大小、数量的差异可能与其进化位置有关，亲缘关系越远，差异越大。白细胞的数量和种类变化是其生理适应的需要，受种类、季节、性别、营养和健康状况等多种因素影响。成年雄绿海龟的白细胞数量在夏季高于冬季，这种变化可能源于温度的影响。鳖的白细胞数量以春季最多，约为冬眠期的2倍，其意义在于适应防御因气温升高而日益增加的微生物的侵袭。雌性四眼斑龟在产卵期能量消耗大，产卵后体质弱，嗜中性粒细胞、淋巴细胞数增加，以提高机体的防御免疫功能。在养殖条件下，由于胁迫或营养的关系，可能会引起白细胞数量的增加。

龟类凝血细胞数占白细胞分类计数的41%，鳖凝血细胞占白细胞分类计数的12%～28%，两者凝血细胞的大小相近，结构与鱼类、蛙类的凝血细胞相似，但前者凝血时间却明显长于后者。龟鳖类凝血时间的巨大差异说明凝血过程除了凝血细胞的参与，可能还涉及复杂的凝血因子。

（二）贝类的血细胞

贝类和虾蟹类的血细胞类型与脊椎动物的明显不同。除了在具有血红蛋白的双壳类中发现存在红细胞外，所有贝类中都具有吞噬能力的变形细胞。掘足纲和腹足纲除具有变形细胞外，还分别存在白细胞、成白细胞细胞以及淋巴细胞和巨噬细胞。有关贝类血细胞的分类一直分歧很大，目前比较认同的标准是依据胞内有无颗粒，将贝类血细胞分为颗粒细胞和透明细胞两大类（图5-16）。在某些贝类中，如皱纹盘鲍（*Haliotis discus hannai*），其血细胞可进一步细分为5类：大颗粒细胞、小颗粒细胞、特殊颗粒细胞、透明细胞和淋巴样细胞。毛蚶（*Scapharca subcrenata*）血细胞中有3种类型：① 大透明细胞，大小为（12.97±1.22）μm，核质比为0.311±0.016，所占比例为（46.40±8.73）%；② 颗粒细胞，大小为（9.98±1.85）μm，核质比0.390±0.058，所占比例为（41.48±8.63）%；③ 小透明细胞，大小为（7.60±1.17）μm，核质比为0.499±0.049，所占比例为（12.12±4.00）%。毛蚶血细胞在血淋巴液中的平均密度为（7.69±0.98）×10^{6}个/mL。 紫贻贝（*Mytilus galloprovincialis*） 血淋巴包含两种血细胞类型：透明细胞和颗粒细胞。透明细胞在紫贻贝的血淋巴中占比例较大，为（78±9）%，而颗粒细胞占血淋巴总细胞数的（22±9）%。

血细胞具有类似高等动物白细胞的吞噬功能，因此可在体内或体外吞噬各种有机和无机颗粒，清除病原生物和自身损伤或死亡细胞，并产生各种非特异性体液因子来参与宿主的免疫防御过程。贝类血细胞清除异物主要通过两种方式实现。一种是吞噬体与含有水解酶的溶酶体融合，将外源颗粒逐渐溶解消化。另外一种方式是伴随吞噬作用过程中的呼吸爆发，能够激活位于质膜上的还原型辅酶Ⅱ（NADPH）氧化酶，催化形成超氧阴离子，此过程中产生多种活性氧中间体（reactive oxygen species，ROS），ROS 对入侵的病原体有很强的杀伤作用，从而形成了强有力的杀菌系统。吞噬作用主要是由颗粒细胞完成的，颗粒细胞较强的吞噬能力虽与年龄无关，但易受外界环境因素的影响。透明细胞也具有一定的吞噬能力。贝类血细胞除上述免疫功能外，在伤口修复、炎症反应、神经免疫反应过程中也发挥重要作用。

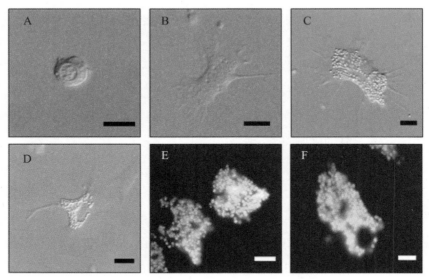

A. 淋巴样细胞（hemoblast-like cell）；B. 透明细胞（hyalinocyte）；C. 大颗粒细胞（large granulocyte）；
D. 小颗粒细胞（small granulocyte）；E、F. 紫外光下显示的大颗粒细胞。比例尺=5 μm。

图5-16　悉尼岩牡蛎（*Saccostrea glomerata*）血细胞类型

（引自Aladaileh，2007）

（三）虾蟹类的血细胞

中国明对虾每毫升血液中血细胞数量为$4.16 \times 10^6 \sim 2.70 \times 10^7$个，大小为（$4.8 \sim 5.8$）μm×（$7.7 \sim 11.5$）μm，形状有梭形、圆球形、卵形以及椭球形。罗氏沼虾和克氏原螯虾的血细胞总数分别为（1.02 ± 0.21）×10^7个/mL和（0.85 ± 0.15）×10^7个/mL，血细胞数量有种间差异。按照血细胞的亚显微结构，虾蟹类的血细胞一般分为无颗粒细胞、小颗粒细胞和颗粒细胞，拟穴青蟹（*Scylla paramamosain*）血细胞成分中，大颗粒细胞占（5.27 ± 0.42）%，小颗粒细胞占比最大，为（76.03 ± 3.34）%，而透明细胞占比为（18.70 ± 3.92）%（图5-17，图5-18）。锯缘青蟹（*Scylla Serrata*）颗粒细胞中，嗜酸性细胞占55%，嗜碱性细胞占比为44%，而中性粒细胞占比为1%。在中华绒螯蟹（*Eriocheir sinensis*）和锯缘青蟹的血细胞中，还发现存在一些介于小颗粒细胞和颗粒细胞之间的中间型细胞，以及对虾中类似于哺乳动物浆细胞的浆样细胞。细胞大小和核质比总的变化趋势为，从无颗粒细胞到小颗粒细胞再到颗粒细胞，细胞体积越来越大，而核质比越来越小。上述3种细胞都能吞噬异物，但小颗粒细胞的吞噬能力似乎更强。小颗粒细胞富含线粒体，可能使其在防御反应中具活跃的胞吐作用和识别异物的能力，因而是防御反应的关键细胞。此外，虾蟹类的血细胞还与血液凝固有关。

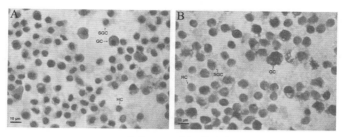

A. HE染色；B. 吉姆萨染色。

HC.透明细胞（hyalinocyte）；SGC.小颗粒细胞（small granular cell）；GC.大颗粒细胞（large granulocyte）。

图5-17 拟穴青蟹血细胞染色

（引自Zhou，2017）

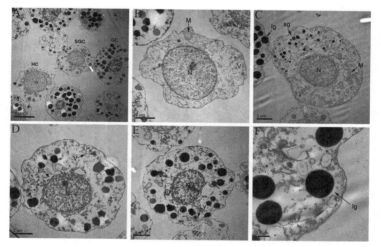

A. 3种血细胞；B. 核质比最高的透明细胞中无颗粒；C. 1型小颗粒细胞中有大量小颗粒；D. 2型小颗粒细胞中有少量大颗粒；E. 核质比最小的大颗粒细胞中有大量大颗粒；F. 大颗粒；

HC. 透明细胞（hyalinocyte）；SGC. 小颗粒细胞；GC. 大颗粒细胞；lg. 大颗粒；

sg. 小颗粒；Er. 内质网；N. 细胞核；M. 线粒体；V. 囊泡；Ly. 溶酶体。

图5-18 拟穴青蟹血细胞透射电镜图

（引自Zhou，2017）

　　甲壳动物血淋巴细胞在气体运输、细胞识别、吞噬作用、细胞毒性以及信息交流等方面均发挥重要作用，目前对对虾和沼虾血淋巴细胞的观察研究较多。对虾类血淋巴细胞的体积约占全血的1%以下，其余均为血浆成分。关于甲壳类动物血淋巴细胞分类方法曾有过许多标准，其分类依据各不相同，得到的结果也众说不一。Dall等（1964）根据细胞内含有颗粒的多少将对虾的血淋巴细胞分为3类，即小颗粒细胞、大颗粒细胞、无颗粒细胞。三者均为卵圆形，其中小颗粒细胞占的比例最大，大颗粒细胞次之，无颗粒细胞数量最少。目前，这种分类已被大部分学者接受。小颗粒细胞具有吞噬功能，受刺激时伸出伪足包围异物，在防御和伤口修复中起重要作用；大颗粒细胞具有启动凝血的功能，相当于高等动物的血小板，当机体受损伤时，血液的凝血酶原转化为凝血酶，产生凝血作用。凝血速度的大小取决于水温、受伤程度和机体的生理状态。无颗粒细胞被视为前两类细胞的初级发育阶段。

红螯螯虾血淋巴的无颗粒细胞、小颗粒细胞和大颗粒细胞分别占13.72%、68.84%和17.54%。与对虾和河蟹存在着明显的差异，说明不同甲壳动物的血细胞组成不尽相同，生理状况也会影响到血细胞的比例。罗氏沼虾的血淋巴3类细胞比例依次为：大颗粒细胞<小颗粒细胞<无颗粒细胞。日本绒螯蟹血淋巴细胞以小颗粒细胞为主，占比高达82.08%；无颗粒细胞最少，仅占1.69%，雌雄间存在极显著差异；大颗粒细胞占16.23%，雌性明显高于雄性。这种雌雄差异可能与繁殖机能有关。日本绒螯蟹血淋巴细胞中，无颗粒细胞最少，大颗粒细胞次之，小颗粒细胞最多，与三疣梭子蟹（*Portunus trituberculatus*）相似。中华绒螯蟹血淋巴液中也存在大颗粒细胞、小颗粒细胞和无颗粒细胞。血淋巴液中3种淋巴细胞的含量分别为大颗粒细胞7.97%，小颗粒细胞15.58%，无颗粒细胞76.45%。这个结果与对虾不同。电镜下3种血淋巴细胞的结构特征表现为大颗粒细胞质内含有大量粗大的电子致密颗粒，细胞器稀少；小颗粒细胞质内含数量较少、体积较小的电子致密颗粒，细胞器丰富，高尔基复合体可见；无颗粒细胞内无电子致密颗粒，细胞器稀少，部分细胞质接近透明。

有关研究进一步证实，甲壳动物大颗粒细胞内含有大量酚氧化酶原，一旦受到异物的激活，会释放酚氧化酶（PO）到细胞质中，发挥细胞毒性作用，这与高等动物中的嗜酸性粒细胞的功能有相似之处。无颗粒细胞有很强的吞噬作用，这与细胞表面有丰富的突起而能在异物表面强烈地附着和伸展有关。小颗粒细胞不但含有大量小的电子致密颗粒，而且富含线粒体、内质网等细胞器，这可能与它活跃的免疫防御作用有关，它受到外源物质刺激后极易脱颗粒而表现吞噬功能。大颗粒细胞虽然无吞噬能力，附着能力和扩散力也较弱，但受到活化的酚氧化酶原处理后，胞吞作用增强，释放出更多的酚氧化酶，说明3种细胞之间在免疫防御方面可能具有协同作用。血淋巴细胞作为对虾抵御外来病原感染的第一道防线，其中的酚氧化酶在对虾非特异性免疫系统中起着关键性作用。经过外源免疫促进剂β葡聚糖、脂多糖、灭活哈维氏弧菌和灭活鳗弧菌处理后，中国明对虾总血细胞的数量分别增多83.4%、52.0%、73.4%和111.3%，其中，小颗粒细胞的数量分别增多100.4%、67.3%、57.2%和102.9%，大颗粒细胞的数量分别增多

47%、10%、127%和173%；同时，酚氧化酶的产量分别提高81.3%、104.7%、29.2%和40.4%。这些结果说明β葡聚糖和脂多糖主要用于小颗粒细胞和大颗粒细胞，而灭活鳗弧菌和哈维氏弧菌对大颗粒细胞、小颗粒细胞和透明细胞均有促进作用。

甲壳动物血淋巴的液体成分主要含有水分、无机盐、营养物质、活性物质等。水和无机离子的浓度随着外界盐度的变化而变化，并受渗透压和离子调控。

血淋巴蛋白质主要是血蓝蛋白、载脂蛋白、黏蛋白、卵黄蛋白、纤维蛋白原。这些蛋白的含量随着生理状况、生活环境变化和个体发育明显不同。新鲜血淋巴暴露于空气之中，很快呈现血蓝蛋白所特有的蓝色。血蓝蛋白是主要的血淋巴蛋白，它约占血清中总蛋白量的80%。甲壳动物血蓝蛋白是由多肽组成的六聚体或十二聚体，具有运输氧气的功能，但与高等动物相比，对氧的亲和力低、载氧量差，鳃和心脏中氧的高水平释放补偿了血淋巴的载氧功能。中华绒螯蟹从淡水过渡到半咸水后，血蓝蛋白含量发生显著变化，而且雌雄个体间略有差异。雄性个体进入咸水后，血蓝蛋白含量上升，这是因为雄性个体进入咸水后很快发情，氧气消耗量大，血蓝蛋白含量的增加可以满足机体对生殖的需求；而雌性个体进入咸水后，血蓝蛋白含量下降，其适应机制尚不十分清楚。进入咸水后，雄性河蟹血清总蛋白含量明显上升，可能是由血蓝蛋白含量增加所致；而雌性河蟹在性成熟过程中涉及卵黄蛋白原的合成，当它进入到咸水后，受盐度的刺激作用，卵巢成熟加快，肝胰脏中卵黄蛋白原合成增加，经过血淋巴到达性腺，因此，血清总蛋白含量升高。所以，盐度可以刺激河蟹雌体性成熟，特别是可以促进幼蟹卵黄蛋白的合成。

黏蛋白的重要性仅次于血蓝蛋白，约占血淋巴总量的12.5%，其功能尚不十分清楚，可能参与碳水化合物的运输。血淋巴中总蛋白浓度与盐度无关，脱皮前上升，蜕皮时下降，在蜕皮间期回升到中等水平。饥饿时，总蛋白质浓度下降，含量降低幅度较大的是血蓝蛋白。

血淋巴中的游离氨基酸、碳水化合物和脂类，属于被运载的营养物质，其运输机制尚不清楚。血液中游离氨基酸的水平随着蛋白质的消化和吸收情况而发生变化。有关甲壳动物血淋巴中碳水化合物的含量研究较多，碳水化合物的种类和含量在动物类群间存在较大差异；而对碳水化合物的化学性质和运输功能研究不多。

脂在血液中的含量仅次于蛋白质，位居第二。例如，日本对虾中血淋巴磷脂含量为63.4%，游离脂肪酸占12.9%，游离固醇约占11.9%，其余为甘油二酯或甘油三酯（TG），以及固醇酯。对虾中磷脂可能是中型脂肪运输的途径，过剩的磷脂加速对三棕榈精和胆固醇的动员。

第四节　血液凝固与纤维蛋白的溶解

血液对动物体具有重要的功能，因此所有具有血管的动物必须具有一套机制来防止血液由于血管破损而流失，纤维蛋白的形成即起到有效止血以及维持毛细血管正常通透性的作用，但血液中还存在与凝血相对立的纤维蛋白溶解过程。这两个对立的过程同时进行并处于动态平衡状态，保证血管内膜不会由于缺少纤维蛋白的覆盖造成通透性失常而发生出血或渗血现象，也不会由于纤维蛋白形成过多造成血管栓塞而影响正常的血液循环。

通常情况下，血液从血管流出后，过数分钟出血将自行停止，为生理性止血（hemostasis）过程。生理止血主要包括3个过程：① 损伤小血管收缩。小血管受损伤后，由于血管的损伤直接刺激了血管平滑肌，或由神经调节反射性引起局部血管收缩，继之凝血细胞因与受伤的血管内皮（ET）黏着而释放或产生缩血管物质［5-羟色胺、血栓素A、二磷酸腺苷（ADP）等］，使血管进一步收缩封闭受伤的小血管。此外，血管内皮粘连在一起还可以使血管在主动收缩消失后仍能抵抗较高的压力。② 形成血栓，实现初步止血。血栓的形成过程是一种正反馈反应。血管内膜损伤后，暴露的内膜下组织激活凝血细胞，使凝血细胞迅速黏附、聚集，而且ADP、血栓素A等还具有极强的聚集凝血细胞的作用，这些聚集的凝血细胞再释放ADP等物质，如此发展，很快形成血栓堵住伤口，减少失血甚至制止失血。③ 形成纤维蛋白凝块。血栓形成的同时，激活凝血系统，使原来溶解在血液中的纤维蛋白原变为不溶性的纤维蛋白细丝，这些细丝相互交织成网，将血细胞网罗在内，血液由原来的溶胶状变为凝胶状的血凝块，加固血栓，起到有效止血的作用。生理性止血过程如图5-19所示。一般来说，机体对大血管出血不能有效控制，但小血管和毛细血管的出血可通过以上机制有效止血。

一、血液凝固

血液凝固（blood koagulation）是指血液离开血管，由溶胶状态变成不能流动的凝胶状态的过程，简称血凝。血凝是一系列复杂的化学连锁反应过程，其最基本的变化就是可溶性的纤维蛋白原变为不溶性的纤维蛋白细丝。在血浆与组织中直接参与血液凝固的物质很多，这些物质统称为凝血因子。

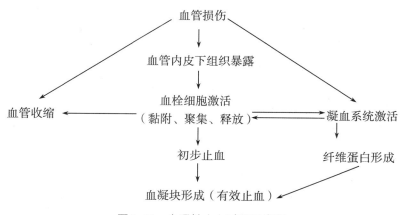

图5-19　生理性止血过程示意图

（一）凝血因子

按照凝血因子被发现的先后顺序，用罗马数字为其命名（表5-3）。目前公认的参与凝血的因子至少有12种，分别为凝血因子Ⅰ、Ⅱ、Ⅲ、Ⅳ、Ⅴ、Ⅶ、Ⅷ、Ⅸ、Ⅹ、Ⅺ、Ⅻ和ⅩⅢ。除因子Ⅳ（Ca^{2+}）和磷脂外，其余的凝血因子都是蛋白酶，而且大多数是内切酶类蛋白酶，并多数在肝脏中合成。此外，因子Ⅲ又称组织因子，仅存在于组织中，而其他凝血因子均存在于血浆中。血液中具有酶特性的凝血因子（因子Ⅱ、Ⅶ、Ⅸ、Ⅹ、Ⅻ、ⅩⅢ和前激肽释放酶）都是以无活性的酶原形式存在，必须被激活，暴露或形成活性中心后，才具有酶的活性，这一过程即称为凝血因子的激活。

表5-3　按国际命名法编号的凝血因子

名称	同义名	合成部位	合成是否需维生素K	化学本质
因子Ⅰ	纤维蛋白原	肝脏	否	糖蛋白
因子Ⅱ	凝血酶原	肝脏	是	糖蛋白
因子Ⅲ	组织凝血活酶	各组织细胞	否	糖蛋白
因子Ⅳ	Ca^{2+}			
因子Ⅴ	前加速素（血浆加速球蛋白，易变因子）	肝脏	否	糖蛋白
因子Ⅶ	前转变素（血清凝血酶原转变加速素）	肝脏	是	糖蛋白
因子Ⅷ	抗血友病因子A（抗血友病球蛋白）	肝脏为主	否	糖蛋白

（续表）

名称	同义名	合成部位	合成是否需维生素K	化学本质
因子IX	血浆凝血活酶成分（抗血友病因子B）	肝脏	是	糖蛋白
因子X	stuart-prower 因子	肝脏	是	糖蛋白
因子XI	血浆凝血致活酶前质（抗血友病因子C）	肝脏	否	糖蛋白
因子XII	接触因子（Hageman因子）	不明	否	糖蛋白
因子XIII	纤维蛋白稳定因子	血小板	否	糖蛋白

（二）凝血过程

血液凝固是一系列蛋白质有限水解的过程，一旦开始，各个凝血因子便一个激活一个，形成"瀑布"样的反应链直至血液凝固。此反应属于正反馈效应，大致包括3个步骤：第一步是凝血因子X被激活并形成凝血酶原酶复合物（凝血酶原激活物）；第二步是凝血酶原（prothrombin，FII）形成凝血酶（thrombin，FIIa）；第三步是纤维蛋白原（FI）转变成纤维蛋白（fibrin，FIa）。以上过程在脊椎动物各主要类群的情况都相似。

凝血过程首先是一种表面激活，根据激活凝血致活酶的物质的来源不同，触发血液凝固有内源性和外源性两种起因。内源性凝血过程（intrinsic pathway of blood coagulation）是完全依靠血浆内部的凝血因子相继活化而导致的血液凝固，外源性凝血过程（extrinsic pathway of blood coagulation）是因血管外组织释放的组织因子启动的血液凝固。目前认为，外源性凝血途径在体内生理性凝血反应的启动中起关键性作用，组织凝血活酶（因子III）是启动者，它镶嵌在细胞膜上，可起到"锚定"作用，使凝血过程局限于损伤部位。当血管受损后，因子III启动外源性凝血过程，但由于存在组织因子途径抑制物，因此启动阶段只能形成微量的凝血酶。真正有效凝血的关键阶段是放大阶段，即由外源性凝血途径形成的微量凝血酶激活血浆内部的凝血因子，通过一系列酶促反应启动并加强内源性凝血途径，生成足量凝血酶，维持和巩固凝血过程。

鱼类的血液非常容易凝固。血液凝固是一种生化反应，因此受温度的影响很大，凝固时间也会因测定方法和测定人而有很大的差异。但总体而言，硬骨鱼类血液的凝固时间短于软骨鱼类，原因可能与软骨鱼类血浆中Ca^{2+}含量、凝血酶原、凝血细胞以及纤维蛋白原含量均低于硬骨鱼类有关。鱼类的皮肤外表常常含有较多的黏液，当组织受损时，血液流于体表很快就会凝固，可能与鱼类黏液中存在大量的凝血致活酶有关。此外，鱼类的组织匀浆液和体表黏液中还具有凝集素，这种凝集素除与免疫防卫作用有关外，也具有凝血活性，目前已从文昌鱼体表黏液中提取出一种无血型专一性的凝集素。

（三）血凝的加速和延缓

血液凝固是复杂的连锁反应，任何足以影响凝血酶和纤维蛋白形成的因子都会对血凝的速度产生影响。实践表明，机械因素、温度因素、生物因素以及化学因素与血凝密切相关。在临床和实验室工作中，可以根据需要加速和延缓血液的凝固。

1. 机械因素

正常的血液凝固，首先是凝血细胞和一个异常表面（如受伤的血管内皮、受伤的组织等）接触，激活血浆或组织中某种无活性的凝血因子，由此引起其他凝血因子的相继活化，从而触发血液凝固的一系列连锁反应。因此，当血液与光滑表面相接触时，可减少凝血细胞的聚集和解体，减弱对凝血过程的触发，因而延缓血液的凝固。相反，血液与粗糙面接触会加速血液凝固。临床上用内涂石蜡的注射器采血并置于光滑的玻璃器皿中，可相应延长凝血时间。

血液凝固主要是可溶性的纤维蛋白原变为不溶性的纤维蛋白细丝。用粗糙的木条在初流出的血液中加以搅拌，则可以除去这种丝状的凝血骨架，血细胞也不会被网罗而成块。这种去除了纤维蛋白的血液（即去纤维蛋白血）将不会凝固。

2. 温度因素

血液凝固是在一系列酶参与下进行的化学变化过程，而酶的活动受温度的影响。在一定的温度范围内，提高温度可加快酶促反应，使血凝加速；当温度降低至10 ℃以下，许多参与凝血过程的酶的活性下降，可延缓血液凝固，但不能完全阻止凝血发生。

3. 生物因素

肝素是由动物体内存在的一种高效能抗凝剂，主要由肥大细胞和嗜碱性粒细胞产生，几乎存在于所有组织器官中，并以肝和肺中含量最高。肝素可抑制凝血细胞黏着、聚集；增强抗凝血酶Ⅲ的活性；抑制凝血酶活性和释放纤溶酶，增强纤维蛋白溶解。因此，凡能刺激肝素产生的因素都将使血凝延缓。水蛭素、蛇毒和三叶草腐败后产生的双香豆素等，均能抑制凝血酶的活性，而抗凝血酶Ⅲ通过封闭凝血酶的活性中心使之失活而延缓凝固。

硬骨鱼类可随鱼种不同选择肝素或EDTA作为抗凝剂，但肝素更为常用；而软骨鱼类的理想抗凝剂则是将肝素和EDTA混合，通过调整抗凝剂溶液使其更符合血液渗透压以取得最佳效果。维生素K是有名的凝血维生素，K来源于koagulation，即凝固之意。它并不直接作用于凝血过程，但参与凝血酶原和凝血因子Ⅶ、Ⅸ、Ⅹ的合成，因此可加速和延缓凝血和止血过程。

4.化学因素

在血液凝固过程中，Ca^{2+}的存在是激活因子Ⅱ、Ⅶ、Ⅸ、Ⅹ等不可缺少的因子，且凝血酶催化纤维蛋白原水解为纤维蛋白单体后，也必须在Ca^{2+}的作用下才能形成不溶于水的纤维蛋白多聚体。草酸盐、柠檬酸盐以及二胺四乙酸（EDTA）等化学物质因可以与血浆中的Ca^{2+}作用，形成不易电离的草酸钙或络合物等降低血液中Ca^{2+}浓度而常被用来抗凝。Ca^{2+}在离体和活体均具有促凝作用，血浆中的Ca^{2+}浓度与凝固时间一般成反比。添加Ca^{2+}达一定浓度时，血液凝固时间极短，但进一步添加，时间反而延长。

二、纤维蛋白的溶解

在正常血管内，有时也会有轻度凝血，但血液中存在的纤维蛋白溶解系统以及抗凝血酶、抗凝蛋白、肝素等凝血抑制系统，使凝血过程中所形成的纤维蛋白变为可溶的纤维蛋白分解产物，已凝固的血块重新溶解为液体。可见，纤维蛋白的溶解与血凝一样，也是机体的一种保护性生理反应，对体内血液保持液态与血管通畅起重要作用。

（一）纤溶系统及纤溶抑制物

血液凝固过程中形成的纤维蛋白被分解液化的过程即称为纤维蛋白溶解（简称纤溶）。参与纤维蛋白溶解的物质有纤溶酶原、纤溶酶、纤溶酶原激活物和纤溶酶原抑制物，总称为纤溶系统。此外，各种组织、血浆和其他体液中还有一些能抑制纤维蛋白水解的物质。抑制物主要分为两类：一类抑制纤溶酶原的致活，如抗活化素；另一类则抑制纤溶酶对纤维蛋白的水解，称抗纤溶酶。两种系统都能阻碍纤维蛋白溶解。

（二）纤溶的基本过程

纤维蛋白溶解的第一阶段是纤溶酶原的激活。这种激活同样有外源性激活途径和内源性激活途径，主要激活物有血管激活物、组织激活物、尿激活物以及某些细菌含有的纤溶酶原激活物。第二阶段即纤维蛋白的降解。纤溶酶使纤维蛋白或纤维蛋白原中的精氨酸—赖氨酸键断裂，逐步将其分割成多个可溶性的蛋白质降解产物，这些降解产物通常不再凝固，其中一部分反而还有抗凝作用。纤溶的基本过程见图5-10。

正常情况下，血浆中抗纤溶酶含量是纤溶酶的20~30倍，但由于纤维蛋白可吸附纤溶酶和它的激活物，而不吸附它的抑制物，因此，血块中有大量的纤溶酶形成，促使纤维蛋白的溶解。

三、软体动物和甲壳动物的血液凝固

贝类的血液中没有纤维蛋白原，不凝固也不形成纤维素的网状物，但能依靠变形虫似的血球聚集，将其伪足部分互相结合，使血液凝固，这完全是细胞的作用而不是血浆的作用。这种凝血方式并不经过生化作用，因此比高等动物的凝血作用简单得多。

甲壳动物防御机制依赖非特异性免疫系统，其血淋巴的凝固在免疫反应及阻止血淋巴渗透中起关键作用，螯虾的凝固酶激活依赖于转谷氨酰胺酶活性，转谷氨酰胺酶可将可溶性凝固蛋白原转变成共价交联的凝固蛋白多聚物，而不需要蛋白裂解。对虾的颗粒细胞有凝血细胞的功能，在外来或伤害性刺激下可很快破裂，将其凝血酶原性内含物释放出来。凝血酶原被激活后成为凝血酶，与血液中纤维蛋白原相互作用形成纤维蛋白凝块。甲壳动物的血液凝固有三种不同的情况：① 滨蟹等的血液凝固完全由于血细胞的凝集，与血浆无关；② 中华绒螯蟹、普通滨蟹与普通海蝲蛄等血液凝固时，血细胞先凝集，随后血浆胶凝化；③ 等足类、蝲蛄与普通龙虾等血液凝固主要由于血浆的胶凝化，只少数血细胞凝集于血块的周围。甲壳动物血液凝结的速度很快，但也受环境温度、以前的受伤情况及抽取血样时的受伤情况的影响。

本章思考题

（1）试述内环境相对稳定性及其意义。

（2）试述晶体渗透压和胶体渗透压的生理意义。

（3）试述血细胞的分类及其主要生理功能。

（4）试述血液凝固的基本过程及其影响因素。

（5）试述纤维蛋白溶解过程及其生理意义。

主要参考文献

孙敬锋，吴信忠. 贝类血细胞及其免疫功能研究进展［J］. 水生生物学报，2006，30（5）：601-607.

尾崎久雄. 鱼类血液与循环生理［M］. 许学龙，等译. 上海：上海科学技术出版社，1982.

温海深. 水产动物生理学［M］. 青岛：中国海洋大学出版社，2009.

杨秀平. 动物生理学［M］. 3版. 北京：高等教育出版社，2016.

周玉，郭文场，杨振国，等. 鱼类血液学指标研究的进展 ［J］. 上海水产大学学报，2001，10（2）：163－165.

Ekrem S C, Seyit A. Effect of *Trachelobdella lubrica* (Hirudinea: Piscicolidae) on biochemical and haematological characteristics of black scorpion fish (*Scorpaena porcus*, Linnaeus 1758) ［J］. Fish Physiology and Biochemistry, 2006, 32(3): 255－260.

Millar D A, Ratcliffe N A. Activity and preliminary characterization of Branchiostoma lanceolatum agglutinin ［J］. Dev. Comp. Immunol., 1990, 14: 405－414.

Mylniczenko N D, Curtis E W, Wilborn R E, et al. Differences in hematocrit of blood samples obtained from two venipuncture sites in sharks ［J］. Am. J. Vet. Res., 2006, 67(11): 1861－4.

Roger B, Bobbie B, Julio C, et al. A cytochemical, light and electron microscop ic study of the peripheral blood leucocytes of hybrid surubim catfish(*Pseudoplatystom a corruscansx Pseudoplatystom a fasciatum*) ［J］. Comp. Clin. Path., 2003, 12: 61－68.

第六章

血液循环生理学

· ·

血液只有在不断流动过程中才能发挥其生理功能，而血液的不断流动，必须有一个推动系统——心脏，同时还必须有一套输送和分配血液的管道——血管。心脏不停地进行有节律的、协调的收缩、舒张交替活动，推动血液在心脏和血管内沿一定方向周而复始循环流动，这就是血液循环（blood circulation）。血液循环对物质运输、体液性调节以及内环境稳态的维持具有重要意义。

心血管系统主要包括4个组成部分：动力泵（心脏）、容量器（血管）、传送体（血液）以及调控系统（包括神经、内分泌和旁分泌等）。血液循环方式是动物进化的结果。单细胞的原生动物，物质进出细胞主要靠扩散，细胞内还没有类似高等脊椎动物循环系统的细胞器；海绵动物和腔肠动物也都没有循环系统，但分别具有水管系统和胃水管系统进行物质运输；多细胞动物发展到更高阶段才出现具有管道输送体液的循环系统，并由开管式循环（open circulation）发展到闭管式循环（closed circulation）。无脊椎动物中绝大多数节肢动物、许多软体动物以及脊索动物海鞘是开管式循环系统，血液由心脏泵出，经过动脉进入开放的体液腔（血腔）；脊椎动物、某些环节动物、软体动物的头足类、某些棘皮动物等具有封闭式循环系统，血液始终在血管内运行，只有在毛细血管处与组织间进行物质交换。开管式循环见图6-1。

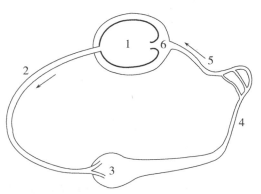

1.心脏；2.前大动脉；3.腹血窦；4.入鳃血管；
5.出鳃血管；6.围心窦。

图6-1　甲壳动物的开管式循环系统

（仿堵南山，1987）

鱼类的血液循环系统虽然和其他脊椎动物的一样同为闭管式循环，但具有不同特点。鱼类只有一套循环系统，由心脏泵出的血液在鳃部进行气体交换后，直接流经躯体各动脉经静脉回心，血液在整个鱼体内循环一周只经过一次心脏（单循环，心脏→动脉→鳃→主动脉和分支平行动脉→小动脉→身体器官的毛细血管→静脉→心脏），且心脏只有一心耳、一心室。虽然鱼类这种单循环有利于气体交换，但因鳃毛细血管的细小直径会产生巨大的阻力，因此从鳃到身体其他部位的血液流动往往迟缓，意味着虽然血液中有足够的氧气，但氧气仍不能迅速传递给身体肌肉。动物在向陆地进化的过程中，新的呼吸器官——肺开始形成，并因此形成一个新的独立的循环。两栖类以上动物的血液循环则有体循环和肺循环两套系统：由心脏射出的血液，在肺部进行气体交换后，回到心脏；回流的血液由心脏再次泵出，进入体循环。也就是说，血液循环一周，可经过二次心脏加压（双循环），因此循环系统的效率较单循环的高。哺乳动物的心脏被分隔为二心房、二心室。见图6-2。

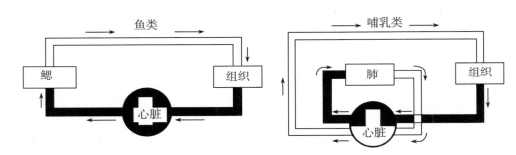

图6-2　鱼类和哺乳类循环系统比较

（仿杨秀平，2002）

第一节　心脏生理

心血管系统进化发展的标志除了循环方式外，还有驱动血液循环的心脏的形成。在环节动物以至低等脊索动物中并没有真正的心脏，只有由肌肉壁构成的能搏动的血管。在进化过程中出现了中空的、能搏动的肌肉器官，即心脏。

鱼类的心脏较原始，还没有形成中隔（图6-3）；两栖动物心房被纵隔分成左、右两部分，但只有一个心室；爬行动物进一步发展，心室中也出现了纵隔，但不完整，只有鳄鱼的纵隔是完整的（图6-4）；到了鸟类和哺乳动物，其血液循环系统更为完善，心房和心室完全分为左右两个，肺循环和体循环各自独立，成为完善的双循环。

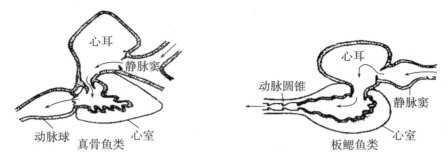

图6-3 鱼类的心脏构造

（仿Randall等，1968）

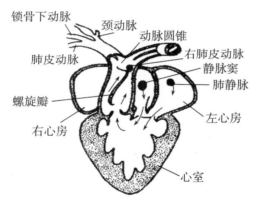

图6-4 蛙心内部结构的腹面观

（仿Goodrich，1958）

一、心脏的组成

1. 心脏的结构

真骨鱼类的心脏分为3部分，即静脉窦、心耳、心室，在机能上还包括动脉球；板鳃鱼类的心脏分为4部分，即静脉窦、心耳、心室和动脉圆锥。虽然鱼类心脏有4个腔室，但一般认为它们有2个主腔室和2个辅助腔室。

静脉窦为一肌肉层很薄的囊，主要由结缔组织、少量的心肌细胞以及启动心脏收缩的起搏点细胞组成，作用是收集和贮存所有回流心脏的静脉血。在鱼类和两栖类，心脏的每一次收缩活动都是先从静脉窦开始，然后依次为心耳收缩、心室收缩，因此，静脉窦是这两类动物的起搏点（pace-maker，起搏点也称为自动中枢），但哺乳动物的静脉窦已退化，只留下窦房结成为心脏的起搏点。静脉窦虽然可以有节律地收缩，但由于其本身缺少肌肉，且缺乏阻止血液逆流的瓣膜，因此静脉窦在驱动血液流向心耳时作用很微弱。相反，窦耳瓣和耳室瓣确保心耳收缩时将血液推向心室。

心耳为一薄壁、内腔较大的器官，主要由心肌细胞组成。它的体积虽然仅占心室的2%～25%，但容纳血液的能力却很强。心肌细胞从窦耳瓣附近起呈辐射状排列，形成网纹状结构。网纹状结构以较大的表面积与静脉血相接触，这对本身缺乏冠状循环的心耳从静脉血中获取所有的营养非常重要。

心室的体积一般小于心耳，心室壁坚厚，主要由心肌细胞组成，是循环原动力所在部位。因鱼种不同，心室的大小、形状和组织构成会有很大变化。鱼类的相对心室体积（心室体积/身体体积）会相差10倍以上，有时甚至可近似于某些哺乳动物。较大的相对心室体积对于活泼鱼类（如金枪鱼）形成较高的血压、没有血红蛋白的鱼类（如冰鱼）容纳较多的心输出量以及某些暖水性鱼类（如鲑鱼）补偿低温对心肌收缩力的不良影响非常重要。一般来说，不活跃的软骨鱼类和许多海水硬骨鱼类心室呈囊状，而活跃的软骨鱼类和硬骨鱼类呈金字塔形，身体细长的鱼类多呈管状。此外，心肌层分内、外两层：外层心肌较紧密，由冠状动脉供给血液；内层肌肉呈网状，从流经心脏的血液中直接摄取营养。大多数硬骨鱼类的心室只有网状心肌层。

动脉球为硬骨鱼类特有，它不属于心脏本部，是腹大动脉血管基部扩大而成。动脉球壁由平滑肌纤维和弹性纤维网构成，无瓣膜，本身不具有收缩性，但可随心室收缩的压力而被动扩张，防止血液直接冲入鳃毛细血管，对维持血压及血液的持续流动起重要作用。

动脉圆锥为软骨鱼类所特有，有丰富的心肌纤维，能产生独立的心搏节律，因此有辅助性心脏之称。动脉圆锥属于心脏的组成部分，内壁有若干纵行排列的瓣膜（半月瓣）防止血液倒流。硬骨鱼类动脉圆锥退化。

2. 心肌细胞

心脏主要由心肌细胞组成。根据它们的组织学特点和电生理特性以及功能上的差别，可将心肌细胞分为两大类型：一类是普通心肌细胞，又称工作细胞，构成心房（心耳）、心室壁，具有兴奋性、传导性、收缩性，但不具有自动产生节律兴奋的能力（自律性），因此又称非自律细胞；另一类是特殊分化的心肌细胞，主要构成心脏的特殊传导系统，它不但具有兴奋性和传导性，而且具有自律性，因此又称自律细胞。但自律细胞含肌原纤维甚少或完全缺乏，因此几乎不具有收缩性。高等脊椎动物的特殊传导系统包括窦房结、心房传导束、房室交界、房室束以及浦肯野纤维，它是心脏内发生兴奋和传播兴奋的组织，起着控制心脏节律性活动的作用。鱼类虽然也具有这一系统，但不如哺乳类那样进化。

特殊传导系统各个部位（结区除外）都有自律性，但节律快慢不一。心脏的起搏点是节律性最高的部位，其他各部分的活动统一在起搏点的主导之下。鱼类的心脏具有2个或3个自律性较强的部位，根据这种自动节律点在鱼类心脏分布的位置，可分为3种类型（图6-5）：

A型：心脏具有3个自动节律点，其中一个位于静脉窦和居维叶管之间（A1），一个在心耳道（A2），另一个在心耳与心室之间（A3）。A1为主导中枢，整个心脏通常按照其节律搏动。体形细长的鱼类如鳗鲡、康吉鳗的心脏属于这种类型。

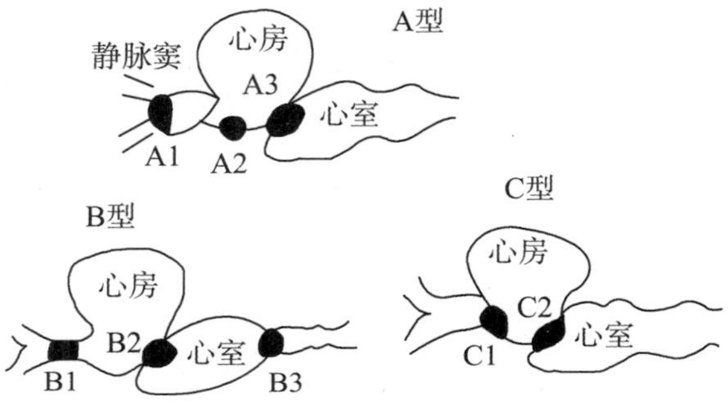

图6-5　鱼类心脏自动节律点的分布
（仿尾崎久雄，1982）

B型：心脏有3个自动节律点，其中一个在静脉窦（B1），另一个在心耳和心室之间（B2），第三个位于动脉圆锥（B3），如鳐类、鲨类等软骨鱼类的心脏。

C型：心脏只有2个自动节律点，其中一个在心耳道（C1），另一个在心耳和心室之间（C2），如大部分硬骨鱼类的心脏。

二、心肌的生物电现象

与神经和骨骼肌细胞相似，心肌的静息电位和动作电位也是以细胞膜不同状态下对不同离子通透性不同为基础的。心肌静息跨膜电位的形成原因与神经肌肉相同，是由于K^+外流所达到的平衡电位。但心肌动作电位的形成较神经和骨骼肌复杂得多，涉及多种离子通道的活动，是这些离子运动产生的电位的总的效果。

心肌工作细胞和自律细胞动作电位的幅度、波形、持续时间以及离子基础都有一定的差别，各类心肌细胞电活动的不一致性，导致它们在兴奋的产生、传播和作用等方面有各自的特点和规律。

（一）工作细胞的动作电位及其形成机制

与神经和骨骼肌细胞相比，工作细胞动作电位的主要特点是复极化过程变化复杂，持续时间长，动作电位的升支与降支不对称。一般用0、1、2、3、4表示心肌动作电位的各个时期（图6-6）。

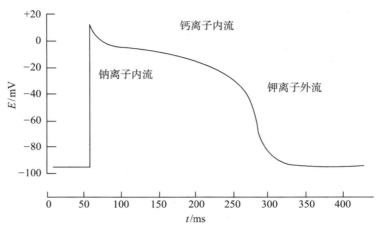

图6-6 心肌动作电位

1. 去极化过程

去极化过程又称0期，历时短暂，1~2 ms。哺乳动物心室肌细胞静息跨膜电位的大小约为-90 mV，而阈电位约为-70 mV。心室肌细胞膜在适宜的外来刺激作用下，首先引起Na^+通道的部分开放和少量Na^+内流，造成膜部分去极化，当去极化达到阈电位水平时，膜上Na^+通道被激活而大量开放，细胞膜进一步去极化以至反极化，膜内电位由静息时的-90 mV急剧上升到+30 mV，构成动作电位的上升支。0期主要是由Na^+内流引起的，因此去极化的幅度和速度取决于膜对Na^+的通透性以及膜内外Na^+的浓度差和电位差。

2. 复极化过程

心肌细胞复极化过程缓慢，持续时间约200 ms，涉及Na^+、K^+、Ca^{2+}、Cl^-等多种离子的活动，可分为4个时期。

1期：又称快速复极化初期。在0期之末，Na^+的通透性迅速下降，Na^+内流逐渐停止，但此时出现短暂的Cl^-内流和K^+的快速外流，膜内电位迅速由+30 mV下降至0 mV。哺乳动物1期占时约10 ms，与0期去极化过程形成峰电位。

2期：又称缓慢复极化期或平台期，哺乳动物占时100~150 ms。当1期复极化膜内电位达到0 mV左右后，复极化速度大为减慢，细胞膜两侧呈等电位状态，膜内外电位差长时间接近0电位水平，记录波形曲线较平坦。平台期缓慢的电位变化主要是由Ca^{2+}缓慢内流和少量K^+外流而引起的。它是心肌动作电位区别于神经或骨骼肌的主要特征，也是复极化过程缓慢的主要原因。

3期：又称快速复极化末期。2期和3期之间没有明显的界限。继平台期之后，复极化过程加快，Ca^{2+}内流停止，而膜对K^+的通透性恢复并增高，K^+快速外流，使膜内电位在短时间内由0 mV迅速下降，直至恢复膜外正、内负的极化状态和静息电位水平，历时100～150 ms。

4期：又称静息期、舒张期，是膜复极化完毕后和膜电位恢复并基本稳定在静息电位水平的时期。复极化完毕后膜内、外各种离子的比例尚未恢复，细胞膜的转运机制加强，通过Na^+–K^+泵的活动和Na^+–Ca^{2+}交换作用，使细胞内外离子分布恢复到静息电位水平，从而保持心肌的正常兴奋性。

（二）自律细胞的动作电位及其形成机制

工作细胞动作电位的特点是在复极化完毕后的4期内，膜电位保持在静息电位水平；但自律细胞在动作电位3期复极末达到最大值之后，膜电位并不稳定于这一水平，而是自动地、缓慢地去极化，当去极化达到阈电位水平时，就会自动产生一个新的动作电位（图6–7）。一般认为，浦肯野氏纤维的自动去极化是由于细胞内缓慢、恒定的Na^+内流和随时间而递减的K^+外流综合作用的结果，去极化、复极化过程和普通心肌细胞的机制相同；而窦房结和房室交界区的自律细胞除两种离子的越膜运动外，还跟Ca^{2+}内流有关，其0期去极化是缓慢Ca^{2+}内流的结果，复极化仍是由K^+外流增加而引起。

4期膜的自动去极化是自律细胞能够自动产生兴奋的原因，也是自律细胞生物电活动区别于非自律细胞的主要特征。

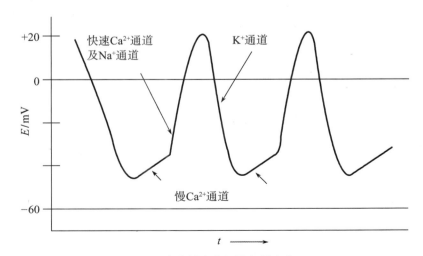

图6–7　窦房结自律细胞起搏电位

（三）心电图

心脏兴奋时，由静脉窦产生的兴奋依次传向心耳和心室。这种兴奋的产生和传布时所伴随的生物电变化，通过周围组织传到全身，使身体各部位在心脏每一次收缩和舒张中都发生有规律的电变化。用引导电极置于机体表面的一定部位记录出整个心脏的这种生物电变化，即为心电图。

心电图是心肌不同位相动作电位的总和波，心电图反映了心脏兴奋的产生、传导和恢复过程中的生物电变化，与心脏的机械舒缩活动并无直接关系。测量电极安放位置和连线方式（称导联方式）不同，所记录出来的心电图曲线也不相同，但基本上都包括一个P波、一个QRS波群和一个T波，有时在T波后，还出现一个小的U波（图6-8）。分析心电图时，主要看各波波幅的高低、历时长短及波形的变化和方向。

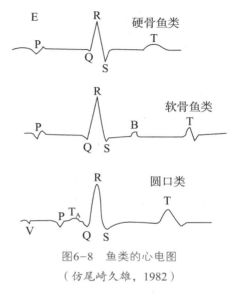

图6-8　鱼类的心电图
（仿尾崎久雄，1982）

P波反映心房（心耳）的去极化过程，持续时间相当于兴奋在两个心房传导的时间。

QRS波群代表左右两心室去极化过程的电位变化，并反映心室肌兴奋扩布所需的时间。典型的QRS波群，包括3个紧密相连的电位波动：最先出现的是向下的Q波，之后是高而锐的向上的R波，最后是向下的S波。但在不同导联中，这3个波不一定都出现。

T波反映心室复极（心室肌细胞3期复极）过程中的电位变化。T波的方向与QRS波群的主波方向相同，该过程缓慢，与心肌的代谢关系较大，在动物心脏机能临床诊断中具有一定的意义。

U波是T波后可能出现一个低而宽的波，方向一般与T波一致，其意义和成因均不十分清楚。

多数脊椎动物的心电图相似，但静脉窦发达的种类，常有反映静脉窦去极化的一个V波。软骨鱼类和两栖类在T波之前有一个小B波出现，提示动脉圆锥的去极化。各种动物心率的快慢虽因种类的不同而有差异，但心电图各期所占时间的比例却相当接近。

三、心肌的生理特性

心肌具有兴奋性、自律性、传导性和收缩性，它们共同决定着心脏活动。收缩性是心肌的一种机械性特性，而兴奋性、自律性和传导性为心肌的电生理特性，是以肌膜生物电活动为基础的。

（一）兴奋性

所有心肌细胞都具有在受到刺激时产生兴奋的能力，称为心肌的兴奋性。心肌兴奋性的高低，通常采用刺激的阈值来衡量，二者呈反变关系。由于心肌细胞兴奋的产生需要静息电位去极化到阈电位水平，才能激活Na^+通道，因此，当静息电位绝对值减少或阈电位水平下移时，心肌细胞兴奋性增高。

心肌细胞在每一次兴奋后，其膜电位都会发生一系列有规律的变化，Na^+通道由备用状态经历激活和复活等过程，兴奋性也随之发生相应的周期性变化。兴奋性的这种周期性变化影响着心肌细胞对重复刺激的反应能力，因此，对心肌的收缩反应和兴奋的产生及传导过程具有重要作用。连续两次刺激心肌细胞，可发现心肌细胞兴奋性发生一系列有规律的变化，经历有效期不应期、相对不应期和超常期3个时期（图6-9）。

1. 心肌兴奋性的周期性变化

（1）绝对不应期和有效期不应期：心肌细胞发生一次兴奋后，由去极化0期开始到复极化3期膜内电位达到−55 mV这一段时期内，由于膜电位绝对值过低，Na^+通道完全失活，因此第二次刺激不论强度多大，都不会使膜发生任何程度的去极化，即不会产生任何兴奋（包括非传导性的局部兴奋），这段时期就是绝对不应期。在绝对不应期之后，膜内电位由−55 mV继续恢复到−60 mV这段时期，由于膜电位绝对值仍然很低，Na^+通道由完全失活开始逐渐复活，但还远远没有恢复到可以被激活的备用状态，因此，如果给予的第二次刺激有足够强度，肌膜虽可发生部分去极化而产生局部兴奋，但仍然不会发生全面去极化而产生扩布性兴奋（动作电位），这段时期即为局部反应期。绝对不应期和局部反应期总和（由0期开始到膜内电位复极化达到−60 mV这一段时期）就是有效不应期（effective refractory period，ERP）。

（2）相对不应期：从有效不应期完毕（膜电位约−60 mV）到复极化基本完成（膜电位−80 mV）这段时期内，虽然Na^+通道已逐渐复活，但尚未恢复正常，故心肌细胞的兴奋性仍然低于正常值，引起兴奋所需的刺激阈值高于正常值，因此给予高于正常阈值的强刺激可以产生动作电位，此期称为相对不应期。在相对不应期给予阈上刺激时所产生的动作电位时程较短，不应期也较短，并且0期的幅度和速度都比正常值小，兴奋的传导也较慢。

（3）超常期：在相对不应期后，心肌继续复极化，膜内电位由−80 mV恢复到−90 mV这一段时期内，由于膜电位已经基本恢复，但其绝对值尚低于静息电位，与阈电位水平的差距小，因此用阈下刺激即可引起该细胞发生兴奋，表明此期心肌的兴奋性高于正常，故称为超常期。超常期Na⁺通道基本恢复到可被激活的备用状态，但开放能力仍没有恢复正常，产生动作电位的0期去极化的幅度和速度，以及兴奋传导的速度都仍然低于正常水平。

最后，复极完毕后膜电位恢复正常静息水平，兴奋性也随之恢复正常。

2. 兴奋过程中心肌兴奋性变化与收缩活动的关系

每次兴奋后兴奋性发生周期性变化是可兴奋细胞的共性。骨骼肌细胞的绝对不应期很短，远在收缩期开始时即告结束，因此连续刺激骨骼肌可产生持续性的收缩活动；而心肌细胞的有效不应期特别长，几乎延续到心肌整个收缩期及舒张早期（图6-9），在此期内任何刺激都不能使心肌发生第二次兴奋和收缩。这个特点使心肌不会像骨骼肌那样产生强直收缩，而始终保持收缩和舒张交替的规律性活动，从而保证了心脏泵血功能的实现。

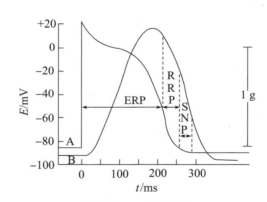

A. 动作电位；B. 收缩曲线。

ERP. 有效不应期；RRP. 相对不应期；SNP. 超常期。

图6-9　心室肌细胞动作电位期间兴奋性的变化及其与机械收缩的关系

（仿杨秀平，2002）

正常情况下，鱼类和两栖类的静脉窦产生的每一次兴奋都是在前一次兴奋的有效不应期之后才传导到心耳和心室，因此心肌能按照静脉窦发出的节律性兴奋进行收缩活动。但在实验条件下，如果在有效不应期之后给心室肌一个外加刺激，则可使心室肌产生一次正常节律以外的兴奋和收缩，称为期前兴奋和期前收缩（或期外收缩，extrasystole）。期前兴奋也有其有效不应期。紧接在期前兴奋之后的一次静脉窦兴奋传到心室肌时，正好落在期前兴奋的有效不应期内，因而不能引起心室肌兴奋和收缩，形成一次"脱漏"。这样，在一次期前收缩之后就会出现一段较长的心室舒张期，称为代偿性间歇（compen satory pause）。期前收缩和代偿间歇后，必须等到下一次静脉窦的兴奋传导到心室时才能引起心室肌的收缩，心脏于是恢复正常的节律性运动（图6-10）。

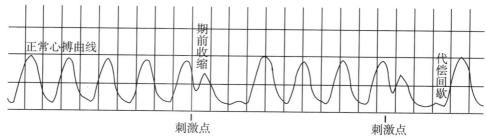

A. 额外刺激落入心肌兴奋的有效不应期内；B. 额外刺激落入心肌兴奋的有效不应期后。

图6-10　期前收缩和代偿间歇模式图

（二）自动节律性

心肌在没有外来刺激的条件下，能够自动地发生节律性兴奋的特性称心肌的自动节律性（automatic rhythmicity），简称自律性。脊椎动物、被囊动物、软体动物的自律性起源于心肌细胞本身。例如猫鲨体长5 mm时心脏已经开始搏动，但体长13 mm时才出现神经细胞，用机械方法破坏心脏中的神经组织，或用化学药物消除神经的作用，并不影响心脏的节律性活动。环节动物、甲壳纲十足目等心脏的搏动则为神经源性心脏，是由神经刺激引起的。节肢动物某些种类如鲎的心脏是肌源性的。在无脊椎动物中，不是一种孤立的现象。

心肌自律性的因素主要受舒张期自动去极化的速度、最大复极电位水平及阈电位水平的影响。心肌细胞舒张期自动去极化速度加快时，到达阈电位水平所需要的时间缩短，心肌的自律性增高；反之，舒张期自动去极化速度减慢，到达阈电位水平所需的时间延长，心肌的自律性降低。心肌细胞最大复极电位的绝对值（舒张电位水平）减小或阈电位水平降低时，与阈电位的差距减小，心肌的自律性增高；反之，心肌最大复极电位的绝对值增大或阈电位水平升高时，与阈电位的差距增大，自律性降低。

（三）心肌的传导性

在结构上，心肌细胞都有完整的细胞膜，细胞质互不相通，但由于心肌细胞间连接处的闰盘（intercalated disc）对电流的阻抗极低，兴奋易于通过，因此，心肌细胞的任何部位产生的兴奋不但可以沿整个细胞膜传播，并且可以通过闰盘传递到另一个心肌细胞，从而引起整个心肌的兴奋和收缩。因此，心肌虽然在结构上不是合体细胞，但在机能上则类似于合体细胞，这种特性就是心肌的机能合体性（functional syncytium）。除心肌的机能合体性以外，兴奋在整个心脏的迅速传导主要由心脏的特殊传导系统来实现。通常将动作电位沿细胞膜传播的速度作为衡量心肌传导性（conductivity）的指标。

各种心肌细胞的传导性高低不等，因此兴奋在心脏各个部分传导的速度互不相同。一般心房肌的传导速度较慢（约为0.4 m/s），心室肌传导速度为1 m/s，但束支系统和呈网状分布于心室壁的浦肯野氏纤维传导速度较快，可达4 m/s。这种多方位的快速传导对于保持心室的同步收缩是十分重要的。房室交界区细胞的传导性很低，其中又以结区最低，传导速度仅0.02 m/s。正常生理状态下，房室交界区是兴奋由心房（心耳）进入心室的唯一通道。交界区这种缓慢传导使兴奋在这里延搁一段时间后才向心室传播，产生房室延搁（atrioventricular delay），从而使心室在心房收缩完毕后才开始收缩，不至于产生房室收缩重叠的现象，有利于心室的充盈和射血。由此可见，兴奋在心脏内传导速度的不一致性，对于心脏各部分次序地、协调地进行收缩活动具有十分重要的意义。

心肌的传导速度取决于心肌细胞某些解剖和电生理特性，而后者是决定和影响心肌传导性的主要因素。决定和影响心肌传导性的因素主要有以下3点：

（1）心肌细胞的直径：在机体生存过程中，心肌细胞直径不会发生突然的、明显的变化，因此心肌细胞的直径是决定传导性的一个比较固定的因素。心肌细胞的直径大小与细胞的电阻成负相关。细胞直径大，横截面积大，对电流的阻力小，局部电流传播的距离则远，因而兴奋传导的速度则快。反之，细胞直径小，横截面积小，其电流的阻力大，则兴奋传导的速度慢。

（2）动作电位去极化速度和幅度：与其他可兴奋细胞相同，心肌细胞兴奋的传导也是通过局部电流来实现的。局部电流是兴奋部位膜0期去极化而引起的。0期去极化速度越快，形成局部电流越快，达到阈电位水平所需要的时间越短，兴奋在心肌上传导的速度就越快；或0期去极化幅度越大，形成局部电流强度越大，局部电流扩布距离越大，兴奋在心肌上传导速度就越快。反之，心肌传导速度则慢。

（3）邻近部位膜的兴奋性：邻近部位膜的兴奋性取决于静息电位和阈电位的差距。当邻近部位的膜电位和阈电位间的差值减小时，邻近膜的兴奋性高，则传导速度快。反之，则传导速度慢。

（四）心脏的收缩性

心肌细胞与骨骼肌细胞一样，都是通过兴奋-收缩耦联引起粗、细肌丝相互滑行而引起肌纤维的缩短，从而引起收缩，但是心肌细胞的结构和电生理特性与骨骼肌并不完全相同，因此心肌收缩有它自己的特点。

（1）"全或无"式收缩：虽然单一骨骼肌纤维的收缩具有"全或无"现象，但整块骨骼肌的收缩强度不但与单个细胞的收缩强度有关，更主要的是取决于参与收缩的肌细胞数目。参与收缩的运动单位数越多，收缩越大，直至所有的肌纤维都参加反应，产生最大收缩。由于心肌细胞闰盘结构以及心耳和心室内特殊传导系统的存在，整个心耳或心室构成一个机能合胞体，只要刺激引起某处兴奋或起搏点自动发生兴奋，兴奋就可以迅速传到整个心脏，使心耳和心室肌肉产生一次近似于同步的收缩，因此，整个心肌的收缩强度主要取决于单个细胞的收缩强度。阈下刺激不能引起心脏收缩，但当刺激达到阈强度时，可使所有心肌细胞同步收缩。因此，心脏一旦发生收缩，其收缩强度就近于相等，而与引起收缩的刺激强度无关，表现为"全或无"式收缩。显然，"全或无"式收缩有利于泵血。

某些鱼类有时会出现"全或无"定律的例外。用人工刺激研究鲨鱼、鳐鱼、鲤科鱼类和颌针鱼的心脏，都观察到比正常更强的收缩。这种现象可能跟解剖学有关，即由于这些鱼心脏中心耳和心室很贴近，心耳的收缩影响了心室的收缩。

（2）不发生完全强直收缩：连续刺激骨骼肌，当频率增加到某一限度时，每次新的收缩均落在前一次收缩的收缩期内，肌肉即表现为完全强直收缩。但对于心肌而言，当刺激频率增高时，由于心肌细胞兴奋后有效不应期特别长，大部分刺激变成无效，因此，心脏不会产生完全强直收缩，而始终保持着收缩与舒张交替的节律活动，利于心脏泵血功能的实现。当刺激频率和强度甚高时，舒张便不完全，收缩波于是互相融合，心肌有时会出现与强直相似的状态。但是，由于强直的高度不会超过挛缩的高度，因此和骨骼肌的强直收缩不同（图6-11）。

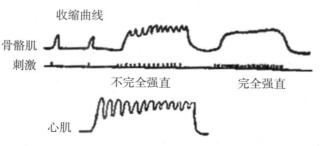

图6-11　连续刺激下心肌和骨骼肌的收缩曲线

（仿尾崎久雄，1982）

（3）心肌收缩依赖外源性Ca^{2+}：心肌兴奋-收缩耦联的机理与骨骼肌基本相似，兴奋-收缩耦联的媒介也是Ca^{2+}。由于心肌细胞的肌质网、终末池很不发达，容积小，贮存的Ca^{2+}少，因此，心肌细胞的兴奋-收缩耦联所需的Ca^{2+}仅一部分为终末池释放，另一部分则由细胞外液透过肌膜和横管膜进入肌浆。此外，心肌细胞的肌质网释放Ca^{2+}首先需要横管中（细胞外液）的Ca^{2+}的激活，因此，心肌的兴奋-收缩耦联对细胞外液的Ca^{2+}具有明显的依赖。在一定范围内，细胞外液的Ca^{2+}浓度降低，则收缩减弱。当细胞外液中Ca^{2+}浓度降至很低，甚至无Ca^{2+}时，心肌肌膜虽然仍然能兴奋，爆发动作电位，但心肌细胞却不能收缩，这一现象称为"兴奋-收缩脱耦联"或"电机械分离"。

四、理化因素对心肌的影响

完整机体的内环境是心肌活动的最适宜环境。在离体心脏灌流实验中，只要灌流液的渗透压、酸碱度与该动物的血浆相等，且灌流液中含有与天然血浆成分相近的适当比例和浓度的各种离子和营养物质，就能较长时间地维持心肌的正常活动。在生理实验中常配制任氏溶液来代替体液以模拟正常的生理状态。

细胞膜离子通透性的变化，以及由此产生的离子越膜扩散，是可兴奋细胞产生生物电活动的根本原因，因此，心肌细胞膜内外离子浓度的改变，对心肌细胞的生物电活动和生理特性必然产生明显的影响。其中，无毒的阴离子浓度变化对心肌活动的影响不大，但阳离子（尤其是K^+、Na^+、Ca^{2+}）浓度的变化因其可对起搏点、传导系统和收缩机制等产生影响而显得极为重要。

1. 离子的影响

（1）Ca^{2+}：细胞外Ca^{2+}在心肌细胞膜上对Na^+的内流有竞争性抑制作用。当外液中Ca^{2+}浓度增高时，Na^+的内流普遍受抑制，导致浦肯野氏纤维等自律细胞兴奋性和自律性降低，传导性下降。此外，在高Ca^{2+}浓度状态下，膜内外离子浓度梯度增大，将促使Ca^{2+}内流加快，则每一动作电位期间进入细胞内Ca^{2+}增快、增多，心肌收缩性能增高，但不能持久，最终将停搏在收缩期。

（2）K^+：心肌对K^+浓度变化十分敏感。血K^+少量增多时，静息电位与阈电位的差距缩小，心肌的兴奋性提高；当血K^+进一步增高时，促使Na^+内流的电位差不足，导致心肌细胞的兴奋性和传导性降低甚至消失。此外，细胞外K^+和Ca^{2+}在心肌细胞膜上具有竞争性抑制作用，当K^+增高时，可使动作电位平台期Ca^{2+}内流减少，减弱了Ca^{2+}的兴奋-收缩耦联作用，从而减弱了心肌的收缩性能，心肌收缩力减弱，严重时心跳停止在舒张状态。

（3）Na^+：Na^+是心肌细胞外环境中主要的阳离子，Na^+内流是形成动作电位0期的基础。理论上，细胞外Na^+浓度变化将对心肌起重要影响，但实际上，只有外液中Na^+显著高时，浦肯野氏纤维等自律细胞的传导性和自律性才会升高。此外，由于Ca^{2+}主动外运与Na^+顺浓度梯度内流相耦联，因此，Na^+浓度升高时，Na^+内流的增加将促进Ca^{2+}主动外运，导致心肌收缩性能下降。

2. 水温的影响

和其他变温动物一样，环境温度能显著影响鱼类心脏活动。冷水性的鳟鱼在水温20 ℃左右心脏传导就出现阻滞，而暖水性鱼类虽能很好地耐受30 ℃以上的高温，但在冷水性鱼类的适温附近，心脏各部分之间的传导性已受到影响。通常，温度升高都会使离体和在体心脏的心搏增加，而且，在一定的温度范围内，当温度升高到某一中间温度时，心脏传导最快，且收缩振幅最大。成鱼心脏搏动数的温度系数一般在1.8 ~ 2.5。搏动数虽然随着温度升高而增加，但温度过高反而减少，最终因为热麻痹而停搏；同样，温度过低也会引起传导阻滞、心率变慢以及心耳和心室活动的不协调，并最终发生冷麻痹现象。

3. pH的影响

鱼类的心脏类似于哺乳动物，其适宜的pH为略偏碱性，pH为7.52 ~ 7.71。若灌流液偏酸性，则心肌收缩力下降；若灌流液偏碱性，则心肌收缩增强而舒张不全。

五、心动周期和心输出量

心脏在循环系统中的作用是泵出血液以适应机体新陈代谢的需要，而心脏输出的血液量是衡量心脏工作能力的基本指标。泵出血液和推动血液流动依赖于心脏尤其是心室的收缩和舒张。心脏收缩期短于舒张期，以及心耳和心室的交替活动，对保证心脏的持久活动非常重要。

1. 心动周期和心率

心脏每收缩和舒张一次，称为一个心动周期（cardiac cycle）。正常心脏的活动由一连串的心动周期组合而成，因此，心动周期可作为分析心脏机械活动的基本单元。

心动周期时程的长短与心跳频率（心率）有关。心率（heart rate，HR）是指每分钟内心脏搏动的次数。在一个心动周期中，心房（心耳）先收缩，然后舒张；当心房（心耳）进入舒张期后不久，心室进入收缩期，然后心室舒张。心动周期以秒为单位。当人的心率为75次/min时，心动周期为0.8 s。其中，心房收缩期约为0.1 s，舒张期约为0.7 s；心室收缩期约为0.3 s，舒张期约为0.5 s。在心室舒张期的前0.4 s，心房也处于舒张期，这一时期称为全心舒张期（图6-12）。全心舒张期可保证心脏每次收缩后得到充分的休息，有利于血液回心和心肌能充分休息而不致疲劳。

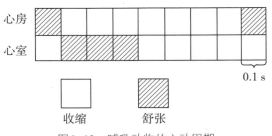

图6-12 哺乳动物的心动周期

由于心室在心脏泵血中起主要作用，因此，心室活动的周期即通常所说的心动周期。心动周期的长短受心率快慢的影响。心率愈快，心动周期愈短；反之，心率愈慢，心动周期愈长。若心率加快，心动周期缩短，则收缩期和舒张期均缩短，但舒张期的缩短更为显著。因此，心率加快时心肌工作的时间相对地延长，休息的时间相对缩短。

测定鱼类心率的方法主要有3种。第一种是切开体壁后以心脏的跳动次数作为心率，此方法因为捕鱼及手术等过程中鱼类的挣扎等因素而影响结果的准确性；第二种是离体法，心脏摘除后在生理溶液灌注下观察心脏的跳动次数，此方法因切断神经以及灌注液所含物质等因素而影响结果的准确性；第三种是通过心电图测定法，即将电极固定在鱼体表面，观察正常生理状态下心脏的电信号，该方法较准确，但由于某些鱼体表不能记录到电信号，此方法并非适用于所有的鱼。

鱼类的心率依鱼种不同而有很大差异。用切开体壁法观察，鲤鱼的心率为40~60次/min，白斑狗鱼为38~54次/min，河鲈为52~66次/min。在正常生理状态下，鱼类的心脏处于迷走神经强烈的紧张性控制下，因此，离体后的心脏心率明显加快，对鳗鲡、雅罗鱼等的实验都证明在位活体时的心率较慢。鱼类心率也受温度的影响，在一定温度范围内心率随温度升高而加快，但温度过高也会使心跳减慢，直至最后完全停止心跳。此外，不同年龄、不同性别、不同生理情况下的动物，心率都有所不同。

2. 每搏输出量和心输出量

在一个心动周期中，一侧心室收缩所射出的血量，称为每搏输出量（stroke volume，SV）；一侧心室每分钟收缩所射出的血量，称为每分输出量（minute volume），又称心输出量（cardiac output，CO），等于心率和每搏输出量的乘积。

心输出量可以通过直接法，即用电磁或超声波血流计或染料稀释法测定腹大动脉血流的速度，但实际上多依照Fick原理间接测定。Fick原理：通过测定腹大动脉和背大动脉氧含量及流入鳃部和流出鳃部水流的氧含量和每分钟的水流量，即可推算出心输出量。

$$每分钟心输出量 = \frac{鳃的氧摄取量}{腹大动脉和背大动脉氧含量的差} \times 100$$

硬骨鱼类心输出量的变化范围较大，为5~100 mL/（min），大多数鱼类是15~30 mL/（min），如尖口鲈为13.7 mL/（min），斑圆鲀为15.5 mL/（min），而板鳃鱼类的心输出量是9~25 mL/（min）。

心输出量与机体的代谢水平相适应，因此它随性别、年龄和各种生理情况不同而有差异。机体不断地调节搏出量和心率，以适应在不同生理情况下对心输出量的需要。心率增加，心输出量未必一定增加，因为心率增加，舒张期缩短，回心血液相应减少，每搏输出量也减少。

大多数鱼类的代谢率随水温降低而下降，随之引起心输出量的降低。非极性硬骨鱼类通过增加每搏输出量和降低心率以适应低温环境。黄鳍金枪鱼水温25 ℃时心率为106次/min，而10 ℃时心率为19.6次/min，心率降低了81.51%，但每搏输出量反而增加，25 ℃时为0.41 mL/次，10 ℃时1.01 mL/次，心输出量则由25℃时的43.5 mL/min下降为10 ℃时的19.8 mL/min，因而只下降了54.48%。鱼类的最大心率和最大心输出量也随温度而变化，这两个参数均具有最适温度，且最适温度因鱼种不同而异。

六、其他水生动物的心脏

1. 软体动物

软体动物中，二鳃类的循环系统比较特殊，属闭管式，动脉和静脉之间有很多微血管。但软体动物绝大多数种类的循环系统为开管式循环系统。软体动物的心脏在许多方面与脊椎动物的心脏相似，由一个薄壁的心房和一个厚壁的心室所构成，至少在原鳃亚纲的动物中，心室肌肉具有横纹。腹足类起搏点在心房内，收缩由心房端向前，血液以蠕动方式运动。但在其他软体动物上，心搏可以从心脏的任何地方开始，而且收缩可以是局部的或整体的。

贝类心脏单位时间的搏动次数，随种类、年龄的不同而异。扇贝心脏每分钟搏动22次；厚壳贻贝为10~15次；牡蛎为15~20次。此外，水温、盐度、氧浓度和H⁺浓度的升高和降低，可以使心脏搏动频率提高或降低。一般在一定的温度范围内，温度升高，搏动的次数随之增加。

软体动物心脏的收缩在起源上是肌源性的，在对药物和离子的反应上也与脊椎动物的心脏相似，但 Na^+ 的作用非常弱。而且，心脏的兴奋既受交感神经又受副交感神经的支配，其作用与脊椎动物心脏的肾上腺能和胆碱能的神经支配非常相似。

2. 虾蟹类

虾蟹类的循环系统属开放型，由心脏、额心、动脉、微血管、血窦、鳃血管及围心腔组成。开管式循环系统血液的运行较少依赖于心脏的伸缩，而附肢的运动、身体各部分肌肉的活动以及肠道的蠕动对血流都起很大的作用。虾蟹类结实致密的心脏位于头胸部背部的围心窦内，呈扁囊状，主要由环肌构成，以心孔与围心窦相通。心孔内具有瓣膜，可防止血液倒流。心脏发出6条动脉，血液从心脏流经动脉及其分支后，进入身体各部分组织间的血腔以及血窦内进行物质交换。

虾蟹类的心脏为神经源性心脏，心脏的搏动由神经刺激而引起。十足目的心脏神经包括自主神经和背神经系统。背神经系统主要由1对抑制纤维和2对加速纤维组成，3对纤维和心脏的神经节干（自主神经）相连，发出神经分布于心肌。一般小型种类的心跳频率大于大型种类，且心率易受水温变化的影响，表现为心率与水温的同步下降，但不同种类对水温变化的敏感性不同。此外，甲壳动物血压低，血液运行较慢，血流速度与冷血脊椎动物相似。

3. 两栖动物

由于肺呼吸的出现，两栖动物如青蛙血液有了体循环和肺循环两条循环通路，但由于其心脏结构不如鸟类和哺乳动物的完善，循环系统为不完全的双循环。

青蛙的心脏由一个静脉窦、两个心房、一个心室和一个动脉圆锥组成。纵隔将心房完全隔绝分成两个不通的部分，而心室因内壁网柱状构造可以减少多氧血和缺氧血的混合。通常认为，心室右侧为缺氧血，左侧为多氧血，中间为混合血，但用X线透射蛙心运动并向蛙心注射示踪物质，并未证实蛙心心室中的血液是不相混合的，而且，左右心房血液在生理上并无必要在心室中截然分开。

低等动物受环境影响较大，因此蛙在长期进化过程中，形成了一整套代偿适应机制，使心脏对酸碱的耐受性很强。灌流液pH为8时，心率及心输出量均达峰值，但pH过高和过低都引起心率减慢、传导阻滞和心输出量减少，机理可能与心脏 Ca^{2+} 运转障碍等因素有关。

第二节 血管生理

血管的基本功能是输送血液、分配血量和进行物质交换。按照生理功能、所处部位以及结构等方面的差异，血管可分为弹性贮器血管、分配血管、阻力血管、交换血管和容量血管等。不论体循环还是肺（鳃）循环，由心室射出的血液都流经由动脉、毛细血管和静脉相互串联构成的血管系统，再返回心房。各种血管的特征差异常常并不明显，因此很多血管行使着多种生理功能。

一、血管的种类与功能

1. 弹性贮器血管

弹性贮器血管指主动脉、肺动脉（鳃动脉）及其发出的最大分支。这些血管的管壁较厚，富含弹性纤维，具有明显的可扩张性和弹性。弹性贮器血管可以将心脏间断性射血时产生的动能在血管壁上以位能的形式吸收和贮存起来，从而转变成动脉中持续不断的血流。大多数动脉血管都具有一定的缓冲功能，当血压在较大的范围内变动时可保护脆弱的鳃血管和微循环；同时血管的弹性膨胀降低心脏收缩时产生的极高动脉压，通过血管的弹性回缩作用，减少心脏舒张时舒张压（diastolic pressure）的下降，维持血压的相对稳定和血液的持续流动。动脉球和动脉圆锥即是专门行使此功能的特化器官。动脉球的扩张力比哺乳动物的主动脉大30余倍，并且能短暂容纳心室射出血量的25%～100%。动脉圆锥由心肌和弹性纤维组成，存在于软骨鱼、全头类和肺鱼类，内壁有2对以上的瓣膜防止血液倒流。心室射血时，主动脉压升高，一方面使主动脉和大动脉被动扩张，容积加大，暂时贮存一部分血量；另一方面推动动脉内的血液向前流动。主动脉瓣关闭后，被扩张的大动脉管壁发生弹性回缩，将在射血期多容纳的那部分血液继续向外周方向推动，起到"外周心脏"的作用。大动脉的这种功能称为弹性贮器作用（图6-13）。

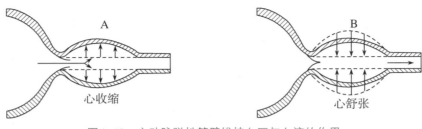

图6-13 主动脉弹性管壁维持血压与血流的作用

（仿Ruch和Fulton，1960）

2. 分配血管

指从弹性贮器血管以后到分支为小动脉前的动脉管道，其功能是将血液输送至各器官组织，故称为分配血管。

3. 阻力血管

在哺乳动物组织中，阻碍血液流动的血管主要指直径小于300 μm的小血管。鱼类虽然未经过系统的研究，但也以此数值进行分类。阻力血管分毛细血管前阻力血管和毛细血管后阻力血管。毛细血管前阻力血管指小动脉和微动脉，其管径小，对血流的阻力大。微动脉的管壁富含平滑肌，平滑肌的舒缩活动可使血管口径发生明显变化，从而改变对血流的阻力和所在器官、组织的血流量。毛细血管后阻力血管指微静脉，微静脉的管径小，对血流也产生一定的阻力。微静脉的舒缩活动可影响毛细血管前阻力和毛细血管后阻力的比值，从而改变毛细血管压和体液在血管内和组织间隙内的分配情况。

4. 交换血管

交换血管指真毛细血管，直径为4～10 μm，长度为500～1 000 μm。这类血管管壁仅由单层内皮细胞构成，外面有一薄层基膜，通透性很高，是血液和组织液进行物质交换的场所。气体和小分子物质通过连续的血管内皮经过简单扩散进行转移。溶质转换率（J_S）取决于毛细血管渗透性（P_S）、毛细血管表面积（A）、毛细血管厚度（T）和毛细血管壁两侧的浓度梯度（ΔC_S），即$J_S = P_S (A/T) \Delta C_S$。由于毛细血管渗透性和毛细血管厚度均不能主动调控，因此，溶质交换主要靠毛细血管表面积和毛细血管壁两侧的浓度梯度进行调节，而这种交换短时间内只能依靠毛细血管内血流量的增加以及通过毛细血管前括约肌的舒张开放更多的毛细血管。

5. 容量血管

与相应的动脉比较，大静脉、主静脉口径较粗，管壁较薄，易于扩张，因此，静脉系统是一个大容积的低压系统。静脉管壁有完整的平滑肌层分布，它们的活动完全受神经控制，没有自发的收缩活动。当静脉的口径发生较小变化时，静脉内容纳的血量可发生很大的变化。鱼类的静脉能容纳的血液容量尚不清楚。在安静状态下，哺乳动物循环血量的60%～70%容纳在静脉中，因此，静脉在血管系统中起着血液贮存的作用。生理学中将静脉称为容量血管。

除上述血管外，在一些血管床中，小动脉内的血液可以不经过毛细血管而直接流入小静脉，小动脉和小静脉之间直接联系，形成短路血管。短路血管在功能上与体温调节有关。

二、血压的形成及其影响因素

（一）血压的形成

血压（blood pressure）是指血管内血液对于血管壁的侧压力。按照国际标准计量单位规定，血压数值通常用帕（Pa）和千帕（kPa）表示（1 mmHg=0.133 kPa）。

血压的形成需要一定的条件。血压形成的前提条件是血管内要充盈足够的血液，即要有足够的循环血量。循环系统中血液充盈的程度可用循环系统平均充盈压（mean circulatory filling pressure，MFP）来表示。当心脏停止射血时，循环系统中各处压力都是相同的，这一压力数值即循环系统平均充盈压。循环系统平均充盈压的高低取决于血量和循环系统容量之间的相对关系。如果血量增多，或血管容量缩小，循环系统平均充盈压就增高；反之，如果血量减少或血管容量增大，循环系统平均充盈压就降低。

形成血压的第二个基本因素是心脏射血。心室肌收缩时所释放的能量可分为两部分：一部分用于推动血液在血管内流动，是血液的动能；另一部分形成对血管壁的侧压力，并使血管扩张，这部分是势能，即压强能。在心舒期，大动脉发生弹性回缩，将一部分势能转变为推动血液的动能，使血液在血管中继续向前流动。

血压形成的第三个因素是外周阻力。外周阻力是指存在于骨骼肌、腹腔器官的阻力血管（小动脉、微动脉）口径、长度、血液的黏滞性等综合因素形成的对血液流动的阻力，但主要是指小动脉和微动脉对血流的阻力。如果没有外周阻力，心室收缩时释放的能量全部表现为动能，射出的血液全部流向外周，对血管壁没有侧压力（血压）。外周阻力的存在将使血液流速减慢，心脏收缩时产生的一部分动能转变为压强能，形成血压，可见心脏射血的动力和外周阻力是形成血压的必要条件。

（二）动脉血压和静脉血压

血压有动脉血压和静脉血压之分。动脉血压是指动脉内的血液对血管壁所形成的侧压力，而静脉血压是指静脉内的血液对血管壁所形成的侧压力。由于器官、组织的血流量与动脉血压有关，因此，动脉血压必须具有一定的高度，和静脉血压之间有足够的压力差，才能保证器官、组织有足够的血流量。此外，动脉血压保持相对稳定，也是调节器官、组织的血流量的前提之一。

一般所说动脉血压是指主动脉血压。在一个心动周期中，动脉血压随着心室的收缩和舒张而发生规律性的波动。心室收缩时主动脉血压上升达最高值，称为收缩压（systolic pressure）；心室舒张时主动脉血压下降达最低值，称为舒张压。收缩压与舒张压之差，称为脉搏压（pulse pressure），简称脉压。实际上，与各器官、组织血流量直接有关的是平均动脉压（mean arterial pressure），即在一个心动周期中动脉血压的平均值。在一个心动周期中，心室内压随着心室的收缩和舒张发生很大幅度的变化，但由于主动脉和大动脉起着弹性贮器的作用，因此主动脉压的变化幅度较小。心室收缩时释放的能量中有一部分以势能的形式被贮存在弹性贮器血管壁中，心室舒张时，在心缩期中贮存的那部分能量重新释放出来，把血管内多贮存的那部分血液继续向外周方向推动，并且使动脉血压在心舒期仍能维持在较高的水平。弹性贮器血管一方面可使心室间断的射血变为动脉压内持续的血流；另一方面还能缓冲血压的大幅度波动，使每个心动周期中动脉血压的变化幅度远小于心室内压的变化幅度。

硬骨鱼类一般采用腹主动脉或背主动脉测量血压，通常鱼类的血压随进化而增加（表6-1）。血压大小随鱼种不同而不同，运动活泼的鱼类比不喜运动的鱼类血压高。大鳞大麻哈鱼血压为69～74.6 mmHg，黑鲈为48.5～51.4 mmHg，电鳐为9.6~16.9 mmHg。对角鲨和大鳞大麻哈鱼的研究显示，血压也与鱼的个体大小有关，个体大的鱼，其血压高于个体小的鱼。此外，性别以及生理状态也会影响血压的大小，剧烈运动、缺氧都会使血压明显升高，但鱼类如何调节血压尚未清楚。

表6-1　鱼类的血压

种类	腹主动脉压/mmHg	背主动脉压/mmHg	水温/℃
大西洋盲鳗（*Myxine glutinosa*）	6.6 ± 1.3	5.2 ± 1.3	7
新西兰黏盲鳗（*Eptatretus cirrhatus*）	10.6 ± 0.7	8 ± 0.8	14
小点猫鲨（*Scyliorhinus canicula*）	31 ± 1	25 ± 1	13.5
虹鳟	39 ± 3.6	31 ± 3.8	10
蛇齿单线鱼（*Ophiodon elongatus*）	40 ± 0.3	29.3 ± 0.2	11
大西洋鳕（*Gadus morhua*）	46.4 ± 3.5	29.4 ± 2.4	13

资料来源：Geoffrey H, 等，1991。

（三）影响动脉压的因素

动脉血压的形成主要是心室射血和外周阻力相互作用的结果。因此，循环系统的血液充盈程度，以及影响心输出量和外周阻力的各种因素，都能影响动脉血压。

1. 心脏每搏输出量

正常情况下，当心室收缩时，由于外周阻力的存在，只有一部分血液流至外周血管，大部分血液容纳在主动脉和大动脉内，管壁的张力增大，动脉血压升高。如果每搏输出量增大，心缩期射入主动脉的血量增多，则心缩期中主动脉和大动脉内血量的增加部分就增大，管壁所受的张力也更大，收缩期血压的升高也就更加明显，血流速度加快。当每搏输出量增大而外周阻力和心率的变化不大时，动脉血压的升高主要表现为收缩压的升高，舒张压升高不明显，故脉压增大。反之，当每搏输出量减少时，则主要表现为收缩压降低，脉压减小。可见，在一般情况下，收缩压的高低主要反映心脏每搏输出量的多少。

2. 心率

心室每次收缩时射入大动脉的血液，只有一部分在心缩期中流至外周，其余部分将在心舒期中流至外周。如果心率加快，而每搏输出量和外周阻力都不变，由于心舒期缩短，在心舒期内流至外周的血液也就减少，故至心舒期末，主动脉内存留的血量增多，舒张期的血压就升高。由于动脉血压升高可使血流速度加快，因此，在心缩期内仍可有较多的血液流至外周，故收缩压的升高不如舒张压的升高显著，脉压比心率增加前小。反之，心率减慢时，舒张压降低的幅度比收缩压降低的幅度大，故脉压增大。

3. 外周阻力

如果心输出量不变而外周阻力加大，则心舒期中血液向外周流动的速度减慢，心舒期末存留在动脉中的血量增多，舒张压升高。在心缩期内，由于动脉血压使血流速度加快，因此收缩压的升高不如舒张压的升高明显，脉压也就变小。反之，当外周阻力减小时，舒张压的降低比收缩压的降低明显，故脉压加大。可见，在一般情况下，舒张压的高低主要反映外周阻力的大小。

4. 主动脉和大动脉的弹性贮器作用

大动脉管壁的可扩张性和弹性，可以缓冲动脉血压的变化幅度，使脉压减小。大动脉的可扩张性和弹性在短时间内不会发生明显变化，但如果某种原因（例如动物进入衰老阶段）使血管壁中的弹性纤维减少，血管壁的可扩张性即减小，弹性贮器作用减弱，动脉血压的波动幅度（脉压）增大。

5. 循环血量与血管容量的关系

动脉血压形成的前提条件是要有足够的循环血量。在正常情况下，循环血量与血管容量相互适应，血管系统的充盈情况变化不大。在失血时，循环血量减少，体循环平均充盈压必然降低，故回心血量和心输出量减少，动脉血压将显著下降。如果循环血量不变，而血管容量增加，血液将充盈在扩张的血管中，造成回心血量和心输出量也减少，动脉血压也将下降。

以上对影响动脉血压的各种因素的叙述，都是在假设其他因素不变的前提下，来分析和讨论某一因素变化时对动脉血压产生的影响。实际上，在各种不同的生理情况下，上述各种影响动脉血压的因素都可能发生改变。因此，在某种生理情况下动脉血压的变化往往是各种因素相互作用的综合的结果。

第三节　心血管活动的调节

动物在不同生理状况下，各器官、组织的新陈代谢情况不同，对血流量的需要也就不同。机体通过神经调节和体液调节，对心脏和各部分血管的活动（主要是心跳频率、心肌收缩力、血管平滑肌紧张度以及循环血量）进行调节，协调地分配各器官之间的血量，以达到组织器官血液合理供应，并有利于保持内环境的相对恒定（图6-14）。

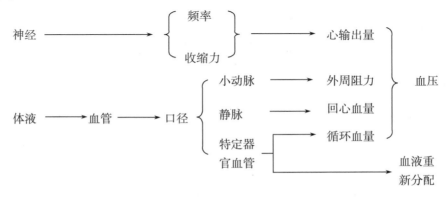

图6-14　心血管活动调节的途径与内容

（仿杨秀平，2002）

一、神经调节

（一）心脏的神经支配

高等脊椎动物的心脏活动受交感神经系统的心交感神经和副交感神经系统的心迷走神经的双重支配，前者使心脏活动加强，后者则抑制心脏的活动，两者对心脏的作用相互拮抗；但鱼类由于进化上的原始性，双重神经支配不如哺乳动物完善。硬骨鱼类心脏受双重神经支配，唯一例外是缺乏肾上腺素能纤维（adrenergic fiber）神经支配的鲽类。

1. 心交感神经

支配心脏的交感神经元起自脊髓胸段第 1～5 节灰质侧角，其节前纤维轴突末梢释放乙酰胆碱，与节后神经元膜上的 N 型胆碱能受体结合。节后神经元发出的节后纤维组成心脏神经丛，支配心脏所有部分。节后纤维轴突末梢释放去甲肾上腺素，属肾上腺素能纤维。去甲肾上腺素与心肌细胞膜上的 β_1 肾上腺素能受体结合，激活腺苷酸环化酶，使细胞内 cAMP 的浓度升高，继而激活蛋白激酶和磷酸化酶系，上述反应激活心肌细胞膜的 Ca^{2+} 通道，使膜对 Ca^{2+} 通透性升高，加强、加速 Ca^{2+} 内流，使兴奋经房室交界传导的速度加快，心房肌和心室肌的收缩能力加强，并通过促进糖原分解提供心肌收缩所需要的能量，同时可使自律细胞 4 期自动去极化速度加快，自律性增强，心率加快。

心率加快将导致心室内压在心缩期能迅速上升，收缩压高峰值增高；同时，在心舒早期，心肌舒张加速有利于舒张期心室充盈，以弥补因心室舒张期缩短所带来的心室充盈不足。此外，兴奋的传导速度加快，可使心房肌、心室肌的同步性收缩加强加快，有利于维持心输出量。这样，当心交感神经兴奋，心率加快的同时，搏出量增加或不变，收缩压明显升高，心输出量因此也大大增加。β 受体阻断剂心得安等可阻断心交感神经对心脏的兴奋作用。

早期的解剖学显示，大多数鱼类的心脏未发现交感神经，板鳃鱼类的交感神经支配仅限于静脉窦。直接刺激猫鲨的上交感神经节，也没有加速和加强心脏的活动。但是，目前已经在板鳃鱼类和硬骨鱼类发现了抑制性迷走神经胆碱能纤维（cholinergic fiber）的存在。板鳃鱼类和肺鱼类没有发现肾上腺素能神经的分布，但在硬骨鱼类心脏的所有部分都发现了肾上腺素纤维的存在，它通过迷走神经–交感神经干，或沿冠状动脉以及前脊髓神经到达心脏。在角鲨的交感神经节发现肾上腺素和去甲肾上腺素。此外，交感神经的介质肾上腺素 1×10^{-6} g 可促进乌鳢心脏的搏动，$1 \times 10^{-9} \sim 2 \times 10^{-8}$ g 使鳗鲡心脏搏动数和振幅明显增加。生物化学分析亦表明鱼类心脏含有儿茶酚胺。如鲑鱼心脏含肾上腺素0.042 μg/g，去甲肾上腺素0.029 μg/g；梭鲈心脏含肾上腺素0.012 μg/g，去甲肾上腺素0.12 μg/g。鱼类肌肉的血液循环还没有发现神经分配，但含有β-肾上腺素能受体，刺激它会使血管舒张、血流阻力降低。分布到消化道的肠系膜动脉和分布到脾脏的血管有肾上腺素能神经纤维的分支与支配，并有α-肾上腺素能受体。刺激α-肾上腺素能受体，会使脾脏收缩，并把血细胞释放到血液中。肾上腺素和去甲肾上腺素及其受体在心脏组织的存在以及肾上腺素能促进心脏活动都表明，鱼类心脏同样受到交感神经的支配，但交感神经纤维对鱼类心脏的具体调控作用目前还了解得不太清楚。

2. 心迷走神经

支配心脏的副交感神经节前纤维行走于迷走神经干中，其节前神经元胞体位于延髓。心迷走神经节前纤维末梢释放乙酰胆碱，与节后神经元膜上N型胆碱能受体结合，并发出节后纤维支配整个心脏，但支配心室肌的迷走神经纤维数量远远少于其他部分，因此作用甚微。节后纤维末梢释放的递质也是乙酰胆碱，属于胆碱能纤维。乙酰胆碱与心肌细胞膜的M型胆碱能受体结合，导致心率减慢，心耳肌收缩能力减弱，心耳肌不应期缩短，房室传导速度减慢，甚至出现房室传导阻滞。乙酰胆碱对心脏的作用机制主要与细胞膜M型受体结合，抑制腺苷酸环化酶，使细胞内cAMP浓度降低，Ca^{2+}内流减少，提高心肌细胞膜对K^+的通透性，促进K^+外流，抑制心脏的活动。

所有鱼类，除盲鳗外，心脏都受迷走神经的支配，而且迷走神经都具有很高的紧张性。切断迷走神经或用药物麻痹神经末梢，会使心跳频率显著提高，刺激软骨鱼类和硬骨鱼类的迷走神经则引起明显的心搏减慢，阿托品可以阻断心迷走神经对心脏的抑制作用。使用迷走神经的介质乙酰胆碱也能使很多鱼类心脏的活动性减弱，包括降低心脏的搏动率，减弱心肌收缩力和传导性。在鱼类的A、B、C类型的心脏自动节律点中，迷走神经对鱼类心脏的影响特点不同。以弱刺激施加于神经时，A型、B型鱼类的心耳和心室跳动停止，而静脉窦仍然跳动；施加强刺激时，静脉窦的跳动也停止了。而迷走神经受到弱刺激时，C型鱼类心耳和心室的收缩节律变慢了，当受到强刺激时，则停止跳动。

通常，心迷走神经和心交感神经对心脏的作用是相对抗的。但是在多数情况下，鱼类和其他动物一样，心迷走神经的调节作用比心交感神经占有更大的优势。

3. 肽能神经

免疫细胞化学方法证明，动物和人类的心脏中存在着含有若干种多肽的神经纤维，其末梢释放的递质有降钙素基因相关肽、神经肽Y、血管活性肠肽、速激肽、神经降压素、阿片肽等。某些递质如单胺和乙酰胆碱，常共存在于同一神经细胞中，并可共同释放。降钙素基因相关肽可使心率加快、心肌收缩力增强、心输出量增加；神经肽Y依赖细胞外Ca^{2+}，可使冠状动脉激烈收缩甚至痉挛，使心肌血流量减少；其他分布在心脏的肽能神经元释放的递质也都参与心肌和冠状动脉血管活动的调节。鱼类心脏是否有肽能神经支配尚不清楚。但免疫组织化学研究已证明，在软骨鱼的心脏存在包含神经肽的神经，如在猬鳐（*Raja erinacea*）心脏的所有部位都发现了神经肽类的免疫反应，而在白斑角鲨中却未发现。

（二）血管的神经支配

除毛细血管外，动脉、静脉管壁都有平滑肌。支配血管平滑肌的神经纤维称为血管运动神经纤维，主要为两类：一类是使血管平滑肌收缩导致血管口径缩小的，称为缩血管神经纤维；一类是使血管平滑肌舒张导致血管口径扩大的，称为舒血管神经纤维。

1. 缩血管神经纤维

缩血管神经纤维都是交感神经纤维，故一般称为交感缩血管纤维。体内大多数血管仅接受交感神经单一的神经支配。在安静状态下，交感缩血管纤维持续地发放低频率（1~3次/s）的冲动，使血管平滑肌纤维维持一定程度的收缩。当交感缩血管纤维的紧张性加强时，血管平滑肌进一步收缩；而当交感缩血管纤维的紧张性减弱时，血管平滑肌紧张性降低，血管舒张。交感缩血管神经的节后纤维是肾上腺素能纤维，其末梢释放的递质为去甲肾上腺素。血管平滑肌的肾上腺素受体有两类，即α受体和β受体。当去甲肾上腺素与α受体结合，可引起血管平滑肌的收缩；而与β受体结合，则使血管舒张。去甲肾上腺素和α受体结合的能力较强，而和β受体结合的能力较弱，因此，当缩血管纤维兴奋时所释放的递质主要是和α受体结合，产生缩血效应。对软骨鱼类血管的神经支配研究较少，研究者在各种板鳃鱼类的肠道血管中都发现了密集的包含儿茶酚胺的神经支配。研究表明硬骨鱼类血管受肾上腺素能纤维支配。如对大西洋鳕和虹鳟的研究揭示，血管收缩主要是因肾上腺素能纤维的神经调节支配而不是体液调节。同时在这两种鱼中还发现，包含神经肽的血管周围神经与大静脉相连。

2. 舒血管神经纤维

舒血管神经纤维包括交感舒血管纤维和副交感舒血管纤维两类，其分布范围较小，通常只能调整局部血流量。

交感舒血管神经的递质是乙酰胆碱，所以也称交感胆碱能舒血管神经。它平时无紧张性活动，但在动物呈现激动、恐慌和准备做激烈肌肉活动时发挥作用，促使肌肉血流量大大增加。目前认为交感舒血管神经可能属于防御性反应系统的一部分。

副交感舒血管神经纤维末梢释放的递质是乙酰胆碱，它能与血管平滑肌的M受体结合，引起血管舒张，故称为副交感胆碱能舒血管神经。这类神经的分布只限于少数器官，因此只能调节局部血流，而对整个血液循环的外周阻力影响很小。

大多数鱼类全身血管都有肾上腺素能神经的分布，但圆口类和板鳃鱼类的鳃血管上可能缺乏这类神经的分布。除了鳃和嗜铬细胞，目前尚无直接的证据证明血管上有胆碱能纤维的分布。

（三）心血管中枢

神经系统对心血管活动的调节是通过各种神经反射来实现的。在生理学中将与控制心血管活动有关的神经元集中的部位称为心血管中枢（cardiovascular center），将控制心迷走神经和交感神经活动的神经中枢分别称为心抑制中枢和心加速中枢。对软骨鱼类和硬骨鱼类迷走神经和鳃下神经的中枢末端（延髓）施加机械、电、热等刺激，都可引起心脏活动的抑制，表明鱼类迷走神经的心血管中枢位于延髓。

延髓心血管中枢的神经元是指位于延髓内的心迷走神经元和控制心交感神经以及交感缩血管神经活动的神经元。这些神经元在平时都有紧张性活动，在机体处于安静状态时，这些延髓神经元紧张性活动表现为心迷走神经和交感神经持续的低频放电活动。

在正常情况下，鱼类延髓活动还受下丘脑等高级中枢的调节与调控，以使各种机能活动更加完善和协调。高等脊椎动物在延髓以上的脑干部分以及大脑和小脑中，也存在与心血管活动有关的神经元，协调更复杂的整合作用。

（四）反射性调节

鱼类像其他脊椎动物一样，当动脉血压升高时，压力感受器可感受血液对血管壁的机械牵张，并向中枢发放一定频率的神经冲动，使迷走紧张加强，心交感紧张和交感缩血管紧张减弱，引起压力感受性反射（baroreceptor reflex）。该反射效应是使心率减慢，脏收缩力减弱，心输出量减少，外周血管阻力降低，血压回降，这种反射称为减压反射（depressor reflex）。相反，当动脉血压降低时，压力感受器受到的刺激减弱，减压反射减弱，则可缓冲血压继续下降的趋势，以维持血压的相对稳定。可见，压力感受性反射是一种负反馈调节。在硬骨鱼类和板鳃鱼类，当鳃的血压升高时，鳃通过抑制反射可引起心脏活动减慢，以保护纤弱的鳃毛细血管。这说明鳃的反射与陆栖脊椎动物的颈动脉窦和主动脉弓压力感受性反射是同源的。例如角鲨和鳗鲡血管血压的上升，是促使心脏搏动减慢和血压下降的一种刺激，反射的传入神经是第Ⅸ和第

X对脑神经的分支，而传出神经是迷走神经的心脏支，刺激切断的迷走神经、鳃下神经、侧线神经的中枢端都有可能引起心抑制反射。刺激鲨鱼的皮肤和内脏也可引起心抑制反射。然而，硬骨鱼类在低压时产生的心搏加速的反应很弱而且易变，原因可能跟此时化学感受器也参与作用有关。低压几乎不会引起板鳃鱼类产生恒压反射。虽然目前恒压反射的感受器和传入通路还不能完全确定，但在几种鱼的鳃和假鳃处已经记录到了具有类似于压力感受器活动的神经所产生的动作电位。

鳃内的化学感受器对环境缺O_2、CO_2分压过高或H^+浓度过高产生反应，反射性引起延髓内呼吸神经元和心血管活动神经元的活动改变，引起呼吸加深加快，间接地引起心率加快、心输出量增加、外周血管阻力增大、血压升高，这种反射称为化学感受性反射（chemoreflex）。化学感受性反射在平时对心血管活动并不引起明显的调节作用，只有在低氧、窒息、失血、动脉血压过低和酸中毒等情况下才发生作用。

二、体液调节

心血管活动的体液调节是指血液和组织液中一些化学物质对心肌和血管平滑肌活动的调节作用。有些体液因子由内分泌腺分泌，通过血液循环广泛作用于心血管系统。有些体液因子在组织中产生，主要作用于局部的血管，对局部组织血流量起调节作用。除儿茶酚胺外，离体或在体注射实验都证实了多种激素对分离或覆盖在组织上的血管具有血管活性，然而在大多数例证中，还缺乏除肾素-血管紧张素（angiotensin）和血管升压素以外的其他物质参与心血管稳态的实验证据。

1. 肾素-血管紧张素系统（RAS）

肾血液供应不足或血浆中Na^+浓度不足时，肾脏的近球细胞会合成和分泌一种酸性蛋白酶——肾素（renin），肾素将血浆中由肝脏合成和释放的肾素-血管紧张素原水解为十肽的血管紧张素Ⅰ（ANGⅠ）。ANGⅠ的缩血管作用很弱，在血管紧张素转换酶的作用下，水解为八肽的血管紧张素Ⅱ（ANGⅡ），再进一步在血浆和组织中被血管紧张素酶A水解为七肽的血管紧张素Ⅲ（ANGⅢ）（图6-15）。ANGⅡ可引起全身微动脉血管强烈收缩，升高血压，并使回心血量增加，这种缩血管效果几乎是去甲肾上腺素的40倍。此外，血管紧张素还可使交感

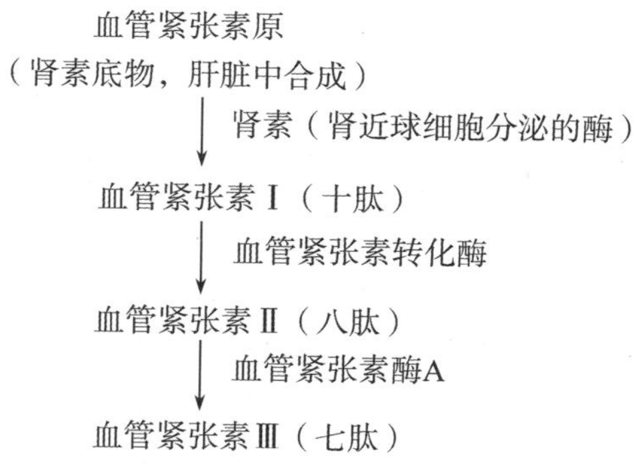

血管紧张素原
（肾素底物，肝脏中合成）
↓ 肾素（肾近球细胞分泌的酶）
血管紧张素Ⅰ（十肽）
↓ 血管紧张素转化酶
血管紧张素Ⅱ（八肽）
↓ 血管紧张素酶A
血管紧张素Ⅲ（七肽）

图6-15　肾素-血管紧张素系统
（仿杨秀平，2002）

缩血管纤维末梢释放递质增多，并可增强交感缩血管神经的紧张性等。

在正常生理状态下，血液中形成的少量血管紧张素可迅速被组织中的血管紧张素酶破坏，因此对血压的调节作用不大。但在失血情况下，由于动脉血压显著下降，致使肾素大量分泌，血浆中血管紧张素浓度增高，可使外周血管持续收缩，阻止血压过度下降。

在所有的鱼类中已发现静脉肾素-血管紧张素系统中的组成成分，并从圆口类、板鳃鱼类和硬骨鱼类中分离得到了ANG I和ANG II。在某些鱼类，RAS通过多种效应机制来对抗血流量下降和低压，维持血压，但在另一些鱼类，RAS有助于低压的恢复。血管紧张素存在于心肌细胞上，对某些鱼类的心肌具有收缩作用，但对另一些鱼类的心肌则无此效应。α-肾素能受体在硬骨鱼类可产生血管紧张素加压效果的10%~70%，在弓鳍鱼产生加压效果的70%。然而，鳗鲡注射ANG II后心输出量增加，血管的阻力未受影响。这些短暂的心血管效应是一种补充，它通过长期的饮水和水盐平衡的变化来完成，而饮水和水盐平衡可促进血浆容量加大。血管紧张素也不参与板鳃鱼类动脉血压的即时调节，但会通过刺激儿茶酚胺释放入血对低压状态间接地做出应答。鱼类的血管紧张素类似于哺乳动物的AT_1受体，但经典的哺乳动物AT受体拮抗物通常特异性较差。

2. 肾上腺素和去甲肾上腺素

肾上腺素和去甲肾上腺素在化学结构上属于儿茶酚胺类。循环血液中的肾上腺素和去甲肾上腺素主要由肾上腺髓质分泌，在局部发挥作用的小部分去甲肾上腺素主要由交感神经节后纤维末梢释放。

肾上腺素和去甲肾上腺素对心血管的作用因与不同的肾上腺素受体的结合能力不同而不同。在心脏，肾上腺素与β受体结合，使心输出量增加；在血管，肾上腺素的作用取决于两种受体在血管平滑肌上的分布情况。在皮肤、肾脏、胃肠道的血管平滑肌上，α受体数量占优势，肾上腺素可使这些血管收缩；而在骨骼肌、肝脏、冠状血管，β受体占优势，小剂量的肾上腺素引起血管舒张，大剂量则兴奋α受体，引起血管收缩。去甲肾上腺素主要与α受体结合，也可以与心肌β受体和血管平滑肌$β_2$受体（作用弱）结合，使心脏活动加强，心率加快。但静脉注射去甲肾上腺素可使全身血管广泛收缩，动脉血压升高，压力感受性活动增强，心率减慢。

心脏和血管通过血液循环（板鳃鱼类和硬骨鱼类）和局部释放（盲鳗和肺鱼）的儿茶酚胺接受肾上腺素的刺激。在所有鱼类，嗜铬细胞是肾上腺髓质的同源体，它们存在于大静脉附近或心脏组织中，将儿茶酚胺分泌入静脉血液中，对胆碱能信号和变化的血液组成做出应答。

神经和体液中的肾上腺素对心血管控制的相对重要性不断地变化。循环血浆中的儿茶酚胺浓度一般为1～10 nmol/L，这种浓度对心血管组织来说是最佳的，有时也是最重要的紧张性刺激。极度紧张时，血浆中儿茶酚胺含量增加10～100倍，在α受体和β受体存在的条件下，对心脏和血管组织形成强烈刺激。

3. 血管升压素（抗利尿激素）

血管升压素是由下丘脑视上核和室旁核神经元合成的九肽激素，并沿下丘脑垂体束运输贮存于神经垂体，而后释放入血。血管升压素作用于全身血管平滑肌的相应受体，引起血管平滑肌强烈收缩。但在正常情况下，血浆中血管升压素浓度升高时主要是抗利尿效应，只有当它在血浆中的浓度明显高于正常水平时，才引起血压升高。因为正常浓度的血管升压素对压力感受性反射具有主动增强作用，可缓冲血压升高效应。

4. 钠尿肽系统（natriuretic peptide system，NP）

几种血管升压素，包括心钠素（ANP）、脑钠素（BNP）、C型钠尿肽（CNP）和心室钠素（VNP）已在硬骨鱼类中得到了确认，但盲鳗只有一种钠尿肽，板鳃鱼类只有CNP。ANP、BNP和VNP由心肌细胞分泌入循环系统，调节体液平衡和血压，对心脏扩张产生反应；CNP由内皮分泌，是内皮衍生舒血管肽，可能具有其他的心血管功能。

钠尿肽系统除了可能的对血压稳态的长期调节功能外，也是一种有效的血管扩张剂。鳃血管抵抗力和容量对钠尿肽系统尤其敏感。钠尿肽系统的利尿效果可能会进一步降低循环系统平均充盈压，因此，钠尿肽系统的上述作用有助于降低心脏的前、后负荷。

5. 精氨酸催产素

精氨酸催产素（AVT）是一种血管紧张素，对鳃血管的收缩作用尤其有效，但在长嘴硬鳞鱼，精氨酸催产素反而具有松弛肝静脉的作用。精氨酸催产素在体时可以增加静脉紧张性，并且其抗利尿作用可通过血管容量发挥急性和慢性调控作用。

6. 血管舒缓激肽

血管舒缓激肽（BK）已经从鳕鱼、长嘴硬鳞鱼、虹鳟、弓鳍鱼以及非洲肺鱼中得到纯化。在鳕鱼和非洲肺鱼中，血管舒缓激肽只增加血压；在其他鱼类中，血管舒缓激肽产生多相的加压/降压反应。血管舒缓激肽的效果经常被血管内皮分泌的前列腺素（PG）所调节，并且反映出交感神经反射的活化。虽然血管舒缓激肽可刺激鳗鲡饮水并对其他鱼类的血流量有影响，但对脑中心血管中枢无直接影响。

7. 尾紧张素

尾紧张素Ⅰ（U-Ⅰ）可使血管扩张，但在体时，它产生一种由α-肾素能受体调节的血压升高和全身血管阻力增加的效应。脑室内注射U-Ⅰ使心输出量和血压增加。除了盲鳗之外，在所有鱼里都发现有尾紧张素Ⅱ（U-Ⅱ）的存在，而且U-Ⅱ是有效的血管紧张素。

8. 其他物质

鱼类血管也存在非肾上腺素能、非-胆碱能的神经传送装置，包括5-羟色胺、嘌呤和血管活性肠肽、P物质、速激肽等肽类。已知在心血管系统中存在着30多种调节肽。这些调节肽，有些是心血管系统肽能神经纤维分泌的神经递质（前面已叙述），有些是心血管系统自身产生和分泌的激素，如心钠素、肾素、血管紧张素、内皮素等，有些是来自其他内分泌组织产生的肽类循环激素，如加压素、促肾上腺皮质激素、胰岛素（insulin）等，还有一些新近从心血管系统提取出来的活性多肽，如心脏加速肽、心脏兴奋肽、心肌生长因子等。这些调节物质对心血管系统的活动具有重要的调节作用。

例如，5-羟色胺具有强有力的收缩血管作用；血管活性肠肽是内源性血管舒张剂，其神经纤维及其受体广泛分布于心血管系统，引起舒血管效应。乙酰胆碱和血管活性肠肽在机体上起着协同作用。而神经肽Y是全身最强大的血管收缩物质之一，有强烈的缩血管效应，可使血压迅速、持续和强烈地增高，并可加强其他缩血管物质（如去甲肾上腺素、组织胺等）的反应性，抑制舒血管物质（乙酰胆碱、腺苷和β阻断剂等）的舒血管效应。在缩血管纤维中神经肽Y与去甲肾上腺素共存，神经兴奋时，二者可共同释放。

三、局部血流调节

器官血流量除主要通过神经和体液调节机制对灌注该器官的阻力血管的口径进行调节而得以控制外，还有局部组织调节机制的参与。而实验证明，如果去除调节血管活动的外部神经、体液因素，则在一定的血压变动范围内，器官、组织的血液量仍能通过局部的机制得到适当的调节。这种调节机制存在于器官组织或血管本身，而不依赖于神经和体液因素的影响，因此称为自身调节。例如，心肌在一定范围内收缩时，产生的张力或缩短速度随肌纤维初长的增加而增大，因而在一定范围内，心舒期静脉回流量增多，收缩时心输出量也增多。反之，如静脉回流量减少，心输出量也减少。这种使心输出量适应于回流量的调节，就是心肌自身调节功能的表现。

血管的自身调节表现为在一定的范围内器官血管能自动改变口径，使血流量适应于某一恒定水平。如以血液灌流切断神经的肾脏，在一定范围内增加灌流血压，可使肾血管口径变小，阻力增加，而血流量变化不明显，仍近似保持原先水平。

血管的局部调节与以下因素有关。

1. 新陈代谢

由于新陈代谢物质的消耗和产生对血管平滑肌有直接的效果，因此可以将血液流动和新陈代谢联结起来。典型的血管扩张物质包括CO_2、H^+、腺苷酸和三羧酸循环中间产物，以及O_2（除了鳃部），但这些扩张物质在鱼类中研究很少。

2. 旁分泌调节的反应

在鱼类中发现了血管的旁分泌信号。事实上，这些局部释放的血管活性因子可能比神经和内分泌作用更有效。

（1）一氧化氮（NO）。NO在无颌类、软骨鱼类和少数硬骨鱼类是一种血管紧张物质，但在大多数硬骨鱼类则是一种血管舒张物质。目前在分离的血管上尚未发现NO，也不清楚NO是否是内皮舒张因子。

（2）前列腺素。命名为PGE_2和PGI_2的前列腺素是鱼类最早的内皮舒张因子。血管舒缓激肽、血管紧张素Ⅱ以及Ca^{2+}可以引起前列腺素的释放，但这些内皮舒张因子的生理控制机制还不明确。血栓类A_2及其类似物一直是血管收缩物质，而且PGI_2在一些标本中甚至也是血管收缩物质。

（3）血管内皮。血管内皮在大多数（不是全部）鱼类的离体实验中具有收缩血管的作用，有证据表明ET-A和ET-B两种受体参与此反应。ET-A是一种有效的鳃柱细胞收缩物质，它能提高腹主动脉压而降低背主动脉压。ET-B虽然轻微地增加血管应变性，但既不影响静脉紧张性也不影响心脏收缩性。

（4）硫化氢（H_2S）。最近发现哺乳动物血管平滑肌能合成H_2S并且作为旁分泌血管舒张剂起作用。虹鳟血管可合成H_2S，而且血浆中H_2S浓度与离体的血管舒张活性相一致，轻微地提高H_2S浓度即产生血管收缩作用。在其他鱼类，H_2S可能是盲鳗和板鳃鱼类的血管舒张剂，但在圆口类是血管收缩剂。因此，鱼类的心血管系统可能对含有H_2S的工业污染特别敏感。

四、环境因子对鱼类心血管系统的影响

完整机体的内环境是心肌活动的最适宜环境。在离体心脏灌流实验中，只要灌流液的渗透压、酸碱度与该动物的血浆相等，且灌流液中含有与天然血浆成分相近的适

当比例和浓度的各种离子和营养物质，就能较长时间地维持心肌的正常活动。在灌流实验中，常配制任氏溶液来代替体液以模拟正常的生理状态。

细胞膜离子通透性的变化，以及由此产生的离子跨膜扩散，是可兴奋细胞产生生物电活动的根本原因，因此，心肌细胞膜内外离子浓度的改变，对心肌细胞的生物电活动和生理特性必然产生明显的影响。其中，无毒的阴离子浓度变化对心肌活动的影响不大，但阳离子（尤其是K^+、Na^+、Ca^{2+}）浓度的变化因其可对起搏点、传导系统和收缩机制等产生影响而显得极为重要。

温度、pH、环境污染物等也会影响心血管系统的活动，甚至在一定程度上影响心脏的结构。

（一）溶解氧的影响

相对于陆生动物，鱼类生活的水体中，氧分压变动很大，有些水体中氧气可能超过155 mmHg，达到过饱和，但有些水体可能几乎无氧。当水体缺氧时，鱼类通过增加血压使鳃血管获得更大的血流量，并通过刺激氧感受器产生反射活动。在许多水环境中，缺氧是一种经常发生或长期发生的事件，因此鱼类由自主神经系统组织协调的心血管反射不断进化以应对环境缺氧。低氧作为一种刺激，还可导致鱼类血液中儿茶酚胺增加，从而引发整体生理反应，如对心肌产生特定的保护效果，并增强鳃部摄氧能力。

到目前为止，绝大多数的研究都集中在心血管系统对急性缺氧的反应，而对慢性缺氧的反应的研究则相对较少。水体缺氧时，大多数硬骨鱼类和板鳃鱼类的心率会反射性显著降低（缺氧性心动过缓），但对这种缺氧性心动过缓的生理机制目前尚未达成普遍共识。水温为7 ℃时，鲑鳟在含氧量正常［$p(O_2)$=150 mmHg］的水体中每分钟静息心率为45次，但在$p(O_2)$=30 mmHg的水体中，位于鳃弓的化学感受器产生反射性反应，使心率迅速降低到每分钟26次。此外，缺氧导致外周血管网血管收缩，相应地引起阻力增加，导致血压和脉压上升。由于每搏输出量增加在一定程度上补偿了心率的降低，因此心输出量根据心率降低的幅度，稍降低或保持不变。

（二）污染物的影响

作为脊椎动物的模式生物，斑马鱼（*Brachydanio rerio*）常被用于评估环境毒物对鱼类心血管系统发育和功能的影响。研究发现，二噁英、聚氯化联苯及多环芳烃等污染导致斑马鱼心脏发育的永久结构性缺陷，或产生不正常的心血管形态、心包膜水肿和其他循环缺陷，胚胎心脏衰竭和高死亡率，成鱼心输出量减少、心率降低、房室瓣部位的血流回流、游泳行为改变等，并改变相应的基因表达。严重程度随时间、发育时期等而不同。

此外，研究人员在金枪鱼等鱼类的仔鱼心脏中发现了石油中的有毒化合物。原油对仔鱼正在形成的心脏也会造成影响，扰乱心脏细胞激发和收缩的节律周期。鱼类暴露在原油中心跳异常、血液循环改变、心脏等组织结构存在缺陷，并导致仔鱼发育缺陷、生存率降低。

五、环境因子对其他水生动物心血管系统的影响

血液是动物体内循环系统的重要组成部分，可运输营养物质、代谢废物，并具有免疫、体液调节以及维持内环境稳态的作用。血液的生理生化特性不仅是动物长期进化的结果，也是动物对生存环境长期适应的反映。血液指标能反映动物的生理状态，当外界因子发生变化时，血液指标可作为较重要的判断依据。

影响生理生化指标的因子可分为两类，一类为内源因子，另一类则是其赖以生存的外部环境因子。内源因子与动物体自身的遗传状况相关，决定了鱼类血液的生理生化特性，控制着鱼类血液生理生化指标的正常范围；而环境因子则通过影响水生动物体代谢水平，直接或间接影响其血液生理生化指标的波动。

1. 温度

温度是影响水生生物存活最重要的环境因子之一，不仅对其生长和繁殖起决定性作用，而且对生物机体的代谢有较为明显的影响。温度是生物体内酶活变化的参数，即在一定温度范围内，随着温度的升高，酶催化反应的速度加快并在某一温度下，酶活力达到最大值。超过一定反应温度，酶催化反应速度随温度升高而减慢。

龟鳖类属变温动物，其机体代谢必然会受到环境温度的影响。水温对水生动物体的代谢反应速率起控制作用。在适温范围内，温度升高，体内代谢速率加快，红细胞数量增多，血清蛋白含量升高；当水温超过上限时则均降低。普遍认为，鱼类红细胞数量变化主要受水温影响，随水温升高而升高，表现为夏季高、冬季低。另外，酶的活性受温度影响较大，水生动物体内转氨酶活性随水温升高呈先升高后下降趋势。若温度在适宜水温的临界上限继续升高，则可能导致肝组织损伤，转氨酶由损伤肝细胞逸出进入血液。而水温过低，则会造成低温胁迫，将破坏水生动物体血清酸碱平衡和血清离子的稳态，不利于水生动物内环境的稳定。赫尔曼陆龟（*Testudo hermanni*）暴露在40 ℃的高温下，其肝脏内三羧酸循环中的代谢物，如琥珀酸、苹果酸、柠檬酸和延胡索酸等的浓度升高，心肌细胞内仅琥珀酸和苹果酸浓度升高。

中华绒螯蟹在28 ℃时，过氧化氢酶（CAT）、超氧化物歧化酶（SOD）的酶活性均显著升高，而丙二醛（MDA）的含量迅速积累，同时，血液中血细胞的吞噬能

力和吞噬指数升高。可见，温度升高会影响中华绒螯蟹血液中生理指标的变化，影响机体的免疫防御能力并导致代谢紊乱，这极有可能诱发病害。红螯光壳螯虾（*Cherax quadricarinatus*）在低温时，血淋巴中总抗氧化酶（T-AOC）、SOD、谷胱甘肽过氧化物酶（GPx）活性均随温度降低呈逐渐降低，而组织中的氧化损伤指标MDA的含量均随温度降低而逐渐升高，低温下组织均受到了氧化损伤。

温度同样是影响贝类生理代谢的重要因素，不同贝类都有其适宜的生长代谢温度。当温度过高或者过低时，贝类的代谢就会出现异常，甚至导致死亡。贝类全血细胞及颗粒血细胞数量对温度变化敏感；较低水温有利于细胞数量的升高，较高水温则细胞数量下降显著。温度主要影响贝类血细胞总数量和吞噬作用，而血细胞直接参与贝类的免疫反应，因此血细胞的数量波动是评估贝类免疫能力的重要指标。低温环境下，贝类代谢被抑制导致其生理利用率降低，如菲律宾蛤仔（*Ruditapes philippinarum*）的摄食率、吸收效率、代谢率、排氨率等生理活动在低温时显著降低。贝类受低温胁迫时，血液中酶活性降低，从而导致生化反应速度降低，代谢速率的减慢是贝类在低温时代谢水平降低的原因之一。贻贝体内游离氨基酸的种类变化和血淋巴的细胞成分都与温度存在相关性，如福寿螺（*Pomacea canaliculata*）在越冬期到来前，通过改变体内糖原、脂肪、水分、氨基酸和蛋白质等含量来增强耐寒能力。

2. 溶解氧

氧是需氧生物正常生命活动的必要条件，动物可通过调节自身代谢适应短期的低氧或高氧环境。在人工养殖环境中，溶解氧往往成为养殖鱼类生长、存活的限制因子。溶解氧对鱼类红细胞数目有较大影响，有学者提出，引起红细胞及血红蛋白季节性变化的外因主要是水中溶解氧。红细胞数量和血红蛋白含量的变动与水中溶解氧呈负相关，这是鱼类适应不同溶解氧环境的一种正常生理代偿反应。夏天温度高，耗氧量增大，而水中溶解氧减少，所以血红蛋白含量应高于冬天。

面临缺氧的威胁，机体可以通过调整有关酶的活性来减轻或消除应激的影响。红耳侧线龟（*Trachemys scripta*）受低氧胁迫时，肝脏蛋白酶活性显著提高，这种酶活性的提高可能与异化分解特殊的应激蛋白，或者去除被氧化损害的蛋白质有关。此外，缺氧还可能影响机体代谢水平与代谢途径。严重缺氧会引起红耳侧线龟血液呼吸性酸中毒，随着乳酸盐的累积，血液pH下降，造成代谢紊乱。溶解氧的变化会影响动物的生长发育和繁殖，尤其在心血管方面表现明显。低氧胁迫后的斑马鱼胚胎发育显著滞后，胚胎心包水肿、心管发育停滞，心脏、血管形态发育缺陷，发育相关基因表达异常。

贝类血细胞涉及吞噬作用、呼吸暴发、包囊作用、炎症反应以及伤口愈合等一系列免疫防御反应，其血细胞含量与水体中溶解氧呈正相关。栉孔扇贝（*Chlamys farreri*）、四角蛤蜊（*Mactra veneriformis*）、翡翠贻贝（*Perna viridis*）等贝类血细胞数量都会随溶解氧的降低而下降。

3. 盐度

盐度作为水生动物最赖以生存的环境因子，能够直接影响水生生物的生理指标、渗透压调节，以及机体对抗病原菌的免疫能力。在适合动物生存的等渗环境下，水生动物机体不需要通过耗能来进行水盐、离子的平衡调节，但盐度骤变会给水生动物带来致命威胁。盐度过低或过高，均会导致水生动物血液中生理指标异常和代谢紊乱，易引发病害。在鱼的盐度驯化过程中，血细胞浓度变化经历3个阶段：进入高渗环境的最初阶段，鱼体被动失水导致血细胞浓度增加；然后通过吸收水分逐渐降低血细胞浓度；最后恢复到驯化的初始阶段，从而完成渗透压调节的过程，并维持体内环境稳态。高渗环境还会使红细胞出现功能下降和细胞周期缩短，使水生动物血液中血糖、总蛋白、尿素氮升高。

外来物种红耳龟在高盐度环境中，血液中肌酸激酶（CK）、谷草转氨酶（AST）、乳酸脱氢酶（LDH）等酶活性，以及血糖含量均显著改变。红耳龟能通过提高血液中血糖含量和酶活性应对外界盐度胁迫，为抵抗胁迫提供所需能量；还能通过提高Na^+、K^+等无机盐离子浓度来改变渗透压，以适应外界渗透压的升高，能够在不同盐度水域中生存。

渗透压调节会影响凡纳滨对虾（*Litopenaeus vannamei*）血液中非特异免疫因子。在高于正常生长盐度环境中，凡纳滨对虾血细胞内氧自由基产量呈先升后降的趋势；酚氧化酶活力显著升高而SOD活性则显著降低，并伴随血清蛋白的降低。雌性中华绒螯蟹亲蟹由淡水进入咸水，其血淋巴甘油三酯（TG）、血淋巴总蛋白（TP）含量均发生显著性变化，很可能是通过加强能量代谢，加速动用脂类和糖类作为能源物质以应对盐度突变刺激所导致；面对盐度胁迫，其最先调节蛋白质代谢过程以响应外界环境的渗透压变化，以适应外界盐度较高的水环境。

4. pH

pH作为水体环境因子中较为不稳定的因素之一，其变化不但会影响水体中无机物氮、磷的运转，还会影响水体生物的生长代谢。酸性环境中，鱼类血液中Na^+浓度低于正常水平。此外，酸性环境还会使鱼体血红蛋白含量下降、红细胞脆性增大、载氧能力降低；鱼体免疫能力降低，吞噬细胞活性受到抑制。

栉孔扇贝体内酸性磷酸酶（ACP）、碱性磷酸酶（ALP）、SOD和CAT及胞内活性氧含量（ROS）5种免疫相关因子活性在pH 8.0～9.0的范围内随pH升高而升高，而在pH 7.0～8.0的范围内则相反。在一定范围内，pH可能增强贝类免疫正调节，也可能呈现负调节，中国对虾也存在类似的调节机制。此外，pH的变化还会影响虾、蟹对氧的摄取，极端的pH会致使水生生物血液酸碱平衡失调，离子平衡被打破，血氧输送困难，造成缺氧，严重时甚至危及生物体存活。

5. 氨氮

自然或养殖水体中动物的排泄物以及动植物尸体等，经微生物分解会产生大量含氨氮的有毒代谢物，这也是水体中氨氮的主要来源。氨氮在水体中主要以离子氨（NH_4^+）和非离子氨（NH_3）两种形式存在，两者在一定条件下可相互转化。氨氮对水生动物具有毒害作用，离子氨因能透过细胞膜而对水生动物的毒性较强，机体内NH_4^+浓度的积累，会导致导致N-甲基-D-天冬氨酸（NMDA）受体感受器过度活化，从而引起Ca^{2+}内流，导致中枢系统神经细胞死亡。鱼类红细胞数量和血红蛋白含量随氨氮暴露时间的延长、氨氮浓度的增加呈下降趋势，过高的氨氮浓度会刺激鱼体红细胞膜的损伤，使红细胞发生溶血，数量下降。

同时，氨氮还会对龟鳖类水生动物体组织造成损伤（图6-16）。氨氮胁迫24 h后，中华条颈龟（*Mauremys sinensis*）心肌细胞间隙增宽，间质血管充血；胁迫48 h后，心肌细胞间隙持续增宽，间质血管扩张、充血更为严重（图6-16C）；恢复48 h后，心肌细胞间隙缩小趋于胁迫前水平，充血现象消失。

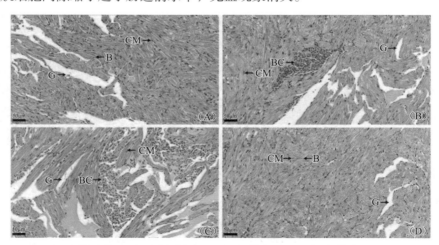

（A）胁迫前；（B）胁迫24 h；（C）胁迫48 h；（D）恢复48 h。

CM.心肌细胞；G.间隙血管；B.心肌细胞分支；BC.血细胞。

比例尺=50 μm。

图6-16　氨氮胁迫对中华条颈龟心脏组织的影响

（引自黄祖彬，2021）

氨氮胁迫会导致马氏珠母贝（*Pinctada martensii*）血细胞减少，血清中诸如SOD、CAT、溶菌酶（LSZ）等免疫因子活性降低。氨氮胁迫严重时，很可能是离子氨透过细胞膜直接对动物体中血淋巴细胞造成损伤，这与在菲律宾蛤仔的研究中一致，说明氨氮对贝类血细胞的影响极可能具有普遍性。

甲壳动物体液中不具有免疫球蛋白，缺乏抗体介导的免疫反应进行自我保护，其免疫反应以非特异性免疫为主，由血细胞及从细胞释放到血浆中的多种活性因子来抵抗外物的入侵。在多种体液因子中，PO、SOD、POD等酶活力高低常被用作衡量对虾免疫活力高低的参照指标。凡纳滨对虾、日本对虾、罗氏沼虾、克氏原螯虾等，死亡率都随着氨氮浓度的升高和中毒时间的延长而逐渐增加。同时，氨氮胁迫同样会降低中华绒螯蟹中血细胞含量进而破坏其免疫系统，其转运泡体积明显增大，细胞核增大且数量增多，而且在高浓度的氨氮胁迫下，中华绒螯蟹部分肝小管基膜破裂、细胞结构模糊，少量细胞核解体，机体细胞和组织受到伤害甚至出现死亡。

六、摄食和运动对心血管系统的影响

（一）摄食的影响

摄食可提高代谢率［如食物的特殊动力作用（SDA）］，因此对于一些不常进食的鱼类，心血管系统在摄食后会相应进行显著调整，如心输出量会增加几倍以满足SDA增加所需要的氧需求，局部血管阻力的改变也使更多血液流到胃肠道，以确保氧气输送以及营养的运输。摄食量对胃肠道所造成的机械性刺激可导致虹鳟和短角杜父鱼血管阻力以及背主动脉血压增加，这种增加与摄食量呈现依存性。血管阻力的迅速增加可使血液快速分流到胃肠道，食物中的化学成分随后也导致肠道血管扩张。将预消化的饵料注入虹鳟胃中会增加心输出量、每搏输出量和胃肠道的血流量。切除迷走神经和肠道神经并未抑制上述反应，因此胃肠道外在神经对摄食后胃肠道血流增加的作用很弱。

（二）运动的影响

鱼类运动的主要方式是全身肌肉的运动。骨骼肌分为白肌和红肌两类：红肌血流量和毛细血管网分布为同等单位重量白肌的3倍，负责维持持久性运动，能量来自脂肪氧化；白肌血管分布稀疏，主要负责短时间的爆发性运动，能量来自不需氧的糖酵解作用。

运动导致鱼类摄氧量（MO_2）增加，一般增加12～15倍，因此心血管系统会相应做出反应，心输出量增加，使鳃部获得充足的血液灌注，以便尽可能获得氧气。同

时，运动还可使血液循环中儿茶酚胺含量增加，背主动脉和腹主动脉的血压升高，消化道和脾脏的血管收缩，使肌肉（特别是红肌）的血管扩张，从而大大增加进入肌肉的血液流量，将血液从不活跃的组织重新分配至红肌中。

鱼类运动时，胆碱能迷走神经活动性降低，肾上腺素能神经活动性增强，使心搏率增加；血液循环中儿茶酚胺含量升高和静脉血压升高，使心搏量增大，结果使心输出量明显增大。从静息状态到维持1 h最大游泳速度，鱼类心率、每搏输出量、总输出量均增加，如鲑鳟心率增加1.36倍，心输出量增加3倍；大西洋盲鳗心率增加1.18倍，每搏输出量增加2.07倍；腹主动脉平均血压从静息时的39 mmHg增加到6 mmHg，而背主动脉平均血压从31 mmHg增加到37 mmHg，增加并不显著。当鱼类游泳速度达到最大游泳速度的80%或超过80%时，心输出量的增加可能更多是由于每搏输出量的增加，而不太可能是由于心率的增加。鳃摄氧量的增加则主要由于鳃血管血压增高所导致的更多鳃小片（gill lamellae）受到血流灌注。

（三）摄食和运动对其他水生动物心血管系统的影响

食物是参与体内代谢的物质主要来源。当食物充足时，血清中总蛋白和白蛋白含量均显著提高，同时尿素氮含量显著降低，蛋白质合成效率升高，分解效率降低。凡纳滨对虾在饱食状态下，其血液中磷、亚硝酸氮、硝酸氮、氨氮的释放率比饥饿状态下高，而其体内蛋白质代谢在饱食状态下比饥饿状态下要快。

同样，水生动物除对生存环境中的因子极其敏感外，某些外界刺激或行为运动状态的改变，也会使体内血液生理生化指标发生相应变化，以应对外源刺激。在受到人为因素影响时，如抓捕、连续采血等应激刺激，动物血浆中皮质酮（cortisone）会发生规律性变化，在龟鳖类物种尤为显著。红海龟（*Caretta caretta*）和太平洋丽龟（*Lepidochelys olivacea*）以及红耳侧线龟在受到抓捕和连续采血的应激刺激下，其血浆中皮质酮含量随采血时间的增长而升高。

本章思考题

（1）试述心室肌动作电位的特点及其形成机制。

（2）试述心肌细胞和骨骼肌细胞生理特性的异同点。

（3）试述动脉血压的形成机制及其影响因素。

（4）心血管活动的体液调节有哪些？各有何生理作用？

（5）试比较哺乳动物和鱼类心脏神经调节的异同点。

主要参考文献

王义强. 鱼类生理学 ［M］. 上海：上海科学技术出版社，1990.

尾崎久雄. 鱼类血液与循环生理 ［M］. 许学龙，等译. 上海：上海科学技术出版社，1982.

杨秀平. 动物生理学 ［M］. 北京：高等教育出版社，2002.

Burleson M L, Milson W K, Sensory receptors in the first gill arch of rainbow trout. Respir ［J］. Physiology. 1993, 93, 97−110.

Dombkowski R A, Russell M J, Olson K R, Hydrogen sulfide as an endogenous regulator of vascular smooth muscle tone in trout ［J］. Amer. J. Physiol. Regul. Intergr. Comp.. Physiol. 2004, 286, 678−685.

Evans D H, Claiborne J B. The Physiology of Fishes ［M］. 3rd ed. Boca Raton: CRC Press, 2005.

Joaquim N, Wagner G N, Gamperl A K, Cardiac function and critical swimming speed of the winter flounder at two twmperatures ［J］. Comp. Biochem. Physiol. 2004, 138, 277−285.

Kawakoshi A, Hyodo S, Inoue K, et al. Four natriuretic peptide (ANP, BNP, VNP and CNP) coexist in the sturgeon: identification of BNP in fish lineage ［J］. J. Mol. Endocrinol. 2004, 32, 547−555.

Nilsson S, Evidence for adrenergic nervous control of blood pressure in teleost fish ［J］. Physiol. Zool. 1994, 67, 1347−1359.

Olson K R. Gill circulation: Regulation of perfusion distribution and metabolism of regulatory molecules ［J］. Journal of experimental zoology. 2002, 293, 320−335.

Takei Y, Joss J M P, Kloas W, et al. Identification of angiotensin I in several vertebrate species: its structural and functional evolution ［J］. Gen. Comp. Endocrinol., 2004, 135, 286−292.

第七章

呼吸与鳔

· ·

　　动物在进行新陈代谢时需要不断地消耗氧气，同时产生大量的二氧化碳和水。氧气需要从外界环境中摄入，产生的二氧化碳则需要不断地排出体外，以维持内环境的稳定。动物机体与外界环境之间的气体交换过程称为呼吸。呼吸是生命的基本特征，通过呼吸，机体从外界环境摄取新陈代谢所需要的氧气和排出所产生的二氧化碳及其他（易挥发的）代谢产物，使得生命活动得以维持和延续，呼吸一旦停止，生命也将结束。单细胞动物及一些体形较小的多细胞动物（如扁形动物、珊瑚及海绵等）可以通过细胞膜或体表直接与水环境进行气体交换；体形较大的动物，其大数细胞浸浴在由细胞外液构成的内环境中，不能与外界环境直接进行气体交换。随着物种的进化，逐渐形成了能够进行气体交换的特殊的呼吸器官。这些呼吸器官的共同特征：有广阔的气体交换表面积，气液交换面湿润，气体交换效率高；有丰富的微血管，且血液中逐渐出现呼吸色素，极大地提高了血液运输气体的能力。水栖动物多以鳃进行呼吸，陆栖动物多以肺进行呼吸。

　　鳃与肺是同功器官，但在发生上两者并不同源；鳔与肺才是同源器官，两者都是由原肠突出而形成，但多数鱼类的鳔不具有呼吸功能，主要进行浮力调节。

第一节　呼吸方式与呼吸器官

一、呼吸方式

　　水生动物主要的呼吸器官是鳃，微血管中的血液与流经鳃的水进行气体交换，氧气经鳃扩散进入血液，二氧化碳则从血管扩散进入水中，气体的交换是从液相到液相，称为水呼吸。某些物种具有辅助呼吸器官，可以利用空气中的氧气，气体交换在气相和液相之间进行，称为空气呼吸。

无论是水呼吸还是空气呼吸，动物机体通过呼吸器官进行的呼吸活动，可以分为4个既相互衔接，又同时进行的过程：① 呼吸器官（鳃或肺）与外环境水或空气的气体交换，称为呼吸器官的通气活动；② 呼吸器官与其中毛细血管内血液之间的气体交换，称为呼吸器官的换气；③ 气体在血液中的运输；④ 血液与组织液之间的气体交换，称为组织换气。生理学中将呼吸器官的通气与换气过程合称为外呼吸，组织换气则称为内呼吸（图7-1）。

（一）水呼吸

1. 水呼吸的特点

在温度相同时，水的密度为空气的800倍。一方面，空气在水中的扩散速度要比在空气中慢得多，这给水呼吸的气体交换带来很大困难；另一方面，氧气在水中的溶解度很低，水体含氧量很稀薄，例如当水体温度为20 ℃，空气饱和时，淡水或海水的含氧量分别为9.4 mg/L或7.6 mg/L。虽然水生动物进行水呼吸的鳃可以有效地摄取水中的氧气，但因为水环境中含氧量及扩散速度的限制，水生动物的耗氧量要比陆生动物的耗氧量低。

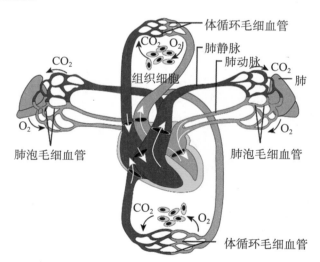

图7-1　高等动物呼吸系统

2. 水中气体的含量及其影响因素

水中气体的含量并不恒定，其中尤以氧气含量的变动最大，其影响因素主要包括水温、水生植物及微生物、水体与空气的接触面积等。

（1）温度。气体在水中的溶解度与温度密切相关。无论淡水、半咸水还是海水，0 ℃时所能溶解的氧气量几乎为30 ℃时的2倍。因此，低温条件对水生动物的呼吸比较有利，因为这时水中的含氧量比较高。冷温性鱼类的耗氧量通常较高，而暖温性鱼类则与之相反，这主要是长期以来对生存环境中含氧量适应的结果。

（2）水生植物及微生物。水生植物的光合作用可以显著影响水体的溶解氧。光线充足的水体，水生植物光合作用强烈，释放大量氧气，可以增加水体的溶解氧。但光照有昼夜变化，白天水体溶解氧大幅度上升，而在夜间，由于植物本身的呼吸作用消耗大量氧气，致使水体溶解氧大幅度降低。水体中微生物的含量也是影响溶解氧的重要因素。在某些情况下，如水中残余饵料增多，引起好氧微生物大量繁殖，也会消耗大量的溶解氧，甚至造成水体缺氧，导致鱼类呼吸机能障碍。

（3）水体与空气的接触面积。空气是水体溶解氧的主要来源，与空气接触的表层水体的溶解氧较高。随着水的深度增加，氧的溶解量也逐渐下降。实验表明，在体积相等的不同容器中，与空气接触面积越大，水中溶解氧越高。自然水体中，有风引起的波浪增加了水体表面与空气的接触，能够增加水体的溶解氧。因此，在生产实践中，在水面上装置水车，可以有效提高水体溶解氧，避免水体缺氧的情况发生。

（二）气呼吸

栖息在缺氧环境中的水生动物，往往依靠辅助呼吸器官进行呼吸，以弥补鳃呼吸的不足，这些辅助呼吸器官均为气呼吸器官。有些鱼类可以利用皮肤进行呼吸，有些呼吸器官则在体内。但并非所有贮存空气的器官一定都是呼吸器官，如鳔，在某些鱼类中具有呼吸机能，而在大部分鱼类则主要是浮力调节器官。要确定一个器官具有呼吸机能，其必须具备以下几个特征：

（1）器官上皮应当有丰富的微血管网分布和血液供应，血液流经这一器官的微血管后，可以从空气中吸收氧气；

（2）器官的内腔与外界空气之间有比较大的通透性，可以进行正常的气体交换；

（3）器官中所含的气体或所排出的气体，含氧量一定要低于空气，二氧化碳含量则高于空气。

用鳃进行呼吸的鱼类，并非完全不能营气呼吸，有些鱼类在氧含量不足时，偶然也会进行气呼吸。相反，有些气呼吸的鱼类，即使在溶解氧很高的水中，仍不能进行鳃呼吸，如南美肺鱼、石鮎、电鳗、囊鳃鮎等，因为它们的鳃往往已经退化。一般而言，鱼类具备气呼吸器官后，随之而来的是鳃的退化。以鱼鳃的呼吸面积和鱼体的体积计算，气呼吸的鱼类一般为24～40 mm^2/cm^3，而水呼吸的鱼类一般为

$65 \sim 76 \ \text{mm}^2/\text{cm}^3$。

在气呼吸的鱼类中，利用鳃呼吸空气的极为少见。大多数鱼类的鳃，为了适应水流的气体交换，要具有较大的气体交换表面积，因而结构极为纤细，只有在水的浮力作用下才能顺利舒展，而一旦脱离了水，其就会紧贴在一起。凡是有内部气呼吸器官的鱼类，都是从口吸取空气。鱼游到水面，冲出水面并吞入空气，然后送入辅助呼吸器官进行气体交换。当鱼远离水面时，经过交换的废气往往通过口或鳃裂排出体外；如果呼吸器官是肠道，废气则从肛门排出。

空气的含氧量远超被空气饱和的水体溶解氧（空气的含氧量为210 mL/L，水的含氧量只有5 ~ 10 mL/L），这就意味着进行气呼吸时，只要有较少的空气就能够满足鱼类的需要。在用辅助呼吸器官进行气呼吸时，由于与外界空气的交换不完全，能与呼吸上皮接触的氧气比原来外界空气所含氧气有所减少，而二氧化碳含量有所增加。一般来说，环境中的氧气量越高，气体在环境中弥散也越快。所以在正常情况下，气呼吸器官的呼吸上皮周围的含氧浓度常比鳃上皮（gill epithelium）周围的含氧浓度高，交换速度也快，因此，气呼吸器官中的空气可以比鳃腔中的水需要更换的次数少一些。

大多数鱼类的血红蛋白氧合作用，对二氧化碳十分敏感，只要气泡中空气的二氧化碳含量达到3%，即使氧分压等于大气气压，也完全能阻止血红蛋白的氧合。因此有人设想，营气呼吸的鱼类应该还有另一种血红蛋白，结构上与陆栖脊椎动物的血红蛋白类似，对二氧化碳分压 $[p(\text{CO}_2)]$ 的变化不敏感，以确保对氧气的摄取。

二、呼吸器官的种类

鱼类及其他水栖动物的呼吸器官主要是鳃，血液与流过鳃的水流进行气体交换。但由于鱼类生存环境的多样性和长期适应环境的特殊性，有些鱼类可以暂时离开水或者在含氧量很低的水中生活。有些鱼类可以用鳃进行短时间的空气呼吸，它们的鳃构造比较坚硬，次级鳃瓣之间的距离较大，以防止鳃离水后折叠在一起，但这种结构使鳃的呼吸表面积相对减少。这些鱼类以水中呼吸为主，因为受到失水和温热（在陆地上太阳直接照射）的限制而不能持久，只能短时间进行空气呼吸。

适应特殊生存环境的鱼类，除了鳃外，还具有辅助呼吸器官。这些鱼类用辅助呼吸器官进行空气呼吸。辅助呼吸器官的种类很多，包括变态的鳔、部分消化道、咽腔、口腔、皮肤等。如鳗鲡的皮肤、泥鳅的肠、黄鳝的口咽腔黏膜、乌鳢的鳃上器官、攀鲈（*Anabas testudineus*）的迷路囊以及肺鱼的"肺"等，均具有呼吸的机能。

（一）鳃

绝大部分鱼类生活在水中，因而维持鱼体代谢所需要的氧气须从水中获得。氧气从水中进入血液是由液相到液相的扩散，鳃是适应这一气体交换过程的良好呼吸器官。鳃是由咽部两侧发生而形成的。硬骨鱼类的头部两侧具有很发达的鳃弓，第五对已退化。鳃具有扩大的呼吸表面积和丰富的微血管（详见本章第二节），可以保证血液与水流之间气体充分地通透和弥散。对于多数鱼类而言，水流方向与鳃部毛细血管内的血流方向相反，形成逆流倍增系统，以利于水中气体与血管内气体高效交换，水中的氧气扩散进入血液，而机体代谢所产生的二氧化碳则从血液扩散进入水中。多数鱼类的鳃除具有呼吸功能外，还具有排泄含氮废物及渗透压调节功能。

一般而言，具有辅助呼吸器官的鱼类，其鳃的作用往往有不同程度的退化。如攀鲈，在第一对鳃弓上有鳃上突起形成辅助呼吸器官，其鳃表面积以每克体重计只有 $1.44\ cm^2$，比一般鱼类小得多，而且次级鳃瓣的鳃上皮厚达20 μm。所以，它的鳃上皮进行气体交换的作用很小；其鳃表面积的缩小及通透性的降低，主要是为了抑制血液中的氧经过鳃时扩散到缺氧的水中，并且限制离子和水分经过鳃的交换。

（二）皮肤

有些鱼类离开水体在空气中可以生活一段时间，但忍受能力因鱼的种类不同而异，因而推测这些鱼类的皮肤具有一定的气体交换能力。用橡皮套把鳃封闭，使鱼鳃停止呼吸，就可以测定其皮肤呼吸的容量。根据实验，鲤鱼、鲫鱼、鲇鱼以及鳗鱼等的皮肤呼吸容量平均占总呼吸容量的17%～32%；部分鲟鱼的皮肤呼吸容量占总呼吸容量的9%～12%；鲤鱼和鳗鱼的个别个体，皮肤呼吸容量占总呼吸容量的比例可超过80%。此外，皮肤呼吸容量的比例以及气体交换比例因环境变化而改变。研究发现，水中有3/5的氧透过皮肤摄取，二氧化碳则主要通过鳃排泄；但在空气中则有10/11的二氧化碳从皮肤排泄。体重1 kg的鱼在水温12～13 ℃时，每小时透过皮肤排泄的二氧化碳量为12 mL，如果阻止了鳃呼吸，则皮肤排泄二氧化碳的量增加到15.2 mL。温度16 ℃以下的空气环境中，即使口和鳃都被密封，鳗鱼仍能摄取与口和鳃未封闭时同样的氧气量。因此可以认为，只要温度不超过16 ℃，皮肤呼吸足以维持鳗鱼的生命，这是鳗鱼能在夜间离开水体，经过潮湿的草地，从一个水域迁徙到另一个水域的主要原因。在运输皮肤呼吸机能较强的鱼类时，可以充分利用这一特点进行活鱼无水运输，但必须采取一定措施防止鱼类皮肤组织的脱水，使其皮肤在气呼吸方面发挥最完善的机能，延长在空气环境中生存的时间。

进行皮肤呼吸有赖于这些鱼类皮肤的特殊结构：在皮肤的表皮下面分布有丰富的

微细血管，而且皮肤薄；鳞片退化，表皮是由单层鳞状上皮细胞构成，通透性强，以便与外界进行充分的气体交换。某些鱼类只有部分皮肤具有特化的结构，皮肤的呼吸机能就靠这些皮肤进行。比如，虾虎鱼科（Gobiidae）的某些种类，可以适应海岸或淡水沿岸沼泽地生活，其头部表皮充满微血管，常从水中伸出身体的前半部以营气呼吸机能。

（三）鳃上器官

鳃上器官是鳃弓及其附近部位的特殊结构，是一种气呼吸器官。如乌鳢是一种能够在空气中短期存活的鱼类，其辅助呼吸器官是第一鳃弓背面的一个鳃上腔，腔内有第一鳃弓的上鳃骨和舌颌骨部分伸出来的薄而屈曲的骨片，外面覆盖着具有丰富血管的多层表皮，鳃腔和咽喉部的表皮亦有大量微血管浸润，可以行使呼吸作用。乌鳢平时栖息于河流、池塘、沼泽等生境，在炎热干燥的季节或河流干涸时，可以钻进泥里呈蛰伏状态，依靠辅助呼吸器官进行气体交换，以适应缺水的不良环境。

攀鲈、尖头大吻鲅（*Rhynchocypris oxycephalus*）的鳃上器官是第一鳃弓的上鳃骨及咽鳃骨扩大特化为迷路状的构造，形成"皱褶"的迷路囊，也是气呼吸器官的一种。当旱季水干涸时，我国南部的广东、福建等地的攀鲈可在泥土内存活数月。与攀鲈同一科的斗鱼亦具有类似的鳃上器官。胡子鲇的辅助呼吸器官是在第一或第二鳃弓的背面形成的树突状突起物，伸出在鳃与咽的背侧空隙中，具有布满微血管的呼吸上皮。在干燥季节，胡子鲇营穴居生活，依靠这种辅助呼吸器官可以生存数月。鳃上器官虽然是一种空气呼吸器官，但这种气体交换必须在潮湿的状态下进行，当迷路囊干燥时，鱼便很快死亡。

攀鲈科与鳢科鱼类的某些种类在含氧量充足时，能够通过鳃呼吸摄取足量的氧气，即使阻塞迷路囊的呼吸，这些鱼类仍然能够存活；但在氧气缺乏的水中，迷路器官的呼吸便成为必需。然而，在对与攀鲈属同一科的斗鱼及长丝鲈的研究中发现，即使是在氧气含量充足的水中，单纯依靠鳃也不能满足对氧气的需求，必须依靠辅助呼吸器官。

（四）口咽腔黏膜

鲤科鱼类口腔黏膜布满微血管，能够进行气体交换。当水中缺氧时，会出现浮头现象，即鱼类游近水面，头伸出水面用口吞咽空气，通过口咽黏膜摄取氧气，以弥补鳃呼吸的不足。栖息于稻田里的黄鳝，秋后田里水被放干后，就钻入泥底的洞穴中，依靠布满微血管的口腔黏膜呼吸空气，可以生存数月。

（五）肠道

有些鱼类在水温较低及水中含氧量充足时用鳃呼吸；而当水温升高及水中的含氧量降低，或水中二氧化碳含量升高时，这些鱼类则游至水面吞咽空气，空气在肠内停留一段时间，利用肠黏膜摄取其中的氧气，剩余气体则从肛门排泄出。像泥鳅、条鳅和花鳅等都具有肠呼吸的机能，其肠道的前段保持消化机能，后段经常没有食物潴留，肠壁很薄，分布着丰富的微血管，并具有黏液细胞，可以分泌黏液，包裹消化后的食物残渣，使粪便很快地通过，以有利于发挥肠道的呼吸机能。

（六）气鳔（肺）

多鳍鱼类和肺鱼以及弓鳍鱼、雀鳝的鳔变为"肺"，成为一种重要的辅助呼吸器官。这种变态的鳔，有的分成左右两叶，在前端汇合，右叶有开口于咽喉与食道之间的裂口；有些则是单囊的鳔（澳洲肺鱼）。肺壁虽然不具肺泡结构，但有大量纵行的褶皱，皱褶间具有鞭毛上皮沟，在皮下面分布着大量的微血管。当水中含氧量充足时，这些鱼类用鳃进行水呼吸，在涸水季节则进行肺呼吸。

具有空气呼吸机能的气鳔（肺），具备了高等脊椎动物肺的雏形。气鳔（肺）容量约占身体体积的10%，由于容量大，所含空气含氧量高，鱼类进行空气呼吸的频率可以很低，一般每隔3~5 min呼吸一次。正常情况下这些鱼类亦用鳃进行呼吸，但通过鳃摄取氧的作用显著减弱。如巨骨舌鱼（*Arapaima gigas*）通过鳔呼吸摄取氧气约占78%，排出的二氧化碳占37%；而通过鳃呼吸摄取的氧气仅占22%，排出的二氧化碳占63%。所以，这种鱼呼吸的特点是主要用气鳔（肺）从空气中吸收氧气，而主要通过鳃把二氧化碳排泄到水中。

由于呼吸机能的变化，这些鱼类的循环途径如果没有相应的改变，就会带来诸多不便。从身体组织收集回来的血液由心脏灌注到鳃，由于二氧化碳很容易在水中扩散，因此，血液中大部分二氧化碳经过鳃时扩散到水中；然后血液输送到气鳔（肺），以从空气中吸收大量的氧气。由鳔流出的血液回到心脏，还需再次经过鳃才能输送到身体各部分。由于鳃呼吸和气鳔（肺）呼吸的血液循环没有分开，如果鳃的气体交换功能很强，从气鳔（肺）流出的富氧血液在灌注鳃部时，相当多的氧会散失到水里，尤其当水是缺氧状态的时候这种散失更甚。所以，它们的鳃亦和攀鲈的一样退化。鳃的退化必然会影响二氧化碳向水中扩散，而使二氧化碳在体内积累增多，以致使这些具有空气呼吸机能的鱼类血液中的二氧化碳分压几乎与陆栖脊椎动物的一样，可高达6 kPa。在这种情况下，这些鱼类的血红蛋白与氧结合的亲和力在二氧化碳的影响下大为降低，而且血液中血红蛋白的含量亦增加，以便能增加血液摄取和保留氧的能力。

　　空气呼吸最为发达的肺鱼类，如非洲肺鱼，其循环路径发生了很大变化。从气鳔（肺）流出的充氧血液进入心脏后，一部分能直接由血管输送到身体各部分，而从身体回流的静脉血经过心脏输送到鳃后，大部分能直接送到气鳔（肺）进行充氧。这种血液循环已经具有陆栖脊椎动物将肺循环和体循环分开的雏形。

　　鱼类的呼吸器官多种多样，例如假鳃，看上去似乎是一种失去呼吸功能的退化结构，但实验证明，当水中二氧化碳含量升高，鳃对二氧化碳的排泄机能受影响以后，假鳃壁的鳍丝状细胞分泌活动明显增强，分泌大量的碳酸酐酶，促进假鳃向外环境排泄二氧化碳。

（七）水生无脊椎动物的呼吸器官

　　水生无脊椎动物的种类繁多，结构多样，个体大小亦差别很大。许多无脊椎动物没有专门的呼吸和循环器官（如原生动物及扁形动物），氧气可以通过体表直接扩散到体内。这种动物的体形一般很小，或者体壁很薄，代谢率很低，通过气体的单纯扩散可以满足机体代谢的需要。水母的体形虽然很大，但它所含的有机物不到1%，其余都是盐和水，平均耗氧率很低，并且代谢活泼的细胞分布在身体的表面，气体扩散的距离很短。有些动物虽然体形不大，但具有伪足或有大而复杂的表面（如珊瑚、海绵），它们仍可以通过扩散作用获得氧气。

　　除此之外，大多数水生无脊椎动物在身体表面或内部具有特殊的呼吸器官，这些呼吸器官的呼吸表面有丰富的血管，适宜与外界进行气体交换，而且在血液内往往有呼吸色素，通过血液循环运输氧气及二氧化碳。许多无脊椎动物的身体表面有可摆动的纤毛，纤毛的运动使水流过身体的内部或外部表面，这种水流往往与摄食有关，同时也使呼吸器官表面的水得到更新。有的无脊椎动物则通过特异的呼吸运动来更新呼吸器官表面的水流。

　　软体动物生活于海水、淡水、静止的水中以及陆地上，因而其呼吸器官及呼吸机制也具有多样性。水生贝类的主要呼吸器官是鳃，以外套膜作为辅助呼吸器官。外套膜由身体背侧皮肤褶向下伸展而成，常包裹整个内脏团。外套膜与内脏团之间的腔称外套腔。外套膜由内、外两层上皮构成：外层上皮的分泌物可形成贝壳；内层上皮细胞上具有可定向摆动的纤毛，借助于纤毛的摆动，使水循环于外套膜内，借以完成呼吸、摄食及排泄等功能。左右两片外套膜在后缘处常有1~2处愈合，形成入水孔和出水孔。鳃由外套膜内面的上皮伸展形成，位于外套膜腔内，形态各异。水流经鳃丝上皮进行气体交换，外套膜也具有辅助呼吸功能。另外，贝类的瓣鳃（lamina）尚可辅助摄食，外瓣鳃的鳃腔还是受精卵发育的地方。

甲壳动物中，虾蟹类营水呼吸，其呼吸器官为鳃。日本沼虾的鳃共7对，各着生于后2对颚足和5对步足的基部，由头胸部和头胸甲左右两侧所形成的鳃室所围护。

棘皮动物中，海胆的口缘附近有鳃，海星的管足既是运动器官，又是呼吸器官。此外，它们反口面的鳃乳突也有气体交换的作用。海参由排泄腔分出一对分支的树状结构，称呼吸树或水肺，这是海参特有的呼吸器官。由肛门进入排泄腔的水，由于排泄腔的收缩而进入呼吸树内，当肛门开放，呼吸小管和体壁收缩时，水排出体外。

第二节　鳃呼吸

多数水生动物以鳃为呼吸器官，通过鳃呼吸从水中吸取氧气。水生动物从水中获取氧气比陆生动物从空气中获取氧气要困难得多。首先是水的密度约比空气大800倍，黏滞性比空气大100倍，氧在水中扩散的速度比在空气中慢1 000倍，所以，鳃呼吸的阻力较大；其次是水的含氧量比空气少，而且水的含氧量还随水温的升高而减少。然而鳃的结构有利于克服这些困难，提高摄取氧的能力，使鳃能从水中获取48%～80%的溶解氧。

一、鳃的结构

鱼类等多数水生动物外呼吸时的气体交换在鳃进行。由于不同动物的生活习性及身体结构、形状不同，鳃的结构也多种多样。

（一）硬骨鱼类

硬骨鱼类的鳃很发达，咽喉两侧具有5对鳃弓。其鳃间隔退化，鳃瓣直接附着于鳃弓上，在鳃的外侧有鳃盖保护，使鳃裂不直接通体外，而是开口在鳃盖所包围的鳃腔内，只在鳃盖的边缘有一个总的鳃孔（ostrium）与外界相通。第五对鳃弓特化为不具机能的鳃耙，作为滤食之用。

第一至第四对鳃弓外凸面上都具有两行并排生长的薄片状突起，称为鳃瓣（或鳃片）。鳃瓣由无数鳃丝（gill filament）排列构成，鳃丝紧密排列，外观上呈十分整齐的梳状。每一条鳃丝的两侧又生出很多褶襞，称次级鳃瓣（secondary lamellae）或鳃小片，极大地扩大了气体交换面积。如体重为10 g的鲫鱼，呼吸总面积可达16.66 cm²。鱼类的相对呼吸面积（单位体重所对应的鳃小片表面积）与鱼的生活习性和活泼程度有关，不活泼鱼类的相对呼吸面积小，如银须鮟鱇（*Linophryne argyresca*）每克体重的鳃小片表面积为1.43 cm²，活泼的鲣鱼每克体重的鳃小片表面积为13.5 cm²，大多数硬骨鱼类每克体重的鳃小片表面积约为5 cm²。

鳃小片是血液与外界水环境进行气体交换的场所，是由两层上皮细胞及其下方的基膜组成的黏膜褶，中间有一层支柱细胞把水和血液隔开，支柱细胞中有充满红细胞的血道，并无明显的血管壁结构，这样就减少了血液与水进行气体交换的层次。将鳃弓横切，可见入鳃动脉位于两鳃丝的基部，鳃弓两侧有横纹肌（缩肌）分布，四周有软骨支持，在鳃弓背部有出鳃动脉，每一鳃丝两侧有许多鳃小片。将鳃丝横切，即可见鳃小片中分布着很多微血管。血流从入鳃动脉至入鳃丝动脉，经过鳃小片的微血管。流经鳃小片微血管内的血液与水流方向相反，形成逆流倍增系统，保证血液与水流间进行充分的气体交换。经过气体交换的血液经出鳃丝动脉回到出鳃动脉（图7-2）。

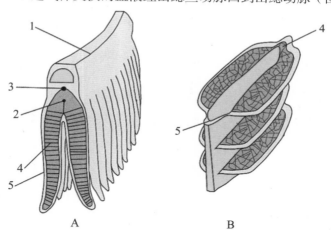

A.鳃片和鳃小片；B.示血流供应方向。

1.鳃弓；2.入鳃动脉；3.出鳃动脉；4.入鳃丝动脉；5.出鳃丝动脉。

图7-2 硬骨鱼类鳃的结构

两鳃弓上相邻的两叶鳃瓣的顶端通常靠在一起，水从其间流过。当鱼活动时，鳃丝上的缩肌收缩，一方面牵引鳃丝的支持软骨，使两叶鳃瓣分开，利于水从中流过；另一方面，还可以牵引入鳃动脉壁，使血流畅通。

当鱼离开水域时，原来完全张开的鳃片和鳃小片就彼此粘连，呼吸面积大大减小，无法获取充足的氧气，且鳃丝暴露在空气中，水分蒸发引起鳃小片干燥，破坏鳃的结构，使之失去呼吸机能，鱼窒息死亡。

（二）软骨鱼类

鲨鱼等软骨鱼类用胚层形成的鳃行使呼吸作用。软骨鱼类的鳃具备以下特点：壁薄，面积大，联系着丰富的血管，流入鳃的血液是缺氧血，而流出鳃的血液是富氧血。鲨鱼的鳃除具备以上一般性的特点外，其鳃间隔（interbranchial septum）特别长，由鳃弓延伸至体表而与皮肤相连。鲨鱼的鳃瓣不是丝状的，而是由上皮折叠形成栅板状（状如暖气片），贴附在鳃间隔上（图7-3），因而鲨鱼又称板鳃鱼类。咽的左右侧壁，两个鳃的间隔之间为鳃裂。星鲨具有5对鳃

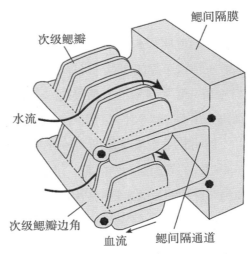

图7-3 软骨鱼类鳃（板鳃鱼类）的结构

裂，直接开口于体表。另外，在星鲨两眼后各有一个与咽相通的小孔，为喷水孔。从系统发生角度分析，喷水孔是第一对鳃裂退化形成的。呼吸时，水由口和喷水孔进入咽，由鳃裂流出体外。当水流经鳃瓣时，水中的氧扩散进入血管，而血液中的二氧化碳渗至水中。

（三）无颌类

无颌类动物也称为圆口类，其外部形态和鱼类相似，但在系统分类上不属于鱼类。无颌类的呼吸器官与鱼类存在较大差异。盲鳗和七鳃鳗的鳃呈囊状，称囊鳃类。它们的鳃囊内有许多褶襞呈环状排列在鳃囊壁上，称为鳃瓣，其上分布着丰富的毛细血管，是进行气体交换的场所。七鳃鳗有7对鳃囊，内侧与呼吸管相通。呼吸管是一长管，前端与口相通，后端成为盲囊状，鳃囊的外侧则经外鳃孔与外界相通。盲鳗有鳃囊6~14对，鳃囊的内侧与咽相通，咽的背侧接有一个外鼻孔，鳃囊的外侧则有一鳃小管，同侧各鳃小管向外向后汇合成一个鳃总管，开口于外鳃孔。呼吸时，水可由头顶的一个外鼻孔进入咽喉再到鳃囊，水在鳃囊经过气体交换后，由鳃小管和鳃总管经外鳃孔排出体外。七鳃鳗营半寄生生活，其呼吸与盲鳗有所不同。当七鳃鳗用口吸附到别的鱼体上时，呼吸由鳃囊肌肉壁的伸缩行使，水由外鳃孔进入鳃囊，在此进行气体交换后，仍然由外鳃孔排出体外。当七鳃鳗未吸附到其他鱼体上时，水流由口腔经呼吸管进入鳃囊，气体交换后的水则由外鳃孔排到体外。

（四）软体动物

软体动物是动物界中最早出现专职呼吸器官的类群。水生软体动物用鳃呼吸，鳃

由外套腔内壁皮肤伸展而成。不同种类的软体动物，其鳃的形态各异，有的在鳃轴两侧均有鳃丝，呈羽状，为楯鳃；仅鳃轴一侧生有鳃丝而呈梳状的为栉鳃；有的鳃呈瓣状，为瓣鳃。鳃的数目因种类不同存在差异，一般与心耳的数目相当。

鳃的表面分布有纤毛，纤毛的定向运动产生水流。这些鳃丝上的血管很丰富，一般在每一个鳃丝上，水流的方向与血流的方向相反，形成逆流交换系统，能更有效地从环境中摄取氧气。

贝类的鳃多呈瓣状，称瓣鳃。无齿蚌（*Anodonta*）在外套腔内蚌体两侧各具有两个片状的瓣鳃，每个瓣鳃由内外两个鳃小瓣（lamellae）构成，鳃小瓣前后缘及腹缘愈合成U形，背缘为鳃上腔。鳃小瓣由许多纵行排列的鳃丝构成，表面有纤毛，各鳃丝间有横的丝间隔相连，上有小孔，称鳃孔。瓣间隔将鳃小瓣间的鳃腔分隔成许多小管。丝间隔与瓣间隔内均有血管分布，鳃丝内还具有起支持作用的质棍（chitinous rod）。

贝类多营水呼吸，由外套膜上纤毛的定向摆动引起水流。水由入水管进入外套膜，经鳃孔到鳃腔内，沿水管上行达鳃上腔向后流动，经水管排出体外，每24 h时流经蚌体内的水可达40 L。

（五）甲壳动物

虾类等甲壳动物主要营水栖生活，具有效的外鳃，血管分布丰富，呼吸膜薄，氧气和二氧化碳容易扩散。鳃通常位于鳃腔内，外面有头胸甲保护。不同种类的甲壳动物，呼吸机制也不同。十足类的第二小颚上有一个称为颚舟叶的特殊结构，起桨的作用，用于引起水流。等足类、端足类及口足类腹部附肢的活动可引起复杂的水流，使鳃能最大限度地从水中吸取氧。

日本沼虾的鳃室有入水孔和出水孔各一对，水流的动力源于第二小颚呼吸板对水的拨动。汇集在血窦内的静脉血经过几条入鳃血管进入鳃内，与流经鳃的水进行气体交换。经过气体交换变成的动脉血的血液经出鳃血管流入围心窦，最后经心孔回流入心脏。

陆生或半陆生的蟹类的鳃比较牢固，而且鳃腔扩大，有的在鳃中有膜性突起。在陆上时，大多数两栖蟹类的鳃腔充满水，并用鳃盖封住鳃腔。这种情况下，利用背甲和颚舟叶的运动使空气流通。

二、鳃呼吸的机械运动

鳃的呼吸运动又称鳃通气，是使水流经过鳃的交换上皮的动力。各种水生动物鳃的结构及生活习性不同，其呼吸运动的特点也存在差异。部分水生动物依靠鳃上皮细胞表面的纤毛定向摆动来驱动水流（如贝类），部分水生动物则依靠鳃附近的附肢拨动水流，绝大部分鱼类的呼吸运动则依靠由口腔和鳃盖的运动所形成的"压水泵"结构进行。

　　鱼类的鳃通气活动是由口腔、鳃腔肌肉的协同收缩与舒张运动，以及鳃盖本身小片状骨骼结构特点及瓣膜的阻碍作用共同完成的。由于口腔壁、鳃盖和鳃盖膜的运动改变了口腔和鳃腔内部的压力，因此水流能够被动地从口腔流入和从鳃孔流出，不断地通过鳃的呼吸上皮进行气体交换。口腔压力的改变主要依靠腭弓提肌、下颌收缩肌、腭弓收肌、鳃弓提肌、鳃弓收缩肌和鳃弓连肌等的收缩与舒张。鳃盖的运动是靠鳃盖开肌、鳃盖收肌、鳃盖提肌的收缩与舒张，以及鳃盖本身的片状小骨的特点而实现的。鳃盖膜则只是为起瓣膜的作用出现的，因此它完全是被动活动的。

　　当鳃盖膜封住鳃腔时，口张开，口腔底向下扩大，口腔内的压力低于外界水压，水即流入口腔；接着口关闭，口腔瓣膜阻止水的倒流，鳃盖骨向外扩张，使鳃腔内的压力低于口腔，水从口腔流入鳃腔；然后口腔的肌肉收缩，口腔底部上抬，口腔内的压力仍高于鳃腔内的压力，水继续流向鳃腔；最后鳃盖骨内陷，使鳃腔内的压力上升，水从鳃裂流出（图7-4）。在整个呼吸过程中，这些运动是互相协调、互相连贯的。因此，虽然鱼类口腔、鳃盖的关闭以及水从口内进入和从鳃孔流出都是间断性的，但在鳃中流经鳃瓣的水流是连续的，这主要是因为鳃盖结构的特点和内部的压力变化而形成的。多数硬骨鱼类都有两对呼吸瓣：第一对附生在上、下颌的内缘称为口腔瓣，闭嘴时可以防止吸入口内的水逆行流出口外；第二对附生在鳃盖后缘即鳃膜，或称鳃盖膜，可以阻止水从鳃孔倒流入鳃腔，同时也对口咽腔及鳃腔内压力的改变起着重要的调节作用。

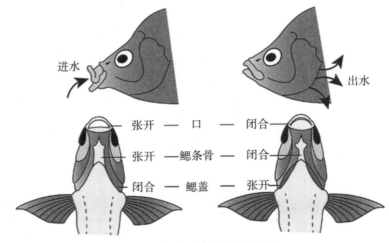

图7-4　鱼类呼吸的机械性运动

在呼吸运动中，口腔和鳃腔的作用取决于鱼类的栖息环境。活动缓慢的鱼类主要依靠口腔和鳃腔的连续动作进行呼吸。快速游动的鱼类（如金枪鱼），虽然鳃盖肌肉退化，不能运动，但游动时口腔外水的压力大，依靠张口、快速游泳，使水自动从口和鳃流过，这种呼吸方式称冲压式呼吸（ram ventilation）。如果限制这种鱼的游动，它们就会窒息死亡。

然而，即使去掉硬骨鱼类的鳃膜，使之不能成为改变内、外压力的调节结构，它们仍能从口中进水和自鳃盖后排水，完成呼吸动作并在鳃区进行气体交换。不仅如此，有的金鱼品种（"翻鳃"）的鳃盖内缘并无鳃膜，人们可以在提起它的鳃盖时看到鳃，这就表明虽然鳃膜在鱼类完成呼吸动作时具有一定作用，但鱼类主动吞水在呼吸运动中的积极意义同样不容忽视。也说明鳃膜在鱼类完成呼吸动作时，其作用也具有一定的局限性。

板鳃鱼类鳃的结构与硬骨鱼类的不同，没有形成硬骨鱼那样的鳃盖和鳃腔，但仍可利用上述的口腔系统进行呼吸。板鳃鱼类眼的后侧有一对喷水孔，口腔扩大时，水由喷水孔进入口腔，而口腔压缩时，水从鳃裂流出。此外，板鳃鱼类还有一点与硬骨鱼类不同：当水流过鳃时，水流方向与血流方向为同向。鲨鱼在游泳时，也呈现张口状态，鳃裂外的膜开放，进行冲压式呼吸。

有几种鱼类由于其身体结构及生活环境的特殊性，具有特别的呼吸方式。如鳐类生活在海底，身体扁平，口和鳃孔在头的腹面，头的背面有一对很大的喷水孔。在游泳时，它使用普通的呼吸方式呼吸，但停在海底休息时，如果仍用口吸水，就会将泥沙一并带入，有损坏鳃小片表面的危险，因此，它就改用喷水孔吸水，经过鳃换气后再由鳃孔排出去。

栖息在急流山溪或瀑布中的鱼类，往往把身体固定在水底的石头或别的物体上，以免被水流冲走，因此这些鱼类身体的腹面非常扁平，大多数的口很小，而且生在头的腹面。有些种类嘴唇阔厚，翻出来就留在口的四周，变成附着器，紧紧吸附在水底的石头上。因此，这些鱼类无法使用普通的呼吸方式。除了少数特殊情况外，这些鱼类呼吸时，水也是从口吸入，由鳃孔排出。和普通鱼类不同的只是它们呼吸时，口一直处于张开状态，仅仅依靠鳃盖的运动，起到唧筒作用，使水不断从口流进，从鳃孔流出。而另外有些鱼类呼吸时，口并不张开，沿着口的前缘有一条小沟通到口的两角，水可以从这条小沟经过口角流进口腔。还有几种生活在山溪的鱼类，仍用普通方式呼吸。因为它们的鳃孔极小，所以在口腔停止进水时，鳃腔内可以保留相当多的水，呼吸运动可以休止一段时间。山溪的水温较低，溪水中氧气比较充足，又因为附着在石头上，机体耗氧量较少，所以虽然暂时停止了进水，这些鱼类也不至于窒息而死。

三、呼吸频率

每分钟呼吸的次数称为呼吸频率。对同一种鱼类而言，呼吸频率越大，流过鳃的水量也越大。用鳃盖运动描记法可得到鱼类的呼吸运动曲线。鱼类的呼吸频率由于生活习性、鱼体大小、年龄的差异而相差很大。同一种鱼类也会因生活环境条件（如水温、水中溶解氧、pH等）的变化而有所变化。例如，平均体重2.8 g的鲢鱼苗，在水温为27.3 ℃时，其呼吸频率随水中含氧量的减少而增加。鲤鱼在一定的氧含量下，其呼吸频率随水温的增高而增加。水温是影响呼吸频率的重要因素之一。比如，在水温12 ℃时，体重25 g的草鱼的呼吸频率为68次/min；水温增加至17 ℃时，其呼吸频率增加到82次/min；当水温升高至28 ℃时，其呼吸频率则达到130次/min。如果水中含氧量不足或二氧化碳含量升高，鱼类的呼吸频率一般显著增加。当长时间处于低氧状态，由于体力的衰弱，呼吸频率大幅减退。此外，过度的活动或者贪食、恐惧等情绪上的变化，也会导致鱼类呼吸频率加快。

第三节　气体交换与运输

气体交换发生在呼吸器官的血液与水流或空气之间，以及血液与组织细胞之间。气体在血液中的运输则是联系这两个部位气体交换的中间环节。

一、气体交换

（一）气体交换基本原理

呼吸器官的不断通气，保持了呼吸器官中氧分压、二氧化碳分压的相对稳定，这是气体交换得以顺利进行的前提。无论是发生在呼吸器官还是在组织的气体交换，其基本原理都是物理扩散方式。根据物理学原理，各种气体无论是处于气体状态，还是溶解于液体之中，当各处气体分子压力不相等时，通过分子运动，气体分子总是从压力高处向压力低处净移动，直到各处压力相等，这一过程称为扩散。扩散的动力源于两处的压力差，压力差愈大，单位时间内气体分子的扩散量［即扩散速率（diffusion rate，D）］也愈大。此外，气体的扩散还与气体交换膜的通透性及气体交换面积有关。

在一定容积的容器中，一定的气体分子不停地进行着无定向的运动，由于分子的热运动，可表现一定的气体压力。若为混合气体，则表现的总压力等于混合气体中各组成气体所占有的分压力的总和。所谓分压是指混合气体中各组成气体所各自具有的压力，但不受其他气体及其分压的影响。当气体与液体表面接触时，气体分子则扩散到液体中，气体的压力越大，扩散的量就越多。同时，溶解在液体中的分子有向外逸出的趋势，溶解的气体分子越多，逸出的就越多。气体分子从液体中逸出的这种力量，称为液体的气体张力。当气体分子进入和逸出液体达到动态平衡时，溶解气体的张力则等于它在混合气体中的分压。同一种气体如果在两种溶液中的张力不相等，也可以按照气体扩散的规律扩散，使这两种溶液中的气体的张力达到平衡。呼吸器官血液与水流或空气之间、血液与组织液之间以及组织液与细胞之间的气体交换，都是按这种规律进行的。

（二）肺内的气体交换

肺泡是气体交换的主要场所。虽然单个肺泡的表面积很小，但肺内肺泡数量众多，所以表面积很大，为气体交换提供了非常大的场所。肺泡和肺毛细血管血液之间的结构，称为呼吸膜。尽管呼吸膜有6层结构，但其间距很短，容许气体分子自由通过。

在交换过程中，吸入气的氧分压为21.20 kPa（159 mmHg），当吸入气与呼吸道和功能余气混合后，使肺泡气中的氧分压变为13.83 kPa（104 mmHg），而混合静脉血液流经肺毛细血管时，血液的氧分压为5.32 kPa（40 mmHg），比肺泡气的低，肺泡气中的O_2便由于分压差而向血液净扩散，血液的氧分压便逐渐上升，最后接近肺泡气的氧分压（100 mmHg）。二氧化碳则向相反的方向扩散，从血液扩散到肺泡，因为混合静脉血的二氧化碳分压为6.12 kPa（46 mmHg），肺泡气的二氧化碳分压为5.32 kPa（40 mmHg）。

氧气和二氧化碳的扩散都极为迅速，仅需约0.3 s即可达到平衡。通常情况下，血液流经肺毛细血管的时间约0.7 s，所以当血液流经肺毛细血管全长的1/3时，已基本完成交换过程。通过肺交换，血液中氧气不断从肺泡中得到补充，并经肺泡将二氧化碳排出，使含二氧化碳多而含氧气少的静脉血，变成含氧气多而含二氧化碳少的动脉血。

（三）鳃通气

每种鱼从一定容量的水中摄取的氧量（以百分比计）通常相当稳定，一般不受水中溶解氧的影响，但不同的鱼类之间差别很大。例如，鲤鱼通常可利用水中含氧量的80%左右，而鳟鱼只能利用30%，这与各种鱼类的血红蛋白对氧的亲和力有直接关系。

鳃具有在水中进行气体交换的结构特征。首先，鳃具有广阔的气体交换表面积。其次，在鳃部水流方向与次级鳃瓣毛细血管内血液流动的方向是相反的，形成了逆流倍增系统（countercurrent maltiplier system），始终保持水中的氧分压高于血液的氧分压，而二氧化碳分压低于血液的二氧化碳分压，这样可以最大限度地提高气体交换效率。如果水流方向和血流方向相同，水流与血流之间的气体交换量就很少；如果水流和血流是反方向，且两者之间的扩散阻力又很小，两者间的气体交换量就会显著增加（图7-5）。据实验，鱼鳃的这种逆流倍增系统气体交换机制可使水中80%以上的氧被鱼类摄入血液；相反地，如果水流与血液流动的方向相同，则水中的氧仅有10%被鱼类摄入血液。

各种鱼类的呼吸运动虽然各有特点，但它们的共同特点是水在呼吸器官里单方向流动且通过鳃的水量很大。如虹鳟在安静状态时的通水量（单位体重、单位时间内通过鳃的水量）约为175 mL/（kg·min），中速游泳时为700 mL/（kg·min）。在鱼类的呼吸过程中，通过鳃的水流量和血流量的比例大约是10∶1，从而保证足够的水与血液进行气体交换。而不像在哺乳类通过肺泡的空气流量与血流量的比例接近1∶1。这是由两种呼吸介质（水和空气）的不同含氧量所决定的，因为水中的溶解氧要比空气的含氧量低得多。

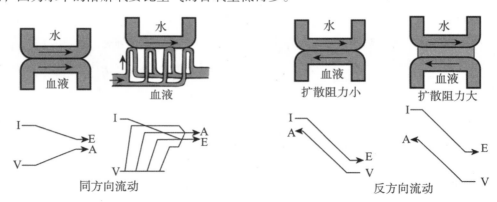

A. 动脉血；V. 静脉血；E. 流出；I. 流入。

图7-5　鱼类呼吸水流和血流方向与气体交换

（仿林浩然，2007）

鱼类的次级鳃瓣由两层上皮细胞组成，鳃上皮厚度在1～10 μm，其下为基底膜，当中有一层支柱细胞把两层上皮撑开，而其中有充满红细胞的血道，并无明显的血管壁结构，这样就减少了血液与水进行气体交换的层次，缩短了气体扩散的距离，使得气体扩散可以高效进行。

二氧化碳、氨气、氢离子和氧气在鳃上皮可以渗透，而碳酸氢根离子则不可以渗透。因而，水中的二氧化碳、氨气、氢离子和氧气浓度变化能明显影响到这些分子通过鳃上皮的转移。而水中碳酸氢根离子的变化对体内二氧化碳的排出量影响不大。

根据对硬骨鱼类的计算，鱼鳃的平均表面积（也称呼吸表面积）每克体重约为5 cm²，可见按单位体重计算，鱼类的呼吸表面积要比哺乳类的小得多，只有游泳能力很强的金枪鱼才接近哺乳类的水平。鱼鳃较小的呼吸表面积与鱼鳃的双重机能——气体交换和渗透调节有密切的关系，因为增加鳃的表面积会同时增加气体交换以及离子与水的交换，而对于淡水鱼类，为了减少离子与水的交换，往往要限制其鳃的表面积。

（四）鳃内的气体交换

鱼类生活的水环境中含有各种气体，这些气体在水中有溶解态和结合态两种。氧在水中完全是以物理性溶解状态存在，二氧化碳大部分是以碳酸氢根离子的形式存在，小部分是以二氧化碳的形式存在。因此，正常水体中氧分压高，二氧化碳分压低。

鳃小片是气体交换的部位。在鳃小片的任何部位，水中的氧分压总是高于血液中的氧分压，因而保证了氧气能够不断地从水中进入血液。静脉血到达鳃小片时，大量化学结合态的二氧化碳在鳃上皮细胞碳酸酐酶的催化下分解为游离二氧化碳，使血液中的二氧化碳分压大大地提高。二氧化碳通过鳃上皮向水中扩散，进入水中的二氧化碳很快被呼吸水流带走，而且在水中的大部分二氧化碳又转变为碳酸氢根离子，因而血液中的二氧化碳能不断地向水中扩散。

（五）组织中的气体交换

组织细胞的新陈代谢不断消耗氧和产生二氧化碳，所以组织中的氧分压可低于3.99 kPa（30 mmHg），二氧化碳分压可高达6.70 kPa（50 mmHg）。动脉血中的氧分压为13.40 kPa（100 mmHg），二氧化碳分压为 5.32 kPa（40 mmHg），氧气便顺分压差由血液向组织细胞扩散，二氧化碳则由组织细胞向血液扩散，组织细胞与血液间的气体交换，使组织不断地从血液中获得氧，供代谢需要，同时把代谢产生的二氧化碳由血液运送到肺而呼出，动脉血因失去氧气和得到二氧化碳而变成静脉血。进入血液的大部分二氧化碳又形成化学结合态，血浆中溶解态的二氧化碳仍然很少，因此保证了组织中的二氧化碳能不断地向血液扩散。

（六）影响呼吸器官（肺）内气体交换的因素

影响呼吸器官（肺）气体交换的因素与影响组织气体交换的因素相似。

（1）气体的溶解度和相对分子质量。在同样条件下，气体分子的扩散速率与其相对分子质量的平方根成反比。如果扩散过程发生于气相与液相之间，则其扩散速率还与该气体在溶液中的溶解度成正比。溶解度是单位分压下溶于单位体积液体中的气体量，一般以1个大气压和38 ℃时，100 mL液体中所溶解的气体的体积（mL）来表示。溶解度与相对分子质量的平方根之比为扩散系数（diffusion coefficient）。各气体的扩散系数取决于气体分子本身的特性。二氧化碳与氧气在血液中的溶解度之比为

24:1，而二氧化碳的相对分子质量（44）与氧气的相对分子质量（32）的平方根之比为1.17:1，在同样分压条件下，二氧化碳的扩散速率是氧气的200倍。如果综合考虑气体的分压差、溶解度和相对分子质量等三方面因素，二氧化碳的扩散速率约为氧气的2倍。所以在气体交换不足时，通常缺氧显著而二氧化碳的潴留不明显。

（2）呼吸膜的面积和通透性。单位时间内气体的扩散量与扩散面积及膜的通透性呈正相关。气体扩散速率与呼吸膜厚度成反比关系，膜越厚，单位时间内交换的气体量就越少。虽然呼吸膜有6层结构，但却很薄，总厚度不到1 μm，有的部位只有0.2 μm，气体易于扩散通过。此外，因为呼吸膜的面积极大，肺毛细血管总血量不多，只有60~140 mL，少量的血液分布于极大的面积，致使血液层很薄，而肺毛细血管平均直径不足8 μm。因此，红细胞膜通常能接触到毛细血管壁，使氧气和二氧化碳不必经过大量的血浆层就可以到达红细胞或进入肺泡，扩散距离短，气体交换速度快。

（3）呼吸器官（肺）血流量与通气/血流比值。每分钟呼吸器官通气量和每分钟血流量之间的比值为通气/血流比值。只有适宜的比值才能实现适宜的气体交换。如果比值增大，这就意味着通气过剩，血流不足，部分肺泡气未能与血液充分交换，致使肺泡无效腔（不能进行气体交换的呼吸道）增大。如心力衰竭时，肺循环血量减少，虽然气体交换正常，但交换的总量下降。反之，比值下降，则意味着通气不足，血流过剩，部分血液流经肺部通气不良，混合静脉血中的气体未得到充分更新，未能成为动脉血就流回心脏，犹如发生了动-静脉短路。机体活动增加时，氧消耗量和二氧化碳产生量都增加，这时不仅要加大肺泡通气量，同时还要相应增加肺血流量，只有维持正常通气/血流比值，才能满足机体供氧和排出二氧化碳的需要。

二、气体运输

（一）氧气及二氧化碳在血液中的存在形式

氧气和二氧化碳都以物理溶解的状态和化学结合的状态两种形式存在于血液中。气体在溶液中溶解的量与其分压与溶解度成正比，与温度成反比。温度38 ℃时，1个大气压（101.325 kPa）的氧气和二氧化碳在100 mL血液中溶解的量分别是2.36 mL和48 mL。按此计算，静脉血二氧化碳分压为6.12 kPa，则每100 mL血液中含溶解的二氧化碳应为2.91 mL；动脉血氧分压为13.3 kPa，则每100 mL血液含有溶解的氧气应为0.31 mL。但是，血液中实际的氧气和二氧化碳含量比这个数字要大得多。由此可见，以物理溶解形式存在的氧气和二氧化碳所占比例极小，而以化学结合状态存在的氧气和二氧化碳所占比例极大。两者互相联系，相互影响。物理溶解状态虽然所占比例极小，但很重要，因为在呼吸器官或组织进行气体交换时，进入血液的氧气和二氧化碳都是先溶解，提高其分压，再进行化学结合；氧气和二氧化碳从血液释放时，也是溶解状态的先逸出，分压下降，化学结合状态的再分离山来，补充所失去的溶解的气体。溶解的气体和化学结合的气体两者之间处于动态平衡。

（二）氧的运输

氧气是难溶于水的气体，故而血液中以物理溶解状态存在的氧气量极少，仅占血液总氧气含量的1.5%左右，化学结合的约占98.5%。溶解的氧气进入红细胞，与血红蛋白结合成氧合血红蛋白。血红蛋白是红细胞内的色素蛋白，其分子结构特征为运输氧气提供了很好的结构基础。血红蛋白还参与二氧化碳的运输，在血液气体运输方面血红蛋白具有极为重要的地位。

1. 呼吸色素

许多无脊椎动物中，氧是以溶解于血液或淋巴中的形式运输的，结合氧从身体表面被运送到其他各部分，但溶解于血液或淋巴中的氧很少，运输效率低。脊椎动物和一些无脊椎动物的血液中含有呼吸色素，能与大量的氧结合，增加血液运输氧的能力。这种载运氧的物质是含金属（一般是铁或铜）的蛋白质，它们通常都具有颜色，因而称呼吸色素。脊椎动物的呼吸色素是血红蛋白，而无脊椎动物的呼吸色素主要有血蓝蛋白、血褐蛋白和血绿蛋白等。

有些无脊椎动物的呼吸色素溶解于血浆中，而脊椎动物的则被包含在血细胞内，血浆中不再有呼吸色素。如果呼吸色素在血细胞内，其相对分子质量较小，一般为20 000~120 000；若呼吸色素溶解于血浆内，则其相对分子质量较大，从400 000至几百万。溶解在血浆中的呼吸色素的大分子实际上是由较小的分子聚集而成的，这样可以只增加色素总量而不增加溶解在血浆中的蛋白质分子的数目。这是因为血浆中溶解的大分子数目的增加会使血浆胶体渗透压增加，而胶体渗透压的增加又会影响血液通过组织时的交换及肾脏形成尿的超滤作用等许多生理过程。

（1）血蓝蛋白。血蓝蛋白分子由一个铜原子与一个含200个以上氨基酸的肽链结合组成，结构中不含卟啉基团，与氧气结合后的氧合状态为蓝色，非氧合状态为无色或白色。不同动物体内血蓝蛋白的相对分子质量存在差异，软体动物的大约为25 000，节肢动物的约为37 000。若两个铜原子与一分子氧结合，则其最大相对分子质量分别为50 000和74 000。许多软体动物及节肢动物的血蓝蛋白溶解在血浆中。腹足纲的蛾螺属（*Buccinum*）及少数其他无脊椎动物的肌肉有血红蛋白，而血液中则含血蓝蛋白。

（2）血褐蛋白。血褐蛋白的分子中虽然也含有铁，但其化学结构与血红蛋白不同，它不含卟啉基团，与氧的亲和力似乎与动物的生态条件有关。例如，一种星虫（*Dendrostomum*）体腔液中含有血褐蛋白，它生活在沙中，口周围的触手伸到沙的上面，而且触手的血液供应很丰富，是摄取氧的呼吸器官。这种动物的体腔液对氧的亲和力比血液更高，表明由触手摄取的氧可以很快传送给体腔液中对氧有更高亲和力的呼吸色素。而另一种星虫（*Siphonosoma*）生活在泥里，触手是摄食器官，它通过整个体表吸收氧，其体腔液和血液对氧的亲和力相同。

（3）血绿蛋白。血绿蛋白只存在于血浆中，其化学性质与脊椎动物的血红蛋白类似，分子结构中含有金属卟啉环，相对分子质量约 3×10^6，与氧的亲和力大小与血红蛋白相似。两种色素的生化特性相似，但有趣的是，对同一种属蠕虫，有些种类含血绿蛋白，有些种类则含血红蛋白。在多毛虫纲的龙介虫（*Serpula*）的血液中，两种色素都存在，其相对含量随年龄而不同，年幼的个体，含较多的血红蛋白。帚毛虫科中的 *Potamilla*，其血液中的呼吸色素是血绿蛋白，而肌肉则含血红蛋白。

（4）血红蛋白。血红蛋白是生物界分布最广的一种呼吸色素，普遍存在于脊椎动物的血液和肌肉细胞中，在肌肉内的血红蛋白一般叫肌红蛋白，是贮存氧的呼吸色素。不仅脊椎动物，大多数较大的动物门类（包括原生动物）甚至植物界及细菌中也存在血红蛋白。固氮植物（如大豆及苜蓿）的根瘤内也含有血红蛋白。脊椎动物血红蛋白主要集中在血细胞内，这可能与血细胞内的化学环境的不同有关，因为血红蛋白与氧的亲和力受到无机离子和某些有机化合物，尤其是有机磷酸盐的影响。血红蛋白有促进氧扩散的作用，这和血红蛋白与氧的亲和力有关。因此，生活在缺氧环境下的动物，其血红蛋白的含量升高；生活在高原上的动物，其血液中的红细胞数和血红蛋白的含量高于生活在低海拔地区的动物。

个别鱼类，如南极白血鱼科（Chaenichthyidae）的血液缺乏血红蛋白，完全以血浆中溶解氧的方式运输，因生活水域的温度低，所以代谢率低，耗氧量少，而且血容量、心输出量相对地增加，因此这样的运输方式也能满足代谢的需要。

血红蛋白分子由4分子血红素和1分子珠蛋白组成。每个血红素又由4个吡咯基组成一个环，中心为一个亚铁离子（Fe^{2+}）。每个珠蛋白有4条多肽链，分别为2条α链和2条β链。每条多肽链与1个血红素相连接构成血红蛋白单位或亚单位，即血红蛋白是由4个单体组成的四聚体蛋白质（图7-6和图7-7）。每条α链含141个氨基酸残基，每条β链含146个氨基酸残基。一般认为，各种动物的血红蛋白中的血红素是相同的，但珠蛋白不同，甚至在同一种动物中可能有几种类型的血红蛋白。珠蛋白具有种族特异性，不同的珠蛋白，其氨基酸组成有所不同，并往往表现不同的和氧结合的亲和力。不同血红蛋白分子的氨基酸残基的组成及排列顺序不尽相同，但其序列中有9个氨基酸残基在所有物种中均保守。血红素的二价铁离子均连接在多肽链的组氨酸残基上，这个组氨酸残基若被其他氨基酸残基取代，或与它邻近的氨基酸残基有所改变，都会影响血红蛋白的功能。

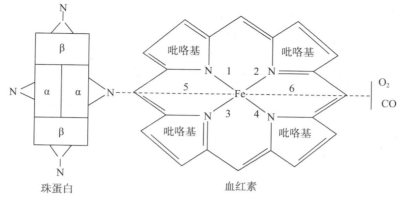

图7-6 血红蛋白的分子组成示意图

（仿杨秀平，2002）

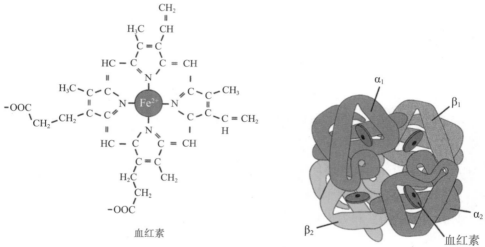

图7-7 血红蛋白四聚体示意图

血红蛋白的4个亚单位之间和亚单位内部由盐键连接。血红蛋白与氧气的结合或解离将影响盐键的形成或断裂，使血红蛋白的四级结构的构型发生改变，血红蛋白与氧气的亲和力也随之而改变，这是血红蛋白氧解离曲线呈S形和产生波尔效应的基础。

2. 血红蛋白的氧合作用

血液中的氧气主要以氧合血红蛋白形式运输。氧气与血红蛋白的结合和解离是可逆反应，能迅速结合，也能迅速解离，主要取决于环境氧气分压的大小。氧气与血红蛋白的结合有以下重要特征：

（1）反应快、可逆、不需酶的催化、受氧分压的影响。当血液流经氧分压高的呼吸器官时，血红蛋白与氧气结合，形成氧合血红蛋白；当血液流经氧分压低的组织时，氧合血红蛋白迅速解离，释出氧气，变为去氧血红蛋白。

（2）二价铁离子与氧气结合后化合价不变（非氧化还原反应）。1个血红蛋白分子含有4个血红素，每个血红素含有一个二价铁离子，二价铁离子与氧气结合后仍保持二价形式，未被氧化，因此这一过程不是氧化（oxidation），而称为氧合（oxygenation）。如果在氧化剂的作用下，铁离子由二价变为三价，发生氧化作用，形成高铁血红蛋白，就失去了运输氧的能力。

（3）1分子血红蛋白可以结合4分子氧气。如前所述，1分子血红蛋白由1个珠蛋白和4个分子血红素组成，每1个血红素分子结合1分子氧气，所以1分子血红蛋白可以结合4分子氧气，1 g 血红蛋白可以结合1.34~1.39 mL 氧气（视血红蛋白的纯度和结构而异）。100 mL血液中，血红蛋白所能结合的最大氧气量称为血红蛋白的血氧容量（oxygen capacity），此值受血红蛋白含量的影响。人类血氧容量约为20 mL，鱼类的血氧容量因其生活习性的多样而有差异，变动范围在4~20 mL。气呼吸鱼类的血氧容量很高，如电鳗为19.75 mL。水呼吸的活泼鱼类的血氧容量也比较高，如鲭鱼为15.77 mL，不活泼的鱼类则较低，如蟾鱼（*Opsanus tau*）的血氧容量为6.21 mL。生活在浅水中的一些硬骨鱼类的血氧容量比深水中的高。

（4）氧解离曲线。血红蛋白的血氧饱和度与氧分压的关系曲线称为氧解离曲线（oxygen dissociation curve）。血红蛋白与氧气的结合或解离曲线呈S形，与血红蛋白的变构效应有关。现在认为血红蛋白有两种构型，即去氧的紧密型（tense form，T型）和氧合的疏松型（relaxed form，R型）。当第一个氧分子与血红蛋白的二价铁离子结合后，盐键逐渐断裂，血红蛋白逐渐由T型变为R型，对氧分子的亲和力逐渐增加。R型血红蛋白与氧气分子的亲和力为T型的数百倍。也就是说，血红蛋白的4个亚单位无论在结合氧气或释放氧气时，彼此间有协同效应，即1个亚单位与氧分子结合后，由于变构效应，其他亚单位更易与氧分子结合；反之，当氧合血红蛋白的1个亚单位释出氧分子后，其他亚单位更易释放氧分子。因此，血红蛋白氧解离曲线呈S形。

3. 氧解离曲线及其影响因素

血红蛋白的血氧容量受血红蛋白含量的影响。血红蛋白的血氧含量（oxygen content）是指100 mL血液中血红蛋白实际结合的氧气量，其值受氧分压的影响，氧分压越高，血氧含量也越高。血红蛋白的血氧饱和度（oxygen saturation）是指100 mL血液中血红蛋白血氧含量占血氧容量的百分比。氧解离曲线表示不同氧分压时，氧气与血红蛋白的结合情况。

氧解离曲线呈S形有重要的生理意义。曲线的上半段，氧分压较高，基本上相当于鳃呼吸时水体中的氧分压，可以认为是血红蛋白与氧气的结合部分。此段曲线较平坦，血氧饱和度随氧分压的变化而改变的幅度较小，因此，即使水环境中的氧分压有所下降，血氧饱和度仍然可以维持在较高的水平，从而不影响血液流经呼吸器官时对氧气的负载。曲线中段陡峭，是氧合血红蛋白释放氧气的部分。氧分压为40 mmHg相当于混合静脉血的氧分压，此时血红蛋白氧饱和度约为75%，血氧含量约为14.4%，也即每100 mL血液流过组织时释放5 mL氧气。血液流经组织时释放出的氧容积所占动脉血氧含量的百分数称为氧的利用系数，安静时为25%左右。曲线下段最为陡峭，即氧分压稍降，氧合血红蛋白显著下降。这一特点对于组织因活动加强时对氧的需要量增加是有利的，如活动加强时，氧分压可降至15 mmHg，氧合血红蛋白进一步解离，血红蛋白氧饱和度降至更低水平，血氧含量仅约4.4%，这样每100 mL血液能供给组织15 mL氧气，氧气的利用系数提高到75%，是安静时的3倍。可见该段曲线代表氧气贮备。

　　鱼类的氧解离曲线也呈S形。不同鱼类的血红蛋白与氧气的亲和力相差较大，氧解离曲线的特点亦不同。淡水鱼类的氧解离曲线比较陡直，在低氧分压情况下即达到血红蛋白氧饱和，说明淡水鱼类血红蛋白与氧的亲和力大，摄取氧的能力强，这与淡水溶解氧变动较大相适应。海水硬骨鱼类的氧解离曲线较平缓，海水软骨鱼类的氧解离曲线更加平缓，需要在较高的氧分压条件下才能达到血红蛋白氧饱和，说明海水鱼类血红蛋白与氧的亲和力较小，这与海水环境的氧分压极为稳定相适应。一些长期生活在氧气充足水域里的鱼类，如湖白鲑（*Coregonus arteti*）、条纹狼鲈（*Morone saxatilis*）、鲭鱼、牙鲆（*Paralichthys olivaceus*）等，血红蛋白与氧气的亲和力不大，仅在氧分压高时达到氧饱和；然而栖息在贫氧水域里的鱼类，如鲤鱼、丁卡鱼（*Tinca tinca*）、蟾鱼、狗鱼（*Esox lucius*）、鳗鲡等，由于血红蛋白与氧的亲和力大，即使在氧分压不高的水域里，血红蛋白也能达到氧饱和。所以生活在贫氧水域中的鱼类的氧解离曲线比生活在富氧水域中鱼类的氧解离曲线更为陡峭（图7-8），而且前者的氧解离曲线位于后者左侧。

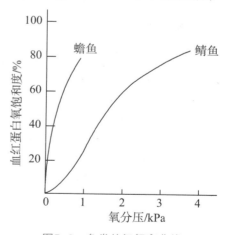

图7-8　鱼类的氧解离曲线

　　鲤鱼在氧分压不是很高时，血红蛋白的氧饱和程度就接近100%，而鳟鱼需要氧分压很高时才能达到饱和。如鲤鱼血红蛋白氧饱和度达到50%时所需要的氧分压是0.933 kPa，而鳟鱼达到同样的血氧饱和度则需要的氧分压是5.0 kPa。这表明鲤鱼的血红蛋白对氧的亲和力要比鳟鱼强很多，如果将鳟鱼放到氧分压为0.993 kPa的环境中，鳟鱼不仅不能从环境中摄取氧气，还会从血液中释放出已结合的氧气从而造成缺氧死亡。鲤鱼能适应于生活在溶解氧比较低的水体中，但在组织换气时，氧气与血红蛋白的解离就比较困难，要在氧分压很低时才行。而鳟鱼则相反，需要生活在溶解氧较高的水体中，但在组织换气时很容易把氧释放到组织液内。由此看来，对氧亲和力强的血红蛋白适于从水中摄取氧气，而对氧亲和力低的血红蛋白适于把氧气释放到组织中。从生理学的角度看，血红蛋白在呼吸上皮应有较高的氧亲和力，而在组织内应有较低的氧亲和力，才能较好地完成气体运输。实际上，鱼类血红蛋白的氧亲和力受到血液中物理和化学因素变化的影响（如pH、二氧化碳分压、温度等）而有利于在呼吸上皮与氧气结合，在组织内则容易把氧气释放出来。

氧解离曲线影响因素包括血液pH、二氧化碳分压、温度及有机磷酸盐等，这些因素可通过影响血红蛋白与氧的亲和力而使氧解离曲线的位置发生偏移。通常用p_{50}表示血红蛋白对氧气的亲和力。p_{50}是使血红蛋白氧饱和度达到50%时的氧分压，正常为26.5 mmHg。p_{50}增大，表明血红蛋白对氧气的亲和力降低，需要更高的氧分压才能达到50%的血红蛋白氧饱和度，曲线右移；p_{50}降低，表明血红蛋白对氧的亲和力增加，达到50%的血红蛋白氧饱和度所需的氧分压降低，曲线左移。

（1）二氧化碳分压和pH的影响。血红蛋白与氧气的结合和解离受血液中二氧化碳分压和pH的影响。在同一氧分压下，血液中二氧化碳分压升高或pH降低，血红蛋白对氧气的亲和力降低，使氧饱和度下降，p_{50}增大，氧解离曲线右移。反之，当pH升高或二氧化碳分压降低，血红蛋白对氧气的亲和力升高，p_{50}减小，曲线左移。pH对血红蛋白氧亲和力的这种影响称为波尔效应（Bohr effect）（图7-9）。

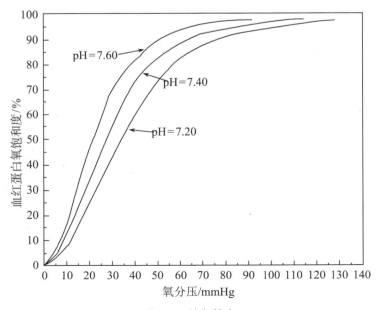

图7-9　波尔效应

波尔效应的机制与pH改变时血红蛋白构型变化有关。当血液流经呼吸器官时，血液二氧化碳分压下降，酸度增加，促使血红蛋白的盐键断裂放出氢离子，分子构型为R型，对氧气的亲和力升高，血液摄取氧气的量增加，运输能力增强；当血液流经组织时，血液二氧化碳分压升高，pH下降，氢离子浓度升高，促使血红蛋白分子构型变为T型，对氧气的亲和力降低，促使氧合血红蛋白解离，向组织释放更多的氧气。

波尔效应具有重要的生理意义：既可以促进呼吸器官毛细血管血液的氧合，又有利于组织毛细血管血液释放氧。血液流经呼吸器官时，二氧化碳迅速扩散并溶解到水中，使血液pH升高，进而使血红蛋白对氧的亲和力增加，氧解离曲线向左移，有利于血液流经呼吸器官对氧的摄取。在组织内，由于二氧化碳和其他代谢产物累积后，使氢离子浓度升高，就会降低血红蛋白的氧亲和力而促使氧气释放出来，从而使组织细胞获得更多的氧。引起血液中pH生理性降低的原因除二氧化碳含量升高外，当运动或缺氧使血液中乳酸升高时也引起血液pH下降。由于红细胞对H^+的渗透性高，它们很容易透过细胞膜而扩散。通常，红细胞内pH大约比血浆的pH低0.3，而血浆pH降低会使红细胞的pH相应降低。所以，当血浆中乳酸增加时，血浆pH下降，亦使红细胞pH下降，进而使血红蛋白的氧亲和力下降，促使血红蛋白释放出更多的氧气。

大多数硬骨鱼类都有波尔效应。波尔效应大，意味着少量二氧化碳就能促使血液大量释放氧气；鱼类运动时肌肉组织需要消耗大量氧气，所以，越是活动性强的鱼类，波尔效应越明显。波尔效应的大小在各种鱼类的表现有所不同，这与它们的生态环境以及在不同生活条件下对氧的结合与释放的调节需要有密切关系。因此，可以认为鱼类的血液对二氧化碳分压的感受性，即波尔效应是一种生理适应性。

在许多硬骨鱼类，血液二氧化碳分压增加或pH降低，不仅使血红蛋白对氧的亲和力降低（波尔效应），还使血红蛋白的血氧容量下降。如鲂鲱鱼，当血液二氧化碳分压从零升高到1 000 Pa时，血红蛋白在高氧分压下的氧饱和度从100%降低到87%左右，氧解离曲线的上半部下移。这时不论氧分压如何增加，血红蛋白氧饱和度都不再升高。血氧容量随二氧化碳分压升高而下降的现象，称为鲁特效应（Root effect）。这种现象为鱼类所特有，尤以在闭鳔鱼类更加明显。已知鲁特效应在气腺向鳔腔分泌氧气的过程中起重要作用。

（2）温度的影响。温度增高可促进氧的解离，血红蛋白的氧饱和度下降，氧解离曲线右移；反之，温度降低提高了血红蛋白与氧的亲和力，氧饱和度增加，氧解离曲线左移，其坡度变得较陡。温度的影响主要与氢离子活度有关，温度升高时，氢离子活度增大，降低了血红蛋白与氧的亲和力。

温度变化的速度也影响血红蛋白与氧的亲和力。在相同水温变化范围内，温度升高越快，血红蛋白与氧的亲和力下降幅度越大，氧解离曲线右移的距离越大；如果水温缓慢上升，血红蛋白有逐渐适应的过程，因而与氧的亲和力不致大幅度下降。

鱼类是变温动物，盛夏季节容易缺氧，原因是水温升高一方面使水中氧的溶解度降低，另一方面使血红蛋白与氧的亲和力变小，双重因素的影响，加剧鱼类的缺氧程度，所以往往会出现浮头现象。另外，渔业生产中苗种的转运与分群时，也要注意勿使水温大幅度变化，以免影响血红蛋白与氧的亲和力。

（3）有机磷酸盐的影响。鱼类红细胞内含有大量的三磷酸腺苷（ATP），其作用和哺乳类红细胞内含有的2，3-二磷酸甘油酸（2，3-DPG）相似，能与脱氧血红蛋白的α链结合而显著降低它与氧的亲和力，并且能明显增加波尔效应的幅度。在缺氧条件下，鱼类红细胞ATP含量降低，使血红蛋白的氧亲和力显著增强，从而使血液在呼吸表面对氧的摄取量增加。

（4）血红蛋白自身性质的影响。除上述因素外，血红蛋白与氧气的结合还受其自身性质的影响，血液中血红蛋白的数量和质量也直接影响到运氧的能力。如受某些氧化剂（如亚硝酸盐）的作用，血红蛋白的二价铁离子氧化为三价铁离子，失去运氧气的能力。又如一氧化碳中毒时，一氧化碳与血红蛋白结合，占据了氧气的结合位点，氧合血红蛋白减少。一氧化碳与血红蛋白的亲和力是氧气的250倍，这意味着一氧化碳分压极低时，一氧化碳就可以在氧合血红蛋白中取代氧气，阻断其结合位点。此外，一氧化碳与血红蛋白结合还有一个极为有害的效应，即当一氧化碳与血红蛋白分子中某个血红素结合后，将增加其余3个血红素对氧气的亲和力，使氧解离曲线左移，妨碍氧的解离。所以一氧化碳中毒既妨碍血红蛋白与氧的结合，又妨碍氧的解离，危害极大。

（三）二氧化碳的运输

1. 运输的形式

进入血液的二氧化碳以物理溶解态和化学结合态两种方式运输，但以化学结合态为主。血液中二氧化碳仅有少量溶解于血浆中，大部分以结合状态存在，约占94%。化学结合态的二氧化碳主要是碳酸氢盐（占87%）和少量的氨基甲酸血红蛋白（$HbCO_2$，HbNHCOOH，占7%）。溶解态的二氧化碳包括单纯物理溶解的和与水结合生成的碳酸。

从组织扩散入血液的二氧化碳首先溶解于血浆，一小部分溶解的二氧化碳可以与水结合生成碳酸，因为没有碳酸酐酶（carbonic anhydrase，CA）的催化作用，这些反应进行得十分缓慢；生成的碳酸可以迅速解离成碳酸氢根离子和氢离子，氢离子被血浆缓冲系统缓冲，pH无明显变化。溶解态的二氧化碳也与血浆蛋白的游离氨基反应，生成氨基甲酸血浆蛋白，但生成的量极少，而且动脉血与静脉血中的含量基本相同，表明血浆蛋白对二氧化碳的运输不起作用。

（1）碳酸氢盐。从组织扩散进入血液的大部分二氧化碳，只有少量在血浆中与水生成碳酸，绝大部分扩散入红细胞，在红细胞内与水反应生成碳酸，碳酸又解离成碳酸氢根离子和氢离子，该反应极为迅速。这是因为红细胞内含有较高浓度的碳酸酐酶，在其催化下，二氧化碳与水化合生成碳酸的反应加速5 000倍，不到1 s即可达到平衡。在此反应过程中红细胞内碳酸氢根离子浓度不断增加，碳酸氢根离子便顺浓度梯度通过红细胞膜的载体扩散入血浆。红细胞负离子的减少应伴有等量的正离子的向外扩散或负离子的向内扩散，才能维持细胞膜内外的电荷平衡。但红细胞膜不允许正离子自由通过，小的负离子则可以通过，于是，氯离子便由血浆扩散入红细胞，这一现象称为氯转移（chloride shift）。在红细胞膜上有特异的碳酸氢根离子–氯离子（HCO_3^-–Cl^-）载体，运载这两类离子进行跨膜交换。这样，碳酸氢根离子便不会在红细胞内堆积，有利于反应向右进行和二氧化碳的运输。在红细胞内，碳酸氢根离子与钾离子结合，在血浆中则与钠离子结合成碳酸氢盐。结果二氧化碳是以碳酸氢钠（占2/3）、碳酸氢钾的形式运输的。上述反应中所产生的氢离子，大部分与血红蛋白结合生成脱氧血红蛋白，因此，血红蛋白具有强有力的缓冲作用，使pH保持相对稳定。

在鳃等呼吸器官的毛细血管中，反应向相反方向进行。从红细胞和血浆中释放出二氧化碳，排入呼吸器官的水流或空气中。因为呼吸器官二氧化碳分压比静脉血的低，血浆中溶解的二氧化碳首先扩散出来，红细胞内的碳酸氢根离子和氢离子生成碳酸，碳酸酐酶又催化碳酸生成二氧化碳和水，二氧化碳又从红细胞扩散入血浆，而血浆中的碳酸氢根离子便进入红细胞以补充消耗了的碳酸氢根离子，氯离子则透出红细胞，发生反方向的氯转移。这样以碳酸氢盐形式运输的碳酸氢根离子，在呼吸器官又转变成二氧化碳被释出。

（2）氨基甲酸血红蛋白。由组织进入血液并进一步进入红细胞的二氧化碳，一部分与血红蛋白分子中的氨基结合形成氨基甲酸血红蛋白，这一反应无需酶的催化，且反应迅速、可逆。当静脉血流经呼吸器官时，由于其二氧化碳分压较低，于是二氧化碳从氨基甲酸血红蛋白释放出来，经呼吸器官排出体外。

2. 二氧化碳的解离曲线

二氧化碳的解离曲线（carbon dioxide dissociation curve）是表示血液中二氧化碳含量与二氧化碳分压关系的曲线（图7–10）。与氧解离曲线不同，血液中二氧化碳含量随二氧化碳分压上升而迅速增加，几乎呈线性关系而不是S形，而且没有饱和点。因此，二氧化碳解离曲线的纵坐标不用饱和度而用浓度来表示。氧气与血红蛋白结合可促使二氧化碳释放，这一现象称为何尔登效应（Haldane effect）。去氧血红蛋白酸性较弱，所以去氧血红蛋白易于和二氧化碳结合生成氨基甲酸血红蛋白，也易于和氢离子结合，使碳酸解离过程中产生的氢离子被及时移去，有利于反应向右进行，提高了血液运输二氧化碳的量。在组织中，由于氧合血红蛋白释出氧气而生成去氧血红蛋白，经何尔登效应促使血液摄取并结合二氧化碳；在呼吸器官中，则因血红蛋白与氧气结合，促使二氧化碳释放。可见，氧气和二氧化碳的运输不是孤立进行的，而是相互影响的。二氧化碳通过波尔效应影响氧的结合与释放，氧又通过何尔登效应影响二氧化碳的结合和释放。两者都与血红蛋白的理化特性有关。

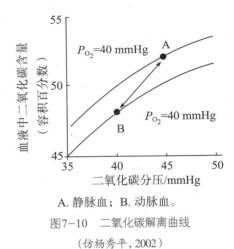

A. 静脉血；B. 动脉血。

图7-10　二氧化碳解离曲线

（仿杨秀平，2002）

第四节　呼吸运动的调节

鱼类的呼吸运动是呼吸肌的协调活动，是一种节律性运动，其运动的频率和幅度随机体所处的外界环境及机体内环境的改变而变化，受到神经和体液两方面的调节。

一、呼吸中枢

呼吸肌属于骨骼肌，没有自动节律性，如果切断支配呼吸肌的神经纤维，呼吸就停止，所以呼吸肌有节律性的舒张和收缩活动来自中枢神经系统的节律性兴奋。中枢神经系统里能够产生呼吸节律和调节呼吸运动的神经细胞群称为呼吸中枢。

多年来，人们采用多种技术方法对这些细胞群在中枢神经系统内的分布和对呼吸节律的调节作用进行研究，如早期的切除、横断、破坏、电刺激等和后来较为精细的微电极毁损、微电极刺激、可逆性冷冻或化学阻滞、选择性化学刺激或毁损、细胞外和细胞内微电极记录、逆行刺激等方法，获得了许多宝贵的实验资料。

延髓是鱼类的初级呼吸中枢。在脊髓和延髓之间横断脊髓，鱼类的呼吸活动停止。在延髓和中脑之间切断脑干，呼吸运动没有显著的变化。损伤鲤鱼、狗鱼一侧的延髓，该侧鳃盖的呼吸运动停止。沿着鳐鱼延髓的中线纵切，其两侧的喷水孔仍继续运动，但两侧的运动互不协调。

延髓的呼吸中枢位于延髓腹面的中线两侧，包括三叉神经运动核、面神经运动核、舌咽神经运动核、迷走神经运动核、三叉神经下行核及网状结构（图7-11）。应用微电极技术可以从这些神经元记录到自动放电活动，它们激发神经冲动的周期性变化与呼吸运动同步，说明呼吸运动的自律性来自这些延髓呼吸中枢发出的节律性兴奋。

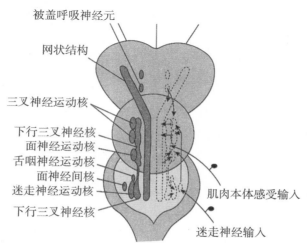

图7-11　真骨鱼类的呼吸中枢及各部分相互联系

对哺乳动物的电刺激和电位引导实验结果显示，呼吸中枢的神经元群分为两组：一组是吸气中枢，另一组是呼气中枢。每一组内各神经元在功能上互相联系，互相协同，两组神经元群之间在功能上则互相拮抗。它们在二氧化碳或H^+刺激下，交替地、有节律地发生兴奋和抑制。将金鱼的全部神经切断，仅保留脑干组织，发现仍可用电极引导出节律性放电活动，其节律类似于活体金鱼呼吸节律，因而脑干的这种节律性电变化很可能来自呼吸中枢的自发性活动。如切断鲤鱼小脑中部和后部时，呼吸运动和洗涤运动都会停止；当在延髓和脊髓间切断时，呼吸运动仍然存在，而洗涤运动增大。

鱼类呼吸运动是颌部和基部数块肌肉协调运动所致，而这种协调运动是在呼吸中枢控制下通过Ⅴ、Ⅶ、Ⅸ和Ⅹ对脑神经支配的反射活动。第Ⅴ对脑神经（三叉神经）发出上颌支（上颌神经）；第Ⅶ对脑神经（面神经）通过鳃盖，面神经完全切断之后将引起鳃盖的不活动；第Ⅹ对脑神经（迷走神经）对呼吸活动很重要，对呼吸中枢的反射性影响便是通过它传递的。此外，分布在鳃部的感受器通过第Ⅸ对脑神经（舌咽神经）传递反射性的神经冲动。当切断鳃部感受器的传入神经时，会立即引起呼吸运动的停止。突然改变对鳃的水流，也会引起呼吸运动短时间的中断，改变外环境的pH、温度和盐度也会引起呼吸运动的改变。这些改变都可能是通过对鳃和皮肤感受器的刺激而反射性地引起。

此外，鱼类的中脑、间脑和小脑中还有较高级的呼吸协调中枢。

二、呼吸运动的反射性调节

各级呼吸中枢共同实现对呼吸运动的调节，但这些中枢也接受呼吸器官中感受器的传入冲动，从而实现对呼吸运动的反馈性调节。鱼类的呼吸肌具有本体感受器，肌肉收缩时发放的神经冲动的频率增加，它们的传入冲动通过三叉神经、面神经的感觉纤维传入中枢。

在哺乳动物的呼吸过程中，由呼吸道黏膜受刺激引起的，以清除刺激物为目的的反射性呼吸变化，称为防御性呼吸反射，如咳嗽、喷嚏等。其感受器分布在整个呼吸道黏膜，受到机械或化学刺激时，引起防御性呼吸反射，以清除异物，避免异物进入呼吸器官，影响呼吸上皮的气体交换活动。与此相类似，鱼类存在鱼鳃的洗涤反射，在鱼类正常呼吸过程中，时常会出现呼吸节律被突如其来的短促的呼吸运动所打乱。这时，一部分水从口中吐出，同时一部分水由鳃孔溢出，这种现象称为"洗涤运动"。洗涤运动的水流急促，其意义在于清除鳃上的外来污物，有利于鱼类进行正常的气体交换。

三、化学感受性呼吸反射

鳃弓和咽喉存在外周化学感受器，对血液中二氧化碳分压、氧分压和氢离子的浓度很敏感，延髓有对血液中二氧化碳敏感的细胞，称之为中枢化学感受器。

血液中二氧化碳对呼吸有很强的刺激作用。二氧化碳分压正常，对呼吸运动是重要的生理性刺激因素。二氧化碳分压降低，可引起呼吸减弱甚至暂停；二氧化碳分压升高则使呼吸加强，表现为呼吸频率及每次呼吸量的增加，但二氧化碳分压过高，则呼吸受到抑制，甚至麻痹呼吸中枢而致死。二氧化碳对呼吸的作用通过外周及中枢化学感受器两个途径共同作用于呼吸中枢，以化学感受器为主。

缺氧对呼吸中枢的直接作用是抑制，这种抑制作用随着缺氧程度的加深而增强，直到呼吸停止。外周化学感受器因低氧刺激而兴奋。轻度缺氧时，外周的传入冲动能对抗缺氧对呼吸中枢的抑制，表现为呼吸加强。严重缺氧时，呼吸中枢的兴奋性由于缺氧的直接抑制作用而显著下降，甚至出现麻痹状态，以致外周的传入冲动只能维持中枢的低水平活动或传入冲动无效，出现呼吸抑制反应。

血液中氢离子浓度的增加是外周化学感受器的有效刺激，可以反射性地加强呼吸运动。

四、环境理化因素对呼吸机能的影响

环境的物理和化学因素的变化，如水流、水温、pH、盐度、水体二氧化碳分压、溶解氧等都能影响鱼类的呼吸。

（一）二氧化碳

水中二氧化碳分压直接影响鳃部的气体交换。鱼类对水环境的二氧化碳非常敏感，海水鱼比淡水鱼更加敏感。如果水中二氧化碳分压升高，血液中的二氧化碳就难以向水中顺利扩散，以致血液中二氧化碳积聚而分压增高，血红蛋白与氧的亲和性降低，血红蛋白的氧饱和度下降，所以即使水中的氧很充足，鱼仍然会缺氧。若水中二氧化碳分压高至一定程度，鱼即表现中毒现象，甚至死亡。尽管鱼类对于二氧化碳浓度很敏感，然而只有游离的二氧化碳才能发挥作用，因为正常情况下，天然水域里游离的二氧化碳浓度不高，故很少出现有害影响。

当水中二氧化碳分压增高时，硬骨鱼类首先出现的特征是呼吸加强，表现为呼吸频率增加及每次呼吸的容积增大。如果二氧化碳分压过高，鱼类即表现中毒症状。即使水中的氧气充足，但当二氧化碳浓度达到80 mg/L时，养殖鱼类也表现为呼吸困难；当二氧化碳浓度超过100 mg/L时，养殖鱼可能发生昏迷或仰卧的现象；如果二氧化碳浓度超过200 mg/L，就引起养殖鱼的死亡。因此，通过控制二氧化碳浓度，可以对鱼类进行麻醉，而且其麻醉作用与乙醚或三氯甲烷的麻醉效果相同。因而有人提出，可以把二氧化碳的这种麻醉作用运用于活鱼运输。

（二）水体溶解氧

当鱼类生活在缺氧的水环境时，水中氧分压也会直接影响鳃内的气体交换，如果严重缺氧，鱼类就会窒息而死。鱼类开始窒息致死的氧浓度称为窒息点或氧阈。氧阈因鱼的种类、年龄、性成熟度及生活环境的温度、盐度而有所变化。

海洋鱼类对缺氧相当敏感，当溶解氧下降到正常溶解氧的3/5时，就会出现窒息现象。体重160 g的实验鱼生活在溶解氧为6.6 mg/L的水体时，其平均呼吸频率为85次/min，当溶解氧下降到1.80 mg/L时，其呼吸频率增加到100次/min。此外，与

其他脊椎动物一样，缺氧可以引起鱼类呼吸中枢的兴奋，从而加速其呼吸频率及加强呼吸运动。

鱼类在适宜的溶解氧范围之内，单位时间内所摄入的氧气数量在一定程度上受外界环境的影响不大，溶解氧变动的这一范围为氧的适应带。但是，当水中总的溶解氧低于某一限度时，鱼类所能利用的氧气开始减少。在适应氧气浓度下降的过程中，鱼类通过某种机制降低了气体代谢的强度，并且停留在低水平。鱼类在获得这种适应性后，虽然能活泼地继续游泳，也可能不表现出异常行为，但其生长显著停滞，同时食物的消耗也明显减少。

鱼类在缺氧情况下，可以相应地发生红细胞增加的现象，称为适应性的红细胞递增现象。这种现象在鱼类中具有一定的普遍性，其中鲢鱼的表现尤为明显。随着水中溶解氧减少，鱼类红细胞数量升高，这种红细胞的递增能力还与个体的年龄呈负相关。所以，当环境中缺氧时，大个体鱼往往比小个体鱼先死亡，也就意味着幼龄的个体具有较强的适应低氧能力。

一方面，长期缺氧时，这种红细胞数量的增加并不能使血液的血红蛋白相应增加。在最初适应性递增的红细胞，基本上是在造血器官中已经生长并成熟的个体。所以每增加10万个红细胞，其血红蛋白增加0.3 g；然而在随后第二阶段适应性递增时，释放的红细胞通常不够成熟，每增加10万个红细胞，血红蛋白仅增加0.18 g，为第一阶段的60%；第三阶段释放的红细胞更加不成熟，血红蛋白含量更低，每增加10万个红细胞，血红蛋白只增加0.10 g，为第一阶段的30%。

另一方面，氧分压太高对鱼类也会产生有害影响，说明氧的大量过剩和氧的不足一样会影响鱼类的呼吸机能以及呼吸器官的发育。比如，在氧过饱和的水中养殖7～9 d的俄国鲟和星鲟幼鱼，其血液的血红蛋白含量显著下降，鳃瓣的生长发育停滞；把这样的幼鱼再放入溶解氧正常的水体，它们生长得很不好，多数死亡。把鲤鱼、鲑鱼、白鲈及丁卡鱼放进水族箱进行充氧实验，当溶解氧提高很快时，最初实验鱼活动加剧、呼吸急促，呼吸频率急剧降低，最后出现氧麻痹状态：鱼体侧卧，呼吸消失，最后因窒息而死亡。在实验中，还可以看到鱼体黏液分泌剧烈增加，其中以幼鲑对氧的过剩最为敏感。

（三）水体pH

鱼类对生活水域的pH有最适范围，淡水鱼一般为6.5～8.5，海水鱼为7.0～8.57，过酸或过碱性的水均能刺激鳃和皮肤的感觉神经末梢，反射性地影响呼吸运动，导致鱼的摄氧能力减弱。因此，如果水体pH不适宜，即使鱼在富氧的水域里也会出现缺氧。当pH高于10或低于2.8时，会导致鱼类鳃的呼吸表面受到直接破坏。

（四）水温

在适宜水温范围内，逐渐升高水温，会使鱼的呼吸加强、频率加快，具体表现：首先是每次呼吸运动的力量加大，然后呼吸频率才开始增加；反之，如果逐渐降低水温，则呼吸变弱减慢。水温的影响还与其变化速率有关，如果水温剧变，将抑制鱼的呼吸运动。比如，将鱼从室温移入2~3℃的水中，或者从冷水移入温差为15~16℃的温水中，鱼的呼吸运动将会长时间中断。推测这种情况下鱼类呼吸运动的中断是由神经休克所致。

（五）盐度

水体盐度变化能够通过鳃黏膜和皮肤感觉神经末梢反射性地影响呼吸运动。如果将淡水鱼放入海水中，最初的几个小时内，鱼类的耗氧量随盐度的升高而下降。比如，鲤鱼在盐度为4的水中的耗氧量的下降幅度小于8%，如果放入盐度为13的水中，其耗氧量则可下降到30%~37%。海水鱼的呼吸受盐度影响也很显著，如果将海马移入稀释的海水中，耗氧量会出现暂时性升高，若稀释度不大，其耗氧量会逐渐恢复到正常水平；若稀释度很大，耗氧量则长时间低于正常水平。

第五节　鳔

一、鳔的结构

鳔（swim bladder）为大多数硬骨鱼所有，为位于消化管背面的一个白色薄囊，一般分成前、后两室，也有少数为一室或三室。鳔的内壁一般都很光滑，也有的内壁具有大量褶皱，如雀鳝和鲥鱼。根据鳔与食道之间有无鳔管相通，可将鱼类分为有鳔管的喉鳔类（或称开鳔类，physostomous）和无鳔管的闭鳔类（physoclistous）（图7-12）。前者如大多数的硬鳞鱼、较低等的硬骨鱼类、肺鱼等；然而有些喉鳔鱼，如鲤鱼、鲇鱼和鳗鲡等到了成鱼期，鳔管往往阻塞。后者如鲈形目等较高等的硬骨鱼类。

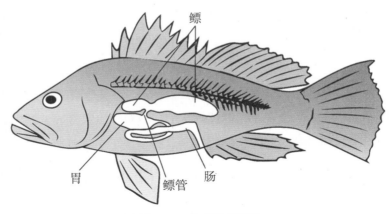

图7-12　鱼类鳔的位置

在结构上，鳔壁分为3层：外层是坚韧而透明的纤维组织；中层是结缔组织，由胶原纤维和弹性纤维组成；最内层是上皮细胞层。多数鱼类的鳔壁上具有分泌气体的气腺，也称为红腺（red gland），它由腺体组织和奇异网组成。奇异网又称逆流迷网，分为单极迷网和双极迷网。奇异网由几束平行排列的动静脉毛细血管构成。背主动脉的鳔动脉支（腹腔肠系膜动脉）通过奇异网的动脉毛细血管到鳔壁的分泌上皮，再经过静脉毛细血管、鳔静脉到肝门静脉。动、静脉毛细血管之间的血流方向相反，所以奇异网是逆流毛细血管网。红腺的腺上皮细胞能将血管内血液中与血红蛋白相结合的氧气分离出来，把血液中以碳酸氢盐形式存在的二氧化碳解离出来，使之成为鳔内的气体。在闭鳔类，鳔的后背方有吸收气体的卵圆窗（oval），卵圆窗由薄层细胞构成，分布许多微血管形成血管网，可通过血液把鳔内气体排走。卵圆窗呈囊状，囊的入口处有由平滑肌形成的括约肌。控制卵圆窗大小的括约肌由环肌和辐射肌组成，环肌收缩时，卵圆窗变小，辐射肌收缩时，卵圆窗扩大。

二、鳔的功能

（一）鳔内的气体组成

鳔内的气体组成因鱼的种类而异。淡水鱼及海水上层鱼的鳔内气体组成及其比例与空气接近，其含氧量可能略高于空气；随着鱼类栖息水层深度的增加，鳔内含氧量显著增加。除氧气外，有些鱼类的鳔内还含有二氧化碳或氮气。

（二）鳔的充气和排气

喉鳔类的鳔直接通过鳔管充气和排气，鳔管与食道交界处有环形括约肌，可控制鳔管的开启和关闭，直接由口吞入或排出气体，也可由血管分泌或由血管吸收一部分气体。

闭鳔类的鳔充气时靠气腺分泌气体。腺体组织的分泌上皮细胞内没有三羧酸循环所必需的酶，血糖在上皮内只能进行无氧酵解，产生大量乳酸；上皮细胞内还含有大量碳酸酐酶，催化血液中的碳酸迅速解离出二氧化碳。乳酸和二氧化碳都可使血液的pH下降，由于波尔效应和鲁特效应，血红蛋白与氧的亲和力下降，血红蛋白的血氧容量及氧饱和度下降，促使氧合血红蛋白释放氧气，从而提高了血液中游离的氧分压，氧气从鳔壁的毛细血管向鳔腔扩散。血液的pH变小可使血液气体的溶解度减小，因而促使气腺内鳔腔分泌其他气体。气腺的分泌活动受交感神经和迷走神经的调控。切断迷走神经，气体分泌停止；切断交感神经，则引起气体分泌。

闭鳔类鳔的排气在卵圆窗。卵圆窗具有密集的毛细血管网，鳔内的气体分压大于血液的气体分压，气体通过卵圆窗向血管内扩散，卵圆窗括约肌的舒张与收缩控制了卵圆窗面积的大小，实质上控制了毛细血管网与鳔壁内气体的接触面积大小，从而控制了排气的速率。气腺在分泌气体时，括约肌收缩，卵圆窗关闭；鳔排气时，括约肌松弛，卵圆窗开启。鳔内有中隔的鱼类，鳔的前室分泌气体，后室的鳔壁有裸露的毛细血管，因而能吸收鳔室的气体而排出气，排气的速率由隔膜中央的小孔调节。鳔的排气受交感神经和迷走神经调节，切断迷走神经，卵圆窗关闭，但交感神经的影响尚不清楚。

三、鳔的机能

（一）浮力调节

鱼生活在水环境里，淡水密度为1.000 g/cm^3，海水密度为$1.021 \sim 1.028$ g/cm^3，鱼体大部分组织的密度比其所生活的水体的密度大，如肌肉组织的密度为1.05 g/cm^3，骨骼的密度为1.50 g/cm^3，但鱼类能栖息在各自喜爱的水层而不沉至水底。有些鱼类是以不停游泳的方式防止下沉，如金枪鱼；大多数鱼类则采用增加浮力的方式。鳔是鱼类调节沉浮的重要器官。充满气体的鳔密度比水小得多。若鳔的体积增大，就能使鱼体的平均密度变小，鱼在水的浮力作用下上浮；若鳔的体积减小，则鱼体的平均密度变大，鱼下沉。鱼类通过鳔的充气和排气，改变鳔的相对体积，从而调节鱼体的平均密度，使鱼自由沉浮。

鳔的相对体积与鱼的生活环境有关。淡水的密度小，浮力小，所以淡水鱼类的鳔相对体积较大，占身体总体积的7%～9%。海水的密度大，浮力也大，所以海水鱼的鳔相对体积较小，占身体的总体积的4%～5%。

应当说明的是，少数硬骨鱼类不具鳔。这主要是一些底栖鱼类（如鮟鱇）和一些迅速做垂直方向升降的鱼类，如鲭、鲐等快速游泳的鱼类。前者终年栖息于水底，很少向上游动；后者需要迅速升降，而鳔内气体的调节较为缓慢，有了鳔反而会成为障碍。

（二）呼吸

多数鱼类鳔的呼吸作用并不重要。栖息在浅水的喉鳔类和闭鳔类的鳔腔内只含有少量的氧气，如丁卡鱼鳔内含8%的氧气，鲈鱼鳔内含19%～25%的氧气，鲤鱼鳔内含2.42%的氧气。若以鲤鱼和丁卡鱼鳔内所含气体量计算，只能供鱼4 min内的正常氧气需要量。栖息在深60～80 m水域里的白鲑的鳔内没有氧气。所以这些鱼类鳔的呼吸没有实际意义。

某些鱼类的鳔对呼吸有重要作用。例如，巨骨舌鱼游到水面时，由于鳔腔的扩大，将空气吸入鳔，该鱼以这种方式摄取的氧气占78%，通过鳃摄取的氧气仅占22%。又如，荫鱼科（*Umbridae*）、脂鲤科（*Characinidae*）和长吻科（*Mormyridae*）的鱼类通过口腔泵作用，以一定时间间隔吞咽空气入鳔，通过鳔壁进行气体交换，如果结扎鳔管会引起死亡。

喉鳔鱼类及闭鳔鱼类的鳔都可通过鳔行使呼吸机能。有些喉鳔鱼类的鳔具有肺的功能，它们都是生活在二氧化碳分压较高而氧分压很低的池塘、沼泽之中。

闭鳔鱼类和不能行使肺功能的喉鳔鱼类，它们的鳔能贮藏大量的氧气。鳔内氧气在闭鳔鱼类比喉鳔鱼类对呼吸更加有利，当其他呼吸方式停止，需要动员鳔内贮藏的氧气时，闭鳔鱼类鳔中的氧气有80%～100%可以被移出利用，喉鳔鱼类只可被利用13%～20%。深水鱼类鳔内氧气贮藏量比浅水鱼类要高。

对某些鱼类，在鳔的协助下所进行的呼吸机能具有相当重要的意义。例如，克氏荫鱼能够生活在缺氧的沟渠和沼地的水中，如果这种鱼生活在有植物生长的水中，阻隔它到水面的通路，致使它失去从水面摄取空气的途径，大约经过一昼夜后，便会因窒息而死亡。在无水潮湿空气中，它能继续生活达9 h之久；但如把它放在煮沸过而缺乏氧气的水中，并阻止它从大气中摄取氧气，只需40 min它就会窒息而死；如果允许它上升到空气中摄取氧气，它能在缺氧的水中正常生活，只是更加频繁地浮出水面摄取空气。

肺鱼、多鳍鱼、弓鳍鱼、雀鳝等鱼类的鳔具有类似哺乳类肺的作用，能进行强烈的气体交换。它们的鳔是成对的，通过分析其鳔腔中的气体成分，证明氧气在很大范围内可通过鳔壁进行弥散，但二氧化碳则只能进行很小程度的释放，过剩的二氧化碳一般通过鳃排出，甚至可能通过皮肤排出体外。

肺鱼亚纲的鱼类具有明显的空气呼吸。肺鱼（也包括多鳍鱼类）的肺和鳔之间的区别主要是，肺鱼的"肺"与消化管腹部相通，在血液循环上，"肺"的血液由第四对鳃动脉供应，而其他鱼类鳔的血液则来自肠动脉。肺鱼在涸水季节，有持续几个月之久的夏眠时间，它在泥穴中蛰伏，体外包一个黏液壳，壳顶有一小孔，可透入空气，此时肺鱼即以鳔作为唯一的呼吸器官。肺鱼的运输在这个季节也最为方便，连同黏液壳一起可以长距离运输而不致缺氧。

（三）发声

许多鱼类会发声，发声的频率范围为几百赫兹至15 kHz，不论何种发声方式总与鳔有关。通过鳔发声的方式有两种：一种是鳔管放气，如欧洲鳗鲡和一些鲤科鱼类，在鳔管放气时从鳔里排出的许多气泡会发出声音；另一种是直接利用鳔发声，这些鱼类具有鼓肌，有些鱼类的鼓肌紧贴鳔壁，有些鱼类的鼓肌一端连接体壁，另一端连接鳔壁。如欧洲鳗鲡及一些鲤科鱼类、鲇科鱼类第四椎骨的横突变形，其上附有发达的肌肉，肌肉前端附于头骨枕骨区，后端附于鳔后方壁上，当肌肉收缩时，鳔就发声。石首鱼科的鱼多数能够发声，如大黄鱼和小黄鱼在鳔的外面附有两块长条状色稍深的肌肉，有韧带与鳔相连，当肌肉收缩时，使鳔发出咕咕声。有些鱼类的鳔能做共鸣器，起扩音作用。如鳞鲀科肩带的匙骨和后匙骨相摩擦以及咽齿相磨而发声时，鳔起着共鸣的作用，使声音扩大。

鱼类所发出的声音具有不同的生物学意义，有些作为警戒的信号，也有一些作为性行为的一种信号。许多鱼类只有雄鱼能发声，也有的鱼类雄性发声较雌性强，因为雄性发音振动肌肉发育较强。

（四）感觉

鳔壁具有本体感受器和神经纤维，能感受鳔内气体张力的变化。例如，提高鳔内气体的张力，可以反射性地使鱼游向水底；降低对鳔壁的压力刺激，鱼就会反射性地游向水面。

此外，鳔通过韦伯氏小骨或鳔本身的盲囊与耳的下部相连，加强鱼类的听觉。外来的声音传到鱼体时，鳔能加强这种声波的振幅，由四小骨传到内耳。这类鱼对高频率低强度的声音发生反应，如鲫鱼和鲇鱼能听到2 750次/s的振动频率，而一般鱼类能听到的声音频率范围在340～690次/s。鳔与耳之间有联系的鱼类，在感受声音刺激过程的听觉敏感度显著提高。

本章思考题

（1）简述水生动物呼吸器官的种类。

（2）简述鱼类鳃通气的特点。

（3）简述氧解离曲线的意义及影响因素。

（4）简述血液中二氧化碳的运输过程。

（5）简述鱼类鳔的机能及其充气和排气过程。

主要参考文献

陈守良. 动物生理学［M］. 3版. 北京：北京大学出版社. 2005.

崔淼，赵俊. 鱼类的辅助呼吸器官［J］. 生物学通报，2003，38（10）：39-40.

李永材，黄溢明. 比较生理学［M］. 北京：高等教育出版社. 1985.

林浩然. 鱼类生理学［M］. 广州：广东高等教育出版社. 1999.

施琼芳. 鱼类生理学［M］. 北京：中国农业出版社. 1991.

杨秀平. 动物生理学［M］. 北京：高等教育出版社. 2002.

赵维信. 鱼类生理学［M］. 北京：高等教育出版社. 1992.

Brauper C J, Randall D J. The interaction between oxygen and carbon dioxide movement in fishes［J］. Comp. Biochem. Physiol., 1996, 113A: 83-90.

Hughes G M, Umezawa S I. Gill structure of the yellowtail and frogfish［J］. Japan. J. Ichthyol., 1983, 30(2): 176-183.

Hughes G M. The structure of fish gills in relation to their respiratory function［J］. Biol. Rev., 1973, 48: 419-475.

Perutz M F. Cause of the Root effect in fish hemoglobins［J］. Nature Struct. Biol., 1996, 3: 211-21.

Wright D E. Morphology of the gill lepithelium of the lungfish, *Lepidosiren paradoxa*［J］. Cell Tiss. Res., 1974, 153(2): 356-381.

第八章

消化与吸收生理学

第一节　消化生理概述

一、消化和吸收

有机体在新陈代谢的过程中必须从外界不断地摄取营养物质，营养物质作为机体新陈代谢的主要原料，主要包括蛋白质、脂肪、糖类、维生素、无机盐和水分，而这些营养物质主要来自机体从外界摄取的食物。水生动物和其他动物一样，维持生命活动所需要的能源和维持生命活动所需要的原料也来源于食物。食物中的维生素、无机盐和水可以被有机体直接吸收利用，而比较复杂的大分子有机物如蛋白质、脂肪和糖类等，不能被机体直接吸收和利用。因此食物在被有机体摄取后，必须经过有机体消化管、消化酶以及微生物的加工和分解，才能够被吸收和利用。食物在进入水生动物体内后，在其消化道内经过一系列物理、化学和微生物作用被加工和分解的过程，通常称为消化。食物经过消化变为结构简单的小分子物质，再通过消化管的上皮细胞进入血液和淋巴循环，运送到身体的各个器官和组织以满足机体对营养和能量的需求。这种食物经过消化后透过消化管壁进入血液循环的过程，称为吸收。消化和吸收是有机体包括水生动物进行新陈代谢的基础条件。

二、消化机能的进化

在动物进化的过程中，它们的消化机能也在不断地进化。结构最简单的原生动物，如单细胞动物，是从周围环境中直接吞噬食物颗粒到细胞内，然后利用细胞内所含的特殊酶类对食物颗粒进行分解，使之成为简单的、可被细胞直接利用的分子。这种消化的过程称为细胞内消化。多细胞动物则是将食物吞入消化管，经消化管的物理机械作用和消化酶的化学分解作用等将食物磨碎并分解，成为简单的可吸收的小分子并经体液运输后被有机体的各细胞所利用，这种消化的过程称为细胞外消化。细胞外消化可以消化大量的食物，效率高；而细胞内消化只能消化小颗粒的食物。但无论在低等动物还是高等动物的体内，在某些方面还都存在着细胞内消化的痕迹，如白细胞吞噬细菌的过程。

不同的动物由于食物种类的不同和环境的差异，消化器官以及消化过程存在一定的差别，动物越是高等，消化器官分化得越为精细。鱼类对食物的消化和吸收的过程和高等脊椎动物的相类似，但由于环境和食物不同，也存在自身的一些特征。同样，不同的鱼类由于食物和取食环境的差别，其消化和吸收也会产生结构和生理上的差异。一般来说，根据其食物种类的不同，鱼类可以分为植食性鱼类、杂食性鱼类和肉食性鱼类3种类型。大多数植食性鱼类只取食范围很窄的植物种类；杂食性鱼类的食物混杂，主要是小型的无脊椎动物；而肉食性鱼类则主要取食大型无脊椎动物及其他鱼类。对虾的消化系统相对简单，类似于大多数的十足类动物。

三、消化的方式

鱼类消化道对食物的消化通过以下3种方式来进行。

1. 机械性消化

机械性消化（mechanical digestion）是一种通过消化道肌肉的收缩活动，将食物磨碎，使食物与消化液混合，将食糜向消化道下方推送的过程。机械性消化主要包括口腔内的咀嚼和吞咽以及肠胃的收缩。

2. 化学性消化

化学性消化（chemical digestion）主要是通过消化腺分泌的消化液来完成的，消化液中含有的各种消化酶能够在特定pH和温度范围内对蛋白质、脂肪和糖类等物质进行化学分解，形成可被消化道上皮细胞吸收的小分子物质。

3. 微生物消化

微生物消化（microbial digestion）是指鱼类胃肠中的微生物群落将食物中营养物质进行分解的过程，在植食性鱼类中较为明显。许多鱼类后肠内的细菌可以通过发酵作用产生大量的短链脂肪酸（short chain fatty acid，SCFA），而这种短链脂肪酸则是一种可被机体利用的能源物质。另外，一些研究者通过实验发现，鱼类胃肠中的一些菌群可以在体外对蛋白质、脂肪、淀粉、纤维、琼脂、褐藻酸及大多数碳水化合物进行分解。如大西洋鳕、大西洋鲑（*Salmo salar*）、欧洲舌齿鲈（*Dicentrarchus labrax*）、鲻鱼（*Mugil cephalus*）和菱体兔牙鲷（*Lagodon rhomboides*）胃肠道中分离出的一些细菌，可以产生淀粉酶、蛋白酶或纤维素酶等。

四、消化道

消化器官是消化和吸收的结构基础，包括消化道以及与它相连的消化腺。消化道（digestive tract）是一个肉质的管道，是食物进行消化和吸收的部位，不同物种的消化道结构存在一定差异（图8-1）。

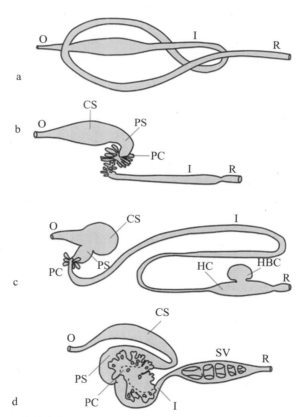

a. 鲤鱼；b. 虹鳟；c. 斑纹岗舵鱼（*Hermosilla azurea*）；d. 匙吻鲟（*Polyodon spathula*）；CS.贲门胃；HBC.后肠盲肠；HC.后肠室；I.肠；O.食道；PC.幽门盲囊；PS.幽门胃；R.直肠；SV.螺旋瓣。

图8-1　4种鱼类的消化道结构示意图

（引自Michael和Anna，2007）

（一）鱼类消化道的构成及各部分的主要功能

鱼类的消化道起自口，经过腹腔，止于泄殖腔或肛门开口，分为口咽腔、食道、胃、肠和肛门等部分。不同的鱼类在消化道的结构和功能上也有着一定的差异，是对它们的食性和栖居环境的一种适应。消化道的各部位有着与之相对应的功能。

口咽腔的主要功能为捕食和接收食物，在少数鱼类中还有咀嚼和磨碎食物的功能。口咽腔内有黏液细胞和味蕾，能够分泌黏液，有助于对食物的选取与控制。研究表明，口咽腔中的味蕾有感觉食物和触发吞咽反射的作用。

鱼类的食道一般比较短，是输送食物的通道，主要由黏膜层、黏膜下层、肌层和浆膜层组成。黏膜层上具有分泌黏液的功能细胞，可分泌黏液起到润滑食物，便于吞咽的作用。

鱼类食物的消化部位主要是胃和肠。胃连接食道和肠，且交界处具有环形括约肌，能防止食物倒流。所摄食对象不同，胃部形态也随之变化。如硬骨鱼的胃主要分为I型、U型、V型、Y型和卜型5大类；鲤科鱼类无胃部构造。

消化产物和水分的吸收主要在肠道部位。肠的形状、长短与鱼类食性有关。草食性鱼类肠长而曲折，肉食性鱼类肠短而粗。肠越长，消化时间越长，可充分消化植物纤维。不能消化的食物残渣则由消化道末端的肛门排出体外。

（二）头足类消化道组成及各部分主要功能

头足类动物的消化道主要包括口、食道、嗉囊、胃、盲囊、肠和肛门等器官（图8-2）。

口位于腕和触须的底部，包含颚片、口球和腺体、齿舌等，在口周围有许多脊或乳突。颚片由具几丁质的上、下颚组成；口球肌肉发达，可以采取像剪刀一样的切割方式撕裂组织。口球与能够产生黏液的唾液腺相连。乌贼和章鱼会利用后唾液腺分泌神经毒素并注射到猎物体内，使之无法动弹，以便于进食。齿舌属于几丁质带状物，位于口底部，具刮食功能，可以把食物切成小块。齿舌有不同类型，结构也因物种而异。许多章鱼能钻开甲壳类和其他软体动物的壳，这就是齿舌的作用结果，而有些头足类（如旋壳乌贼）则缺乏齿舌。

食道是位于口球和胃之间的消化道。食道的管腔狭窄且可轻微扩张，这是因为它穿过大脑和颅软骨，这就是头足类动物用颚片将食物切成小块，然后用齿舌把小块食物塞进食道的原因。

嗉囊通常是由部分食道扩大形成的，主要用来储存食物，在鹦鹉螺和大多数章鱼中存在。在没有嗉囊的物种中，食道在胃内打开，在消化酶的帮助下消化食物。

胃的大小可以扩展，在没有嗉囊的物种中，胃作为储藏和加工食物的区域。

盲囊是消化道的主要器官，是主要的吸收部位，它上连接胃，下连接肠，并进入肛门。肛门位于外套膜的前腹部，靠近漏斗。大多数物种的肛门侧面有一对肌肉触须，称为肛门瓣。

头足类动物消化道的一个显著特征是有墨囊。除了夜行性和深水的头足类动物，所有生活在光照条件下的蛸亚纲的头足类都具有墨囊。墨囊是一个肌肉袋，起源于后肠的延伸，它位于肠道下方，通向肛门，里面的纯黑色素可以被喷射到肛门里。墨囊靠近漏斗的底部，这意味着在头足类动物用漏斗喷水推进时，墨可以融入喷出来的水中，喷出的墨汁形成了一个大小和形状与头足类动物差不多的墨团，可以吸引捕食者的注意力，方便头足类动物逃跑。

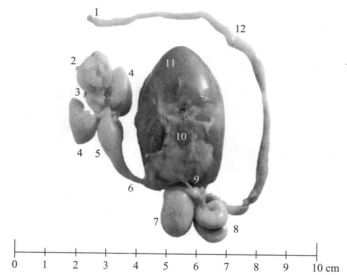

1. 肛门；2. 口球肌；3. 前唾液腺；4. 后唾液腺；5. 嗉囊；6. 食道；7. 胃；8. 盲囊；9. 消化腺管；
10. 墨囊；11. 消化腺；12. 肠。

图8-2　章鱼的消化系统

（引自Gestal等，2019）

（三）双壳贝类消化道组成及各部分主要功能

双壳贝类的消化系统主要包括唇瓣、口、食道、胃、肠、肛门及消化腺等部分。

1. 唇瓣

唇瓣左右各1对，共4片，位于体前端，口两侧，常呈三角形。与外套膜基部相连的1对为外唇瓣，与内脏团相连的1对为内唇瓣。2片外唇瓣在背方形成上唇，2片内唇瓣相连形成下唇。扇贝科有明显的口唇。唇瓣的形状与物种有关，如索足蛤和拟锉蛤的唇瓣不发达或缺乏，而樱蛤科唇瓣几乎与鳃一样大，悬挂在鳃前方的外套腔中。

鳃上的食物运送沟将摄入的食物颗粒输送至唇瓣和口部。唇瓣的主要功能是运送食物，以及根据食物颗粒的大小和形状分选食物，一般倾向小而轻的食物颗粒。2片内唇瓣相对的一面具横褶和纤毛，依靠纤毛的摆动，适宜的食物颗粒通过唇瓣上的褶皱而进入口。例如，扇贝内外唇瓣底边相连形成唇瓣沟，食物颗粒可沿此沟进入口。而被未选择的食物颗粒则与黏液结合，经外套膜表面纤毛摆动至外套腔中积聚，最终通过内收肌收缩以假粪（pseudofeces）形式被定期排到体外。见图8-3。

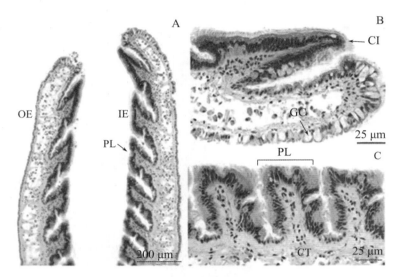

A. 内唇瓣和外唇瓣横切面；B. 唇瓣末端横切面；C. 内唇瓣上皮横切面；
OE. 外唇瓣；IE. 内唇瓣；PL. 皱襞；CI. 纤毛；GC. 杯状细胞；CT. 结缔组织纤维。

图8-3　河蚌（*Anodonta woodiana*）唇瓣组织切片

（引自Mcelwain和Bullard，2014）

2. 口

口由2片内外唇瓣组合而成，仅为1个简单的横裂，位于体前端、足基部背侧。在有2个闭壳肌的种类中，口常位于前闭壳肌的腹方或后方附近。胡桃蛤科有口腔存在，并且有左右对称的2个侧腺囊开口于口腔中。大多数双壳类，口不形成口腔，没有齿舌、颚片和腺体。

3. 食道

食道是食物从口到胃的通道，紧接口的后方，极短。食道壁由具纤毛的上皮细胞（图8-4）和黏液分泌细胞形成。在结缔组织内则有一些血管和肌纤维。依靠食道上皮细胞纤毛的摆动和黏液的润滑，使食物进入胃。

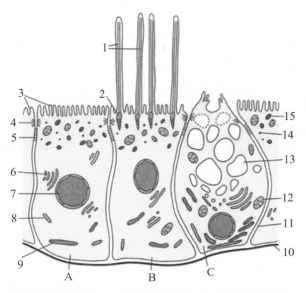

A. 无纤毛柱状细胞；B. 纤毛柱状细胞；C. 黏液分泌细胞；

1. 纤毛；2. 纤毛基部；3. 微绒毛；4. 桥粒；5. 间壁连接；6. 高尔基体；7. 细胞核；8. 光面内质网；

9. 糙面内质网；10. 基膜；11. 细胞间隙；12. 线粒体；13. 液泡；14. 色素颗粒；15. 溶酶体。

图8-4　软体动物上皮细胞的3种主要类型

（仿Allam和Espinosa，2015）

4. 胃和晶杆

胃为一个大的卵形或梨形的袋状物，一般两侧较扁，位于内脏团背侧，被消化盲囊分支组成的消化腺所包围。食道从胃的前表面进入，肠在其后腹面相连。除孔螂超科等肉食性种类外，胃壁均无肌肉组织，胃的表皮具有一种能脱落的厚皮质物，称胃楯（gastric shield），用以保护胃的分泌细胞，如牡蛎的胃楯呈不规则形，分两叶，中间有一狭颈相连，大叶薄而平滑，小叶厚具小齿。胃上纤毛和褶皱结构的功能与唇瓣类似，能分选胃中的食物颗粒，适宜的食物颗粒被分流至消化盲囊中消化吸收，而其余食物颗粒则通过肠道排出，有的也能参与晶杆的形成。

胃腔内常有一个幽门盲囊（pyloric caecum），囊内有一种表皮的产物称为晶杆（crystalline style，图8-5、图8-6），故此，幽门盲囊又称为晶杆囊（style sac）。晶杆为一支几丁质的棒状物，其末端突出于胃腔中。晶杆依靠幽门盲囊表面纤毛，按一定方向旋转以搅拌、研磨食物。从无齿蚌的前端观察，晶杆以10～50次/min的速度顺时针旋转。另外，晶杆的末端能够与胃楯摩擦，释放消化酶以分解食物，营细胞外消化。由于释放的消化酶主要为淀粉酶，因此胃中细胞外消化主要进行碳水化合物的分解代谢。有些贝类的晶杆上还含有分解纤维素的相关酶。在一些贝类中，晶杆始终保持坚硬状态，而在有些物种中，晶杆较为柔软，并且随食物供给周期出现溶解和重组现象，从而帮助其适应恶劣的环境。

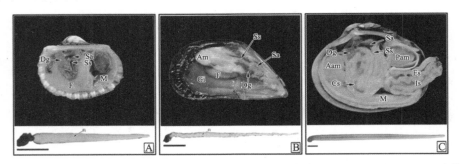

Aam. 前闭壳肌；Am. 闭壳肌；Cs. 晶杆；Dg. 消化腺；Es. 出水管；F. 足；Gi. 足丝；Is. 入水管；

M. 外套膜；Pam. 后闭壳肌；Sa. 胃；Ss. 晶杆囊。比例尺：5 mm。

图8-5　泥蚶（*Tegillarca granosa*，A）、紫贻贝（*Mytilus galloprovincialis*，B）、紫石房蛤（*Saxidomus purpuratus*，C）晶杆形态学结构

（引自Ju等，2010）

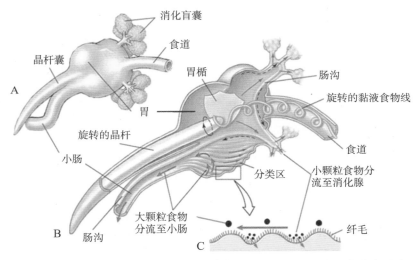

A. 胃和晶杆囊的外观图；B. 横切面显示食物的流动方向；C. 纤毛的分类活动。

图8-6　双壳类胃和晶杆示意图

（仿Gosling，2003）

5. 消化盲囊（digestive diverticula）

消化盲囊又称"肝脏"，是一个大型近对称排列的葡萄状褐色腺体，包被在胃的周围，有时伸入足。在繁殖季节，其外围常被生殖腺所包被。消化盲囊通过导管与胃相通，并在胃周围连续分支形成次级导管和盲管，组成消化腺。导管细胞有微绒毛、纤毛、溶酶体、发达的高尔基体和大量液泡等，保证细胞内消化的有序进行。食物颗粒通过胞吞作用进入消化细胞，随后吞噬小泡与细胞内的溶酶体融合，食物被多种溶

酶体酶消化分解，如淀粉酶、纤维素酶、酯酶、酸性磷酸酶和肽酶。消化产物通过胞吐作用被释放到血淋巴中参与循环。脂质和蛋白质的代谢分解也主要发生在消化盲囊的细胞内，在一些贝类中，消化腺的活性表现出周期性变化，例如扇贝的消化腺活性随浮游植物的丰富度变化呈明显的季节性改变，潮间带双壳类的消化盲囊也随潮汐食物供给表现节律性变化。

6. 肠和肛门

肠为细长管道，位于胃腹方，但在蚶和孔螂超科中则比较短。肠上皮具有纤毛，肠后方与直肠相连，直肠中常有一条纵沟，称为肠沟（图8-6），直肠内有大量黏液细胞。肠道主要接收来自消化腺的代谢废物以及那些由于太大而未能进入消化腺的食物颗粒。肠上皮由具微绒毛和纤毛的柱状细胞与黏液分泌细胞构成，柱状细胞的胞质中有胞吞小泡、溶酶体、脂滴、内质网和高尔基体，是肠道内物质消化吸收的结构基础。此外，肠道中的细菌群落也在消化吸收中具有重要的作用。例如，船蛆肠道中的大量细菌，能够参与摄入木屑的消化。除胃和肠能发挥消化吸收作用外，血淋巴中部分细胞也可穿过消化道上皮细胞吞噬营养颗粒，并将营养运输到身体其他部位。

直肠的末端为肛门，开口于后闭壳肌的背面，排出不能消化吸收的废物。双壳类的消化管壁不具有能收缩或舒张的肌肉层，因此消化管没有蠕动能力，消化管内的食物输送主要依靠纤毛的摆动。此外，许多双壳类的消化方式主要是细胞内消化。

（四）消化道的运动形式

鱼类消化道组织结构由内向外可以分为黏膜层、黏膜下层、肌层与外膜层。其运动的方式主要有紧张性收缩、蠕动、摆动和分节运动4种形式。

1. 紧张性收缩

紧张性收缩是一种微弱的持续性收缩，当胃被充满后，就会恢复持续较长时间的这种缓慢的紧张性收缩。在消化的过程中，紧张性收缩会逐渐加强。它可以使胃肠腔内维持一定的压力，这种压力有助于消化液渗入食物，并能够协助食糜向前推进；紧张性收缩还有助于保持胃肠道的形状和位置。因此，紧张性收缩可以说是其他运动形式产生的基础。

2. 蠕动

蠕动是指消化道环行肌的顺序收缩所形成的收缩环沿着管道向后方推进的机械性运动。蠕动是一种收缩波，具有一定的方向性，它是消化道推动食物向肛门方向前进的基本运动形式。蠕动是受神经控制的神经原性的运动。通过胃的蠕动，一方面可促使食物与胃液混合，形成食糜，以利于食物的消化；另一方面可以推进食糜通过幽门进入十二指肠，这种动作又被称为幽门泵。在星鲨可以观察到每分钟有2~3个蠕动收缩波传向幽门。鱼类的胃蠕动不如哺乳类强烈，因此食物在鱼类胃中消化慢，停留的时间长。鱼类是变温动物，胃蠕动经常受到温度变化的影响，蠕动常随温度的上升而加强。但对冷水鱼类来说，如果超出它的适宜温度，蠕动就会消失。例如，当温度升至18 ℃时，马苏大麻哈鱼（*Oncorhynchus masou*）的胃蠕动会随温度的继续上升而逐渐消失；而当温度降至18 ℃左右时，胃蠕动会重新出现。蠕动也是肠道的运动方式之一，在肠内由肠的始端向末端移行。肠道的蠕动可以促进肠内的食糜向前推进，但这种推进作用是短距离的，力量较弱，只有与分节运动和摆动相结合，才能进行消化。

3. 摆动

摆动是纵行肌缓慢而有规律的收缩，这种运动方式主要出现在消化道排空的时候。摆动是肌原性的运动，不受神经控制，破坏神经的药物也不影响摆动运动。摆动常使食糜在较长的一段肠内来回摆动，很少向前推进。摆动的意义在于使肠内容物与绒毛相接触，并使肠内容物与消化液相混合。这种运动方式在植食性鱼类的肠道中表现明显。

4. 分节运动

分节运动是以环行肌舒缩为主的节律性运动。在食糜所在的一段肠管上，一群等间隔的环行肌同时收缩，把食糜分成很多节段；数秒钟后，收缩的部位开始舒张，而原先舒张的部位则开始收缩，于是，食糜又重新分节。如此反复进行，其作用在于使食糜和消化液充分混合，并使这些混合物与小肠黏膜吸收表面接触，使肠黏膜对消化产物的吸收得以充分进行。

（五）消化道平滑肌的一般生理特性

消化道的运动机能是由消化道壁上肌肉层的收缩活动来实现的。在整个消化道中，除了咽和肛门的肌肉是骨骼肌以外，其余部分都由平滑肌组成。消化道的平滑肌具有肌肉组织的共同特性，如兴奋性、传导性和收缩性等，但这些特性的表现又具有自身的特点。

1. 兴奋性较低，收缩缓慢

消化道平滑肌兴奋性比骨骼肌低，时值比骨骼肌大。消化道平滑肌的收缩需要较长时间才能发动起来，而要恢复到原有的长度也需要很长时间。因此，与骨骼肌相比，消化道平滑肌的收缩潜伏期、收缩期和舒张期缓慢，变化性大，动作电位比较微弱。

2. 富有伸展性

消化道的平滑肌能适应需要做较大程度的伸展，甚至可以使消化道达到原来体积的2~3倍。因此，消化道的某些部位常常可以容纳几倍于自身原初体积的食物，这一特征具有重要生理意义。

3. 紧张性

消化道平滑肌可以长时间维持一定的张力或紧张性，保持在一种微弱的持续收缩状态。这既能够使消化道管腔经常维持一定的基础压力，又能够使消化道的各部分保持一定形状和位置。平滑肌紧张性的维持是它本身的特性，而骨骼肌则需要中枢神经系统的支持。

4. 自动节律性运动

消化道平滑肌器官在离体后，若保持在适宜的环境中，仍能够进行良好的节律性运动。这种运动是由平滑肌本身以及在其神经丛所产生的冲动影响下所形成的。

5. 对化学、温度和机械牵张刺激较为敏感

平滑肌对电刺激并不敏感，但它对一些生物组织的产物刺激非常敏感。平滑肌对一些化学物质（如酸、碱）、温度和机械牵张的刺激很敏感，微量的乙酰胆碱可使平滑肌收缩，肾上腺素可使其舒张，并且这种特性不是依赖于神经而存在的。消化道平滑肌对上述刺激具有高敏感性特点与其功能紧密联系，有着重要的生理意义。

（六）消化道平滑肌的电生理特性

1. 静息电位

平滑肌细胞与其他神经、肌肉细胞一样，在静息状态下，膜表面上任何两点都是等电位的，膜内外两侧存在明显的电位差。在安静时，消化道平滑肌细胞膜两侧的电位差为 $55 \sim 60$ mV，胞内为负，胞外为正。静息电位除与 K^+、Na^+、Cl^- 的移动有关外，还可能与钠泵的生电作用有关，使运出膜外的 Na^+ 量大于运入膜内的 K^+，从而造成膜外正电、膜内带负电的情况。

2. 慢波或基本电节律

在胃肠道纵行肌的静息电位基础上，可记录到一种缓慢的、节律性去极化，这种电变化称慢波。其波幅为 $5 \sim 15$ mV，频率随组织特性而异，这种慢波变化决定着平滑肌的收缩节律，又被称为基本电节律。人胃慢波的频率为3次/min，十二指肠为11次/min。胃、小肠平滑肌的慢波起源于纵行肌层，可向环行肌层传播。它的存在有可能使肌肉接受刺激产生动作电位。基本电节律与组织代谢过程关系密切，属于肌源性的，但受神经体液影响。

3. 动作电位

细胞膜对 Ca^{2+} 通透性增加是内脏平滑肌动作电位形成的主要离子基础。在慢波基础上平滑肌接受刺激，细胞膜才能进一步去极化产生动作电位。平滑肌动作电位太

小、不稳定。与骨骼肌相比，其时程较长（10 ~ 20 ms）、幅度较小。动作电位产生后再经兴奋-收缩耦联产生肌肉收缩。见图8-7。

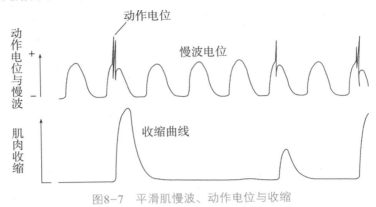

图8-7 平滑肌慢波、动作电位与收缩

五、消化腺

（一）鱼类消化腺

鱼类的消化腺一般包括消化道附近的大型腺体胰腺、肝脏和胆囊，以及位于消化道的内层黏膜上的小型腺体胃腺和小肠腺等。消化腺分泌的消化液一般指胃液、胰液、胆汁和肠液，它们能够对食物进行化学性消化，在整个消化过程中起着非常重要的作用。消化液主要由水、无机物和有机物组成。有机物中含有多种消化酶，可分解不同种类的食物，其中以具有蛋白质成分的消化酶起着最重要的作用。

1. 肝脏和胆囊

肝脏是鱼类最大的消化腺体，是由胚胎期消化道的上皮突起发展起来的，其形状、大小、颜色和分叶的情况在不同种类中有很大的差别。肝脏最简单的形状是分支的管状腺，如圆口类的肝脏。一些鱼类（如鳗鲡）的肝脏也具有管状结构，但大多数鱼类的肝脏是由相互交错的肝细胞索构成，肝细胞索之间有着大量的毛细血管。鲤科鱼类肝脏大多无固定的形状，而是分散在肠系膜上，并且其内混有胰细胞，故称为肝胰脏。鱼类的肝脏前端常在围心腔膈膜的后方，由此向后延伸，在一些鲨类中可以直达泄殖腔。肝脏外面包有腹膜，前方形成一悬挂韧带。肝的形状通常与鱼类的体形有关。如鳗类体形长，其肝脏也为长形；而鳐的体形平扁，其肝脏也宽厚。另外，肝的形状和相对重量会依季节和生理状态的变化有很大的不同。肝脏的颜色多为黄色或者褐色，其颜色与含脂量有关，一般脂肪含量高则肝色淡，含脂量低则肝色深。

鱼类的肝细胞与其他的脊椎动物种类一样，含有大量的线粒体、粗面内质网、高尔基体、过氧化物酶体、脂肪和糖原颗粒。肝细胞分为两种类型，一种是富含脂肪的肝细胞，一种是富含糖原的肝细胞。不同种鱼的肝细胞类型也有所不同，光鳃鱼、兵鲇、双锯鱼等鱼类以含糖原的肝细胞为主，而鲀和黄盖鲽等鱼类则以含脂肪的肝细胞为主。

肝脏的主要机能是分泌胆汁。胆汁经过肝管的集中，贮藏于胆囊中，再由胆管开口于消化管。肝管在肝脏内是由许多细管汇合成几支大管，最后汇合成一支大肝管在肝脏前部和胆囊管相通。胆囊管的基部连于胆囊上。胆囊呈椭球形，其颜色由于贮存胆汁而呈深绿色或黄色。胆汁一般呈绿色或黄色，不含消化酶，但具有使脂肪乳化、脂肪酶活化及刺激肠运动的机能。胆囊管与肝管相连后继续向前延伸为胆管，胆管末端进入前肠前部的右侧腹面，胆囊壁含有由柱状或矩形细胞组成的黏膜层和一层很薄的黏膜下组织，以及由平滑肌细胞组成的肌层。肝脏除具有分泌胆汁的功能以外，还有对来自消化道的毒物进行抗毒，以及储存糖原调节血糖平衡的作用，鱼类切除肝脏后会很快死亡。

2. 胰脏

圆口类的胰脏由肠黏膜上含有酶原颗粒的外分泌腺细胞组成。板鳃鱼类的胰脏很发达，为单叶或双叶，明显与肝分离，位于胃与肠的相接处，胰管开口于螺旋瓣开始处。硬骨鱼类的胰脏通常是弥散的腺体，由分散在肠表面的结缔组织、肠系膜、幽门盲囊周围或在肝脏、脾中的腺泡和分支小管组成。胰管单独开口于肠或幽门盲囊，或与胆管联合进入肠。

胰脏是一种重要的消化腺，能够分泌胰液，胰液内含有多种消化酶，能消化蛋白质、脂肪和淀粉等。胰液的酶只有在碱性环境中才能起作用，所以肠内含物经常呈碱性反应。

（二）贝类消化腺

以腹足纲消化腺为例：

1. 唾液腺

腹足纲贝类常有一对唾液腺，经导管与口腔相连，能分泌黏液促进食物颗粒的凝集和润滑，也有助于前肠的细胞外消化。唾液腺在柄眼目特别发达，呈叶状，称为桑柏氏器官（Semper' organ），而裸鳃目的唾液腺则退化甚至缺失。腺体呈簇状、管状或袋状，与不同的摄食方式和食性有关。例如，产酸性唾液贝类的唾液腺常分为两叶：前叶分泌黏液和蛋白质，包括消化食物组织的酶；后叶分泌酸作为螯合剂，能够溶解猎物的钙质外壳，也是一种麻痹毒素。而蜗壳科贝类则能分泌pH为10左右的强碱性唾液。部分肉食性新进腹足亚纲除有一对细粒状唾液腺外，还拥有一对附属的管状唾液腺。例如，新进腹足目的附属唾液腺能够分泌5-羟色胺，诱导肌肉松弛，导致猎物松弛性麻痹。此外，普通唾液腺也可分泌毒素，在缺乏附属唾液腺的物种中更是如此，例如，红螺唾液腺能分泌神经毒素羟化四甲胺。

2. 食道腺

新进腹足亚纲在食道中央具有一个重要的食道腺，称为勒布灵氏腺（Leiblein' gland）。这种腺体在榧螺科和细带螺科不发达，在骨螺为一原腺块，在蛾螺为一薄壁的长盲囊物，在弓舌超科则是一个毒腺。它的输入管穿过食道神经环，开口在口腔中。食道腺的上皮由黏液分泌细胞与无纤毛和有纤毛的柱状细胞组成，具有吸收、储存和分泌功能。其中柱状或棒状的无纤毛上皮细胞中富含溶酶体、脂滴和糖原颗粒。这些细胞中含有的囊泡以及微绒毛基部的细胞膜凹坑，表明它们有很强的吞噬活性。经历顶浆分泌循环，细胞质囊泡中的溶酶体被释放到腺腔内，仍保持活性的酶就可能参与细胞外消化。因此，在食物达到胃部之前，消化作用就已经开始了。纤毛细胞具有密集的微绒毛、溶酶体和大量线粒体，也具有胞吞作用能力。此外，在骨螺总科的食管中部还有另一个腺体，被称为覆盆子腺（glande framboisée），位于勒布灵氏腺瓣膜和导管之间，其纤毛细胞能够储存脂质和分泌蛋白质。

3. 消化腺

消化腺是消化系统中最重要的腺体，位于胃的周围，甚肥大，呈黄褐色或绿褐色，为叶状。消化腺由许多盲管组成，这些小管与胃分支导管相连，被称为消化盲囊，由一层很薄的结缔组织包围的单层上皮细胞组成。消化盲囊的上皮通常由两种类型的细胞组成，即消化细胞和嗜碱性细胞。消化细胞在消化腺中数量最多。强大的吞噬活性和细胞内消化是这些柱状或棒状细胞的典型特征。细胞外消化产生的大分子或细颗粒附着在细胞膜受体上，以便将它们集中在吞噬囊泡中，这些物质最终进入溶酶体进行最后阶段的消化。在细胞内消化阶段结束时，未消化的物质被释放到消化盲囊腔内，废物通过消化腺导管运输回胃中，消化细胞获得的营养可以糖原和脂滴的形式储存在细胞中。嗜碱性细胞常呈锥状，具有蛋白质分泌细胞的结构特征，即具有大量粗面内质网、高尔基体和分泌泡，负责分泌细胞外消化酶。在柄眼目中，嗜碱性细胞有大量的含钙颗粒，又被称作钙细胞，它不仅能够提供外壳生长和修复所需的钙，调节pH，还能隔离有毒金属，执行解毒功能。过氧化物酶体在嗜碱性细胞和消化细胞中含量丰富，特别是与其他组织相比体积更大，在消化腺代谢中发挥重要作用。

消化腺的基本形态和功能在大多数腹足类动物中都是相似的，通常都能在消化腺中检测到与细胞内消化和细胞外消化相关的酶，即酸性磷酸酶、糖苷酶、酯酶和蛋白酶。消化腺的大体积和嗜碱性细胞的数量都使得该腺体成为细胞外消化酶的主要来源。同样，由于消化细胞具有强大的胞吞和细胞内消化作用，该腺体也是机体内吸收营养的主要场所。然而，部分腹足类的消化腺较为特殊。例如，囊舌总目能将藻类的叶绿体保留在消化细胞中进行光合作用，这一过程被称为盗食质体（kleptoplasty）；裸鳃目在捕食腔肠动物时，消化腺细胞能保留猎物的刺丝囊以保护自己。

六、对虾的消化系统

甲壳动物的食物是通过肌肉收缩在消化道内进行移动的，其消化系统包括口、食道、胃（前胃室、后胃室）、盲肠、肛门和肝胰腺。在甲壳动物中，前胃室的角质层有时带有脊或齿，在肌收缩作用下磨碎食物时，这些脊或齿充当切割结构。后胃室的角质层有细小的刚毛，在物质进入中肠的过程中会产生相应变化。见图8-8。

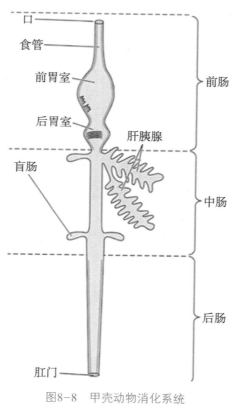

图8-8 甲壳动物消化系统

（仿Richard等，2016）

对虾科的消化道分化为表皮质的前肠，以致密的消化腺开始，后接长管状的中肠，表皮质的后肠，主要为直肠形状（图8-9）。

前肠有各种称呼，如口道器、胃、前胃。这里的前胃实际指的是十足类的前肠，不包括食道及相关部分。甲壳动物上唇及周围组织为分泌腺，其作用还不清楚。口后为一短的垂直食道，周围为收缩肌，可将食道关闭。食道内口开口于前胃前部的腔内，前胃有复杂的肌肉控制。前胃分前后两腔。前腔，特别是其前部，可以膨胀，有时称为食囊；后腔变窄，又分支为通往中肠的上室和下方的过滤室。

中肠的主要功能是分泌消化酶和吸收营养物质。中肠腺是软体动物和甲壳动物的主要消化腺。中肠腺是一对管状腺（图8-10A），腺小管呈树枝状分布于一、二级分支（图8-10B）。在胚胎发育早期，消化腺从中肠分化出来，为简单的两囊状结构，随着发育的再分化，逐渐形成包括许多管状小室的两叶状致密器官。每一管状小室具有一简单的皮细胞层壁，外由结缔组织和肌肉纤维与相邻小室隔开，内有具许多绒毛状突起的腔。中肠内端部含有未分化胚胎细胞——E细胞。E细胞进一步分化为F细胞，R细胞，B细胞和中肠小细胞。F细胞内含酶原颗粒；B细胞内含消化酶，可向肠内释放。后肠短，肌质内表面具有6条垫状脊，称为直肠托，主要负责抱握由围食膜形成的粪便碎片并将之排出体外。

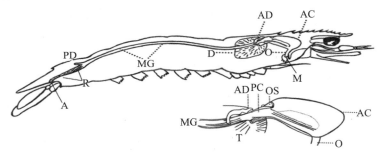

A. 肛门；AC. 前胃；AD. 中肠前盲囊；D. 消化腺；M. 口；MG. 中肠；O. 食管；OS. 胃磨小骨；

PC. 后胃；PD. 中肠后盲囊；R. 直肠；T. 消化腺小管。

图8-9　对虾消化系统

（仿Dall，1965）

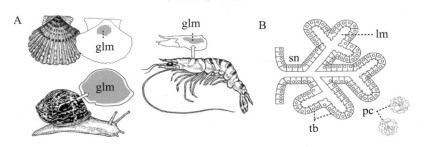

A. 双壳类、腹足类和甲壳类中肠腺位置；B. 腺小管示意图。

glm. 中肠腺；lm. 管腔；pc. 吞噬细胞；sn. 血腔窦；tp. 小管。

图8-10　中肠腺的解剖和组织学

（引自Röszer，2014）

第二节 口腔内消化

鱼类的口和咽并没有明显的界限，通常鳃裂开口处为咽，其前方则称为口腔，一般合称口咽腔。鱼类口的位置和形状大小多种多样，这与它们摄食的特点和方法有着直接的关系。另外，鱼类口腔与咽的形状和大小与食性也有很大的关系。凶猛性鱼类的口咽腔通常比其他鱼类相对较大，如马苏大麻哈鱼、鲈鱼；部分专食浮游生物的鱼类口咽腔也相对较大，与其不停滤食的习性有关，如鲢。口咽腔组成结构有黏膜层、肌层、纤维层。黏膜层为复层扁平上皮构成，表层为扁平上皮细胞及许多分泌黏液的杯状细胞和味蕾。口咽腔内有齿、舌、鳃耙等构造（图8-11）。

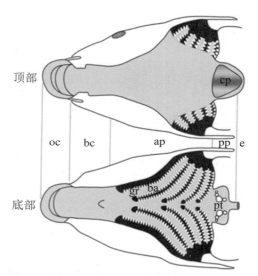

cp. 咀嚼面；oc. 口腔；bc. 颊腔；ap. 前咽；pp. 后咽；e. 食管；gr. 鳃耙；ba. 鳃弓；pt. 咽齿。

图8-11　鲤鱼口咽腔的顶部和底部示意图

（引自Fournier等，2012）

一、齿

不同鱼类齿的形状、数目和排列状态有很大差异。不同形状的齿分别有把握、撕咬、切断、压碎食物等作用，一般没有咀嚼功能，因此齿的形态与鱼类的食性关系非常密切。硬骨鱼除具有颌齿外，很多鱼在舌上、犁骨上、腭骨上、鳃弓上以及咽骨上都有齿。硬骨鱼齿的形态与食性密切相关，主要分为犬齿状齿、圆锥状齿、臼状齿、门齿状齿（图8-12）。与高等脊椎动物不同，在大多数鱼类中，颌齿仅仅是用来捕捉食物的器官，很少具有消化功能。以凶猛肉食性鱼类为例，它们通常具有锐利的齿，齿尖而有缺刻，其齿不仅能够咬住食物，而且能够将食物撕裂，如鳜鱼（图8-13）。而在杂食性和植食性的鱼类中，齿的类型有切割型、钝磨型、刷型及缺刻型等。例如鲷的食物以贝类和蟹为主，鲷门齿尖锐，两边为臼齿状齿，可磨碎硬壳。鲤科鱼缺少颌齿，但咽齿发达，咽齿是鲤科鱼类的主要分类特征（图8-11）。咽齿的作用大部分是作为磨碎食物的器官。咽齿与基枕骨下的角质垫（咽磨）形成咀嚼面，而且因食性不同呈现不同的形态，如肉食性呈犬齿状，草食性呈锉刀状，杂食性呈臼齿状。而以浮游生物为食的鱼类，齿大都细弱，主要靠长而细密的鳃耙来防止食物的流失。

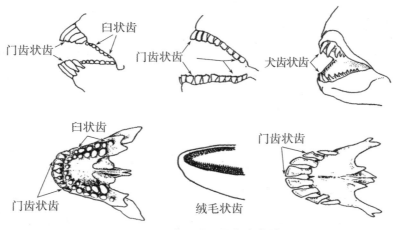

图8-12　常见的硬骨鱼齿类型

（仿Edwards等，2001）

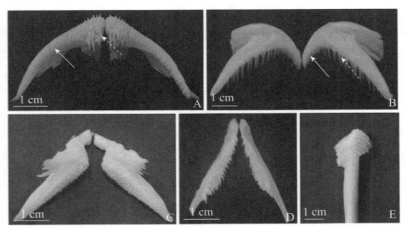

A. 上颌齿；B. 下颌齿；C. 腭齿；D. 下咽齿；E. 犁齿。

——➤ 犬齿状齿；┈┈➤ 绒毛状齿

图8-13　鳜鱼齿

（引自曹长林等，2021）

二、舌

舌生在口腔的底部，鱼类的舌一般不发达，没有肌肉，仅为基舌骨的突出，并外覆黏膜。圆口类营寄生生活，因此舌肌肉丰富和发达，舌上生有角质齿，能上下前后移动，为刮食和吮吸食物的器官。鱼舌的形状各有不同，有三角形、似三角形、矩扇形、长矛形、锥形等。大多数的鱼类舌前游离，可由舌弓上肌肉使舌前部上下活动，如康吉鳗科、颌鳗鲕科等。但也有些种类舌不游离，如鲤鱼、鲻鱼、绯鲤等。还有少数鱼类如海龙科，舌已经退化或缺少。舌在鱼类取食中的作用尚不清楚，有的鱼类舌上有味蕾的分布，味蕾是由第ⅡX对脑神经支配，起到味觉作用。另外，有些鱼类的味蕾分布较广，除舌以外，在口腔、触须及体侧均有分布。

三、鳃耙

鳃耙着生于鳃弓的内侧（图8-14），排列成内外两列。鳃耙是滤食器官，植食性和肉食性的鱼类鳃耙短而稀疏，对获取食物的作用不大，如鳜、乌鳢；但以浮游生物为食的鱼类，如鲢、鳙等，其鳃耙长而细密，数量多且结构复杂，可以经鳃耙滤取食物。多数鱼类在鳃耙的顶端和鳃弓的前缘分布有味蕾，因此鳃耙不仅是滤食器官，而且具有味觉器官的功能。

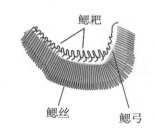

图8-14 鱼类鳃结构示意图
（仿Richard等，2016）

四、食道

在口咽腔和胃之间是食道。鱼类没有明显的颈部，因此食道一般较短。大多数鱼种的食道内壁具有纵向的黏膜褶，有些种类的黏膜褶上还有乳头状突起。黏膜褶能够增强食道的扩张能力，便于吞食大型食物。食道壁的黏膜层有丰富的黏液分泌细胞，能分泌黏液来帮助吞咽食物，部分无胃鱼类的食道还能够分泌消化酶。大多数硬骨鱼的食道内衬有层状鳞状上皮。当食物进入消化道时，紧密贴合的多重上皮层有助于承受各种机械和化学磨损。与此相反，亚洲鲈的食道只排列着简单的柱状上皮（图8-15）。食道有发达的呈环状排列的横纹肌，约占管壁厚的3/5，使食道富有胀缩能力，在与胃的交界处有食道括约肌。食道内壁分布有味蕾，因而食道有味觉作用；当有异物进入食道时，环肌收缩可以将异物抛出口外，因此食道具有辨别和选择食物的作用。

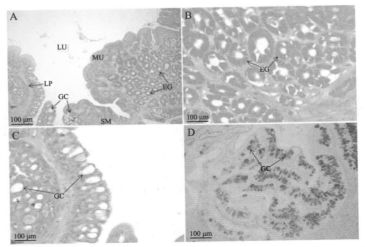

LU. 管腔；LP. 固有层；MU. 黏膜；GC. 杯状细胞；SM. 黏膜下层；EG. 食管腺。

图8-15　亚洲鲈食管横切面染色

（引自Purushothaman等，2016）

第三节　胃内消化

胃为消化道最膨大的部分，位于食道的后方。靠近食道处为贲门部，靠近肠的一端为幽门部，以幽门括约肌与小肠分界。胃有容纳和消化食物的功能。

一、胃的形态和组织结构

胃的形状和大小与各种鱼类的食性有关。取食大型捕获物和贪吃的鱼类胃通常较大，如海鲂、鮟鱇等；而食物较小的鱼一般胃也比较小；有的鱼类甚至没有胃。根据鱼类胃贲门部、胃体、盲囊和幽门部的存在和发达与否，可以把有胃鱼的胃分为5大类型（图8-16）。

I形：胃直，呈圆柱形，中央稍膨大，如银鱼科、烟管鱼科等。

U形：胃弯曲，呈U形，如银鲳、白点鲑等。

V形：胃弯曲，呈锐角，如一般的鲨鱼、鳐鱼及大麻哈鱼、鲷科、鲂鮄科等。

Y形：形似V形，但后端突出一盲囊，如大多数的鲱科鱼类。

┤形：胃一般为圆锥形，有一个大的盲囊和一个小的幽门部，如花鲈和一些在短期内取食大量食物的鱼类。

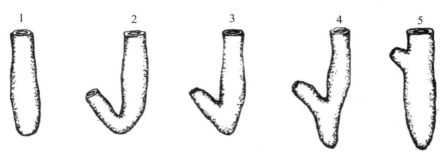

1.I形；2.U形；3.V形；4.Y形；5.┤形。

图8-16　鱼类胃的形态分类

（仿冯昭信，2000）

鱼类胃壁较厚，幽门部壁最厚且肌肉发达，利于碾磨和压碎食物。鱼类胃的结构从内向外依次为黏膜层、黏膜下层、肌层和浆膜层。黏膜上有分泌黏液、胃蛋白酶和盐酸的各种细胞。胃的黏膜层由柱状上皮所组成，并有管状的胃腺，在黏膜下层则富含血管。胃排空时可见黏膜褶，黏膜褶在不同的鱼体内形态各异，主要包括纵走的平行褶、蜿蜒状纵走、纵褶间具有横褶、纵褶间具有网状褶和纵褶间具有乳突6种类型。分泌细胞多数集中在贲门部。有些鱼类的幽门部没有分泌作用，而具有丰富的血管，推测具有吸收作用。肌层由平滑肌组成，内层为环行肌，外层为纵行肌。环行肌在幽门部特别发达，形成幽门括约肌，贲门部也有括约肌。

二、胃内消化过程

1.胃内机械性消化

胃内的机械性消化是指胃的机械运动，主要有3种方式：容受性舒张、紧张性收缩和以波形向前推进的蠕动。其中蠕动是鱼类进行胃部机械性运动的主要方式，是传递饵料的主要力量。相对于哺乳动物，鱼类胃内消化较慢，肉食性鱼类的胃排空要2~3d，主要与其胃的蠕动慢有关，没有将食物与胃液充分混合。鱼类胃的蠕动强弱受温度影响较大，低温能够减慢胃的蠕动。对于冷水性鱼类来讲，若超出它适宜的温度，胃的蠕动即停止。研究发现，当温度上升至18℃以上时，鳟的蠕动消失，表明蠕动受神经控制。

2. 胃内化学性消化

除无胃鱼类以外，大多数鱼类能分泌由盐酸、消化酶和黏液组成的胃液。胃黏膜层的内表上皮含有管状细胞，能够分泌黏液（图8-17）。

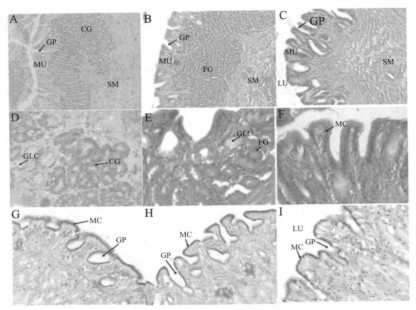

A、D、G表示心脏；B、E、H表示底部；G、F、I表示幽门区。

CG.贲门腺；FG.胃底腺；GLC.腺细胞和黏液；GP.胃小凹；LU.管腔；MC.黏液分泌细胞；

MU.黏膜；SM.黏膜下层。

比例尺=100 μm。

图8-17 亚洲鲈胃横切面

（引自Purushothaman等，2016）

黏膜细胞分泌的黏液主要是保护胃表面，避免机械损伤。胃黏膜细胞处于不断生长、移行和脱落的过程中，大多数的黏液损伤都能迅速修复。胃黏膜表面有很多小凹，每个小凹与数个腺体的管腔相通。在表面上皮细胞和腺体之间的过渡区域的是颈部主细胞。有些鱼类胃黏膜中具有纤毛细胞，如弓鳍鱼、鲟鱼等。鱼类的胃腺结构比较简单，很多软骨鱼类的主要腺体是单一的或分支的管状腺，其中包含了颈部和体部（图8-18）。颈部缺乏黏液颈细胞，而只是表面上皮细胞的内伸，并没有黏液物。硬骨鱼类的腺体主要局限在胃体部，其胃壁上具有柱状上皮细胞，没有横纹的交界，在上皮有分散的杯状细胞。管状腺有时聚集成组，它们的出现使黏膜层加厚。管状腺开口于小凹，可见产生黏液的颈细胞。

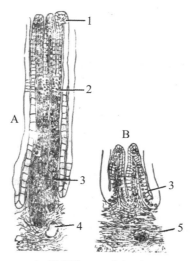

A. 胃底腺；B. 幽门腺。

1. 上皮；2. 颈部细胞；3. 基部腺细胞；4. 血管；5. 平滑肌。

图8-18 长尾鲨胃腺

（仿王义强，1990）

胃液是胃腺体内许多种细胞分泌物的混合液，包括无机物如盐酸、钠和钾的氯化物等，以及有机物如黏蛋白、消化酶等。

3. 盐酸

胃液中的盐酸由壁细胞分泌。胃液中的H$^+$是在氧化还原反应中产生的，来自胞浆内的水解（$H_2O \longrightarrow H^+ + OH^-$）；盐酸中的Cl$^-$则来自血液中的盐。盐酸分泌的过程主要是提高壁细胞中H$^+$浓度的过程，而壁细胞分泌盐酸的过程中所需要的能量是以ATP的形式提供的，主要来源于有氧代谢的过程。胃内容物的酸浓度取决于盐酸分泌的速率、消化液和食糜对盐酸中和与稀释的程度，以及盐酸向黏膜本身的逆行弥散状况。

胃液中的盐酸有两种形式：一种是解离的，称为游离酸；另一种是与蛋白质结合的盐酸蛋白盐，称为结合酸。在纯胃液中，绝大部分的酸是游离酸。胃液中的盐酸含量在不同种类的动物中并不相同，哺乳类的胃液pH为0.9~1.5，鱼类胃液的盐酸含量也随种类的不同而有所差别。软骨鱼类胃酸分泌只要受交感神经的抑制，硬骨鱼类胃酸的分泌是间断性的，只有在消化食物或受到刺激时才开始分泌。另外，胃内的盐酸含量也随胃内的充实程度而改变。取食后胃液的pH会降低。鲨类在进食后的胃液pH为1.69，而空腹时所测得的胃液则呈弱碱性或中性。大多数硬骨鱼在空腹时的pH是接近中性，或呈弱酸或呈弱碱性，而在胃内充满饵料时则呈强酸性。在罗非鱼属（*Oreochromis*）的胃中，pH在每日投食开始数小时后可达2.0。鲻因几乎不分泌胃蛋白酶，所以胃液几乎呈中性。胃液的酸度也会依据食物的类型和数量而改变，大的食物往往需要更多的盐酸。

胃液中的盐酸能够激活胃蛋白酶原；胃蛋白酶的最适pH为1.8～3.5，pH超过5之后就会失去活性，因此适量盐酸的存在使胃液具有一定的pH，从而也保证了胃蛋白酶的作用的发挥。胃液中的盐酸还具有使食物中的蛋白质变性，使其易于分解，以及杀死随食物进入胃内的细菌等作用。此外，盐酸进入小肠后，可以促进胰液、肠液和胆汁的分泌，并有助于小肠对铁和钙的吸收。

4.胃蛋白酶及其他消化酶

胃蛋白酶是胃液中的重要消化酶，因此，一般来说，胃蛋白酶的含量可以代表胃液的消化力。它由胃腺中主细胞所分泌的无活性的胃蛋白酶原，在胃酸或已具有活性的胃蛋白酶的作用下，转变成有活性的胃蛋白酶。从星鲨的胃黏膜分离出4种不同的胃蛋白酶原。胃蛋白酶是一种肽链内切酶（endopeptidase），作用于酸性氨基酸和芳香族氨基酸所形成的肽键，从而将食物中的蛋白质水解为蛋白胨和蛋白胨以及少量的多肽和氨基酸。据研究显示，鳕鱼胃蛋白酶是由两个相似的被深裂口分开的折叠结构域组成的单链蛋白（单体）（图8-19）。胃蛋白酶能够水解多种蛋白质，但是对黏蛋白、海绵硬蛋白、贝壳硬蛋白、角蛋白或相对分子质量小的肽类不起作用。

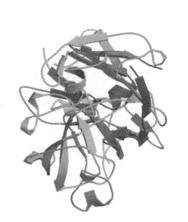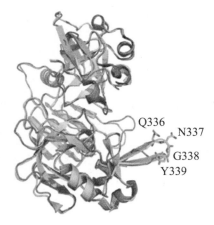

图8-19　大西洋鳕胃蛋白酶（左）和斑鳜（*Siniperca scherzeri*）胃蛋白酶原（右）的三维结构示意图

（仿Zhao等，2011）

胃蛋白酶只有在酸性较强的环境中才能发挥作用。高等动物的胃液pH越低，胃蛋白酶的激活发生得越快，而当pH达到2时，则几乎是立即发生。不同种类的鱼胃蛋白酶含量不同，但差异不大，多为2～3，如软骨鱼的最适pH约为2，硬骨鱼的最适pH

为2～3，但在消化过程中变化很大。表8-1显示了不同鱼的胃蛋白酶最适pH。一般来说，如果鱼体内有一种以上的胃蛋白酶，它们的最佳pH是相似的。随着pH的升高，胃蛋白酶的活性下降，当pH升到6以上时，胃蛋白酶就会发生不可逆的变性，活性下降（图8-20）。鱼类酶的最适温度一般为30～60 ℃，但视不同种类而异。当温度偏离最佳值时，胃蛋白酶活性下降。鱼胃蛋白酶的最适温度在很大程度上取决于鱼的种类（冷水性鱼类或温水性鱼类），温水性鱼类最适温度高于冷水性鱼类。来自温水的沙丁鱼（*Sardina pilchardus*）胃蛋白酶Ⅰ和胃蛋白酶Ⅱ的最适温度分别为40 ℃和55 ℃，而来自冷水的北极毛鳞鱼（*Arctic capelin*）的胃蛋白酶Ⅰ和胃蛋白酶Ⅱ的最适温度分别为38 ℃和43 ℃。胃蛋白酶在胃液中的含量随食物的性质而变动，凶猛鱼类胃中的胃蛋白酶活性极高。此外，胃蛋白酶含量在不同的生活史周期也有变动，鲟鱼和鲑鱼在繁殖时期胃黏膜中胃蛋白酶会完全消失。

表8-1　不同鱼类的胃蛋白酶最适pH

酶	物种	最适pH	参考文献
胃蛋白酶	星鲨	2	Bougatef 等，2008
胃蛋白酶Ⅰ	欧洲鳗鲡	3.5	Wu 等，2009
胃蛋白酶Ⅱ	欧洲鳗鲡	2.5	Wu 等，2009
胃蛋白酶Ⅲ	欧洲鳗鲡	2.5	Wu 等，2009
胃蛋白酶Ⅰ	大西洋鳕	3.5	Gildberg，2004
胃蛋白酶Ⅱ	大西洋鳕	3	Gildberg，2004
胃蛋白酶Ⅰ	海鲷	3	Zhou 等，2007
胃蛋白酶Ⅱ	海鲷	3.5	Zhou 等，2007
胃蛋白酶Ⅲ	海鲷	3.5	Zhou 等，2007
胃蛋白酶Ⅳ	海鲷	3.5	Zhou 等，2007
胃蛋白酶	长鳍金枪鱼	2	Nalinanon 等，2010
胃蛋白酶Ⅰ	鳜鱼	3.5	Zhou 等，2008
胃蛋白酶Ⅱ	鳜鱼	3.5	Zhou 等，2008
胃蛋白酶Ⅲ	鳜鱼	3.5	Zhou 等，2008
胃蛋白酶Ⅳ	鳜鱼	3.5	Zhou 等，2008
胃蛋白酶Ⅰ	非洲腔棘鱼	2	Tanji 等，2007
胃蛋白酶Ⅱ	非洲腔棘鱼	2	Tanji 等，2007
胃蛋白酶Ⅲ	非洲腔棘鱼	2.5	Tanji 等，2007

资料来源：Zhao 等，2011。

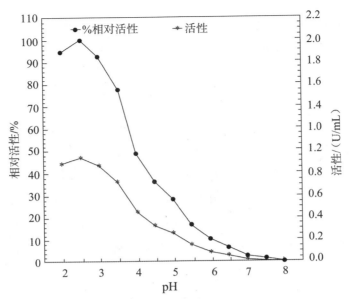

图8-20 pH对尼罗罗非鱼（*Tilapia nilotica*）胃蛋白酶Ⅰ和胃蛋白酶Ⅱ活性的影响
（引自Zhao等，2011）

除胃蛋白酶以外，有些鱼类的胃液中还发现非蛋白消化酶。在软骨鱼、硬骨鱼中都发现有弱的淀粉酶类，如在大西洋鲱的胃液中发现含有淀粉酶。另外，还发现在罗非鱼的胃液里含有脂肪酶，虹鳟胃液中有酯酶，捕食甲壳类和浮游生物的鱼类（如软骨鱼的板鳃鱼类、硬骨鱼的多鳍鱼）胃液中含有壳多糖酶，日本鲭胃液中有透明质酸酶，在少数河口性鱼类和一些淡水鱼类（斑点叉尾鮰）的胃和前肠中发现有纤维素酶（经研究发现纤维素酶可能来源于消化道中的微生物等）。

5. 黏液及其他

胃腺黏液细胞、胃黏膜表面的上皮细胞以及位于贲门腺以及幽门腺都能够分泌黏液，黏液中含有以糖蛋白为主要成分的多种大分子物质，呈碱性（哺乳动物）。黏液在胃黏膜的抗消化机制中有重要作用，可防止胃酸和胃蛋白酶对胃黏膜的消化。此外，黏液还有润滑作用，使食物易于通过并保护胃黏膜不受坚硬食物的机械损伤。

此外，胃腺壁细胞还能够分泌一种糖蛋白，这种糖蛋白能够与食物中的维生素B_{12}结合，以利于维生素B_{12}的吸收。当胃液中缺少这种糖蛋白时，机体就会由于缺乏维生素B_{12}而影响红细胞的生成。

6. 无胃鱼类

胃也是在动物进化的过程中出现的，从低等动物直到脊索动物文昌鱼，都没有真正的胃，到了鱼类才开始有胃的存在，但在一些鱼类中仍然没有胃，如圆口亚纲、全头亚纲的银鲛无胃，真骨鱼中的鲤科、海龙科、飞鱼科、隆头鱼科等也无胃。无胃鱼类多属草食性或杂食性，它们肠中的酶类比肉食性鱼类的多，肠也较肉食性鱼类的长。有些无胃鱼类肠的最前端膨大，但无胃腺，称为肠球，相当于有胃鱼类的十二指肠。无胃鱼类往往以肠的消化来代替或弥补胃的消化。

另外，还有一些鱼类虽然有胃的存在，但胃在结构上和机能上比较异常，往往缺乏胃腺或胃蛋白酶的活动，并不能真正起消化的作用。如河石鲽的胃分化很差也比较小，盐酸分泌很弱，摄食以后的pH为7.7，也几乎没有胃蛋白酶的活动。又如鲻的胃缺乏胃腺，仅有砂囊状的幽门部存在一些消化酶。可见，有些鱼类在形态结构上似有胃，但却没有胃的功能。

第四节　肠内消化

一、肠的形态与结构

肠内消化是整个消化过程非常重要的阶段，该器官具有消化所需的多种酶，并提供吸收界面。食糜在肠内受到肠运动的机械作用和胰脏、肝脏以及肠液的消化酶的化学作用，许多营养物在这里变成了简单的成分而被吸收到体内。所以食物通过这一部分后，消化过程基本完成，只剩下未经消化的食物残渣，并最终进入直肠。鱼类的肠道属于中肠，在形态学上，区分不出小肠和大肠。直肠属于后肠，而鱼类肠的前段，是消化食物的重要的部位。板鳃鱼类的直肠具有分泌黏液和调节无机盐的直肠腺，开口于直肠背面。

肠的前端与胃相连，无胃鱼类的肠直接与食道相连；肠的后端终止于肛门。圆口类的肠形式最为简单，只是一条直管，其内表面由纵的褶皱增加了表面积，褶皱沿着螺旋瓣行进，螺旋瓣除增加表面积外还能够延长食物在肠内停留的时间。在软骨鱼和肺鱼中都有螺旋瓣的存在，形式也多种多样。在硬骨鱼中螺旋瓣则完全消失，靠延长肠道来增加吸收表面积。另外，一些鱼类在肠与胃的交界处有一些盲囊状的突起，称为幽门盲囊。幽门盲囊的数目可以由1个到1 000多个，如脂眼鲱鱼约1 000个、银鲳600个、鳕鱼约380个、鲻鱼2个、玉筋鱼仅1个等。有的鱼类无幽门盲囊，如银鱼科、鲤科、鳗鲡科等。幽门盲囊的组织学构造和酶含量等都与附近的肠相似，说明它们的作用可能是用于扩大肠的表面积，帮助食物的消化与吸收。

鱼类的肠道长度，通常以肠管长和体长之比表示，称之为比肠长指数。肠管的长度随鱼种类不同而不同，它与食性及生长等特性有密切关系。植食性鱼类的肠很长，而且常常盘曲在腹腔中，如草鱼的肠长度可达到体长的2.5倍，盘曲达8次之多，鲢鱼（*Hypophthalmichthys molitrix*）的肠长度为体长的6.29～7.77倍；草食性鱼类中取食硅藻的鱼类如鲱和鳀等肠道最长，这可能与植物饵料较难消化和吸收有关。肉食性鱼类的肠较短，多为一个直管，如鱤鱼（*Elopichthys bambusa*）的肠长度仅为体长的54%～63%。杂食性鱼类的肠长度介于草食性和肉食性的鱼类之间，如鲤鱼的肠长度可达体长的2倍。肠管越长，消化作用的时间也越长，食物越能够充分地消化吸收。此外，年龄的变化也会影响肠的长度。一些鱼类的肠长度随年龄而增长。如鲫鱼，当体长为6 mm时，肠长度为2.4 mm；当体长达20 mm时，肠长度为20 mm；当体长达140 mm时，肠长度则达280 mm。其原因可能是随年龄增长，体长和体重的增加，代谢量也会相应增加，因此要靠增长肠道的长度来增加肠内的表面积，从而增加消化液的分泌和营养物的吸收来提供足够的能量。另外，肠道长度随年龄的增长而增加也可能是由鱼类在不同年龄阶段食性的变化所导致的，如拟鲤，当其食物由卵黄转为动物性浮游生物，其肠道的长度也有所增加。有些鱼类肠道长度甚至出现季节性变化。

肠道的组织学构造与胃壁相似，也分为黏膜、黏膜下层、肌层和浆膜4层，但肠壁的厚薄随鱼的种类而不同。鱼类肠黏膜和哺乳类的不同，它没有真正的绒毛，只是表面多褶皱，借以扩大表面积。各种鱼类的黏膜褶皱形态不同，但均在空腹时褶皱较深，摄食后，肠道充满食物，肠管伸展，褶皱变浅变少甚至消失。黏膜由起吸收作用的柱状细胞和能分泌消化酶和黏液的杯状细胞组成。柱状细胞的边缘具有纹状缘，是典型的吸收组织。杯状细胞分散在上皮细胞之间，能分泌黏液，使食物润滑通过（图8-21）。黏膜下层组织很薄，含疏松胶质、弹性纤维、血管和神经等。肌层由内层的环行肌和外层的纵行肌组成；有些鱼类还发现横纹肌。浆膜由疏松结缔组织和间质细胞组成。多数鱼类缺乏真正的肠腺，肝脏、胰脏等分泌的消化液排到肠中进行食物的消化。

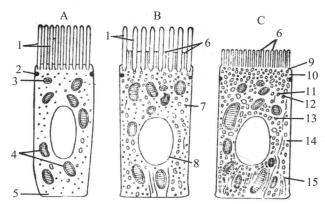

A.典型纤毛细胞；B.纤毛细胞具有纤毛和微绒毛；C.柱状吸收细胞具有形成条纹边缘的微绒毛。
1.纤毛；2.锁链体；3.多泡体；4.线粒体；5.基膜；6.微绒毛；7.核糖体；8.细胞核；9.终端网；10.胞饮小泡；11.脂肪滴；12.小泡；13.高尔基复合体；14.颗粒内质网；15.层状结构。

图8-21　胡瓜鱼幼鱼消化道上皮细胞超微结构图

（仿施瑛芳，1991）

二、肠的机械性消化

肠的机械性消化指的是肠的运动，它是靠肠壁的两层平滑肌束来完成的。食糜进入肠后，肠便开始增强运动，肠的运动主要分为以下几种。

1.紧张性收缩

当肠内充满食糜后，就会恢复其持续较长时间的这种缓慢的紧张性收缩。在消化的过程中，紧张性收缩会逐渐加强，它可以使肠腔内维持一定的压力，这种压力有助于消化液渗入食物，并能够协助食糜向前推进；同时紧张性收缩还有助于保持肠道的形状和位置。紧张性收缩是其他运动形式产生的基础。

2.蠕动

蠕动是消化管运动的基本形式，它是一种特殊的收缩波，在肠内由肠的始端向末端移行，移行一段距离后即消失，蠕动速度一般很慢，只有1~2 cm/s。蠕动具有一定的方向性，它是消化道推动食物向肛门方向前进的基本运动形式。肠道的蠕动可以促进肠内的食糜向前推进，这种推进作用是短距离的，力量较弱，只有与分节运动和摆动相结合，才能进行消化。

3.分节运动

这是一种以环行肌舒缩为主的节律性运动，是最常见的。在食糜所在的一段肠管的许多点的环行肌同时发生节律性收缩和舒张，把一段食糜分割成为许多节。几分钟后，每个节又分为两半，而邻近的两半又合拢起来，形成一个新的节，如此反复进行。分节运动的作用在于使食糜和消化液充分混合，并使这些混合物与小肠黏膜吸收表面接触，使肠黏膜对消化产物的吸收得以充分进行。一般分节运动在肠的上部出现较多，下部较少。这种运动发生可能是由局部食物的机械张力刺激或化学刺激引起的。

4. 摆动

摆动是一种以纵行肌舒缩为主的节律性运动。其意义与分节运动相同，在于使肠内容物与绒毛相接触，并使其与消化液相混合。这种运动方式在植食性鱼类肠内较为明显。

三、肠液的消化作用

肠液是混合的液体，主要由胰脏、肝脏和肠黏膜所分泌。

（一）胰脏和胰液

胰脏外分泌腺的分泌物是胰液。胰液由含有酶原颗粒的腺泡细胞所制造，沿导管流入肠内。胰液是一种碱性液体，pH为7.8～8.4。其中包含了多种消化酶，能消化蛋白、脂肪和淀粉等，具有最强的消化能力。

胰脏是一种重要的消化腺，胰液的酶只有在碱性环境中才能起作用，所以肠的内含物经常呈碱性反应。鱼类的胰脏分布复杂，圆口类的胰脏由肠黏膜上含有酶原颗粒的外分泌腺细胞组成。软骨鱼类胰脏很发达，是一个整体的致密组织，它的形状随鱼的种类有所差别，分大小不等的两叶，由峡布相连，胰管开口于肠的前部。硬骨鱼类胰脏分布状况有3种类型：一种是一块整体型的致密组织，只有少数硬骨鱼类如鳗鲡、鲇鱼等具有这种致密型胰脏；一种是分叶型的，分布在体腔内许多部位，沿着肝脏、幽门垂、脾、肠等处的系膜中分布，大多硬骨鱼类都属于这种类型；一种是弥散型的，散布在体腔的整个表面，鳕科和鲤科中存在这种类型。胰管单独开口于肠或幽门盲囊，或者与胆管联合进入肠。另外，很多鱼类，如绯小鲷（*Pagellus erythrinus*）的胰脏分布在肝脏内，称为肝胰脏（图8-22），虽然两种组织混在一起，但各自是独立的器官。肝组织分泌的胆汁沿肝导管输出，胰组织分泌的胰液沿胰导管输出，到达肠道后从各自的开口流入肠内。胰组织的构造和高等动物一样包括末端的腺泡，叶间小管渐渐集合成大的输出管；胰腺细胞为柱状，胞浆中含有酶原颗粒。硬骨鱼类胰脏的外分泌细胞为强嗜碱性。有些鱼类在肠系膜、幽门盲囊及胆囊附近散布的胰细胞具有内分泌功能，参与组成胃肠胰内分泌系统。

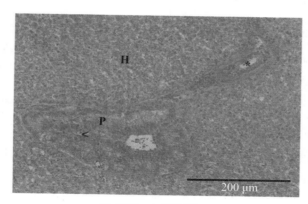

H. 肝脏；P. 肝胰脏。

*表示肝脏血管，<表示肝胰腺血管。

图8-22　绯小鲷肝脏组织切片

（引自Nejedli和Histology，2013）

胰液中包含多种消化酶，能消化蛋白、脂肪、糖类和核苷酸等，此外，由于胰腺的小导管管壁细胞含有较高浓度的碳酸酐酶，鱼类的胰液可能和高等脊椎动物的一样，可能含有碳酸氢盐及Cl^-、K^+、Na^+、Ca^{2+}等，用以中和进入肠的盐酸，使肠黏膜免受强酸侵蚀。另外，碳酸氢盐的存在还可以为小肠内多种消化酶的活动提供最适pH环境。

1. 蛋白酶

胰液中的蛋白酶包括胰蛋白酶、胰凝乳蛋白酶、羧肽酶和弹性蛋白酶，它们都以无活性的酶原的形式存在于胰细胞中。当这些酶原进入肠腔后，胰蛋白酶原被肠黏膜细胞分泌的肠激酶激活，成为有活性的胰蛋白酶，胰蛋白酶再进一步激活其他胰蛋白酶原。

在肠激酶的作用下，胰蛋白酶原上由赖氨酸和异亮氨酸组成的肽键发生水解，形成胰蛋白酶和一个六肽分子。胰蛋白酶为肽链内切酶，其最适pH为7.0。它所作用的肽键中碳酰基必须来自精氨酸或赖氨酸。从软骨鱼类和硬骨鱼类的胰脏中都分离到胰蛋白酶。

胰凝乳蛋白酶是由胰蛋白酶作用于胰凝乳蛋白酶原而形成的。胰凝乳蛋白酶也是一种肽链内切酶，类似于胰蛋白酶。它的最适pH为8～9，所作用的肽键中碳酰基必须来自芳香族氨基酸。胰凝乳蛋白酶在许多有胰蛋白酶的鱼类中均有发现。胰蛋白酶和胰凝乳蛋白酶单独作用，均能将蛋白质分解为胨和胨；但当两者共同作用时，可将蛋白质分解为多肽和氨基酸。

2. 弹性蛋白酶

弹性蛋白酶由胰蛋白酶作用于弹性蛋白酶原而形成，它专门水解弹性蛋白中的肽键。在圆口类中目前还没有发现这种蛋白酶的存在，大多数的软骨鱼类和硬骨鱼类的胰脏中均发现了弹性蛋白酶。

羧肽酶是由羧肽酶原被胰蛋白酶激活而形成。它是肽链端解酶，可以从它底物的羧基末端逐一水解肽键。羧肽酶有A和B两种形式，都是由胰蛋白酶激活其酶原形成的，羧肽酶A和羧肽酶B具有不同的特性。在圆口类只发现羧肽酶A。软骨鱼类和硬骨鱼类也都发现具有羧肽酶活性，但不同鱼的种类中羧肽酶的种类也不同。脊椎动物的胰蛋白酶、胰凝乳蛋白酶和弹性蛋白酶在结构上是相互关联的，它们分子的活性部位都含有丝氨酸，因此和少数其他的蛋白水解酶一起被称为丝氨酸蛋白酶。有人曾经推测，不同丝氨酸蛋白酶是从同一个祖先分子进化而来的。

3. 糖类消化酶

软骨鱼类的胰脏抽提液中含有淀粉酶，硬骨鱼类中淀粉酶的分布和活性与食性有着很大的关系。在一些植食性硬骨鱼类消化道内的所有部位均可发现有淀粉酶的存在，如罗非鱼。此外，一些肉食性鱼类如鲈鱼，淀粉酶也有存在，但只是局限于肠周围结缔组织中弥散的胰脏中。在杂食性鱼类，如鲤鱼的肠液中也发现了活性较强的淀粉酶。胰淀粉酶可将淀粉水解为麦芽糖和葡萄糖。此外，在一些鱼类的肝胰脏中还发现有麦芽糖酶的存在，如鲤鱼、鳗鲡、鲐鱼、锦鱼等。在取食昆虫和甲壳类的鱼的胰液中发现有壳多糖酶的活性，如银鲛。壳多糖酶可将壳多糖分解为N-乙酰-D-氨基葡萄糖（NAG）的二聚体和三聚体，而后由氨基葡萄糖苷酶进一步分解。NAG极具营养价值，可以快速被肠道重吸收。虽然肠道中的细菌也能合成壳多糖酶，但壳多糖酶主要还是依靠胃或胰腺细胞合成。

4. 脂肪酶

脂肪酶是能切断酯键的酯酶，它能水解甘油酯、磷脂和蜡酯。脂肪酶在鱼类消化道的各个部位均有发现，胰脏是它的主要分泌器官。一般弥散型的胰脏比致密型的胰脏含脂肪酶少。各种鱼的肝、胰、胆囊的脂肪酶作用强度也不相同，胆盐的存在可以增加脂肪酶的活性。

5. 其他酶类

核糖核酸酶（RNAase）和脱氧核糖核酸酶（DNAase）能够水解核糖核酸和脱氧核糖核酸为单核苷酸。曾经有人从硬头鳟的肠盲囊中提取到碱性核糖核酸酶。此外，羧基肽酶也在一些鱼类中发现。羧基肽酶由肠激酶激活羧肽酶原所形成，是肽链端解酶，可以从肽链羧基末端逐一水解肽键，将多肽水解为氨基酸。

（二）肝脏和胆汁

肝脏是鱼类最大的消化腺体，肝脏前端通常在横膈（围心腔隔膜）的后方，由此向后延伸，有些鲨类甚至直达泄殖腔。肝脏外面包有腹膜，前方形成一悬挂韧带。肝脏是由胚胎期消化道的上皮突起发展起来的，其形状通常与体形有关。肝脏形状、大小、颜色及分叶的情况在不同鱼的种类中有很大的差异，大多数为2叶，而鲑鱼、鲻鱼为1叶，鲱鱼为3叶，圆口类（七鳃鳗）和少数硬骨鱼类的肝脏不分叶。最简单的肝脏形状是分支的管状腺，如圆口类的肝脏。一些鱼类（如鳗鲡）的肝脏也具有管状结构。但大多数鱼类的肝脏是由相互交错的肝细胞索组成，索之间有大量的毛细血管。与其他脊椎动物相同，鱼类的肝细胞内有大量的线粒体、粗面内质网、高尔基体、过氧化物酶体、脂肪和糖原颗粒。肝细胞有富含脂肪和富含糖原的两种类型，不同的鱼类肝细胞类型有所不同，光鳃鱼、兵鲇、双锯鱼等鱼类以含糖原的肝细胞为主，而鲀鱼、黄盖鲽等则以含脂肪的肝细胞为主。肝脏的主要机能是分泌胆汁，使脂肪乳化、脂肪酶活化以及刺激肠运动，其次是对来自消化道的毒物进行抗毒，以及储存糖原以调节血糖的平衡。

肝脏分泌的胆汁经胆管集中于胆囊中储存，再由胆管开口于肠道前部。通常胆汁是储藏在一个有伸缩性壁的胆囊中。储存在胆囊中的胆汁通常比较浓。胆囊平滑肌收缩时可将胆汁射入肠腔。鱼类的胆汁成分与哺乳类一样，是有机盐和无机盐的混合液，含有胆汁盐、胆固醇、磷脂、胆色素、有机阴离子、糖蛋白和无机离子。鱼类的胆汁呈弱碱性，具有钠浓度高和氯浓度低的特点。胆汁盐是特别类型的类固醇，在肝脏中由胆固醇衍生而来。软骨鱼类和肺鱼类的胆汁盐主要是胆汁硫酸酯盐；硬骨鱼类的胆汁盐与高等脊椎动物相同，由胆汁酸和牛磺酸结合而组成，但鲤科鱼类的胆汁盐还是胆汁硫酸酯盐。多数鱼的胆汁中不含消化酶，但在一些硬骨鱼类中，胆汁中含有胰蛋白酶、脂肪酶或其他酶类，一般认为这些酶类是由胰组织分泌后混入胆汁的。含有脂肪酶的胆汁中没有磷脂。胆汁在消化过程中之所以起重要的作用，主要是由于胆汁盐的存在。胆汁盐能激活胰脂肪酶，消化分解脂肪，还能够乳化脂肪酸、胆固醇和脂溶性维生素等，以利于机体的吸收；胆汁酸与脂肪酸结合形成水溶性复合物，能够促进脂肪酸的吸收。此外，胆汁盐还可沉淀经胃消化而产生的酸性变性蛋白胨等，使其停留在小肠，让胰液消化作用充分进行。像哺乳类一样，鱼类分泌的大部分胆汁盐可被肠重吸收进入血液，其中相当大一部分都会返回肝脏，这一过程称为肝肠循环。

（三）肠液

鱼类与哺乳类不同，没有由多细胞组成的肠腺，只有肠黏膜的杯状细胞分泌一些酶类。肠液中所发现的酶类，除了一些是由肠细胞分泌的以外，还有一些来自胰液和胃液，甚至还可以来自食物中的微生物。鱼类肠内消化酶的最适pH一般是弱碱性。一般来说，肠黏膜能够分泌以下酶类：① 分解肽类的酶，如氨肽酶、肠肽酶等；② 酯酶，包括脂肪酶、卵磷脂酶等；③ 糖类消化酶，如淀粉酶、麦芽糖酶、异麦芽糖酶、蔗糖酶、乳糖酶、海藻糖酶和地衣多糖酶等；④ 分解核酸的酶，如多核苷酸酶。这些酶的活性强弱和鱼的食性密切相关。如杂食性鲤鱼肠液淀粉酶的活性要明显强于肉食性的鳟鱼、鲽鱼等，而取食浮游动物和植物碎屑的罗非鱼肠液有很强的地衣多糖酶活性。

（四）肠内微生物

一些鱼类的肠道中有微生物的存在，这些微生物对食物的分解起着重要的作用。健康鱼类的肠道微生物可分泌多种消化酶，如蛋白酶、磷酸酶、脂肪酶、淀粉酶、纤维素酶及合成维生素等营养物质。肠内微生物在鱼类的营养、消化吸收等方面发挥着重要作用。如大西洋鳕、大西洋鲑、欧洲舌齿鲈、鲻鱼和菱体兔牙鲷胃肠道中分离出的一些细菌，可以产生淀粉酶、蛋白酶或纤维素酶等；鲻鱼肠道内存在的氮代谢细菌能够帮助鲻鱼利用食物中的尿素；鲈鱼的消化道内存在着多种分解几丁质的细菌，它们所产生的壳多糖酶最适pH（约为7.0）与鱼本身胃黏膜产生的壳多糖酶不同；另外，在一些河口鱼类的肠道内发现有分泌纤维素酶的细菌，能够帮助鱼消化分解纤维素等。鱼类消化道内微生物的存在通常与其自身的食性有关。如杂食性的底鳉（*Fundulus heteroclitus*）肠道微生物丰度大于肉食性的梭鱼和鲨鱼；杂食性偏肉食性的大鳍弹涂鱼（*Periophthalmus magnuspinnatus*）的肠道微生物多样性大于植食性偏杂食性的大弹涂鱼（*Boleophthalmus pectinirostris*）的肠道微生物多样性。

第五节　消化活动的调节

一、机械性消化的调节

消化道组成的平滑肌对电刺激不敏感，但是对于多种生物组织产物的刺激特别敏感，例如微量的乙酰胆碱可以使消化道收缩，而促胰液素（secretin）、胰高血糖素（glucagon）、肾上腺素对消化道运动则具有抑制作用。另外，胃泌素、胆囊收缩素也有刺激小肠运动的作用。消化道平滑肌对其他化学刺激如酸、碱、钡盐、钙盐等也发生反应，能够造成局部运动的增强。消化道平滑肌对温度的刺激极为敏感，迅速改变温度可以引起消化道平滑肌的强烈收缩；对机械张力的刺激也同样敏感，轻度的牵拉即能够引起强烈收缩。另外，外来神经对于消化道的运动也有一定的影响，在软骨鱼类，刺激迷走神经可以引起整个消化道的运动，而刺激前内脏神经可以引起胃的收缩，刺激中、后内脏神经可以引起肠和直肠收缩。在硬骨鱼类，刺激迷走神经只能够引起胃运动，并不引起肠运动，而刺激内脏神经则引起肠运动。

二、化学性消化的调节

（一）胃液分泌的调节

胃液的分泌是很复杂的过程，它的活动受到神经和体液的调节。在正常的生理情况下，引起胃液分泌的自然刺激物就是食物。

1. 软骨鱼类胃液分泌的调节

软骨鱼类在空腹时会有弱而连续的胃液分泌，呈弱酸性，这种空腹12~24 h后的胃液分泌称为基础胃液分泌，此时胃酸分泌量极少，并且有昼夜节律性的变化。直接刺激交感神经可抑制这种分泌，而切断迷走神经或注射阿托品对胃液的少量分泌没有影响。软骨鱼类胃酸的分泌受到交感神经的抑制，破坏脊髓能使胃酸出现麻痹性分泌，此时即使胃内没有食物也会分泌大量的胃液。当注射肾上腺素时，麻痹性分泌就会停止，表明麻痹性分泌可能是破坏脊髓后失去了交感神经的抑制作用。而机械刺激是不能引起

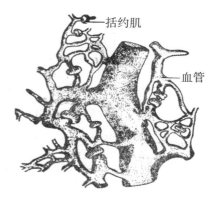

图8-23　鳐类胃黏膜血管的括约肌
（仿王义强，1990）

胃液分泌的。在鳐类中还观察到血管括约肌与胃液的分泌有关，血管括约肌的收缩可使胃液由酸性变为碱性，这可能与鳐类特殊的胃血管构造有关（图8-23）。

2. 硬骨鱼类胃液分泌的调节

当胃内充满饵料时，鱼类胃液的pH就会降低，即胃内容物可以引起胃液的分泌。硬骨鱼的胃液分泌是间歇性的，只有在消化食物或受到刺激时才开始分泌，以下因素可以促进硬骨鱼类胃液的分泌。

胃扩张：胃体的扩张能够刺激胃液的分泌，这可能与胆碱能迷走神经的反射活动有关。

组胺：组胺是胃液分泌的有效促进剂。在欧洲鲇（*Silurus glanis*）和鳕的胃黏膜上都发现有大量的组胺存在，而注射组胺也能够使胃液的分泌增加，这表明组胺具有调节胃酸分泌的生理功能。

胆碱能药物：胆碱能药物如氨基甲酰胆碱能促进胃液的分泌，这一作用同时伴随血管的扩张，此过程可被阿托品所阻断。

激素：在多种鱼类的消化道内均发现许多与高等脊椎动物相似的肠胃激素，但这

些激素在鱼体内的作用目前还不能够完全肯定。

神经系统：对鲇鱼条件反射的训练发现，鲇鱼的胃液分泌过程存在条件反射，说明神经系统对鱼类胃液分泌有一定的作用，值得进行深入的研究。另外，鱼类的胃有丰富的迷走神经支配，但目前并不清楚它们是否会影响到胃蛋白酶原的分泌。

（二）肠内化学性消化的调节

1. 胰液分泌的调节

鱼类胰液的分泌受迷走神经的控制。进食后食物对口腔、胃和食道的刺激可以产生非条件反射或条件反射，刺激由传入神经传递至神经中枢后返回至迷走神经，能够导致胰液的分泌。这是正常的生理条件下进食所引起的胰液分泌。除此之外，一些激素类物质如促胰液素、胆囊收缩素、胃泌素等的刺激也能够促进胰液的分泌。促胰液素能够促进碳酸氢盐的分泌，胆囊收缩素则能够促进胰酶原的分泌。但注射肾上腺素、乙酰胆碱和组胺等药物对胰液的分泌都没有影响。

2. 胆汁分泌的调节

胆汁的分泌包括由肝脏向胆囊分泌和由胆囊向肠腔内分泌两个过程。肝细胞不断分泌胆汁，但胆汁的分泌和排出受到神经和体液的调节。正常生理情况下，进食能够引起肝细胞分泌胆汁和胆汁从胆囊内排出，这是由神经系统调节的。在圆口类的盲鳗和硬骨鱼类的底鳉都发现胆碱能迷走神经能够引起胆囊的收缩，促进胆汁排出。在哺乳类中，胃泌素、促胰液素、胆囊收缩素和胆盐均对胆汁的分泌和排出有一定的促进作用。可能和哺乳类一样，鱼类胆囊收缩素起到刺激胆汁排出的作用。

3. 肠液分泌的调节

在肠液的分泌过程中，消化产物和胃酸等均能对肠壁内神经丛造成刺激，产生局部的反射，促进肠液的分泌；刺激迷走神经可促进肠腺分泌肠液。另外，胃泌素、胆囊收缩素、血管活性肠肽等均能促进肠液的分泌。

第六节　吸　收

食物经过消化以后，消化作用形成的小分子营养物质，如氨基酸、葡萄糖、甘油和脂肪酸，以及水和盐类通过消化道壁进入血液和淋巴的过程，称为吸收。鱼类吸收的机理与哺乳类的大致相同，主要是扩散和主动运输。

一、吸收的部位

肠是主要的吸收器官，肠黏膜具有环形皱襞，并含有大量指状突起，形成绒毛。绒毛上具有微绒毛，这大大增加了吸收的表面积（图8-24）。小肠绒毛内具有平滑肌纤维、神经丛、毛细血管和毛细淋巴管。平滑肌纤维收缩可使绒毛缩短，中央乳糜管的淋巴液排空，待伸长时产生负压，利于吸收。绒毛的收缩具有唧筒的作用。绒毛的收缩受到神经的调节，迷走神经和交感神经分别起到兴奋和抑制作用。绒毛运动还受到体液的调节，如盐酸可以作用于小肠前端，产生绒毛收缩素，这是纤毛运动的体液调节。淋巴管和毛细血管负责吸收营养物质并输送到体内。淋巴管纵贯于绒毛的中央，称中央乳糜管，通到黏膜下层和淋巴管丛汇合，经淋巴管、胸导管而进入静脉。

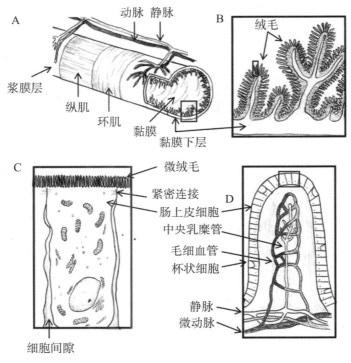

图8-24　脊椎动物肠道结构示意图

（仿Whittamore，2012）

鱼类肠壁的构造比较原始，没有哺乳类那样的微绒毛，只形成各种各样的黏膜皱，以延缓食物通过，并增加吸收面积。肠上皮的吸收功能由柱状上皮细胞完成，幽门盲囊也具有吸收功能。如鲱鱼的幽门盲囊进食后膨大，内含油滴和其他的饵料颗粒。幽门盲囊内含有大量皱褶和毛细血管，也是消化吸收的重要场所。

二、吸收的机制

吸收是绒毛上皮细胞的主要活动。渗透、弥散、过滤与吸附等理化过程，在营养物质的吸收中起着被动转运的作用，但不是主要的，肠黏膜上皮细胞的主动转运是吸收的主要方式。被消化的物质在肠上皮细胞膜表面，依靠载体的作用，运到膜的内表面，然后和载体分离，进入细胞。这种与载体结合和分离的过程，需要特殊的酶来催化，催化的能量来自ATP。实际上，载体还可以泵的形式，为转运提供动力。这些泵实际上是细胞膜上的各种蛋白质，在一些酶的作用下，其构象发生变化，对不同物质的亲和力也相应地发生变化，起到物质转运的作用。

三、主要营养物质的吸收

肠道对蛋白质、脂肪、糖类、水分和无机盐的吸收机制不同，吸收的部位也存在差别（图8-25）。

1. 蛋白质的吸收

蛋白质被分解成氨基酸时，几乎被肠主动吸收。不同种类的鱼的蛋白质吸收发生在肠的位置不同，如虹鳟主要发生在幽门盲囊的肠管，鲤鱼主要发生在肠的后部。

在小肠内，蛋白质在胃蛋白酶、胰蛋白酶和糜蛋白酶等的相继作用下，分解成小肽和氨基酸，小肽在羧基肽酶和氨基肽酶的作用下，进一步分解成二肽、三

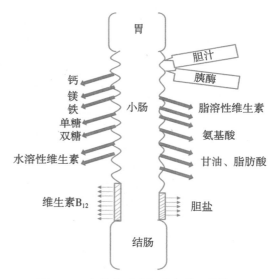

图8-25　各种物质在肠道中的吸收情况
（仿施瑔芳等，1991）

肽和氨基酸而被吸收。氨基酸在小肠内的吸收，主要以主动转运（钠依赖载体耦联方式），形成Na^+-载体-氨基酸复合物。二肽、三肽在进入肠上皮细胞后，在二肽酶和三肽酶的作用下分解成氨基酸，所以进入血液的形式主要是氨基酸。当钠泵的活动被抑制后，氨基酸的转运也无法进行。此外，氨基酸的转运还必须与无机离子的转运结合。少量的蛋白质和多肽也能被鱼体吸收，其机制可能与胞饮作用有关。如给金鱼投喂蛋白质辣根过氧化酶，肠后端一些细胞可能特化而吸收这些大分子物质。

　　小肠内存在3种运转氨基酸的载体系统：一种是转运中性氨基酸，它对蛋氨酸、亮氨酸有高度亲和力；一种是转运碱性氨基酸，它对精氨酸、赖氨酸有高度亲和力；一种是转运酸性氨基酸，它对脯氨酸、羟脯氨酸有高度亲和力。小肠对各种氨基酸的吸收率不同，对甘氨酸和丙氨酸的吸收率较高，而对亮氨酸和异亮氨酸的吸收率较低。

2. 糖类的吸收

　　鱼类吸收的单糖有己糖和戊糖。糖在胃中几乎不吸收，在小肠中全部吸收。己糖的吸收速率比戊糖高，但在一些鱼类发现果糖的吸收比戊糖还慢。糖的吸收主要由肠黏膜上皮细胞主动转运完成，逆浓度进行（图8-26）。己糖的吸收过程是主动转运，与钠泵的活动有关，而戊糖则是通过简单扩散的方式被吸收（图8-27）。如根皮甘可以抑制蟾鱼和丁鲼对己糖的吸收，但对戊糖的吸收没有影响，原因在于根皮甘可以制止钠泵的活动。研究发现，单糖的吸收是载体系统进行的，运载过程需要能量，且钠离子主动转运对单糖的吸收是必需的。当钠泵的活动被抑制后，单糖的转运便不能进行。影响糖吸收的因素主要包括以下几种。

　　（1）糖的浓度。一定条件下，糖吸收的速率随食物含糖量的增加而增加。如丁鲼在食物含糖量为12.5%时，糖的吸收速率为浓度的函数；鳗鲡在食物含糖量达到6.7%以上时，吸收速度与浓度成正比。而哺乳类在食物含糖量低时表现出糖的最大吸收率，高于10%时吸收速率保持相对恒定。

　　（2）肠内的pH。肠内pH能影响糖的吸收。如石鲉（*Scorpaena porcus*）在肠内为酸性（pH=2～5）时，肠对葡萄糖的吸收非常快，可能是强酸使肠表面受到损伤而导致吸收速率变快；当pH在5.5以上时似乎对肠黏膜无损伤，在5.5～10的pH范围内，以pH为9.1时的吸收率为最快。

　　（3）盐度。狭盐性海水鱼类在进入淡水后肠对葡萄糖的吸收明显减少，广盐性鱼类如鳗鲡在淡水中对糖的吸收明显低于在海水中。在淡水和海水中鳗鲡对糖吸收速率的变化可能与pH变化和渗透压的变化有关。

　　（4）温度。己糖的吸收随温度的升高而增加，而戊糖却几乎不受影响。低温时葡萄糖的吸收受到抑制。如对鲹鱼做结扎实验时，葡萄糖液注入肠内17 h后，吸收率随温度升高而增加。2 ℃

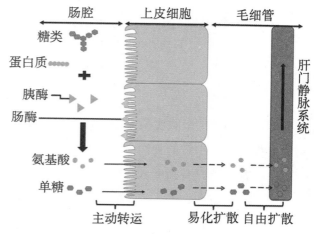

图8-26　糖类和蛋白质的吸收过程（简易图）

时，吸收率为39%，10 ℃时吸收率为67%，20 ℃时达到98%。

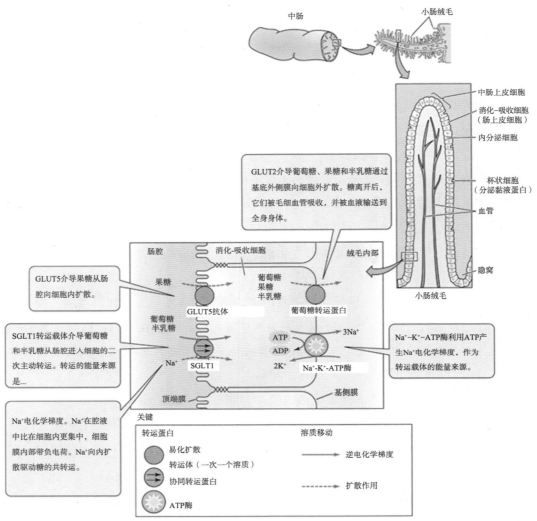

GLUT2.葡萄糖转运蛋白2；GLUT5.葡萄糖转运蛋白5；SGLT1.转运葡萄糖载体蛋白。

图8-27　脊椎动物中肠结构及单糖（葡萄糖、果糖、半乳糖）吸收机制

（仿Richard等，2016）

3. 脂肪的吸收

哺乳类脂肪的吸收主要是以甘油三酯的形式。脂肪经消化后，主要形成甘油、游离脂肪酸和部分水解的甘油一酯，还有少量的甘油二酯和甘油三酯。部分水解的甘油一酯、甘油二酯以及高度乳化的脂肪颗粒都能被吸收。胆盐虽然不能使脂肪融解，但能使脂肪的水解产物产生乳化颗粒。许多复合物分子聚合起来形成脂肪微粒。脂肪微粒比乳化的脂肪微滴还要小，可以通过弥散作用进入肠上皮。

脂肪在上皮细胞被吸收后，在细胞内分解。分解后的胆酸透出细胞经门静脉回肝。而其他脂肪分解产物通过肠上皮细胞后重新合成中性脂肪。在肠上皮合成的中性脂肪微粒以及多数长链脂肪酸进入淋巴，经胸导管进入循环系统。多数短链和中链脂肪酸及甘油溶于水，通过扩散进入毛细血管，再经门静脉回肝脏。总之，脂肪酸的运输有淋巴和血液两条途径。

　　鱼类的肠对脂肪的吸收主要在肠的前部上皮细胞，包括幽门盲囊。胃和肠的中后部也能吸收少量脂肪。如鲈鱼盲肠细胞上皮具有很强的嗜苏丹染色，表明这些细胞具有吸收脂肪的能力。对于鱼类的脂肪吸收过程还了解较少。大多数硬骨鱼类肠上皮都有类似于哺乳类乳糜管的淋巴管，但血浆中却没有发现乳糜颗粒。虹鳟的肝门静脉和淋巴管可能参与脂类的运输；鳊在消化过程中，循环系统淋巴细胞也有增加，可能有助于脂肪吸收；姥鲨幽门部特化结构也是脂肪吸收的部位。在软骨鱼类和圆口类动物中发现血浆中存在腊酯。由此可见，鱼类脂肪吸收的主要部位也在肠的部位。脂肪消化后主要为甘油、游离脂肪酸、甘油一酯，此外还有少量甘油二酯和未消化的甘油三酯。胆盐对脂肪吸收具有重要作用。胆盐能够与脂肪分解产物形成水溶性复合物（微胶粒），透过水层到达细胞膜，其中甘油一酯、脂肪酸和胆固醇进入肠上皮细胞，胆盐被留在肠腔内。甘油一酯和脂肪酸进入肠上皮细胞后，通过两种方式被吸收：一种是长链脂肪酸（12个碳原子以上）和甘油一酯重新合成为甘油三酯，胆固醇重新酯化为胆固醇酯，与载脂蛋白结合，形成乳糜微粒，以胞吐方式进入淋巴；一种是中、短链脂肪酸能溶于水而进入血液。（图8-28）

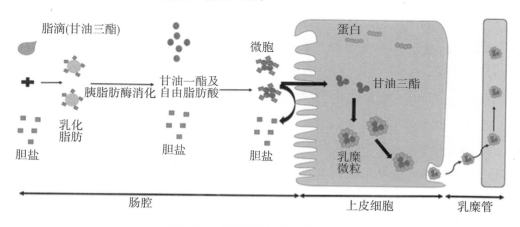

图8-28　脂肪吸收过程（简易图）

4. 水和无机盐的吸收

鱼类对水和无机盐的吸收和排泄形成了一个整体渗透调节。本部分仅介绍肠内水和盐的吸收。淡水鱼生活于低渗环境之中，几乎不饮水，无机盐通过排泄系统排出体外，通过肠吸收无机盐。海水鱼类则相反，它们生活于高渗环境中，需要吞食大量海水补充体内水分，多余的盐离子通过肠和排泄系统排出体外。例如，采用两端结扎的离体肠，内注入水或任氏液，将整个离体肠置于任氏液中，观察它对水和无机盐的吸收。海水鱼类如棘杜父鱼，水和盐从黏膜腔侧移向浆膜一侧。淡水鱼类如鳗鲡放入海水后，由不饮水变为饮水；但适应了淡水生活的鳗鲡其水的转移较慢。

鱼类消化道吸收水分的主要部位在小肠下部和大肠附近。用X线造影发现，大麻哈鱼肠的下部影像较浓，肠内容物形状清晰，认为是由于水分被吸收而浓缩的结果。水分的吸收机制目前还不清楚，可能与Na^+的主动转运有关，即NaCl的吸收伴随水的转移。也有发现水分顺渗透压梯度而不依赖于Na^+的转运现象。

本章思考题

（1）简述消化的3种方式。

（2）消化道平滑肌的一般生理特性和电生理特性有哪些？

（3）鱼类胃蛋白酶的特点和功能是什么？

（4）胰液中含有哪些主要的消化酶？各有什么样的功能？

（5）试分别简述软骨鱼类和硬骨鱼类的胃液分泌调节方式。

（6）论述肠道对蛋白质、脂肪和糖类的吸收机制。

主要参考文献

曹林军，赵金良. 鳜牙齿形态结构及与不同种属间比较观察［J］.动物学杂志，2021，56：707-715.

陈守良.动物生理学［M］.3版.北京：北京大学出版社.2005.

冯昭信.鱼类学［M］.2版.北京：中国农业出版社，2000.

林浩然.鱼类生理学［M］.广州：中山大学出版社，2011.

施瑮芳.鱼类生理学［M］.北京：中国农业出版社，1991.

水柏年.系统鱼类学［M］.北京：海洋出版社，2019.

魏华，吴垠.鱼类生理学［M］.2版.上海科学技术出版社，2011.

温海深.水产动物生理学［M］.青岛：中国海洋大学出版社.2009.

杨秀平.动物生理学［M］.3版.北京：高等教育出版社.2002.

周定刚.动物生理学［M］.北京：中国林业出版社，2011.

Fournier G, Boutier M, Raj V S, et al. Feeding cyprinus carpio with infectious materials mediates cyprinid herpesvirus 3 entry through infection of pharyngeal periodontal mucosa ［J］. Veterinary Research, 2012, 43(1): 6.

Nejedli S, Histology D. Hepatopancreas in some sea fish from different species and the structure of the liver in teleost fish, common pandora, *Pagellus erythinus* (Linnaeus, 1758) and whiting, Merlangius merlangus euxinus (Nordmann, 1840) ［J］. Veterinary Archives, 2013, 83(4): 441－452.

Purushothaman K, Doreen L, Saju J M, et al. Morpho-histological characterisation of the alimentary canal of an important food fish, Asian seabass (*Lates calcarifer*) ［J］. PeerJ, 2016, 4: e2377.

Richard W H, Gordon A W, Margaret A. Animal Physiology ［M］. Fourth edition, Sinauer Associates Ine. Oxford, 2016.

Röszer, Tamás. The invertebrate midintestinal gland (″hepatopancreas″) is an evolutionary forerunner in the integration of immunity and metabolism ［J］. Cell & Tissue Research, 2014, 358(3): 685－695.

Sun M J, O-Nam K, Jae W K, et al. Digestive enzyme activity within crystalline style in three species of bivalves ［J］. The Korean Journal of Malacology, 2011, 27(1): 9－14.

Whittamore J M. Osmoregulation and epithelial water transport: lessons from the intestine of marine teleost fish ［J］. Journal of Comparative Physiology B, 2012, 182(1): 1－39.

Zhao L H, Budge S, Ghaly A, et al. Extraction，purification and characterization of fish Pepsin: a critical review ［J］. Food Processing & Technology, 2011, 2(6): 126.

第九章

排泄与渗透调节

· ·

　　排泄是指机体将其物质分解代谢产物，尤其是终末产物清除出体外的生理过程。动物机体在其新陈代谢过程中产生了多种无机物和有机物，如水、二氧化碳、氢离子等以及非蛋白含氮化合物，如氨、尿素、尿酸、肌酸、肌酸酐等。这些代谢产物在细胞内产生后，先穿过细胞膜到达细胞外液，并进入血浆。当血液流经各种排泄器官时，这些代谢产物便以不同的形式分别转运至体外。鱼类等水生动物的排泄器官主要是鳃和肾脏。

　　鱼类的肾脏和鳃还具有维持水盐平衡、调节渗透压的功能。生活在淡水或海水中的各种鱼类，它们体液的渗透浓度是比较接近和稳定的，但它们所生活的外界水环境的盐度却相差很大。鱼类为了维持体内一定的渗透浓度必须进行渗透压调节。

　　酸碱调节（acid-base regulation）是指动物调节和维持体液相对稳定的酸碱度（pH），以维持各种代谢途径的正常进行和生物膜的稳定。鱼类不仅通过体内缓冲机制和气体交换机制来调节酸碱平衡，更重要的是通过排泄机制进行酸碱调节。因此，鱼类等水生动物的排泄、渗透压调节和酸碱调节是相互联系的生理过程。

第一节　排泄器官的结构与功能

　　除腔肠动物和棘皮动物未发现排泄器官外，其他动物都具有排泄器官。排泄器官

（或排泄上皮）的形态结构及解剖位置是各式各样的，但可分为一般排泄器官及特殊排泄器官两大类。一般排泄器官包括见于原生动物和海绵动物的伸缩泡，见于甲壳动物的触角腺（绿腺），肾器官（nephridial organ）如扁形动物的原肾管、环节动物的后肾管和软体动物的肾管，多足纲的马氏小管（Malpighian tubule）以及脊椎动物的肾脏。特殊排泄器官包括鱼类和甲壳类的鳃、板鳃类的直肠腺、爬行类和鸟类的盐腺、脊椎动物的肝脏（通过胆汁排泄血红蛋白的代谢产物胆色素）等。

排泄器官的作用在于排出体内过多的水和离子，或选择性地保留离子，以维持体液渗透压的平衡和稳定；通过对某些酸碱离子排泄的调节，维持机体酸碱平衡。许多脊椎动物还通过排泄器官（肾脏）排出含氮代谢物，许多无脊椎动物和鱼类的代谢废物可通过体表（尤其是鳃）排出。另外，还通过鳃和特殊的盐腺排出盐类。

生活在淡水的腔肠动物没有排泄器官，但这些动物的渗透浓度比淡水高，水必然进入细胞，这些多余的水是如何被排出的尚不清楚。棘皮动物全部生活在海水中，体液与海水等渗，不存在渗透压调节的问题。

一、甲壳类的排泄器官

甲壳动物有两对排泄器官：一对触角腺和一对下颚腺。大多数甲壳动物在幼虫期的排泄器官是触角腺，发育到成体则为下颚腺。十足类（如虾）则相反，幼虫时期的排泄器官是下颚腺，成体时期则为触角腺。多数甲壳动物通常只有一个类型的排泄器官，但是淡水内某些介形亚纲的动物同时具有两种类型的排泄器官。

触角腺（触角器官）位于头部。每一个腺体有一个囊（末囊）及一条与之相连的十分弯曲的管构成的迷路（或绿腺），再连接一条排泄管（或称肾管）和一个膀胱，膀胱开口于大触角的基部，排泄物由此排出，故称为触角腺。末囊位于食道两侧，肾管只见于淡水甲壳动物，海水甲壳动物没有肾管。有人认为肾管是由于动物由海水进入淡水才产生的。

触角腺形成尿的过程包括超滤、重吸收及排泄管的分泌作用。超滤作用可通过注射菊糖（一种可滤过但不能代谢及转运、分泌的可溶性多糖）证明，注射菊糖之后，在尿中出现菊糖。海水龙虾尿中菊糖的浓度与血液中的相同，表明尿的形成过程中并没有水的重吸收。但是尿中酚红和氨基马尿酸（PAH）的浓度比血液中的高，说明触角腺在形成尿的过程中除过滤外，还具有分泌的功能。

岸蟹的情况与龙虾不同，在尿的形成过程中可以重吸收滤液中的水分。岸蟹是具有渗透调节能力的动物，可以进入半咸水生活，其尿中菊糖的浓度可以比血液中的高数倍，这是滤液中的水被重吸收的结果。水的重吸收可能是由于Na^+的主动重吸收，水随之被动地被重吸收。

在淡水生活的蚤状钩虾（*Gammarus pulex*）所排出的尿液是离子浓度很低的低渗尿，可以有效保留体内所需的离子。除淡水虾外，甲壳类的尿一般与血液等渗，但生活在盐度高的盐湖中的咸虾可产生高渗透压的尿，这决定于其渗透调节机制。

甲壳动物的排泄系统在结构上与脊椎动物的肾单位（nephron）有许多类似之处：① 电镜观察表明，在螯虾末囊上有类似足细胞的细胞，脊椎动物的肾小球（rend glomerulus）也有这种细胞；② 螯虾迷路部分有单层上皮细胞，与脊椎动物肾单位的近球小管相似，这些细胞具有特有的刷状缘（brush border）结构以增加物质交换面积。甲壳类的排泄器官所排泄的主要是离子及水，不排泄含氮物，含氮物（如氨）主要通过鳃排出体外。

二、鳃

鱼类的鳃不仅是进行氧和二氧化碳交换的呼吸器官，也是离子转运、排泄含氮废物和维持酸碱平衡的器官，执行这些功能的部位是鳃上皮。

鳃上皮主要是指包围鳃丝（filament）和鳃小片的上皮组织。鱼类鳃的多功能性是与其鳃上皮特殊化的形态结构相联系的。在鳃上皮中，鳃丝上皮和鳃小片上皮的组织结构是不同的，因而其功能存在明显差异。后者结构较薄，但对水和离子相对不通透，可以避免离子的大幅度渗入（在海水中）或丢失（在淡水中），适于在水中进行气体交换，因此鳃丝上皮和鳃小片上皮又称呼吸上皮。

（一）鳃丝上皮与离子排泄

鳃丝上皮由多层上皮细胞构成，最外层为扁平上皮，下方为结缔组织，结缔组织中有血管和神经分布。鳃丝上皮的主要特征之一是有氯细胞（chloride cell）的存在。氯细胞在鱼类鳃的离子交换和渗透压调节中起重要作用。氯细胞除了存在于鳃丝上皮内，还存在于鱼的皮肤、假鳃和鳃盖上皮中。在大多数鱼鳃中，氯细胞主要位于鳃小片间的鳃丝上皮内以及鳃丝的尾缘上皮中。氯细胞在上皮中无规则地分布，连同辅助细胞而形成互不相邻的细胞群。在一些鱼类中还发现氯细胞分布于鳃小片基部的柱状血管基板上；在一些冷水性鱼类中，氯细胞也分布于鳃小片中。

氯细胞的结构十分特化，具有密集分支的管状系统及大量的线粒体，朝向水流的细胞顶端有许多微绒毛和小囊泡，细胞内富含Na^+-K^+-ATP酶和碳酸酐酶等。管状系统形成一个三维的网络，且或多或少地分布在细胞内。氯细胞管状系统的管腔是相通的，并且与氯细胞基侧的细胞外空间相通。

淡水硬骨鱼类和海水硬骨鱼类都具有氯细胞，但氯细胞的数量和存在位置随鱼类生存环境的变化而呈现出显著的变化。海水鱼类或可适应海水的广盐性鱼类的氯细胞比淡水鱼类的体积更大，数量更多，结构亦更复杂。海水鱼类氯细胞的线粒体丰富，管系发达，富有ATP酶，在顶部形成顶隐窝（apical crypt），其内含有大量的Cl^-，是鳃排出Na^+的部位（氯细胞由此得名）。每个氯细胞旁边还有一个辅助细胞（accessory cell），辅助细胞并非发展中的氯细胞。少有两个氯细胞紧靠在一起的情况，多见一个氯细胞挨着一个辅助细胞。长期连续观察从淡水向海水适应生活的鱼类，可见辅助细胞始终保持狭长形状和比氯细胞小的体积，尚未有报道辅助细胞向氯细胞转化的"成熟"的情况。当鱼类由海水返回淡水时，辅助细胞突然消失。海水鱼类狭长的辅助细胞镶嵌在氯细胞和扁平上皮细胞之间，氯细胞和辅助细胞与邻近的上皮细胞形成紧密的多脊紧密连接（tight junction）；但氯细胞与辅助细胞之间的联系相对松散，形成可渗漏的细胞旁路（paracellular pathway），构成所谓的渗漏上皮（leaky epithelium）（图9-1）。这种细胞旁路为海水鱼类所特有，允许特定离子穿过，对NaCl的排出起重要作用。淡水鱼类的氯细胞数量少，旁边没有辅助细胞，与邻近上皮细胞之间缺少紧密连接，在顶部没有凹陷的隐窝；内部构造如线粒体、管状系统和内质网等较少且不发达，表明其排出NaCl的功能较弱。

硬骨鱼类和板鳃类的鳃丝上皮中还存在大量的神经上皮细胞，鳃神经上皮细胞的特征与高等脊椎动物呼吸道的神经上皮细胞相似。这些细胞周围有神经纤维分布，并且可以释放某些物质进入周围组织，对上皮细胞的离子转运作用产生影响。

海水鱼类通过氯细胞和辅助细胞完成对Na^+和Cl^-的排泄。鳃丝上皮的氯细胞通常只与流量小、压力很低的非呼吸作用的静脉、淋巴循环发生联系，与大流量、高压力气体交换的鳃小片循环无关，从而避免了血液中的物质及水由氯细胞与辅助细胞之间的细胞旁路渗透出去。氯细胞分泌NaCl时，由氯细胞将Cl^-以主动方式通过隐窝排出，Na^+则由氯细胞和辅助细胞之间的细胞旁路扩散到体外（图9-2）。ATP酶主要分布在氯细胞的基膜上，而不是分布在顶侧。Na^+-K^+-ATP酶的不断活动，使细胞内外形成较高的浓度梯度，Na^+顺浓度梯度扩散进入细胞时通过Na^+-Cl^-的同向共转运体将Cl^-转运到细胞内，这样细胞内高浓度的Cl^-就顺化学梯度排出，并由此造成组织内与海水之间的电势差，促使Na^+从细胞旁路排出。

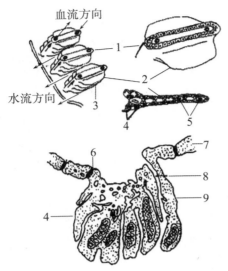

1. 鳃丝；2. 鳃小片；3. 鳃弓；4. 氯细胞；
5. 红细胞；6. 紧密连接；7. 上皮细胞；
8. 细胞旁路；9. 辅助细胞。

图9-1 海水鱼类的鳃小片及氯细胞

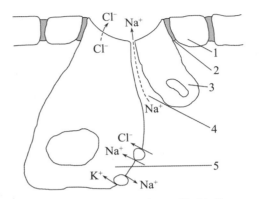

1. 上皮细胞；2. 多脊结合；3. 辅助细胞；
4. 细胞旁路；5. 氯细胞。

图9-2 · 海水鱼类氯细胞排泄NaCl机理示意图

对于淡水硬骨鱼类，尽管鳃上皮细胞的基膜对水的通透性比顶膜差，但由于鳃上皮的面积很大，因此通过鳃上皮的水量还是相当大的。进入鱼体的水绝大部分是跨细胞进行的，只有少量（1.5%）通过细胞旁路途径转移。而保留和补充体内盐主要通过鳃小片上呼吸细胞主动吸收Na^+和Cl^-，而Ca^{2+}主要是通过氯细胞转运的。

（二）鳃小片上皮与含氮废物排泄

鱼类的蛋白质代谢废物主要以氨的形式通过鳃排到体外，与肾脏对氮的排泄量相比，鳃排泄氨的含氮量是肾脏以各种形式排出的总氮量的6～10倍。此外，通过鳃排泄的代谢废物还有其他一些易溶于水的含氮物质，如尿素、胺、氧化三甲胺等。与排泄尿素、尿酸相比，除了氨具有毒性的不利之处外，鱼类排泄氨有很多便利。首先，氨具有较小的体积和较高的脂溶性，因此很容易通过生物膜渗透直接排出，而不必伴随水的额外流失；其次，鳃的通水量很大，渗透出的氨可以很快被水流带走，有利于氨的持续扩散；再次，氨还可以NH_4^+的形式排泄，在淡水鱼类中NH_4^+可与Na^+进行离子交换，有利于保持体内的Na^+。

实验观察到血液中的谷氨酰胺和腺苷酸可在流过鳃上皮时消失。研究发现，鳃上皮细胞具有谷氨酸盐脱氨酶和腺苷酸脱氨酶的活性。因此推断有些通过鳃上皮排出的氨可能是由进入鳃组织的谷氨酸盐或腺苷酸经过脱氨基作用产生的。鱼类是否以谷氨酰胺或腺苷酸作为氨的运输载体，尚有待进一步研究。

另外，某些鱼类的肠道和直肠腺也具有排泄的机能。直肠腺是板鳃类和空棘鱼类所特有的渗透调节器官，位于肠的末端，由肠壁向外延伸而成。直肠腺可排出多余的一价离子如Na^+、Cl^-等。鱼类消化道也有渗透压调节作用，一般吸收一价离子如Na^+、K^+，分泌二价离子如Mg^{2+}、SO_4^{2-}等。

三、无脊椎动物的肾器官

（一）原肾管及后肾管

两侧对称的无脊椎动物中，常见排泄器官为简单的分支，开口于体外的原肾管和后肾管。原肾管体内端不开口（盲管），后肾管的内端有漏斗状的肾管口开口于体腔。

没有真体腔的动物通常有两条或两条以上的原肾管。原肾管往往高度分支（如涡虫的排泄系统），封闭的末端膨大，腔内有一条或几条较长的纤毛。只有一条纤毛的末端细胞称为管细胞（solenocyte）；如果有许多纤毛突出到腔内，状似蜡烛的火焰，则被称为焰细胞（flame cell）。管细胞见于纽形动物和多毛虫纲的环节动物，文昌鱼也有具有管细胞的原肾管。

后肾管内端通过漏斗开口于体腔，不分支，仅见于有真体腔的动物，但某些具有真体腔的动物也有原肾管。后肾管的结构比较复杂，可分为数段。肾管周围有丰富的血管分布。

（二）软体动物的肾脏

无脊椎动物中，软体动物各纲的身体结构变化较大，排泄器官也如此。例如，头足类、双壳类和腹足类的排泄系统就不相同，头足类和双壳类有一对肾脏，而腹足类有的仅有一个肾脏，如蜒螺。比较原始的前鳃类，如鲍属（*Haliotis*）也有一对肾脏。

头足类具有一对鳃心，其上各有一个薄壁的突起（鳃心附器）与围心囊相连，围心囊则有一长的肾围心管与肾囊相通（图9-3）。有证据表明，围心囊内的液体为超滤液，通过肾围心囊流入肾囊，在围心管中对超滤液中的葡萄糖、氨基酸等进行重吸收。肾囊上还有一些肾附器，NH_3可以由血液扩散到肾囊内，但是通过鳃心的血液的NH_3浓度仍相当高，血液经过鳃时NH_3才大量扩散到水中，且比由尿中排出的多。

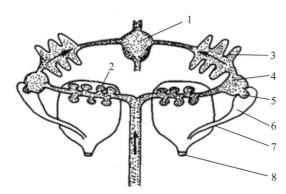

1. 体心；2. 肾附器；3. 鳃循环；4. 鳃心；5. 鳃心附器；6. 围心囊；7. 肾围心囊管；
8. 肾囊开口于外套腔。

图9-3　章鱼的肾复合体及其有关的循环系统图解

双壳类有一对肾脏，通过肾围心管与围心腔相通。肾管包括腺状部和膀胱，开口于外套腔。陆生蜗牛的肾管亦大体如此，此外还有一条长的输尿管开口于肛门附近。腹足类蜓螺的肾管不具备长的输尿管，但有直接开口于外套腔的体积较大的膀胱（图9-4）。心脏与围心腔的关系也各不相同：有的比较简单，即在心脏壁上有一些薄壁的囊，壁上分布有分泌细胞；有的具有复杂的小管，通过围心腔膜开口于围心腔内。有学者认为双壳类和无肺的腹足类的心脏壁是超滤的部位，但近来有证据表明，心脏内液的渗透压比围心腔的高，不大可能发生滤过作用。有证据表明罗马蜗牛（*Helix pomatia*）的肾囊为超滤的部位，而不是在心脏过滤。肾囊在结构上是肾脏扩大的腔，肾围心管开口于这个腔内。

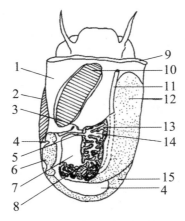

1. 外套腔；2. 肌肉；3. 肾通外套腔的孔；4. 围心腔；5. 肾围心腔；6. 心室；7. 膀胱；8. 肾通膀胱的孔；
9. 外套前唇；10. 栉鳃；11. 直肠；12. 生殖器官；13. 肾脏；14. 肾脏腔；15. 消化腺。

图9-4　腹足类蜓螺的肾脏

对巨凤螺（*Strombus gigas*）的研究表明，血液与围心腔内液体的离子成分几乎相同，其血液为淡绿色（由于含血蓝蛋白），含3.4%的有机物，而围心腔内的液体则是透明的，只含0.8%的有机物，表明围心腔液是血液的超滤液，其中所含有的少量有机物则是由于分子量较小而被过滤；尿液中含有2.4%的有机物，为围心腔液有机物含量的3倍，说明在尿的形成过程中有代谢废物分泌到尿中。鲍亦如此。生活在淡水中的田螺（*Viviparus*），其血液、尿液和淡水的离子成分存在差异（表9-1）。血液中Na^+和Cl^-的浓度比淡水的高得多，由于血液的渗透浓度比淡水的高，水必定进入田螺的组织，而过多的水则必须通过肾脏排出。

表9-1　田螺血液、肌细胞、尿液和淡水的离子浓度

单位：mmol/L

成分	Na^+	K^+	Cl^-
血液	34.0	1.2	31.0
肌细胞	13.6	14.6	10.0
尿液	9.0	—	10.0
淡水	2.5	0.2	8.0

软体动物两个肾脏的功能并非完全相同。例如，鲍的两个肾脏都有超滤作用，当用菊糖测定肾脏的超滤作用时，在两侧肾脏的终尿中都有菊糖，而且尿中菊糖的浓度与血液以及围心腔液中的浓度相等，说明两侧肾脏的过滤量相等，而且对水的重吸收不多。因为鲍是海水动物，体液与海水等渗，不存在水排泄的问题。但是各离子的终浓度仍需通过排泄或重吸收调控，排泄代谢产物，两侧肾脏在这些方面的功能存在差异，氨基马尿酸和酚红主要通过右肾排出，而对葡萄糖的重吸收则主要在左肾内进行。

四、脊椎动物的肾脏

肾脏是脊椎动物主要的排泄器官之一，也是脊椎动物进行渗透调节的重要器官。

（一）肾脏的类型

肾脏由中胚层的中节（mesomere）的生肾节（nephrotome）发育而成的。根据它在发生上的顺序、位于体腔内的位置以及结构特点等方面的差异，脊椎动物的肾脏可分为全肾（holonephros）、前肾（pronephros）、中肾（mesonephros）、背肾（opisthonephros）和后肾（metanephros）等5种类型（图9-5）。

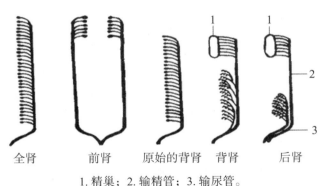

全肾　　　　前肾　　原始的背肾　背肾　　后肾

1. 精巢；2. 输精管；3. 输尿管。

图9-5　脊椎动物肾脏的几种类型

1. 全肾或称原肾

从比较解剖学和胚胎学上的研究资料推断，最早期脊椎动物的肾脏是由沿体腔全长并按体节排列的肾单位组成的。每一肾小管（renal tubule）的一端以带有纤毛的漏斗形开口，即肾口（nephrostome）开口于体腔；肾小管的另一端汇入原肾管，其后端通向体外。体腔液中的代谢废物即由肾口汇入原肾管，最后排出体外。这种理论上最原始的肾脏称为全肾或原肾（archinephros）。在迄今所研究的动物中，仅在盲鳗幼体和蚓螈幼体中发现全肾。

2. 前肾

脊椎动物在胚胎期都要经历前肾的阶段，一般的动物发育到成体时消失，只有在盲鳗和少数硬骨鱼类，前肾作为泌尿器官终生保留。

前肾位于体腔前端背中线两侧，呈小管状分节排列，称为前肾小管（pronephric tubule）。各类脊椎动物中，前肾小管的数目不固定，由1对到12对，因种而异。每一个前肾小管的一端开口于体腔，开口处呈漏斗状，其上有纤毛，为肾口；肾小管的另一端汇入总导管，称前肾管（pronephric duct），末端通入泄殖腔或泄殖窦。在肾口的附近存在由血管丛形成的血管球，以过滤的方式将血液中所含的代谢废物排入体腔，借助于肾口处纤毛的摆动，将体腔中的废物收集到前肾小管中，再经前肾管由泄殖孔排到体外。

3. 中肾和背肾

中肾是指羊膜类动物胚胎时期在前肾之后出现的肾，位于体腔中部；背肾是无羊膜类成体的肾，位于体腔中部和后部，相当于前肾后面的其余全肾部分。在一些无羊膜动物中，背肾的前面部分基本上失去了泌尿的功能，在雄性则被迂回盘旋的输精管所占据（如雄性鳖）。从结构上来说，背肾和中肾基本相同。

随着胚胎的发育，当前肾执行功能的阶段结束时，血管球失去与背大动脉的联系并开始退化。而前肾小管的退化较慢，有些鱼一直到成体阶段还保留着遗迹。在前肾后方的一系列生肾节形成新的肾小管，即中肾小管（mesonephric tubule），并向侧面延伸，与纵行的前肾管相通，这时前肾管就改称为中肾管（mesonephric duct）。在无羊膜类，则改称为背肾管（opisthonephric duct）。

中肾小管的一端开口于中肾管，另一端的肾口开始退化，一部分肾口完全消失，不再与体腔直接相通。靠近肾口的中肾小管壁膨大内陷，成为一个双层的囊，即肾球囊。肾球囊把血管球包裹在其中，共同形成一个肾小体，这种包在囊中的血管球可称为内血管球（internal glomeruli），以区别于前肾悬浮在体腔中的外血管球（external glomerulus）。内血管球中由血液排出的废物不再排放到体腔，借肾口收集入肾小管，直接进入肾球囊，经肾小管而至中肾管，从而极大地提高了滤过和排泄的效率。这种联系可以称之为血管联系，以区别于前肾体腔联系。由前肾体腔联系到血管联系是动物排泄器官的很大进步。

中肾又称吴氏体（Wolffian body）。当形成中肾时，原来的前肾管纵分为两管：一为中肾管，或称吴氏管（Wolffian duct）；另一为缪勒氏管（Müllerian duct）。在软骨鱼类和有尾两栖类雌性个体中，缪勒氏管成为输卵管。但其他大多数脊椎动物的前肾管并不纵裂为二，待前肾退化时，前肾管即转为中肾管，缪勒氏管是由靠近中肾腹外侧部的腹膜内陷包卷形成的。

4. 后肾

后肾是羊膜动物成体肾脏，发生时期是在中肾之后，生长部位是在体腔的后部。后肾在发生上具有双重来源：一部分来源于后肾芽基（metanephric blastema），另一部分来源于后肾管芽（ureter bud）。

综上所述，各种脊椎动物肾脏的类型不同，有的（前肾和中后肾）按体节排列，有的（中肾和后肾）则不分节。前肾一般见于脊椎动物发育的胚胎时期，中后肾见于鱼类和两栖类成体。但不论类型如何，脊椎动物的肾脏都由肾单位构成。肾单位也是肾脏的基本功能单位，典型的肾单位包括肾小球和肾小管，但这种肾小管尽管在机能上与无脊椎动物的肾管有些类似，却并无系统发生上的联系。

脊椎动物肾脏总的进化趋势：肾单位的数量由少到多，肾孔由有到无，由体腔联系到血管联系，发生的部位由体腔前部移向体腔的中、后部（图9-6）。在一些低等脊椎动物的成体中，肾小管开口于体腔，这可能是代表祖先的情况，可是大多数原始的情况是在肾小管口附近的体腔壁上有一团毛细血管（肾小球），使血液过滤到体腔内，再由体腔进入肾小管。例如，七鳃鳗的幼体就是如此，成年后肾小球消失，但盲鳗的则保留下来。大多数脊椎动物的血管球挤进肾小管壁内，形成肾小体（肾小球），而且肾管在体腔内的开口一般消失，但一些鲨鱼、弓鳍鱼（*Amia calva*）和少数两栖类仍保存下来。在肾单位的演化中，后来出现了肾小管的细段和远段，而且通过集合管把形成的尿液送到输尿管，再由输尿管送到泄殖腔或膀胱。现已知囊喉鱼科（Saccopharyngidae）、蟾鱼科（Batrachitae）和海龙科（Syngnathidae）中共25种左右的海水鱼类和一种淡水鱼长吻海龙（*Microphis boaja*）没有肾小球，只有肾小管。各种动物肾小管各段（尤其是细段）的长短和有无也不尽相同（图9-7）。

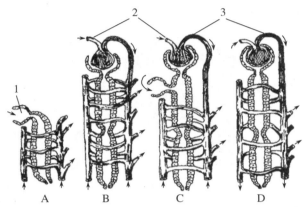

A.原脊椎动物的肾小管开口于体腔；B.肾小球与体腔口只有松散的关系；C.肾小球已被肾小管末端包围，许多种类仍有体腔口；D.高等脊椎动物的体腔口已完全消失。

1.体腔口；2.入球小动脉；3.出球小动脉。

图9-6　脊椎动物肾单位演化的4个阶段

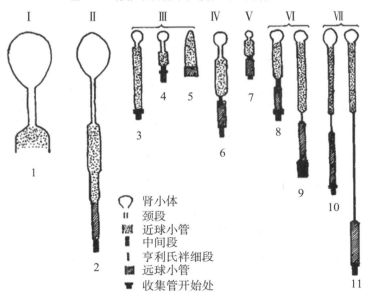

Ⅰ.圆口类；Ⅱ.板鳃类；Ⅲ.硬骨鱼类；Ⅳ.两栖类；Ⅴ.爬行类；Ⅵ.鸟类；Ⅶ.哺乳类。

1.盲鳗；2.鳐鱼；3.杜父鱼；4.云斑鮰；5.蟾鱼；6.蛙；7.一种龟；8.鸡；9.鸡；10.兔；11.兔。

图9-7　脊椎动物肾单位结构比较

由于脊椎动物肾脏的肾小管数目众多，而且拥挤在一起，不是分散在体腔中，因此必须有丰富的血液供应和足够的压力，才能保证肾单位过滤血液的正常功能。肾小球的血管丛属于动脉血管，血压较高，有助于滤过作用，而肾小管周围的血管有助于分泌及重吸收。鱼类、两栖类和爬行类除了由动脉供给肾小球血液外，还有由身体后部的静脉血液形成肾门静脉供应肾小管。鸟类的肾门循环有退化的趋势，哺乳动物的成体则没有肾门循环，直接由腹动脉垂直分支供应肾，器官灌注量可达心输出量的20%。

几乎所有脊椎动物的肾单位的作用基本上是相同的，就是肾小球的超滤作用，肾小管的重吸收和分泌排泄作用。血液经肾小球的过滤形成超滤液（原尿），超滤液通过肾小管时，其中大部分有用的溶质（如葡萄糖、氨基酸、NaCl等）被肾小管重吸收，同时肾小管又分泌一些物质（如尿素）到超滤液中。因此，最后排出的终尿与原尿在成分和量上的差异显著。只是少数鱼类的肾单位没有肾小球，因而也没有超滤作用，其排泄作用主要靠肾小管的分泌，这种肾脏属于分泌型。

大多数脊椎动物最终排出的尿液的渗透压比血液的低或与血液的相等，只有鸟类和哺乳类的肾脏对尿液有强的浓缩能力，可以产生比血液渗透压高的尿。生活在淡水中的动物必须排出渗透到体内的水而保留盐类，故一般尿量较多；而生活在海水中的动物则必须排出盐类而保留水，故尿量一般较少，这些动物通常有专职排出盐类的辅助排泄器官，如鳃、直肠腺和盐腺等。

（二）圆口类及鱼类的肾单位

鱼类肾单位的结构和功能各式各样，有的有肾小球和肾小管，有的没有肾小球和远球小管。在功能上，肾小球是超滤组织，因此，有学者认为这是淡水生活动物的结构特征。大多数动物有肾小球，少数动物没有肾小球，是次发现象。然而最近的证据证实，最早的脊椎动物在海水中生活，而且现存的海水盲鳗的肾单位也有肾小球。某些无脊椎动物也有超滤系统，因此，超滤系统的有无不能作为其祖先生活环境的指示标志。

盲鳗的肾小球很大，在一个肾脏内的许多肾小球直接与一条总导管（输尿管）相连，此管开口于泄殖腔。根据组织学的研究结果，这条导管（原肾管）似乎与其他脊椎动物的近球小管同源。因此认为盲鳗的肾单位由肾小球和近球小管组成，是一条近球小管与许多肾小球相连，而没有集合管。近球小管内液的渗透压与血浆接近，但近球小管可能有分泌和重吸收的作用。

盲鳗终生生活在海水中，七鳃鳗则既可生活在海水中，也可生活在淡水中。当其生活在淡水中时，需要把渗透压调高，排出低渗尿。七鳃鳗的肾小球分别与肾小管相连，而不像盲鳗那样与一条总管相连，这些肾小管又汇集成一条总的输尿管。从组织学上看，七鳃鳗的肾小管包括近球小管和远球小管或集合管始段，因此在器官进化上比盲鳗又进了一步。

硬骨鱼类通常有近球小管和远球小管，并与集合管相连，从功能意义上，推测远球小管有助于形成低渗透压的尿液，但海水硬骨鱼类缺少远球小管，这可能是从淡水向海水的生境变迁之后才丧失的。海水硬骨鱼类的渗透压比环境低，只产生少量尿，不需要形成低渗尿而排出大量水分，而洄游于淡水和海水间的硬骨鱼则通常有远球小管。因此，硬骨鱼类远球小管的有无可能与生活环境有关。海水硬骨鱼类的肾小球不如淡水硬骨鱼类的发达，一些海水硬骨鱼类，部分或全部肾单位无肾小球。有些鱼的肾小球与近球小管之间连接较细，不可能有大量的滤液流过，近乎没有肾小球。马来西亚淡水中的长吻海龙没有肾小球和远球小管，这种动物可能是新近由海中迁移到淡水中的，说明没有肾小球的动物也可以在淡水生活，但其体内多余水分的排出机制尚不清楚。广盐性的底鳉和三棘刺鱼（*Casterosteus aculeatus*）没有远球小管，推测这些鱼类的低渗尿可能是在集合管内形成的。

海水和淡水板鳃鱼类的肾单位也由肾小球、近球小管、远球小管和集合管组成。海水硬骨鱼类只排出少量低渗尿，而淡水板鳃类则排出大量稀释尿。对这些鱼类而言，大部分一价离子和含氮代谢产物可通过鳃排出，而肾脏主要排出二价离子。

没有肾小球的海水硬骨鱼类，如鮟鱇（*Lophius piscatorius*）、蟾鱼及一些海龙属（*Syngnathus*）的种类不具有产生超滤作用的结构，假如把菊糖注射到这些鱼体内，在尿中不出现菊糖。这些没有肾小球的鱼，有些种属生活在南极，在排泄时没有超滤作用就颇有积极意义，因为许多南极鱼类之所以能抗冰冻是因为血液中含有抗冻蛋白（antifreeze protein，AFP），这些糖蛋白均属于小分子蛋白质，相对分子质量由几千至30 000左右，由于肾小球只能阻止相对分子质量在70 000以上的蛋白质，因此，假若有肾小球的超滤作用，这些糖蛋白就可能在超滤时滤过，而重吸收糖蛋白无疑会消耗很多能量，没有超滤就免去了这些能量消耗。因此，对于这些鱼来说，没有肾小球的肾脏带来极大的好处。

板鳃鱼类靠尿素维持渗透平衡，虽然尿素的相对分子质量小，可以从肾小球过滤，但肾小管又可重吸收尿素。

（三）两栖类的肾单位

两栖类的肾单位由肾小球、近球小管、短的细段（中间段）、远球小管和集合管始段所构成（图9-8）。两栖类的肾小球比较大，位于肾脏的表面。实验证明，肾小球内超滤液中的氯化物、葡萄糖、尿素、磷酸根以及总渗透压均与血液的相同，说明这些液体是由血浆滤过来的，在通过肾小管时，滤液中的葡萄糖等物质又被重吸收。由于两栖类的血压较低，其有效滤过压也比哺乳类的低得多。

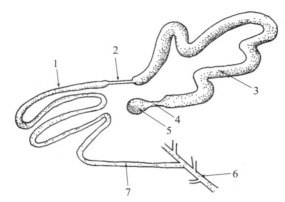

1. 远球小管；2. 中间段；3. 近球小管；4. 颈；5. 肾小球；6. 集合管；7. 集合管始段。

图9-8　两栖类肾单位

大多数两栖类生活在淡水或在淡水附近。生活在水中时，水分不断渗入动物体，为了排出多余的水就必须产生大量很稀的尿，同时为了补充由尿丧失的Na^+，就通过皮肤主动地从水中吸收。

蛙不仅可以通过肾小球过滤尿素，而且还可以通过肾小管分泌尿素。当蛙生活在相对干燥的空气中时，肾小球的滤过率减小，肾小管对水的重吸收加强，因而排出的尿量减少，但是尿素的排泄量仍很高。事实上，由肾脏排出的尿素中，通过肾小球滤过的可能只占1/7，其余的为肾小管所分泌。因此，与板鳃鱼类的肾小管主动吸收尿素相反，两栖类的肾小管主动分泌尿素。

第二节　肾脏的泌尿机能

动物机体代谢废物的排泄途径有4种：① 由呼吸器官排出，经由鳃排出的主要是氨、二氧化碳及某些离子；② 由消化道排出，主要是肝脏产生的胆色素经胆汁排入肠道以及经大肠黏膜排出的一些无机盐类，如钙、镁、硫酸盐等；③ 由皮肤排出，主要是黏液，其中主要为水分及多种无机盐；④ 由肾脏以尿的形式排泄，这是非常重要的排泄途径。尿量大，所含排泄物种类也多。而且肾脏还可以根据机体水盐代谢的情况调节尿的质和量，从而调节水的平衡、渗透压的平衡以及酸碱平衡，保证机体适应所处的环境，维持内环境的稳态。

一、鱼类肾脏的结构机能特点

如前所述，鱼类肾脏的结构比其他高等脊椎动物的要原始得多，胚胎时期是前肾，到了成体时期就发育成中肾。鱼类成体的肾呈块状，一般分两部分：头肾和体肾。头肾含淋巴组织、生血组织、肾间组织以及嗜铬组织等，不具有泌尿机能。具有泌尿机能的后部的体肾，也称功能肾（图9-9）。体肾的基本结构和功能单位称为肾单位，尿就在这里生成。

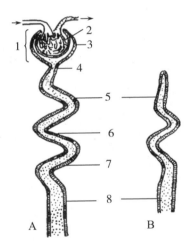

1. 肾小体；2. 肾小球；3. 肾小囊；4. 颈节；5. 近节；6. 中节；7. 远节；8. 集合管。

图9-9 淡水鱼（A）和无肾小球海洋硬骨鱼类（B）的肾单位

肾单位由肾小体（renal corpuscle）和肾小管两部分组成。肾小体由肾小囊（renal capsule）及其所包裹的肾小球构成。肾小囊（又叫肾球囊）是中肾小管前端扩大呈球状，其前壁向内凹入形成具有单层细胞的中空的凹囊结构。肾小球是由背大动脉分支的肾动脉进入肾小囊，形成的网状血管小球，进入肾小体的动脉血管称为入球小动脉，离开肾小体的动脉血管称为出球小动脉。肾小囊内壁紧密相接着肾小球的毛细血管团，称为脏层。外面一层称为壁层，接连于一条细长而弯曲的肾小管。两层之间有一狭小腔隙，称为肾囊腔，与肾小管的管腔相通。有些海洋硬骨鱼类的肾小球退化消失，肾小管缩短，如海龙、海马、蟾鱼、鲛鳒、杜父鱼和鈍科鱼类。

肾小体后方为很长的肾小管。肾小管往往长而盘曲，形态与结构都较复杂，根据其细胞形态及机能特点可以分为以下几个区段（图9-10）：

颈区（neck region）。肾小管的开始部分，除海水无肾小球鱼类外其他各种鱼类都有。颈区机能还不太清楚，但其明显的纤毛活动对于滤液由肾小囊向肾小管腔移动是很重要的，特别是对于鱼类低压的滤过系统来说尤为重要。两栖类的肾小管也有颈区，但在高等脊椎动物的肾小管中不存在。

第一近端小管（first proximal segment，PS1）是接近肾小球的一大段，管径最粗，管壁上皮细胞呈锥体形，细胞间的界线不明显，向着管腔的细胞表面具有刷状缘（顶管系统），线粒体丰富，溶酶体发达，酸性磷酸酶含量高。发达的顶管系统说明管壁细胞可通过胞饮作用吸收颗粒，可能与滤出的蛋白质和其他大分子的重吸收作用（reabsorption）有关。第一近端小管还具有葡萄糖、氨基酸的重吸收，Na^+和Cl^-的等渗重吸收，酚红的分泌等功能。无肾小球的鱼类没有这一部分。

第二近端小管（second proximal segment，PS2）是鱼类肾小管最大的一段，也是代谢最活跃部分。管壁细胞内含有大量线粒体，但溶酶体和胞饮小囊泡系统不发达，表明它对大分子颗粒的吸收作用很小。已证明它参与有机酸的分泌。它组成肾小管最长的部分，又是无肾小球海水硬骨鱼类近端小管的唯一部分，在管壁细胞的内质网腔内曾观察到与尿沉积物中相似的微结晶聚集，因此，可能是二价离子分泌的主要部位。此外，此段亦可能参与等渗的Na^+重吸收和H^+的分泌。

中段小管（intermediate segment，IS）的划分仍有争议，主要出现在一些淡水硬骨鱼类。中段小管管壁细胞富有纤毛，可能是第二近端小管的特化部分，推测具有促进尿液沿肾小管推进的作用。

远端小管（distal segment，DS）出现于淡水鱼类、河口硬骨鱼类和软骨鱼类。远端小管的管壁细胞内具有长的线粒体，有许多基质膜的皱褶而与两栖类的远曲小管、哺乳类的髓袢上升支相似。它主要参与Na^+的主动重吸收。淡水鱼类和河口鱼类的远段小管对单价离子的保存和尿的稀释具有重要意义。

集合小管（collecting tubule，CT）和收集管（collecting duct，CD）系统对从滤液中重吸收单价离子以形成稀释尿液是必需的。集合小管和收集管存在于各种鱼类中，其细胞内具有大量线粒体和很高的线粒体酶活性。这与两栖类膀胱对水渗透和离子重吸收系统构造相似，表明可调控渗透压。

许多集合小管汇集成收集管，收集管又汇集到总的输尿管，经过肾脏形成的尿液通过输尿管排出体外。

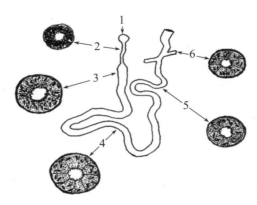

1. 肾小囊；2. 颈区；3. 第一近端小管；4. 第二近端小管；5. 远段小管；6. 集合小管。

图9-10　漠斑牙鲆（*Paralichthys lethostigma*）肾小管的区段及其细胞形态

（引自林浩然，2002）

二、尿的形成

肾脏的泌尿作用是通过肾小体的滤过作用和肾小管的吸收及分泌排泄作用而完成的。采用显微穿刺术（micropuncture method），用微吸管插入肾单位的不同部位取得微量液体样品进行分析，可以了解各个部位的机能和尿的形成过程。

尿的形成可分为3个紧密联系的过程，见图9-11。

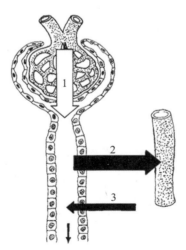

1. 滤过；2. 重吸收；3. 分泌。

图9-11　尿的形成过程

（一）滤过作用

滤过作用（filtration）在肾小体内进行。在动物实验中，用微吸管直接抽取肾小囊内的液体进行分析，发现此液体中除不含大分子的蛋白质外，其他成分都与血浆相同。这就证明，血液流过肾小球毛细血管时，血浆中的水分和所有晶体物质（盐类、葡萄糖、氨基酸等）都能从肾小球的毛细血管壁滤出，进入肾小囊，成为滤液（或称原尿）。除不含有血细胞和大分子蛋白质外，其余成分均与血浆相同，因此原尿实际为无蛋白质的血浆超滤液。

肾小球的滤过作用取决于3方面的因素：① 肾小球滤过膜的通透性和总的滤过面积；② 肾脏血液灌流量；③ 有效滤过压（effective filtration pressure），即肾小球毛细血管压、肾小囊内压和血浆胶体渗透压之间的关系，即

有效滤过压＝肾小球毛细血管压—（血浆胶体渗透压+囊内压）

严格来讲，还应该包括滤液的胶体渗透压（促进滤过的压力），但因为滤液中的蛋白质浓度很低，其胶体渗透压可以忽略不计。

有效滤过压是血液流经肾小球时发生滤过的直接动力，其数值的大小与滤过液的多少密切相关。随着滤过作用的进行，血浆中的水分及电解质减少，血浆胶体渗透压逐渐升高，有效滤过压随之降低至零。当有效滤过压为零时，滤过作用停止，即达到滤过平衡（filtration equilibrium）。在肾小球内只有从入球小动脉到滤过平衡的一段毛细血管才有滤过作用（图9-12）。滤过平衡愈靠近入球小动脉，有滤过作用的血管愈短，肾小球滤过率愈低。

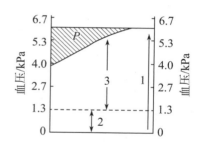

P.有效滤过压；1.毛细血管血压；
2.囊内压；3.血浆胶体渗透压。

图9-12　有效滤过压组成示意图

肾小球滤过率（glomerular filtration rate，GFR）是指单位时间内肾脏生成的原尿量，与有效滤过压成正比，即有效滤过压越大，滤过率越大，反之亦然。肾小管的重吸收作用和不断把尿液输送到收集管，并由输尿管排出体外，从而保持较低的肾小囊内压，使得肾小球可以不断滤过血浆形成原尿。一些硬骨鱼类的肾小管含有肌肉组织，能进行蠕动，把尿液输送到收集管，因而降低了肾小囊内压，增大滤过压，增加滤过量。

一般低等脊椎动物如鱼类，体动脉血压为2.66～5.33 kPa，肾小球滤过压为1.33～2.00 kPa，肾小球滤过率为20～100 mL/（kg·d）。通常淡水鱼类肾小球滤过率

较大，海水鱼类较小。鸟类和哺乳类由于体循环和肺循环分开，肾脏受到高血压的血流灌注，肾小球滤过压超过5.33 kPa，GFR为2~20 mL/（kg·min）。

（二）重吸收作用

重吸收作用是经肾小球过滤形成的滤液经过肾小管时，其中的水分和各种溶质全部或部分由管壁细胞所吸收，最后返回血液的过程。肾小管细胞对肾小管滤液中各种物质的重吸收方式有两种：一种是被动重吸收，另一种是主动重吸收。被动重吸收指肾小管滤液中的水和溶质顺着浓度差或电势差，通过被动的扩散，由肾小管细胞重吸收，该过程不需要消耗能量，如水、Cl^-、HCO_3^-以及尿素等的重吸收。而一般机体所需的营养物质和一些单价离子，如葡萄糖、氨基酸、Na^+等都是肾小管通过耗能的主动运输过程重吸收的。

肾小管对一些离子和分子的主动吸收作用发生在特定的部位，而且不同的鱼类因其所处的水环境不同，肾小管重吸收的物质和部位也有所差异。淡水鱼类的滤液经过肾小管后，其中的Na^+、Cl^-、葡萄糖和氨基酸等营养物质以及激素等全部被肾小管管壁周围的血管所吸收。由于离子和其他物质的重吸收，血液变为高渗性，而肾小管内的滤液则为低渗性，因此部分水分也就随之被动地经过肾小管壁渗透到血液中。一般情况下，葡萄糖、氨基酸等大分子以及水、Na^+、Cl^-主要在第一近端小管和远端小管处吸收。海水板鳃鱼类滤液中的尿素和氧化三甲胺（trimethylamine oxide，TMAO）大量地在第二近端小管处被重吸收，水分也随之被吸收。

第一近端肾小管上皮细胞朝向管腔一侧的细胞膜形成很多指状突起（微绒毛），构成刷状缘，极大地增加了吸收的表面积；在上皮细胞基部，细胞膜向胞浆内形成折叠，称基底纹，也增加了物质转运的表面积；在基底纹之间有丰富的线粒体，含有大量ATP，可以为物质的主动转运提供能量。

肾小管上皮细胞的Na^+-K^+-ATP酶是物质重吸收的动力。由于细胞基侧膜Na^+泵的不断活动，细胞内的Na^+泵入细胞间隙，始终使细胞内的Na^+浓度保持低水平。Na^+进入细胞间隙，使细胞外液Na^+的浓度升高，渗透压随之升高，通过渗透作用水也随之进入细胞间隙，使细胞间隙液的静压力升高，从而使Na^+及水分进入邻近的毛细血管。

由于Na^+的主动吸收所形成的电势差，可促进滤液中Cl^-的重吸收，当然在不同的动物以及肾小管不同部位，Cl^-的重吸收也可通过其他转运机制进行。

葡萄糖、氨基酸等有机物的重吸收需要借助于一种与Na^+相耦联的转运机制。如前

所述，由于钠泵的作用，肾小管上皮细胞内的
Na^+水平始终很低，管腔液中较高浓度的Na^+就
有向细胞内扩散的趋势。带电荷的Na^+不能直
接进入细胞，必须与细胞膜（刷状缘）的转运
体蛋白（或转运体）结合，才能进入细胞。而
该蛋白必须与Na^+以及葡萄糖（或其他被转运
物质）同时结合后，才能顺着Na^+浓度梯度将
它们由细胞外转运至细胞内（图9-13）。这
种转运方式称为联合（或协同）转运，每一
种联合转运的物质都有特异的转运体蛋白。

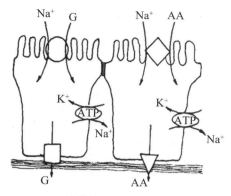

G. 葡萄糖；AA. 氨基酸。

图9-13　葡萄糖、氨基酸的联合转运模式图

（三）分泌作用

　　肾小管把血液转运而来的一些离子和代谢产物，如尿素、肌酸、尿酸、有机酸等
主动分泌到滤液中去的过程称为分泌，它对尿液的最终形成十分重要。分泌作用通常
是在近端小管进行。分泌物包括有机酸，Mg^{2+}、SO_4^{2-}和Ca^{2+}等二价离子，H^+、NH_4^+，
肌酐、尿酸、肌酸、氧化三甲胺、尿素、酚红等。

　　分泌和重吸收一样，主要发生于靠近肾小球的近端小管。除NH_3是通过被动弥散
之外，多数物质的分泌都是需要管壁细胞代谢供能的主动过程。H^+和K^+的分泌是与
Na^+的重吸收同时进行的，通过逆向协同转运体，每分泌一个H^+和K^+伴随着一个Na^+的
重吸收，分别称为H^+-Na^+交换和K^+-Na^+交换。

　　鱼类的肾小管颈区可分泌葡萄糖、Ca^{2+}和SO_4^{2-}。淡水硬骨鱼类近端小管分为两
段，第一近端小管可重吸收蛋白质、葡萄糖、氨基酸、Na^+、Cl^-，分泌二价阳离子和
尿素；第二近端小管是肾单位中最大的片段，也是无肾小球海水硬骨鱼类的近端小管
的唯一部分，主要分泌Mg^{2+}、SO_4^{2-}和Ca^{2+}等二价离子以及H^+、NH_3。

　　有些海水硬骨鱼类的肾脏没有肾小球，又称海水无肾小球硬骨鱼。它们的肾脏没
有滤过作用，完全通过将离子和代谢产物分泌到肾小管内，水分也随着这些离子和分
子的运动渗透到肾小管内而形成尿液。总之，不同鱼类的肾小管结构不同，对物质的
重吸收和分泌也存在差异（图9-14）。

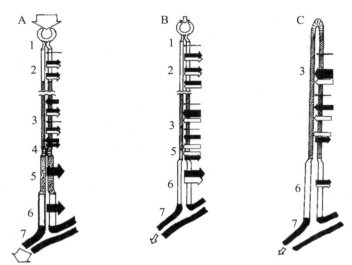

A. 淡水硬骨鱼类；B. 有肾小球海水硬骨鱼类；C. 无肾小球海水硬骨鱼类。

1. 颈节；2. 近端小管第一段；3. 近端小管第二段；4. 中间段；5. 远端小管；6. 集合管；7. 收集管。

图9-14　淡水硬骨鱼类、海水硬骨鱼类有和无肾小球肾单位结构与功能

三、肾脏泌尿机能的调节

肾脏泌尿功能的调节包含神经调节和体液调节，有的是长期而缓慢的，有的则是迅速而短暂的。这些机制在动物体液量的调节上起着重要的作用，与循环系统紧密地配合，而且决定体液的容量和渗透浓度。个别广盐性鱼类泌尿机能的调节可能还涉及肾单位形态结构的变化。

凡能影响尿生成的滤过、重吸收及分泌排泄过程的因素都可影响肾脏排出尿液的质和量。

（一）肾小球滤过作用的调节

肾血流量直接影响肾小球毛细血管血压，从而影响肾小球滤过压，影响滤过作用。肾血流量的调节与其他器官有所不同：一方面，肾脏本身具有肾血流的自动调节作用，这种自动调节作用一般被认为是由入球小动脉管壁平滑肌紧张性的改变所引起，而平滑肌的紧张性又是由管壁所受的张力所引起；另一方面，肾血流受神经体液的调节，支配肾脏的传出神经包括交感神经（内脏神经）和副交感神经（迷走神经）。交感神经主要分布于肾内血管的平滑肌，有缩血管作用，特别对入球和出球小动脉的作用极为显著。迷走神经对肾脏的作用，尚不十分清楚。

体液因素中，肾上腺素和去甲肾上腺素是促使肾血管收缩的激素，对尿的生成有重要意义。

（二）肾小管活动的调节

下丘脑产生并由神经垂体释放的抗利尿素（ADH），亦称加压素，能使集合管的通透性增加，促进尿的浓缩。哺乳动物有两种抗利尿素，即精氨酸型后叶加压素和赖氨酸型后叶加压素，是哺乳动物调节水代谢的主要激素。圆口类、硬骨鱼类、两栖类、爬行类和鸟类都有精氨酸催产素，但只在两栖类、爬行类和鸟类对水、盐的转运有影响。大多数（不是全部）两栖类，催产素有抗利尿的作用。催产素同样有促进肾小管重吸收水和降低肾小球滤过率的作用，但是爪蟾的管催产素没有抗利尿的作用。斑泥螈（*Necturus masculosus*）、鳗螈（*Siren lacertina*）和两栖鲵（*Amphiuma means*）等有尾类，注射大量的管催产素之后才出现抗利尿的效应。牛蛙（*Rana catesbeiana*）的幼年蝌蚪对注射催产素也不出现保留水的反应，到接近变态时这种反应才逐渐明显。对大多数鱼类，催产素并不能产生抗利尿作用，对有些硬骨鱼类，如金鱼（*Carassius auratus*）和鳗鲡（*Anguilla anguilla*）反而能够引起利尿作用，对非洲肺鱼（*Protoopterus aethopicus*）和美洲肺鱼（*Lepidosiren paradoxa*）的这种利尿反应也非常明显。这种利尿作用说明肾小球滤过率增加。一般认为这种利尿作用是由催产素造成出球小动脉收缩而引起的，而四足类的抗利尿作用则是由入球小动脉收缩所引起。催产素对圆口类（至少在淡水七鳃鳗上如此）的尿量没有影响，但由尿中丧失的Na^+增加。

（三）肾脏形态的变化

如果将某种广盐性鱼类在海水中养殖，由于不需要排出很多水分，鱼肾脏的肾单位不发达，尿量较少；如在淡水中养殖，由于需要不断排出由表皮渗入的水分，则肾脏较大，肾单位发达，尿量多。这种形态与生理上的适应性主要是通过脑垂体分泌的催乳素进行调节。如果切除脑垂体，广盐性鱼类由淡水移入海水后则因不能适应而很快脱水死亡。

（四）鱼类泌尿的特点和影响因素

鱼类的尿液是透明无色或黄色的液体。肉食性鱼类的尿多呈酸性，而草食性鱼类的则呈碱性。鱼类尿液中无机物成分包括水和无机盐类，后者有磷酸盐、氯化物、硫酸盐、碳酸盐、Ca^{2+}、Mg^{2+}、K^+、Na^+及H^+等。

动物体内多余的水分和二价离子主要通过肾脏排出体外。鱼类尿中的有机成分通常含有尿素、尿酸、肌酸及氨等，但在不同鱼类尿液中各成分含量不尽相同。淡水硬骨鱼类的尿中包含许多肌酸和其他一些含氮代谢产物，如氨基酸、少量尿素及氨等，尿中排出氮的量占总排出量的7%～25%，而其他大部分的含氮废物则通过鳃排泄。海水硬骨鱼类的尿中包含有机酸、肌酸酐、NH_3、尿素、尿酸及氧化三甲胺，其中，氧化三甲胺排泄在总氮排泄量中占相当大的比例。氧化三甲胺是弱碱性、可溶性的无毒物质。氧化三甲胺在淡水鱼中处于低水平（体液和尿中），在广盐性鱼类中如幼鲑，仅在进入海水环境后才较大比例地以这种形式排泄氮。在海水无肾小球硬骨鱼类中如鮟鱇，以氧化三甲胺排泄的氮量高达70%。但是目前关于TMAO的生化来源尚有争议，有学者认为它是内源性的代谢产物，但也有学者认为它是从食物中带来的外源性的非蛋白质代谢产物。板鳃鱼类体内虽含有大量的氧化三甲胺和尿素，但其在尿液中含量却并不高，血液流经肾小球滤出的尿素有70%～99.5%在通过肾小管时重新被吸收，因此尽管氧化三甲胺也可以从肾小球滤过，但尿中氧化三甲胺的浓度仅为血液中的10%。这是由于板鳃鱼类血液中高浓度的尿素和氧化三甲胺对维持其体液较高的渗透压起重要的作用。

　　鱼类的尿量因种类而异，个体大小相同的淡水鱼类排尿量比海水鱼类大得多。如淡水鮰属（*Ameiurus*）鱼类每千克体重每天的排尿量为140～320 mL，鲤鱼每千克体重每天的排尿量为120 mL；生活于海水的鲉属（*Scorpaena*）鱼类每千克体重每天的排尿量仅为1.2 mL，床杜父鱼属（*Myoxocephalus*）每千克体重每天的排尿量为2.5～4.0 mL。在有肾小球的鱼类，尿量的多少与积极活动的肾单位的数量成正比。活动的肾单位数量增加，或者每个肾单位滤过作用的间歇时间减少，都会使尿量增加。由于灌注肾脏的背大动脉和肾脏的血压通常都保持相对的稳定，所以血压的调节对肾脏的滤过作用影响不大。通过测定^{14}C标记的菊粉在血液中的清除情况，发现淡水硬骨鱼类的GFR与尿量成正比，即尿量随着GFR增大而增加，也说明肾小管对通过肾小球滤过的滤液中的水分重吸收比例相当稳定。

　　通常影响体表对水渗透性的因素也影响排尿量。个体较小的鱼都有较大的相对尿量（以单位体重计），这是因为它们有较大的可进行渗透作用的相对体表面积。皮肤损伤和温度升高都会使鱼类体表对水的渗透性增加。如白亚口鱼（*Catostomus commersonii*）在2～13 ℃的水温范围内，温度升高使GFR和尿量都增加，但肾小管对水的吸收量在2～14 ℃的水温范围内并没有明显变化。由此可见，温度主要影响鱼类体表对水的可渗透性，而对GFR和肾小管对水的渗透性没有直接影响，GFR和尿量的变化只是对水分通过体表的渗入量增加的次级反应。亦可说明淡水鱼类在运动时尿量往往增加的原因：淡水鱼类在运动时血液循环中的儿茶酚胺含量升高，使鳃上皮对水的渗透性增加，从而使鱼体对水的吸收量增加，导致尿量增加。此外，许多研究者还注意到，鱼类处于人工操作、麻醉、手术、缺氧条件下都会引起持续数小时的利尿作用。这一方面可能是由体表渗透性增加导致的，因为鱼处于紧急状态时代谢率增高，呼吸频率增加，通过鳃渗到体内的水分就随之增多；另一方面也由于肾小管对离子的重吸收受到影响，使得在这种情况下尿的成分和尿量出现明显的变化。

第三节　含氮废物的排泄

　　动物的食物中含有3种主要营养成分：糖类、脂肪和蛋白质。糖类和脂肪在代谢过程中完全分解为二氧化碳和水。蛋白质由各种氨基酸组成，氨基酸在代谢过程中先脱去氨基，剩下的碳链也可以氧化为水和二氧化碳，而氨基除了供合成氨基酸之外，其余的则转变为NH_3、尿素或尿酸之后排出。在排泄的含氮物中，有90%来自蛋白质，只有少量来自核酸。

　　排泄物中还有其他含氮废物，其中有的来自食物，有的则是代谢产物。例如，脊椎动物的尿中通常含有少量的肌酐，是肌肉中磷酸肌酸的代谢产物。尿中常常看到的另一类含氮化合物是由水解过程所产生的，例如，某些植物性食物中含有苯甲酸，当与甘氨酸结合时形成马尿酸（最早在马尿中发现，故名）。其他酚类化合物也按同样的方式水解之后从尿中排出。马尿酸及与它很相似的氨基马尿酸是肾脏泌尿生理的研究中常用的药物，因它容易由肾小管分泌，可以用来测定肾脏的血流量。

　　各种动物排泄的含氮废物种类不同，如表9-2所示。有的主要排泄氨，称排氨动物；有的主要排泄尿素，称排尿素动物；有的则主要排泄尿酸，称排尿酸动物。排泄含氮废物的不同主要与动物进化的生化特点、生活环境和生活习性等有关。一般而言，无论生活在海水或淡水内，水生无脊椎动物主要排泄氨，淡水脊椎动物也排泄大量的氨，但海水脊椎动物多数排泄尿素，这可能是由于海水脊椎动物体液渗透压比环境的低，水得之不易。生活在水源丰富的环境中的脊椎动物排泄氨，而生活在水有限的环境中的脊椎动物通常排泄尿素或尿酸。

表9-2 不同类型动物含氮物的排泄情况（%）

动物	氨	尿素	尿酸	其他
软体动物				
乌贼	67	1.7	2.1	氨基酸7.8，嘌呤4.9
滨螺	40	12.6	0.8	
椎实螺	42	14	5	
甲壳动物				
岸蟹	68	3	0.7	
螯虾	60	11	0.8	
鱼类				
鲤鱼	60	6.2	0.2	氨基酸6.5，其他22
鲫鱼	73	10		11（未知）
电鳐	1.7	85.3		氧化三甲胺，肌酸
鲽鱼	2.2	17.3	1.2	氨基酸8.9，肌酐23.3，其他54.6

一、氨的排泄

氨是通透性高但毒性大的化合物，即使浓度很低也是有害的。若血液中氨的含量超过1%，动物就会中毒死亡，因此氨一经产生就要排出体外。由于氨的分子量小，容易透过生物膜，又易溶于水，因此可以方便地从与水接触的体表扩散到水中。排泄1 g氨氮一般需要300～500 mL的水，这对水生动物来说通过鳃排泄是不成问题的，但对陆生动物则不行，因而陆生动物排泄氨的极为少见。大多数水栖的无脊椎动物，如乌贼、螺、海星、虾、蟹及某些水生昆虫的蛋白质代谢产物主要以氨的形式排出。一般淡水硬骨鱼类的含氮代谢废物主要以氨的形式从鳃排泄，鲤鱼、金鱼从鳃排泄的氮为肾排泄的氮量的6～10倍，其中90%为氨，10%是尿素。肺鱼生活在水中时主要排泄氨，而在干泥内的茧体夏眠时全部含氮代谢废物都转化为尿素，并蓄积在血液中。两栖类动物的幼体蝌蚪也因生活在水中而主要排泄氨，变态为成体时可以排泄尿素。

二、尿素的排泄

尿素的毒性比氨低得多，在水中的溶解度也比较大，每排出1 g尿素只需50 mL的水。尽管在无脊椎动物中尿素的产生是常见的，但是排尿素的动物并不普遍，有的只排少量尿素，而且这些尿素可能直接来自食物中精氨酸的分解，或者有些是嘌呤的降解产物。

许多脊椎动物（包括鱼类、变态后的两栖类成体、某些爬行类和哺乳动物）主要以尿素的形式排泄含氮废物。尿素的排泄可由肾小球滤过和肾小管分泌两条途径进行。海水硬骨鱼类因没有肾小球，主要靠肾小管的分泌进行排泄。海水板鳃鱼类（鲨鱼和鳐鱼）、矛尾鱼和食蟹蛙因要把尿素保留在体内以保持高的渗透压，这些动物的尿素成了有用的代谢终产物。板鳃鱼类的尿素从肾小球滤出之后，又被肾小管主动重吸收而不丧失。在一般的蛙类，尿素除了从肾小球滤过外，肾小管还向尿中分泌尿素。可见，虽然板鳃鱼类和两栖类的肾小管都能主动转运尿素，但方向却相反。食蟹蛙也保留血液中的尿素以维持高的渗透压，但没有证据表明其肾小管有主动吸收尿素的作用。食蟹蛙产生尿的速率低，而且肾小管对尿素是高度通透的，尿素可从肾小管扩散到血液，最终排出尿中的尿素浓度大致与血液中的浓度相等，因此只有少量的尿素损失。哺乳动物排出的含氮废物绝大多数是尿素，此外，哺乳动物还可以通过汗腺分泌汗液排出少量尿素。一般认为在哺乳动物的肾脏中，尿素通过肾小球滤过到尿中，由于尿素是高度扩散的，于是其中一部分尿素又被动地扩散到血液中，在此过程中肾脏髓质的渗透压升高，对于哺乳动物肾脏浓缩尿有积极的意义。

三、尿酸的排泄

尿酸的毒性小，微溶于水，每升水只能溶解6 mg左右，因此尿酸一般以糊状沉淀形式排出。大多数爬行类、陆地生活的腹足类（蜗牛）、昆虫和鸟类主要排泄尿酸，某些两栖类也可以排泄尿酸。可以认为排泄尿酸是动物对陆地生活保留水分的一种功能的适应。

鸟类和爬行类排泄尿酸原因之一可能与其生殖方式有关。作为卵生动物，它们的胚胎是在有壳的卵内发育，在孵化期间除了能与环境进行气体交换外，排泄物只能积存在蛋壳内。在蛋壳内胚胎得不到水，氨的毒性大，不能积存过多；若产生尿素，则需要一定的水溶解，也受到限制；而尿酸可以沉淀，以结晶的形式积存在尿囊内，也基本上排到了胚胎的体外。

毫无疑问，爬行类排出的含氮代谢物的形式也是与其生活环境密切相关的。例如，生活在水中的龟，其尿中含NH_3和尿素较多，而尿酸的含量很少；陆生的龟，通过尿排出尿酸的量则占排氮量的一半以上。非洲攀蛙（*Chiromantis xerampelina*）和南美洲叶蛙（*Phyllomedusa sauvagii*）的皮肤水分蒸发很慢，这与爬行类相似，而且这两种两栖动物的成体同爬行类一样，主要排尿酸而不是排尿素。非洲攀蛙所排出的尿液中尿酸占尿干重的60%~70%，而南美洲叶蛙尿液中尿酸盐占排泄总氮量的80%。据估算，假设南美洲叶蛙的含氮排泄物是尿素，每千克体重每天需要60 mL的水来形成尿，但是由于排泄尿酸，每千克体重每天只需要3.8 mL的水来形成尿就足够了。

第四节　渗透压调节

各种水生动物对适应外界环境渗透压变动的能力差别很大，例如有些鱼类只能适应极小盐度范围（狭盐性鱼类），而有些则能适应很大盐度范围（广盐性鱼类）。海水和淡水的盐度相差极大，但是栖息在这两个水域的鱼类体内所含盐分浓度却相差并不大，这就说明鱼类有调节渗透压的机能。

一、渗透作用与渗透压调节

（一）外界水环境

地球表面约2/3的面积被水覆盖，其中大部分是海洋，淡水湖泊与河流的面积不到海洋的1%，其水体体积只等于海洋水体的0.01%左右。无论海水或淡水，其中均含有溶解的溶质，包括无机盐类、气体以及少量的有机化合物。

1. 咸水

水中含盐的多少称为盐度，一般用1 000 g水中所含盐类的质量（g）表示。海洋海水的盐度在32～41，大多数海水的盐度为34～37，平均为35。海水中的主要离子是Na^+和Cl^-，此外还有Ca^{2+}、Mg^{2+}、K^+、SO_4^{2-}和HCO_3^-等。虽然海洋内各地区的海水含盐量不完全相同，但所含的离子种类大致相同；内陆咸水的盐度差异很大，各种离子的比例也各不相同，有的盐湖的盐度可超过200。中东的死海和美国的大盐湖都为盐类饱和，大盐湖的岸上有NaCl结晶。死海中的离子主要是Mg^{2+}和Cl^-，也有$CaSO_4$结晶沉淀。由于极端的高盐度，在死海中除少数微生物外，基本上没有其他生物，美国的大盐湖中尚有少数动物，如卤虫（*Artemia saline*）及昆虫水蝇的幼虫，但没有鱼类。

2. 淡水

淡水内的溶质含量变化很大，盐度的上限为0.5，一般湖水和河水的盐度为0.1左右。雨水中也有少量的盐类（海水蒸发时带来的），当雨水流过地表面时，其成分又会发生变化。假若水流经硬而不溶解的岩石（如花岗岩），不再溶解其他物质，含钙量很低，称为软水；反之，雨水若从多孔的石灰岩中渗出或流过，其中就溶解了比较多的钙盐，称为硬水。淡水中所含盐类的总量可以从每升不到0.1 mmol到超过10 mmol，而且各种离子的含量变化也很大。

3. 半咸水

在江河入海的地方，水的盐度逐渐变化，含盐量在淡水与海水之间，称为半咸水（brackish water），其盐度为0.5（淡水盐度的上限）至30（海水盐度的下限）。有的内陆海、咸沼泽和经雨水稀释过的海岸上的潮水池塘也属于半咸水。我国青海湖的水就属于半咸水，其盐度为12~13，内有裸鲤、条鳅等鱼类，还有藻类、轮虫、甲壳动物、昆虫等生物。

半咸水是把海水动物与淡水动物隔开的屏障。大多数动物只能在盐度变化不大的环境中生活，这样的动物称狭盐性动物（stenohaline animal）。因此，一般情况下，海洋中的动物不会进入淡水，淡水中的动物也不进入海洋。但有些动物可以经受较大的盐度变化，可以进入半咸水，甚至可以在淡水和海水之间洄游，这类动物称广盐性动物（euryhaline animal）。有些动物只生活于半咸水中，属于真正的半咸水动物。但半咸水动物的种类远比海洋动物和淡水动物少。

无论咸水、半咸水还是淡水，其中都含有一定量的溶质，溶质分子通过半透膜吸引水的压力即为渗透压。溶液渗透压的大小取决于溶液内粒子数目的多少，而与粒子的性质和大小无关。因而渗透压可用每升溶液中粒子的摩尔数表示，称渗透摩尔浓度（osmolarity），单位为Osm/L，1 Osm=1 000 mOsm。由于溶液中溶质粒子的存在，可使溶液的冰点下降，因而也可以用冰点降低来表示一种溶液的渗透浓度或渗透压，冰点降低1.86℃相当于溶液中的有效粒子数为1 mol。大多数海水无脊椎动物体液的渗透浓度或渗透压与海水接近；而大多数海洋脊椎动物和所有淡水动物的渗透浓度比海水低，但比淡水高。

（二）渗透调节

动物渗透调节的情况比较复杂。有的动物的渗透压可随环境渗透摩尔浓度发生变化，这类动物称渗压随变动物（osmoconformer）或变渗动物。例如，把贻贝放在不同浓度的盐水中，其体液的浓度也随着变化。而有的动物，如小长臂虾放在不同浓度的环境中，其体液的浓度则大体保持稳定，基本不随环境浓度的改变而变化，这类动物称渗压调节动物（osmoregulator）。还有些动物，如岸蟹（青圆蟹），在浓度较低的环境中能保持体液渗透压的稳定，但外界浓度越过一定限度之后，就没有调节能力了，则变为渗压随变动物。如图9-15所示。

渗压随变动物不需要耗费大量的能量来调节渗透压，但其机体组织必须适应变化很大的渗透浓度，从而限制了其生存的环境。因此，大多数渗压随变动物只能生活在盐度变化不大

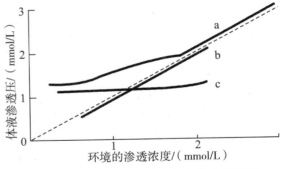

图9-15 岸蟹（a）、贻贝（b）、小长臂虾（c）在不同浓度的环境中体液渗透浓度的变化

的海水中，属于狭盐性动物。渗压调节动物虽然需要耗费大量的能量来调节其体液的渗透压，但却可以进入渗透浓度变化较大的环境，属于广盐性动物。

当把淡水动物放到渗透浓度较高的海水或半咸水时，水的渗出引起脱水，不仅体液被浓缩，动物的体积也减小，体重减轻。反之，当把海水动物放到半咸水时，由于水不断渗到体内，动物的体积增大，体重增加。有的动物有调节体积的能力，在几天后恢复其原来的体重，称体积调节动物（volume regulator）；有的动物没有这种调节能力，称体积随变动物（volume conformer）。例如，当把沙蚕从海水移到20%的稀释海水中，几小时内其体重就增加到原体重的160%，但几天后就大致恢复到原来的体重。但是海星（*Asterias*）、沙蠋和星虫（*Golfingia*）在低浓度的溶液中时，体积持续膨胀，不能自我调节。体积的调节也是通过调节水和离子浓度来实现的。Ca^{2+}在动物的渗透调节中具有重要的作用，例如，当把沙蚕放到不含Ca^{2+}的20%的稀释海水中，体积的膨胀比放到正常的20%海水中严重得多，而当加入Ca^{2+}时体重又降低（图9-16）。

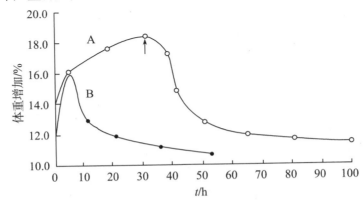

A. 20%不含Ca^{2+}的海水，箭头为加入Ca^{2+}；

B. 20%含Ca^{2+}的海水。

图9-16 沙蚕在不同海水内体重的变化

动物要保持稳定的渗透压或保持恒定的体积，就必须设法保持水和盐类（离子）的平衡。大部分盐类和水是从食物和饮水中获得，水生动物的身体表面（皮肤和鳃）也可从水中直接吸收离子，而体内多余的离子则通过消化管、肾脏、体表（皮肤和鳃）及特殊的排泄器官排出体外。在淡水中生活的动物，从体表也有大量的水渗入。体内的水则主要从肾脏排出，有一部分从消化管（粪便）和体表排出（陆生动物皮肤的蒸发，在海水中生活的动物身体表面有渗透性脱水）。因此，在动物的渗透调节中，需要消化系统、排泄系统、皮肤、鳃、呼吸系统、特殊排盐器官等的配合，而且需要神经系统和内分泌系统的调节。由于动物生活环境的不同以及身体结构的差异，所面临的渗透调节问题，也就是保留水分或无机盐的问题也不同。

二、咸水动物的渗透调节

在进化史上，一般认为动物起源于海洋，后来由海洋到淡水，随后登上陆地，有的动物又由淡水和陆地回到海洋。直到现在，在各主要门的动物中，都可发现有生活在海洋中的代表。所以无论从动物的种类还是数量上，海洋动物远较淡水动物和陆生动物多。海洋内各种条件（盐度、离子的成分、温度、pH等）都相对恒定，动物容易适应；而淡水不仅盐度低，离子成分和温度的变化也很大，生活在淡水中的动物要克服的困难相对较多。

（一）咸水无脊椎动物的渗透调节

1.等渗无脊椎动物

大多数海水无脊椎动物体液的渗透浓度与周围海水的渗透浓度相等，属于渗压随变动物，不存在水的渗透性运动。尽管这些动物体液的渗透浓度与周围海水相当，但其体液的化学成分与海水的成分存在显著差异（表9-3）。这些动物必须进行广泛的离子调节，主动吸收或排出某些离子，才能保持这种差异。

表9-3　海水及某些海水动物体液中的一般离子浓度

	Na^+ /（mmol/L）	Mg^{2+} /（mmol/L）	Ca^{2+} /（mmol/L）	K^+ /（mmol/L）	Cl^- /（mmol/L）	SO_4^{2-} /（mmol/L）	蛋白质 /（g/L）
海水	478.3	51.5	10.5	10.1	558.4	28.8	—
水母	474.0	53.0	10.0	10.7	580.0	15.8	0.7
鳞沙蚕	476.0	54.6	10.5	10.5	557.0	26.5	0.2
海胆	474.0	53.5	10.6	10.1	557.0	28.7	0.3
贻贝	474.0	52.6	11.9	12.0	578.0	28.9	1.6

（续表）

	Na⁺ / (mmol/L)	Mg²⁺ / (mmol/L)	Ca²⁺ / (mmol/L)	K⁺ / (mmol/L)	Cl⁻ / (mmol/L)	SO₄²⁻ / (mmol/L)	蛋白质 / (g/L)
枪乌贼	456.0	55.4	10.6	22.2	629.0	8.1	150.0
海蟑螂	566.0	20.2	34.9	13.3	551.0	4.0	—
蜘蛛蟹	488.0	44.1	13.6	12.4	554.0	14.5	—
岸蟹	531.0	19.5	13.3	12.3	557.0	16.5	60.0
海鳌虾	541.0	9.3	11.9	7.8	552.0	19.8	33.0
盲鳗	537.0	18.0	5.9	9.1	542.0	6.3	67.0

这种差异只有在动物身体表面（包括鳃）对这些离子的通透性较小的情况下，才可能存在。事实上，这些身体表面并不是绝对不通透的，而且这些离子也可能从消化管进入。因此，动物必须选择性地排出其中的某些离子，使这些离子在体内保持在一定的浓度水平。

棘皮动物对任何离子都没有明显的调节作用。水母只调节SO_4^{2-}，使其浓度比海水的低，这种动物体内硫酸盐的浓度与其漂浮生活有关，排出较重的SO_4^{2-}可以降低水母的身体密度而不致下沉。甲壳动物中的蜘蛛蟹的体内Mg^{2+}浓度高，而海蟑螂、岸蟹、海鳌虾的体内Mg^{2+}的浓度较低（海蟑螂体内Ca^{2+}含量特别高）。

在无脊椎动物中，蠕虫、软体动物、节肢动物和棘皮动物的组织中往往含有游离氨基酸或氨基酸的代谢产物，如牛磺酸（taurine）和乙醛酸（glyoxylic acid）。这些动物细胞内的渗透压有一部分是由上述物质调节的。例如，贻贝在盐度较高的海水中，牛磺酸的浓度也较高。

2. 低渗无脊椎动物

海洋内大多数无脊椎动物体液的渗透浓度与海水接近，但有少数节肢动物的渗透浓度比海水低。例如长臂虾（*Palamon secrotus*）、小长臂虾的渗透浓度低于环境1.3 mmol/L左右，招潮蟹的渗透浓度低于环境1.6 mmol/L左右，瘦虾属（*Leander*）的渗透浓度也比其生活环境的低，说明这些动物存在着主动的调节作用。在海水无脊椎动物中，渗透压降低的现象很少见（而在脊椎动物则是普遍的）。推测这些甲壳动物可能本来是淡水生活的类群，后来才进入海水，因此其体液仍保持比海水低的渗透浓度。

还有极少数节肢动物生活在盐度比海水高的盐湖中。例如，有一种咸虾属（*Artemia*）虾类生活在美国的大盐湖里，甚至生活在NaCl饱和的盐田中（这种水的盐度达300），但也可以生活在10倍稀释的海水中。显然这种虾具有很强的渗透压调节能力，在海水中其血液的渗透压为Δ 0.7 mmol/L左右（图9-17），而在盐度为300的环境中生活时，其血液的渗透压也不超过 Δ 1.9 mmol/L。这种虾不断地摄入盐水，消化管内液体的渗透压比血淋巴的高，但Na^+、Cl^-浓度却比血淋巴的低，说明其中的Na^+和Cl^-被消化管吸收了，而从身体的其他部位（可能是鳃）又把这些离子排到体外，故血淋巴的离子浓度不致升高。咸虾幼体的颈器官（位于动物头胸部背面的一个特殊结构）是排出Na^+的部位。

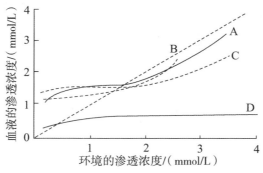

A. 厚纹蟹；B. 中华绒螯蟹；C. 招潮蟹；D. 咸虾。

图9-17 厚纹蟹、中华绒螯蟹、招潮蟹和咸虾血液浓度与环境渗透浓度的关系

（二）脊椎动物的渗透调节

现存脊椎动物中除了盲鳗的血液与海水等渗之外，其余脊椎动物血液的电解质浓度都比海水的低（表9-4）。海水板鳃鱼类和矛尾鱼的血液中，由于保留大量的尿素和氧化三甲胺，而使血液的渗透压与海水的相等。

表9-4 海水及某些水生脊椎动物血浆中主要溶质浓度

单位：mmol/L

	生活环境	Na^+	K^+	尿素	渗透浓度
海水		~450	10	0	~1 000
圆口类					
盲鳗	海水	549	11		1 152
海七鳃鳗	海水				317
河七鳃鳗	淡水	120	3	<1	270
板鳃鱼类					
鳐鱼	海水	289	4	444	1 050
角鲨	海水	287	5	354	1 000
江魟	淡水	130	6	<1	308
总鳍鱼类					
矛尾鱼（*Latimeria chalumnae*）	海水	181		355	1 181

（续表）

	生活环境	Na⁺	K⁺	尿素	渗透浓度
硬骨鱼类					
金鱼	淡水	115	4		259
蟾鱼	海水	160	5		392
鳗鲡	淡水	165	3		323
	海水	177	3		371
鲑鱼	淡水	181	2		340
	海水	212	3		400
两栖类					
蛙	淡水	92	3	~1	200
食蟹蛙	海水	252	14	350	830

注：① 表中未列出尿素者，其数值约为1 mmol/L，在渗透调节上不重要。
② 板鳃鱼类和总鳍鱼类的尿素值中包括氧化三甲胺。

1. 圆口类

圆口类是现存最原始的脊椎动物。盲鳗血液中的Na⁺浓度比海水的浓度高，渗透浓度也比海水的略高。由于其渗透压与海水基本接近，故盲鳗的渗透调节与海水等渗无脊椎动物相同。七鳃鳗的情况则与盲鳗不同，血液的渗透浓度比海水的低，因此与海水硬骨鱼类一样，面临保水和排出离子的问题。

2. 海水板鳃类与总鳍鱼类

绝大多数板鳃鱼类属于海水动物，只有少数生活于淡水内。海水板鳃鱼类血液中的无机离子的浓度比海水的低，与一般硬骨鱼类或哺乳动物的差不多或稍高，但由于其血液中含有大量的尿素及氧化三甲胺，其渗透压与海水相等或稍高，这样避免了水的渗透性丧失，甚至还有少量水渗到体内，满足肾脏排泄的需要。

板鳃鱼类的血液渗透压虽然与海水的相等或稍高，但其无机离子的浓度低，因此必然有离子通过鳃等表面进入鱼体。此外板鳃鱼类虽然不饮水，但随食物也有少量的水和离子（Na⁺）进入鱼体，因此必须把这些多余的盐类排出。Na⁺的排出可能主要通过肾脏，但有一部分可能通过直肠腺排出。直肠腺分泌液内Na⁺和Cl⁻的浓度高于海水的浓度。例如，生活在Na⁺浓度为440 mmol/L的海水中的鲨鱼，其直肠腺分泌物的Na⁺含量为500~560 mmol/L。直肠腺并不是排盐的唯一结构，角鲨的直肠腺切除之后，仍能保持血浆的离子浓度为海水的一半左右，因此肾脏在排出离子中可能起主要作用，但尚不清楚板鳃鱼类的鳃是否能主动排出离子。

利用保存尿素而提高血液的渗透浓度是一种有趣的适应现象。尿素是哺乳动物和其他的脊椎动物蛋白质代谢的终产物，哺乳动物的这种代谢产物通过肾脏排出。大多数脊椎动物血浆中尿素的含量很低，例如人血浆中的尿素含量为0.1～0.4 mg/mL。角鲨血浆中尿素含量为21.6 mg/mL，比人的高100倍以上，其他的脊椎动物难以忍受这样高的尿素浓度。但板鳃鱼类的尿素含量若降低，反而对其组织活动不利。例如，当用与鲨类血液的离子成分相同的生理盐水来灌流其心脏时，如果灌流液含有高浓度的尿素，其心脏可以正常收缩4 h，若不含尿素，则心脏很快受到损害而停止跳动。

3. 硬骨鱼类

海水硬骨鱼类的渗透浓度约等于海水渗透浓度的1/3。有的硬骨鱼类可以耐受较广的盐度变化，可以在海水和淡水之间洄游，例如鲑属（*Salmon*），在淡水河流内繁殖，到海水中成长；而鳗鲡的生活史则相反，在海水中繁殖，洄游到淡水河流中成长，当它们从一个环境进入另一个环境时，渗透调节过程也必须进行调整。

海水硬骨鱼类体液的渗透浓度比海水的低，其身体表面（尤其是鳃的广大表面）对水是可通透的，因此经常受到失水的威胁。通过饮水可补充丧失的水，这样海水中一部分盐就通过消化管进入鱼体，同时还有一部分盐由鳃进入鱼体，为了保持体内盐浓度的稳定，就必须排出多余的盐类。硬骨鱼类的肾脏不能产生渗透浓度比血液高的尿液，因而不能排盐，排盐是由鳃完成的，因此，硬骨鱼类的鳃具有气体交换（呼吸）和渗透调节双重功能。

海水的盐度比硬骨鱼类体液的盐浓度高，因此排盐是一种逆浓度梯度进行的、需要消耗能量的主动转运的过程，一般认为是由鳃和鳃盖上的氯细胞完成的。生活在淡水中的动物和生活在海水中的动物的氯细胞组织形态存在差异。淡水动物的氯细胞被呼吸细胞包围，而海水动物的氯细胞具有壁，使管网和细胞外间隙得以通过松散连接与外环境相通。氯细胞基底膜的内褶上分布许多Na^+-K^+-ATP酶，是利用分解ATP的能量主动转运Na^+的离子泵。同一种动物在海水中时，其ATP酶的活性可比在淡水中时高2～5倍。

海水硬骨鱼类虽然饮入海水，但体液中的Na^+只有一小部分来自消化管，大部分可能是从鳃进入鱼体的。鳃在两个方向上对Na^+都是通透的，而盐的平衡决定了Na^+内流和外流的速率，适应于海水生活的广盐性鱼类对Na^+的通透性比较大，适应于淡水生活的广盐性鱼类对Na^+的通透性比较小。当把广盐性鱼类从海水转移到淡水时，Na^+的流量立即减少，以减少Na^+的丧失。最近的研究还证明，外界的K^+浓度对于海水硬骨鱼类的Na⁺平衡的保持也是必不可少的。一般认为，海水中的K⁺被用来交换动物体内的Na⁺（通过Na⁺–K⁺–ATP酶的主动转运）。

4. 咸水两栖类

大多数两栖类生活在淡水或生活在比较潮湿的陆地上，但东南亚的食蟹蛙却生活在海岸的咸水中（被海水淹没的沼泽）。这种蛙也像板鳃鱼类那样在体液内保留大量尿素（可高达480 mmol/L），使其血液的渗透浓度与海水接近；由于两栖类的皮肤比较通透，而且这种蛙的体液的渗透浓度稍高于环境的渗透浓度，可以避免渗透性失水，反而有少量的水渗透到体内，以形成尿。这种蛙不需要饮水，因而不至于有大量的盐通过消化管进入动物体。

食蟹蛙也如板鳃鱼类，尿素除了维持血液较高的渗透压外，对肌肉的正常收缩也是必不可少的，当缺少尿素时，其肌肉的收缩即受到抑制。板鳃类的尿素是通过肾小管的重吸收而保留下来的。食蟹蛙可能不是通过肾小管的重吸收保留尿素，而是通过减少尿量来保留尿素，因为其尿液中的尿素含量始终比血液中的略高或与血液中的相等。

三、半咸水和淡水动物的渗透调节

（一）无脊椎动物

进入半咸水的无脊椎动物中，有渗压随变动物，也有渗压调节动物。例如，当把海水动物放到稀释的海水（如80%的海水）中时，大多数动物可以存活。一段时期后，有些动物如牡蛎、蜘蛛蟹、海星，其体液浓度可以调整到较低的浓度，其体液的渗透浓度与生活环境相同（但各种离子的浓度和成分比例可与稀释海水的不同）。另一些动物如小长臂虾、岸蟹、中华绒螯蟹、招潮蟹等渗透压调节动物则相反，在一定范围内可以阻止体液被稀释，保持稍高于环境的渗透浓度。渗透压随变动物（如牡蛎和蜘蛛蟹）不能承受过大的海水稀释度，当把蜘蛛蟹放到盐度为28以下的水中时，几小时后死亡。牡蛎可把壳闭合起来，在某种进度上可抵抗河口水盐度的周期性降低。贻贝可生活于河口盐度为5的环境中，但它生活于低盐度环境中时，个体较小，代谢水平较低，鳃上的纤毛运动较慢，对热的耐受性较差。生活在盐度为15的波罗的海的海星（*Asterias rubens*）可在盐度为8以下的海水中存活，但可能不在波罗的海内繁殖，因为其生殖个体仅见于盐度更高的北海内。

渗透压调节动物中，如岸蟹及近方蟹属（*Hemigrapsus*）蟹类只在低渗环境中具有渗透压调高的能力，而在浓度高的海水中则为渗压随变动物（图9–18）。而中华绒螯蟹、招潮蟹、厚纹蟹、小长臂虾等动物则具有较强的渗透调节能力，在低浓度的海水中可以把体液浓度保持在高于环境渗透浓度的水平（渗透压调高），在高浓度的海水中又可保持在低于环境渗透浓度的水平（渗透压调低）。动物对其体液渗透浓度调节能力的不同决定其生活环境分布的不同，有的可以进入半咸水甚至淡水内生活，有的则只能生活在海水中，即使是同属的动物也如此。

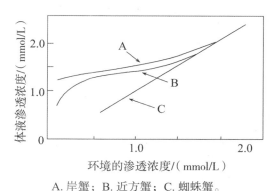

A. 岸蟹；B. 近方蟹；C. 蜘蛛蟹。

图9-18 岸蟹、近方蟹和蜘蛛蟹的体液渗透浓度与环境渗透浓度的关系

岸蟹能在盐度不到正常海水的1/3的半咸水中生活。中华绒螯蟹能耐受更低的盐度，实际上能进入淡水，是能够在海水和淡水之间洄游的甲壳动物，但不能在淡水中完成其生活史，必须到海水中繁殖。

淡水无脊椎动物体液的渗透浓度都比环境（淡水）的高，即使是体液渗透浓度最低的河蚌，其渗透浓度也高于淡水。因此水不断由体表渗入体内，而盐分则不断地丧失。与海水动物相反的是，它们必须排出多余的水，保住盐分，或者主动地从外界环境中吸收盐分，才能保持体液渗透浓度的稳定，所以淡水动物都是渗透压调节动物。淡水螯虾可以主动从淡水中吸收离子，以保持体液高于环境的渗透浓度。吸收离子的部位可能主要是鳃，因为一般体表的通透性较小，不可能起多大作用。

淡水动物每天排出大量的低渗尿来排出进入体内的水，例如，河蚌每天排出的水占体重的45%，螯虾排出的水量占体重的8%；螯虾血液的Na^+浓度为200 mmol/L，而尿液的Na^+浓度可低到1 mmol/L。但有些动物例外，例如，非洲的尼罗河溪蟹（*Potamon niloticus*）和北欧的中华绒螯蟹大部分时间生活在河水内，但需要洄游到海水内繁殖，这些动物在淡水中时其体液渗透浓度高于环境，而且尿液与体液等渗，但由于对水的通透性低，进入体内的水少，因而排出的尿量也少。如中华绒螯蟹每天排出的尿量为体重的3.6%，尼罗河溪蟹排出的尿量只占体重的0.6%，因此丧失的离子有限，而且这些丧失的离子又可通过从水中吸收而得到补充。

（二）淡水板鳃鱼类

绝大多数板鳃鱼类生活于海中，只有少数种类生活在淡水河流或湖泊内。中美洲的尼加拉瓜湖内的白真鲨（*Carcharhinus leucas*），过去被认为是内陆鱼，但最近证明，其形态结构上与海水种类没有什么不同，而且能自由地来往于海水和淡水之间。马来西亚霹雳河中有4种板鳃鱼类，可能是由海洋进入淡水生活，其血液渗透浓度比严格的海水种类低，尤其是血液尿素含量仅为海水鲨鱼的1/3，但比其他脊椎动物的正常水平高。

巴西亚马孙河中的江虹，在离海4 000 km的地方都可见到，其体液的离子浓度与淡水硬骨鱼类相近，血液中尿素的含量也很低（甚至比哺乳动物的低），血液的渗透浓度为308 mmol/L。当把江虹放到526 mmol/L的高渗溶液中还可以继续生活，但浓度再高时则死亡。放到咸水中时，其血浆、腹膜腔和围心腔内液体的渗透浓度直线上升，尿素的含量也升高，这说明随着动物生活环境的改变，生理功能上的变化比解剖结构的变化大。

淡水板鳃鱼类的血液溶质水平降低，就使渗透调节的压力减轻，因其可减少水的内流量，而且也比较容易保持低的盐浓度。同时，水分通过体表渗入的减少，也可使尿量减少，因而盐的丧失也就相应减少。实际上，淡水板鳃鱼类与淡水硬骨鱼类的尿量和肾小球滤过率并无太大差异（图9-19）。

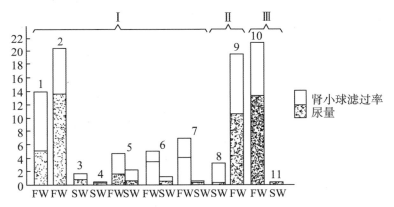

Ⅰ.硬骨鱼类；Ⅱ.板鳃鱼类；Ⅲ.圆口类；FW.生活于淡水；SW.生活于海水。

1.非洲肺鱼；2.金鱼；3.大杜父鱼；4.蟾鱼；5.川鲽；6.鳗鲡；7.硬头鳟；8.角鲨；9.小锯齿鳐；

10.七鳃鳗；11.盲鳗。

图9-19　一些海洋鱼类和淡水鱼类的尿量及肾小球滤过率的比较

（三）淡水硬骨鱼类

生活在淡水中的硬骨鱼类的渗透条件与淡水无脊椎动物相同，其血液渗透浓度比淡水高，一般在300 mmol/L左右，因此面临的主要问题是水的渗入和离子的丧失。由于皮肤通透性相对比较低，水分的渗入和离子的丧失主要通过鳃进行。另外，由于其通过尿排出大量水（达体重的1/3），虽然尿浓度很低，但也有不少离子丧失，丧失的离子必须得到补充，才能维持渗透压的恒定。

有些盐类是随食物进入体内的，同时鳃也可主动地从水中吸收离子。若把鱼放在小室内，用橡皮膜把鱼的头部（包括鳃）与身体其他部分隔开，可以证明只有头部（鳃）才有离子的主动吸收。因此，海水硬骨鱼类的鳃可以主动排出离子，但水体中的离子被动地通过鳃扩散到体内；淡水硬骨鱼类的鳃可以主动地吸收离子，但体液中的离子被动地从鳃丧失，体内离子的保持则在于这两个相反过程的平衡。此外，海水硬骨鱼类的渗透调节主要在于排出离子并保住水，故排出的尿量少而且较浓（虽然仍比体液稀），淡水硬骨鱼类则主要是保住离子和排出水，因而排出尿量大而且稀（图9-20）。

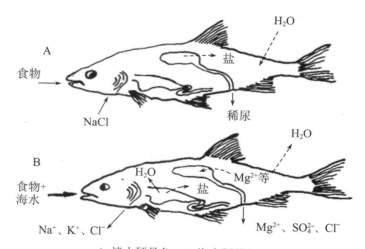

A.淡水硬骨鱼；B.海产硬骨鱼。

实线箭头示主动转运；虚线箭头示被动转运。

图9-20　淡水硬骨鱼类和海水硬骨鱼类渗透调节中水和离子转运

四、洄游性鱼类的渗透调节

大多数海水鱼类只能在海洋的盐度下生活，淡水鱼类也只能在淡水中生活，都是狭盐性的。但也有不少鱼类广泛分布在海水和半咸水中。例如，海水、半咸水和淡水内经常可找到底鳉、鲱科的大西洋油鲱（*Brevoortia tyrannus*）和黄盖鲽属

（*Pseudopleuronectes*）也都可以进入河口地带。有的鱼（如七鳃鳗和鲑鱼）在其生活史中要由海洋洄游到河流上游产卵，幼鱼再回到海洋中成长，称溯河性洄游；有的鱼（如鳗鲡）则在河流中成长，洄游到海洋中繁殖，幼鱼又洄游到河流中成长，称降海性洄游。

七鳃鳗孵化后，仔鳗（七鳃鳗幼体）在淡水中生活4年，直到变态时才顺水洄游到海洋中，一年后又溯河回原地区产卵，产卵几天后死亡。大西洋鲑的洄游是多周期性的，一生中可洄游几次产卵；而太平洋大麻哈鱼的洄游是单周期性的，产一次卵后就死亡。鲟也是多周期性洄游的鱼类，产卵后又回到海洋。当这些鱼由海水到淡水或由淡水到海水时，体液的渗透浓度是有一些变化的，但是变化不能太大（表9-5）。

表9-5　底鳉充分适应于淡水及海水时血液的离子浓度和渗透浓度

离子种类	离子浓度/（mmol/L）		渗透浓度/（mOsm/L）	
	在淡水内	在海水内	在淡水内	在海水内
Na^+	170.0	185.0		
K^+	3.0	4.8		
Ca^{2+}	2.0	2.3		
Mg^{2+}	1.7	2.1	335	365
Cl^-	125.0	145.0		
PO_4^{3-}	5.1	5.3		
HCO_3^-	11.8	13.3		

（一）由淡水进入海水的渗透调节

能在海水和淡水之间洄游的鱼类，若没有特殊的调节机制，将引起严重的后果。鱼类由淡水进入海水后，由于海水对鱼的体液是高渗的，因此面临的主要问题是大量失水的补偿和如何将随吞饮海水而吸收的过多盐分排出体外。此时，广盐性鱼类在淡水中的渗透压调节机制被抑制，而在海水中的渗透压调节机制被激活。广盐性鱼类由淡水进入海水后通过以下途径调节盐水平衡。

1. 吞饮海水

广盐性鱼类体液的渗透压比海水低得多，进入海水后体内的水分从体表流失，为了补偿失水，最明显的反应是大量吞饮海水。当把鳗鲡从淡水移到海水时，在10 h内渗透性失水可达体重的4%，这时鳗鲡就需大量饮入海水，每天饮水量达到50~200 mL/kg，此时体重不再减轻，而且一两天内即达到稳定状态。假若用一个气球阻塞其食道，阻止其喝水，鳗鲡则继续失水，经过几天的脱水之后就死亡。虹鳟在淡水中基本不饮水，但进入海水后每天的饮水量等于体重的4%～15%。罗非鱼在海水中每天的饮水量可达体重的30%。表9-6是几种鱼类在不同盐度的饮水率，显示进入海水后饮水率大幅度增加。

表9-6　几种广盐性鱼类在不同盐度水中的饮水率（以每100 g体重计，μL/h）

种类	体重/g	生活环境	饮水率
鲻鱼	0.5～3.0	淡水	76
		海水	2 000
		200%海水	2 700
虹鳟	150～250	淡水	0
		50%海水	396
		海水	536
鳗鲡	185	淡水	0
		海水	370
虹鳉	2～5	淡水	148～830
		海水	1 540～2 300
莫桑比克罗非鱼	0.5～3	淡水	260
		海水	975～1 110
		200%海水	1 590

一般广盐性鱼类进入海水后几小时内饮水量即显著增大，并在1～2 d内补偿失水而使体内的水分代谢达到平衡，饮水量也随之下降并趋于稳定。离子外排机制的激活则较为缓慢，一般需要几天时间。

2.减少尿量

广盐性鱼类进入海水后，在神经、体液等因素作用下，肾小球的血管收缩，使肾小球滤过率（GRF）降低；与此同时，肾小管管壁对水的渗透性增强，使大量水分从滤过液中重吸收，导致尿量减少。尽管进入海水数天后肾小球滤过率又可以恢复到原来的水平，但因肾小管重吸收水分的能力很强，排出的尿量继续保持低水平。不同种类的鱼由淡水进入海水后的肾小球滤过率和尿量的变化幅度有所不同（表9-7）。鱼类在吞饮海水时伴随吸收的Ca^{2+}、Mg^{2+}、SO_4^{2-}等离子则主要经过肾脏由尿液中排出。

表9-7　几种广盐性鱼类在海水和淡水中肾小球滤过率和尿量比较

种类	生活环境	肾小球滤过率/ [mL/ (h · kg)]	尿量/ [mL/ (h · kg)]
欧洲鳗鲡	淡水	4.6 ± 0.53	3.53 ± 0.41
	海水	1.03 ± 0.21	0.63 ± 0.09
底鳉	淡水	25	8.33
	海水	1.35	0.52
川鲽	淡水	4.16 ± 0.22	1.78 ± 0.09
	海水	2.40 ± 0.27	0.60 ± 0.05
日本鳗鲡	淡水	2.80 ± 0.26	2.26 ± 0.17
	海水	3.13 ± 0.78	0.38 ± 0.04
褐牙鲆	淡水	3.88	2.9
	海水	1.69	0.22

3. 排出Na^+和Cl^-

广盐性鱼类进入海水后，通过体表渗入及由消化道吸收的NaCl主要通过鳃上皮的氯细胞排到体外，以维持体内的离子和渗透压平衡。

鱼类在由淡水移入海水后，鳃上皮的氯细胞发生明显的细胞学变化。首先是氯细胞数量增加，并在氯细胞旁边出现辅助细胞，它们之间形成细胞旁路。其次是氯细胞直径增大，形成顶隐窝，细胞基部质膜内皱褶增加，形成发达的管系，同时与管系相联系的线粒体数量增加。

氯细胞的细胞学变化与其生化变化相联系。鳗鲡注射mRNA抑制剂放线菌素D（actinomycin D）后，进入海水则会因减少NaCl的排放，渗透压升高而死亡。广盐性鱼类对海水的适应过程也包括某些蛋白质的合成，如川鲽在适应海水环境的过程中，其鳃匀浆液中蛋白质含量显著增加，并且这些增加的蛋白质中最主要的是Na^+-K^+-ATP酶。对许多广盐性鱼类的研究表明，水环境盐度的增加均伴随有Na^+-K^+-ATP酶活性的增加；Na^+-K^+-ATP酶活性的增加又与氯细胞数量的增加以及鳃部Na^+的外排量增加成正比（图9-21）。此外，Na^+的外排量至少部分依赖于水环境中的K^+浓度，并且通过Na^+-K^+离子交换而进行。同时，Cl^-的外排也依赖Na^+-K^+-ATP酶，因为Na^+-K^+-ATP酶为氯细胞通过基膜吸收Cl^-提供动力。总之，Na^+-K^+-ATP酶活性的增加为广盐性鱼类在海水中大量排出NaCl提供了基础。

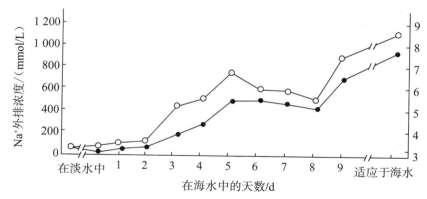

图9-21　美洲鳗鲡进入海水后鳃上皮ATP酶活性（●）和Na$^+$排出量（○）的变化

　　广盐性鱼类在海水中对Na$^+$和Cl$^-$外排的增强受激素控制。鱼类在由淡水进入海水时，其血浆中皮质醇浓度迅速升高，对鱼类注射皮质醇能使鳃的氯细胞数量增加，并减少血浆Na$^+$浓度，增加Na$^+$外排量，提高Na$^+$-K$^+$-ATP酶活性。摘除肾间组织的鳗鲡，由于失去了内源性皮质醇的分泌，在从淡水进入海水时，Na$^+$外排量比正常个体显著降低（图9-22）。因此，皮质醇可能是鱼类对海水渗透调节适应的重要体液调节因子，不仅可以增加鳃对NaCl的转运和Na$^+$-K$^+$-ATP酶活性，还对鳃上皮氯细胞的增殖和分化产生影响。皮质醇的分泌及调节过程包括以下步骤：广盐性鱼类由淡水进入海水后由于失水和NaCl的吸收增加，血浆中的Na$^+$含量升高，刺激肾间组织分泌皮质醇，通过血液循环到达鳃，促进鳃上皮氯细胞数量增加及形态结构发生改变，加强了鳃对NaCl的排泄，最后血浆中NaCl含量逐渐降低并恢复到原来水平，肾上腺皮质分泌皮质醇和血浆皮质醇含量亦随之恢复到原来的水平（图9-23）。

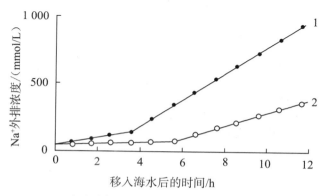

1. 对照（假手术）的鱼；2. 手术后的鱼。

图9-22　摘除肾间组织对鳗鲡从淡水进入海水后Na$^+$排出量的影响

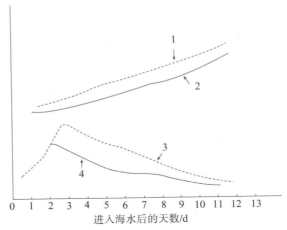

1. 鳃上皮ATP酶活性；2. 鳃上皮Na⁺排出量；3. 血浆皮质醇含量；4. 血浆Na⁺含量。

图9-23　鱼类由淡水进入海水后皮质醇与鳃上皮ATP酶活性及Na⁺排出量的变化

此外，生长激素（GH）、催乳素、类胰岛素生长因子Ⅰ（insulin-like growth factor Ⅰ，IGF-Ⅰ）、甲状腺激素等含氮激素也参与渗透调节。其中，皮质醇与水环境中盐度变化引起的渗透压调节关系密切，是水体盐度变化引起鱼类应激反应的一种表现；催乳素的效应则表现为与生长激素相反，即增强鱼类在淡水中的高渗调节能力，但降低鱼在海水中的低渗调节能力；甲状腺激素则与鲑鱼的性成熟洄游有关，但与其他广盐性鱼类渗透调节机制尚不清楚。

（二）由海水进入淡水的调节

硬骨鱼类由海水进入淡水后，适应于海水的渗透压调节机制受到抑制，而适应于淡水的调节机制被激活，从而维持体内高于环境的渗透压。

当鱼类由海水进入淡水后，停止吞饮水，Ca²⁺、Mg²⁺、SO₄²⁻等的吸收和排出都迅速减少。开始几小时，鱼的体重会因水分渗入体内而有所增加；但在1～2 d内，由于神经、体液的调节作用，肾小球滤过率增大，肾小管对水的渗透性降低，从而减少水分的重吸收，使肾脏排出大量低渗的尿液，使水分渗入体内与通过肾脏排出水分达到相对平衡，体重亦恢复正常。

与此同时，鱼类鳃上皮排出的NaCl亦迅速下降到低水平，尽管这时氯细胞和辅助细胞的数量还很多，氯细胞内的Na⁺-K⁺-ATP酶活性仍很高。如果这时把鱼从淡水再移回海水中，则鳃上皮排出NaCl的量又会迅速升高。可见，鳃上皮氯细胞的数量以及Na⁺-K⁺-ATP酶活性的高低并不是决定NaCl排出量的唯一因素。在这种情况下，可能存在某些其他调节机制影响氯细胞排出NaCl的作用。首先是鳃上皮细胞对Na⁺和Cl⁻的通透性降低。当鱼从海水进入淡水后，顶隐窝对Cl⁻的可通透性降低，细胞旁路关闭，影响Na⁺扩散出去，整个氯细胞不能及时地将NaCl排出体外。

鱼类从海水进入淡水后，鳃上皮减少Na^+和Cl^-的流失还受多种因素的控制。有实验证据表明，催乳素对鱼类适应低盐度环境起着关键的作用。当鱼类从海水进入淡水时，催乳素分泌细胞被激活，血液的催乳素水平升高。给去除脑垂体的鱼类注射催乳素，可明显地减少Na^+外排，并可控制Na^+-K^+-ATP酶的活性。催乳素还可抑制Cl^-外排，这种作用可能是通过影响离子转运通道和氯细胞的分化与数量以及鳃上皮细胞间的连接而实现的。

肾上腺激素能够抑制进入淡水的广盐性鱼类主动排出离子。给鲻注射肾上腺素可抑制其Na^+和Cl^-的外排，肾上腺素的这种作用是通过肾上腺素α受体发挥作用的。所以肾上腺素分泌增加对鱼类适应低盐度环境有重要的作用。

广盐性鱼类由海水进入淡水后，不仅需要减少NaCl的外排，同时可能和淡水鱼类相似，还需要通过离子主动交换系统从低渗的水环境中吸收Na^+和Cl^-。这些离子交换系统包括Na^+-NH_4^+、Na^+-H^+和Cl^--HCO_3^-交换，同时，这些离子交换系统也在酸碱调节和氮代谢产物排泄中起到重要作用。因此，有人认为它们对渗透压调节的作用仅是一种伴随作用。

有些板鳃鱼类也能从海水进入淡水中生活。如锯鳐属（*Pristis*）和白真鲨都是广盐性鱼类。这些广盐性板鳃鱼类处在淡水中时，其体液的尿素水平以及Na^+和Cl^-浓度均比在海水中时低；血液中的尿素浓度也降低到在海洋中生活时尿素浓度的25%～35%，但血液的渗透压还是略高于周围的淡水，渗入体内的过多水分通过稀的尿液由肾脏排出。

无肾小球海水硬骨鱼类由海水进入淡水后有特殊的调节机理。如广盐性的蟾鱼，平时在海水中生活，亦可进入淡水。由于没有肾小球，不能通过滤过作用形成滤液，其尿液的形成完全依靠肾小管的分泌作用把离子分泌到肾小管中，水分随之也渗透到肾小管内。所以它们的尿液和体液是等渗的。蟾鱼由海水进入淡水后，不能通过肾脏产生低渗性尿液以排出体内过多的水分。此时蟾鱼体内是高渗性的，体外的淡水通过鳃上皮不断渗入体内，而NaCl虽可以经过鳃上皮排出体外，但它的鳃吸收NaCl的能力很强，使NaCl的吸收量大大超过排出量，积累在体内过多的NaCl由血液运送到肾脏并分泌到肾小管内，随着NaCl大量进入肾小管，体内多余的水分也会随之渗入肾小管从而形成尿液排出体外。

许多洄游性鱼类在淡水中生活一段时间后，身体结构已发生一些变化，包括体表皮肤、肾脏结构和尿量的变化等，以便为洄游到海水中做预先的适应。通常情况下，同种鱼类较大的个体对盐度变化有较强的适应能力。所以鱼类在幼体时多为狭盐性，而成体则可能为广盐性的。小个体鱼和大个体鱼渗透压调节能力的差别很可能与身体表面积和体重的比例不同有关。因为小个体鱼的相对体表面积较大，需要付出较多能量才能调节水分和离子的渗透压平衡；而大个体鱼正相反，相对体表面积较小，比较容易保持体内和体外的渗透压平衡。

本章思考题

（1）试述海水鱼类氯细胞的结构特点及排盐机制。

（2）试述鱼类尿液的形成过程及影响因素。

（3）试述鱼类含氮废物的排泄特点。

（4）试述洄游性鱼类渗透压的调节机制。

主要参考文献

陈守良.动物生理学［M］.3版.北京：北京大学出版社.2005.

李永材，黄溢明.比较生理学［M］.北京：高等教育出版社.1985.

林浩然.鱼类生理学［M］.广州：广东高等教育出版社.1999.

施璞芳.鱼类生理学［M］.北京：中国农业出版社，1991.

杨秀平.动物生理学［M］.北京：高等教育出版社.2002.

赵维信.鱼类生理学［M］.北京：高等教育出版社.1992.

Birrell L, Cramb G, Hazon N. Osmoregulation during the development of glass eels and elvers［J］.J.Fish Biol., 2000, 56(6): 1450−1459.

Kelly S P, Woo N Y S. The response of sea bream following abrupt hyposmotic exposure ［J］.J.Fish Biol., 1999, 55(4): 732−750.

Mancera J M, McCormick S D. Influence of cortisol, Growth hormone, insulin-like growth factor I and 3, 3′, 5-triiode-thyronine on hypoosmoregulatory ability in the euryhaline teleost *Fundulus hetroditus*［J］. Fish Physiol.Biochem., 1999, 21(1): 25−33.

Miyazak H, Kaneke T, et al. Development changes in drinking rate and ion and water permeability during early life stage of earyhaline, *Oreochromis mossambicus*, reared in fresh water and seawater［J］. Fish Physiol. Biochem., 1998, 18(3): 277−284.

Nielson C, Madsen S S, et al. Changes in branchial and intestinal osmoregulatory mechanisms and growth hormone levels during smolting in hatchery-reared and wild brown trout［J］. J. Fish Biol., 1999, 54(4): 799−818.

Persson P, Sundell K, et al. Calcium metabolism and osmoregulation during sexual maturation of river running Atlantic salmon［J］. J. Fish Biol., 1998, 52(2): 334−349.

Woo C M, Shuttleworth. T J. Cellular and molecular approaches to fish ionic regulation［M］. San Diego: Academic Press, 1995.

第十章

内分泌生理学

第一节 激素概述

　　机体内的腺体通常分为两类：其一为有管腺，包括消化腺、汗腺、黏液腺等，它们直接将分泌物通过导管输送到皮肤或管腔中；其二为无管腺，它们的分泌物由腺体或腺细胞分泌后，通过血液循环、淋巴循环或进入组织液，到达被作用的部位，又称为内分泌腺。鱼类的内分泌器官与高等动物的基本相同，甲壳动物内分泌器官的结构与功能与高等动物的则存在较大差别，贝类的内分泌调节机制还不十分清楚。硬骨鱼类的内分泌器官与高等动物相同的部分包括下丘脑、脑垂体、松果体、甲状腺、胰岛、性腺等；鱼类具有自己独特的内分泌腺体，如嗜铬组织与肾间组织（相当于高等动物的肾上腺）、鳃后体（uhimobranchial gland，后鳃腺）、斯坦尼氏小体、尾垂体。另外，在胃肠道内还具有大量的散在内分泌细胞，它们的内分泌功能也非常重要。近年来，脂肪组织、胸腺等也被列入内分泌腺体。如下几个名词对理解内分泌及其功能是必需的：

　　（1）内分泌：腺体分泌物没有专门的导管输送而直接释放入血液或组织液，传递给特定的器官、组织或细胞，活化或抑制生理反应。

　　（2）内分泌系统：内分泌腺和分散于组织器官中的内分泌细胞组成的一个体内信息传递系统。

　　（3）激素：由内分泌细胞或神经细胞等所分泌的生物活性物质，从一组细胞传递到另一组细胞，或从细胞的一部分传递到另一部分，以发挥其调节作用。被激素作用的器官或细胞称为靶器官或靶细胞。

（4）神经激素：由某些神经元所分泌的特殊化学物质，它们经体液循环遍布全身，对靶组织或靶细胞发挥其调节作用。另外，体内某些细胞或组织还能产生和释放一些化学物质，很容易在组织间隙中被破坏和失活，只起到局部调节作用，称为局部激素，如5-羟色胺和前列腺素。

（5）内分泌学：研究与体液性因子（激素）调节有关的一门学科。现代内分泌学与分子生物学、免疫学、生物化学融为一体，同时不断分出新学科，如分子内分泌学、免疫内分泌学、神经内分泌学。

（6）比较内分泌：研究不同种类的动物随着内分泌机理的进化而发生的种系关系。动物比较内分泌包括哺乳动物、两栖类、爬行类、硬骨鱼类等的比较内分泌。

一、激素的作用方式与分类

（一）作用方式

按照现代内分泌理论，将激素作用方式分为如下4种。

（1）远距分泌：激素经血液运输至远距离的靶细胞而发挥作用。

（2）旁分泌：激素不经血液运输，经扩散而作用于邻近细胞。

（3）自分泌：激素经过局部扩散又返回作用于该内分泌细胞而发挥反馈作用。

（4）神经分泌：神经激素沿神经细胞轴突借轴浆流动运送至末梢而释放。

激素分泌与作用方式见图10-1。

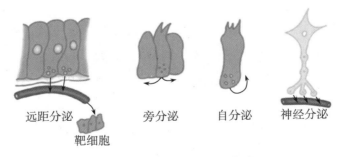

图10-1　激素分泌与作用方式

（二）激素分类

激素种类繁多，来源和结构比较复杂，在种间存在较大差别，按化学性质可分为两大类。

1. 含氮激素

（1）肽类和蛋白质激素：下丘脑调节肽、神经垂体激素、腺垂体激素、胰岛素、甲状旁腺激素、降钙素（calcitonin）以及胃肠激素（gastrointestinal hormone）。

（2）胺类激素：肾上腺素、去甲肾上腺素和甲状腺激素。

2. 类固醇（甾体）激素

肾上腺皮质和性腺分泌的皮质醇（糖皮质激素，glucocortieoid）、醛固酮（盐皮质激素，mineralocortieoid）、雌激素、雄激素和孕激素（性激素）等。有时候将前列腺素作为局部激素。

人类和其他动物的主要激素种类相似，某些激素的分子结构存在差异，激素种类见表10-1。

表10-1　动物激素种类与化学性质

内分泌器官	激素名称与缩写	激素化学性质
下丘脑	1. 促甲状腺激素释放激素（TRH）	肽类
	2. 促性腺激素释放激素（GnRH/LHRH）	肽类
	3. 生长素释放激素（因子）（GHRH或GRF）	肽类
	4. 生长激素释放抑制激素（GHRIH）	肽类
	5. 促肾上腺皮质激素释放激素（CRH）	肽类
	6. 促黑激素释放激素（因子）（MRH或MRF）	肽类
	7. 促黑激素释放抑制激素（因子）（MIH或MIF）	肽类
	8. 催乳素释放激素（因子）（PRH或PRF）	肽类
	9. 催乳素释放抑制激素（因子）（PIH或PIF）	肽类
下丘脑-神经垂体	1. 升压素（抗利尿激素）（VP或ADH）	肽类
	2. 催产素（OXT）	肽类
腺垂体	1. 促肾上腺皮质激素（ACTH）	肽类
	2. 促甲状腺激素（TSH）	糖蛋白
	3. 促滤泡激素（FSH）或鱼类促性腺激素Ⅰ（GtH-Ⅰ）	糖蛋白
	4. 促黄体激素（LH）或鱼类促性腺激素Ⅱ（GtH-Ⅱ）	糖蛋白
	5. 促黑激素（MSH）	肽类
	6. 生长激素（GH）	蛋白质
	7. 促乳素（PRL）	蛋白质

（续表）

内分泌器官	激素名称与缩写	激素化学性质
甲状腺	1. 四碘甲腺原胺酸（T4）	胺类
	2. 三碘甲腺原胺酸（T3）	胺类
	3. 降钙素（CT）	肽类
甲状旁腺	甲状旁腺激素（PTH）	蛋白质
胰岛	1. 胰岛素	蛋白质
	2. 胰高血糖素	肽类
	3. 胰多肽	肽类
肾上腺皮质	1. 皮质醇	类固醇
	2. 皮质酮	类固醇
肾上腺髓质	1. 肾上腺素	胺类
	2. 去甲肾上腺素	胺类
精巢（睾丸）	1. 睾酮（T）或11-酮基睾酮（11-KT）	类固醇
	2. 抑制素	糖蛋白
卵巢	1. 雌二醇（E2）或雌三醇（E3）	类固醇
	2. 双羟孕酮或三羟孕酮	类固醇
胎盘	1. 雌激素	类固醇
	2. 人绒毛膜促性腺激素（HCG）或孕马血清	糖蛋白
松果腺	褪黑激素	胺类
消化道	1. 促胰酶素（胆囊收缩素）	肽类
	2. 促胰液素	肽类
	3. 胃泌素	肽类
胸腺	胸腺素	肽类
心房	心房利尿钠肽	肽类

二、激素的作用特征与生理功能

（一）激素的作用特征

1. 激素的信息传递作用

内分泌系统依靠激素在细胞与细胞之间进行化学信息传递，只能对靶细胞生理过程起加强或减弱的作用，调节其功能活动。激素既不能添加成分，也不能提供能量，仅仅起着信使作用。

2. 激素作用的相对特异性

激素只作用于某些器官、组织和细胞，称为特异性。激素的特异性与特异性受体有关。肽类和蛋白质激素的受体存在于靶细胞膜上，类固醇激素与甲状腺激素的受体位于细胞质或细胞核内。激素与受体相互识别并发生特异性结合，经过细胞内复杂的反应，激发出一定生理效应。有些激素受体（如生长激素和促甲状腺激素）分布广泛，对全身的组织代谢发挥调节作用。

3. 激素的高效能生物放大作用

激素在血液中的浓度很低（ng/mL或pg/dL水平），与受体结合后，在细胞内发生一系列级联放大作用，形成高效能生物放大系统，其作用却非常明显。

4. 激素间的相互作用

多种激素共同参与某一生理活动的调节时，激素之间存在着协同作用或拮抗作用，这对维持其功能活动的相对稳定起着重要作用。作用机制比较复杂，可以发生在受体水平，也可以发生在受体后信息传递过程，或者是细胞内酶促反应的某一环节。有的激素本身并不能直接产生生理效应，它存在时，使另一种激素的作用明显增强，称为允许作用（permissive action）。糖皮质激素的允许作用是最明显的，它存在时，儿茶酚胺才能很好地发挥对心血管的调节作用。

（二）激素的生理功能

（1）调节机体的新陈代谢和消化过程：例如，生长素、肾上腺素、糖皮质激素、胰高血糖素和胰岛素参与糖代谢调节，胃泌素、促胰液素、促胰酶素（cholecystokinin，CCK，或胆囊收缩素）参与消化管运动和消化腺分泌调节。

（2）维持内环境稳态：调节细胞外液容量和成分，维持内环境理化性质相对稳定。例如，抗利尿激素、醛固酮对水盐代谢的调节，降钙素、甲状旁腺素对血钙的调节。

（3）调节和控制机体生长发育和生殖机能。如生长激素、甲状腺激素、促性腺激素、性类固醇激素等的作用。

（4）增强机体对有害刺激的抵抗和适应能力：交感-肾上腺髓质系统在应激和下丘脑-腺垂体-肾上腺皮质系统在处理应激或胁迫中所发挥的作用。

三、激素的作用机制

（一）含氮激素作用机制

1. cAMP作为第二信使

激素（H）作为第一信使，与靶细胞膜上特异性受体（R）结合，激活膜上的腺苷酸环化酶（AC）系统，在Mg^{2+}存在时，AC促使ATP转变为环一磷酸腺苷（cAMP），cAMP作为第二信使，使无活性的蛋白激酶A（PKA）激活。cAMP与PKA的调节亚单位结合，使PKA激活，催化细胞内多种蛋白质发生磷酸化反应，引起靶细胞生理效应。H与R结合的部分在细胞膜的外表面，AC在膜的胞浆面，在两者之间存在G蛋白。它由α、β和γ3个亚单位组成，α亚单位上有鸟苷酸结合位点。当G蛋白的鸟苷酸为GTP时激活，G蛋白上为GDP时失去活性。H-R与G蛋白α亚单位结合，与β、γ亚单位脱离，对AC起激活或抑制作用。见图10-2。

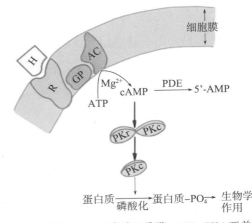

GP. G蛋白；PDE. 磷酸二酯酶；PKr. PKA亚单位r；PKc. PKA亚单位C；PO_4. 磷酸化。

图10-2　cAMP作为第二信使的激素作用模式

2. 三磷酸肌醇和二酰甘油为第二信使的信息传递系统

有些含氮激素（胰岛素、催产素、催乳素、下丘脑调节肽等）利用这种机制。H-R通过G蛋白介导，激活细胞膜内的磷脂酶C（PLC），它使磷脂酰二磷酸肌醇（PIP_2）分解成三磷酸肌醇（IP_3）和二酰甘油（DG）。DG生成后仍留在膜中，IP_3进入胞浆。IP_3的作用是促使细胞内Ca^{2+}贮存库释放Ca^{2+}进入胞浆，导致胞浆中Ca^{2+}浓度增加，Ca^{2+}与细胞内的钙调蛋白（CaM）结合后，激活蛋白酶，促进蛋白质磷酸化，从而调节细胞的功能活动。DG能特异性激活蛋白激酶C（PKC），PKC的激活依赖于Ca^{2+}的存在。激活的PKC使多种蛋白质或酶发生磷酸化反应，进而调节细胞的生物效应。

（二）类固醇激素的作用机制（基因表达学说）

类固醇激素的分子量小、脂溶性，可进入细胞。主要步骤：

（1）激素与胞浆受体结合，形成激素-胞浆受体复合物。

（2）受体蛋白发生构型变化，使激素-胞浆受体复合物获得进入核的能力，由胞浆转移至核内。

（3）复合物与核受体相互结合，形成激素-核受体复合物，激发DNA转录过程，生成新mRNA，诱导蛋白质合成，引起相应生物效应。

（4）核受体有3个功能结构域：激素结合结构域、DNA结合结构域和转录增强结构域。激素与受体结合，受体的分子构象发生改变，暴露出隐蔽于分子内部的DNA结合结构域及转录增强结构域，使受体与DNA结合，产生增强转录效应。甲状腺激素直接与核受体结合调节基因表达。见图10-3。

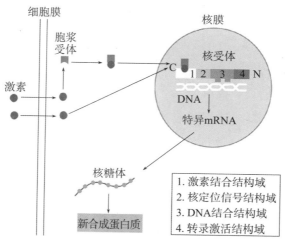

图10-3　类固醇激素的作用模式

四、激素的生物合成与代谢

（一）激素生物合成

1. 蛋白质和肽类激素的生物合成

与蛋白质合成相似。先合成大肽链为前体，经过酶的裂解生成具有生物活性的小肽。细胞核DNA基因模板先被转录成mRNA，进入细胞质，在内质网上翻译成肽链，再转运到高尔基体中浓缩、加工成具有质膜包裹的分泌颗粒，被带到细胞膜附近，通过出胞过程入血液。激素前体经过3个步骤转化为激素：

（1）前激素原的合成：在前激素原的N端有18～25个氨基酸组成的信号肽，整个前体称为前激素原（pre-prohormone），在核糖体中合成。

（2）激素原的合成：前激素原进入内质网后，脱去信号肽，成为激素原（prohormone），其中除了具有活性肽段外，还有无活性的肽段。

（3）将激素原转化成激素：脱去无活性肽段，形成具有生物活性的激素。

2. 类固醇激素生物合成

（1）胆固醇转变为孕烯醇酮：在线粒体中，在$C_{20\sim22}$裂解酶的作用下完成。

（2）孕烯醇酮在滑面内质网中经过3-羟脱氢酶和5,4异构酶的作用，形成孕酮（progesterone）。也可以通过17-羟化酶作用转变成17-羟孕烯醇酮。

（3）孕酮或17-羟孕烯醇酮转变皮质激素：在肾上腺皮质，孕酮经过21-羟化酶的作用形成11-脱氧皮质酮（11-deoxycorticosterone，DOC），再经过11-羟化酶的作用生成皮质酮；皮质酮经过18-羟化酶作用生成18-羟皮质酮，再经过18-羟脱氢酶的作用转变成醛固酮。孕酮经过17-羟化酶作用形成17-羟孕酮，再经过21-羟化酶的作用生成11-脱氧皮质醇（11-deoxycortisol，11-DC），后者在11-羟化酶作用下转变成皮质醇。在性腺中，孕酮经过17-羟化酶的作用生成17-羟孕酮，再经过$C_{17\sim20}$裂解酶的作用变成雄烯二酮。后者在17-酮皮质类固醇（17-KS）还原酶作用下生成睾酮，它经过芳香化酶的作用转变成雌二醇。

（二）激素分泌、转运和代谢

（1）激素分泌：肽类和胺类激素合成后聚集成颗粒，形成囊泡，由胞吐形式分泌。类固醇激素在细胞内合成后，散布在细胞质中，通过细胞膜扩散到周围的细胞间。

（2）激素转运：转运路线有长有短，形式多样。类固醇和甲状腺激素在血液中与特异性结合蛋白或血浆白蛋白结合转运。游离形式的激素具有活性并被利用，结合形式的激素起流动储备库的作用。蛋白类和肽类激素的转运形式并不完全清楚。

（3）激素代谢：激素从释放到消失所经历的时间长短不同，最短的不足1 min，最长达到若干天，一般以半衰期表示。激素消失途径：在靶组织中发挥作用后被降解、灭活；通过肝、肾被酶降解、破坏，经过尿和胆汁排出；极少量激素直接随尿排出。

五、激素受体

（一）受体及其化学本质

（1）激素受体：靶细胞表面或亚细胞组分中的天然高分子物质，能识别激素并与之特异性结合，激活或启动一系列生物化学变化，导致最终生物学效应。激素等活性物质与靶细胞上特定部位结合，称为结合位点或受点。

（2）配基或配体（ligand）：能与特异性受体结合并发挥生物学效应的药物、递质或激素等活性物质。激素与受体结合时二者的构象发生相适应的变化，称

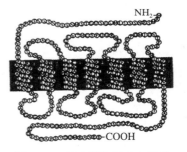

图10-4　日本鳗鲡的GnRH受体结构

（仿林浩然，2004）

为诱导契合（induced fit）。所有受体都被证明是蛋白质，或糖蛋白，或脂蛋白。膜受体多为糖蛋白，促肾上腺皮质激素（ACTH）、TRH、LH、HCG、胆碱能和肾上腺素能受体等属于脂蛋白。鱼类的促性腺激素释放激素受体为膜受体，结构见图10-4。

（二）受体特性

（1）特异性：某受体只能和特定配体结合，产生特定生物学效应。在受体结合实验或受体鉴定中最关键的标志是它的特异性。

（2）高度的亲和性：激素与受体结合力称为亲和性。特异性受体与其相应的配体

结合能力最强，受体的亲和性越高，引起生物效应所需要激素浓度越低。

（3）饱和性：受体与激素特异性结合具有饱和性，这是衡量受体的重要标志之一。激素-受体特异性结合具有饱和性，非特异性结合呈不饱和性。受体的特异性结合具有高亲和低容量性（low-capacity），而非特异性呈低亲和高容量性。

（4）可逆性：受体与配基的结合是迅速而可逆的，解离得到的配基不是代谢产物，而是原来的形式。

六、激素分泌调节

激素分泌受神经以及激素本身的反馈调节，主要调节形式如下。

（1）神经调节：当体内外环境发生变化时，信号经过整合到达下丘脑，影响下丘脑控制的激素分泌。其中，一种是神经直接调节激素分泌，神经垂体、肾上腺髓质和胃肠道激素的分泌属于这种类型。另外一种是中枢神经系统通过下丘脑分泌各种释放激素，进入垂体门脉系统的血液，或者直接达到腺垂体，刺激腺垂体分泌各种促激素属于这种调节类型。

（2）反馈调节：激素分泌后，作用于靶器官引起特异性生理效应时，血液内该激素同时反过来控制激素分泌。反馈作用抑制原来激素分泌，称为负反馈；增强原来激素分泌，称为正反馈。其中以负反馈为常见。反馈调节属于自动调节系统，可分为长反馈、短反馈和超短反馈。（图10-5）

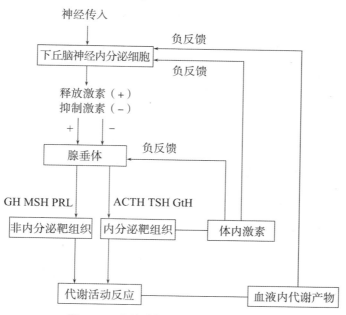

图10-5　高等动物神经内分泌调节通路

（仿林浩然，1999）

第二节　硬骨鱼类内分泌器官及其生理功能

硬骨鱼类内分泌器官的种类和结构与高等动物相似，但甲壳动物和贝类的内分泌器官在进化上比较低等。鱼类和其他脊椎动物一样，内分泌腺体有3个来源：第一，起源于神经组织，如肾上腺髓质，是没有神经纤维的交感神经节后神经元。由于用铬盐处理使细胞颗粒变为棕色，故又称为嗜铬组织。第二，起源于神经分泌组织，包括下丘脑、神经垂体、松果体和尾下垂体，其中尾下垂体为鱼类所特有。第三，起源于非神经组织，包括起源于口腔顶部的腺垂体、起源于咽部的甲状腺和鳃后体、起源于小肠的胰岛，以及由体腔后部的生肾组织分化形成的肾上腺皮质、斯坦尼氏小体和性腺，其中斯坦尼氏小体为鱼类所特有。见图10-6。

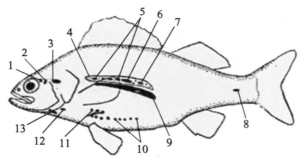

1. 松果腺；2. 脑垂体；3. 胸腺；4. 肾脏；5. 肾上腺髓质；6. 肾间组织；7. 斯坦尼氏小体；
8. 尾垂体；9. 性腺；10. 胃肠组织；11. 胰岛；12. 鳃后体；13. 甲状腺。

图10-6　硬骨鱼类内分泌器官解剖位置

鱼类能够适应外界环境条件变化，调整它们的生理机能。在各种环境因子中，温度、光周期、降雨和食物对调节鱼类内分泌机能最为重要。鱼类的感觉器官把这些环境因子变化的信息传送到脑，使下丘脑分泌GnRH和其他一些神经内分泌因子，激发脑垂体促性腺激素（gonadotropic hormone，GtH）的分泌，它刺激性腺产生性类固醇激素，从而促使性腺发育成熟、排出精子和卵子。由外界环境因子启动的鱼类周期性生理活动构成了下丘脑-垂体-性腺（HPG）轴的重要环节。

一、下丘脑

无论哺乳动物还是硬骨鱼类，下丘脑都是内分泌的高级调节器官，下丘脑与神经垂体和腺垂体均存在密切联系。高等动物下丘脑与神经垂体之间形成下丘脑-垂体束，与腺垂体之间通过门脉紧密联系，形成下丘脑-腺垂体功能轴，将中枢神经系统信息传递给腺垂体，神经信号转变为激素信息，把神经调节与体液调节紧密联系起来。硬骨鱼类神经内分泌细胞轴突纤维和末梢组成神经垂体，并广泛分布于腺垂体内，与腺垂体分泌细胞相联系。

硬骨鱼类神经内分泌细胞的胞体在下丘脑内形成某些细胞群（核团），其中视前核（NPO）和侧结节核（NLT）与鱼类生殖内分泌关系十分密切。由NPO神经元产生的激素主要释放到位于神经垂体和腺垂体之间的血液通道，有些鱼类NPO还能把神经纤维直接分布于腺垂体的细胞；NLT神经元能直接发出神经纤维分布到腺垂体间叶的分泌细胞，并在连接处释放激素，促进腺垂体分泌细胞的分泌活动。鱼类下丘脑没有正中隆起，脑垂体亦没有真正的门脉系统，而是位于下丘脑的神经内分泌细胞的神经纤维末梢通过神经垂体直接侵入腺垂体以调节控制各种分泌细胞的活动，这和哺乳类或其他较高等脊椎动物具有发达的正中隆起和门脉系统明显不同。

脊椎动物腺垂体内分泌细胞的分泌活动受到9种激素控制，这9种下丘脑调节肽（HRP）中有些是释放激素，有些是抑制激素。其中3种腺垂体激素，即生长激素、催乳激素和黑色素刺激素，分别受下丘脑分泌产生的释放激素和抑制激素的调节控制，而促性腺激素、促甲状腺激素和促肾上腺皮质激素则分别受下丘脑分泌产生的相应的释放激素所调节控制。鱼类下丘脑肽有以下几种。

（一）促甲状腺激素释放激素（TRH）

不同剂量TRH能刺激离体的金鱼和鲤鱼脑垂体碎片释放GH，刺激作用的强度随着TRH剂量提高而增强。给金鱼腹腔注射TRH亦能使血液的GH含量增加。这和鸟类及一些哺乳类的情况相似，表明TRH能直接作用于脑垂体促进GH的释放。

（二）促性腺激素释放激素（GnRH或LRH）

高等和低等脊椎动物的GnRH均为10肽结构的肽类激素，1971年，从猪的下丘脑分离纯化哺乳动物GnRH（mGnRH）以来，目前已经在脊椎动物中鉴定出16种GnRH分子结构变异型，它们组成了一个神经肽家族。1983年首次在鲑鱼分离鉴定了GnRH（sGnRH），迄今为止在硬骨鱼类中共分离出8种GnRH，它们分别是mGnRH、sGnRH、鸡GnRH（cGnRH-Ⅱ）、鲷GnRH（sbGnRH）、鲇GnRH（cfGnRH）、鲱

GnRH（hgGnRH）、青鳉GnRH（pjGnRH）和鲱形白鲑GnRH（wfGnRH）。大多数硬骨鱼脑和垂体中同时含有两种或两种以上的GnRH，其中cGnRH-Ⅱ普遍存在于脑和垂体中，第二种为sGnRH或mGnRH或cfGnRH。1994年首次在金头鲷（*Sparus aurata*）脑和垂体中发现了第三种GnRH（sbGnRH），之后又在多种硬骨鱼类脑和垂体中证实有第三种GnRH存在，但在种间存在很大差别。

GnRH生理功能：促进性腺垂体合成与释放LH和FSH，以LH的增加更为显著。下丘脑GnRH以脉冲式释放，血浆中的LH与FSH也呈现脉冲式波动，对发挥其作用是十分重要的。腺垂体的促性腺激素细胞的膜上有GnRH受体，GnRH与其受体结合后，通过IP_3和DG信息传递系统导致细胞内Ca^{2+}浓度升高而发挥作用。随着对GnRH研究的深入，在下丘脑以外的许多器官中也存在GnRH，GnRH广泛分布于神经、内分泌、生殖、消化和免疫组织中，但不同器官中的GnRH具有不同的功能。

（三）生长素释放激素（GHRH）

从鲑鱼脑抽提物已证明存在着GHRH，注射人GHRH能使金鱼血液中GH含量增加。从鲤鱼下丘脑抽提物分离出来的GHRH是由45个氨基酸组成多肽，其中约有45％的氨基酸组成和哺乳类的GHRH相同。合成的鲤鱼GHRH能使离体的金鱼脑垂体碎片释放GH，而腹腔注射后使金鱼血液的GH含量明显增加。这些研究结果表明鱼类下丘脑产生的GHRH能促进GH的释放。

（四）促肾上腺皮质激素释放激素（CRH）

机体遇到应激（stress）刺激，启动下丘脑-垂体-肾上腺皮质（鱼类肾间组织）轴。CRH与腺垂体促肾上腺皮质激素细胞的膜上特异受体结合，增加细胞内cAMP与Ca^{2+}，促进ACTH释放。主要作用是促进腺垂体合成与释放ACTH，刺激肾上腺皮质产生皮质酮和皮质醇。

二、脑垂体

（一）神经垂体

硬骨鱼类神经垂体主要释放两类激素，即后叶加压素［vasopressin，又称抗利尿激素（ADH）］和催产素（oxytoein），它们都是由9个氨基酸组成的多肽。各个类群脊椎动物神经垂体分泌的这两类激素分子结构有所不同。在软骨鱼类有精氨酸催产素、软骨鱼催产素（谷催产素，glumitocin）、缬催产素（valiotocin）和天冬催产素（aspartocin）等；在硬骨鱼类有鸟催产素（mesotocin）和硬骨鱼催产素（ichthyotocin）等。在已经确定的脊椎动物9种有活性的神经垂体肽类激素中，鱼类已报道有其中的7种。精氨酸催产素在所有鱼类以及所有脊椎动物都存在，所以它可能是神经垂体激素祖先，由它衍生其他类型激素。

研究表明鱼类输卵管平滑肌对精氨酸催产素很敏感，低剂量就能使花鳉离体输卵管出现反应，这种反应受到GtH和雌激素的影响。精氨酸催产素可能会调节鱼类生殖器官构造的某些机能；还能够影响血管平滑肌，从而调节身体外周血液循环阻力。

（二）腺垂体

按最近国际统一命名法，腺垂体分为3部分，即前外侧部（RPD，以前称前叶）、中外侧部（PPD，以前称间叶）和垂体中间部（PI，以前称过渡叶）。见图10-7。

鱼类腺垂体分泌6种蛋白类激素，可以归纳为3类：第一类，即TSH和GH，它们都是由两个亚单位组成的糖蛋白，每个亚单位的相对分子质量为14 000～15 000；第二类，即PRL和GH，它们都是很相似的单链多肽，相对分子质量较大，约为22 000；第三类，即ACTH和促黑激素，是分子较小的直链多肽，相对分子质量为4 000～5 000。由于腺垂体激素都是蛋白质，特别是催乳激素、生长激素和促性腺激素等大分子，因此，它们都具有明显的种族特异性。哺乳动物的促性腺激素对各种类群的脊椎动物都有一定活性，而鱼类的促性腺激素对哺乳动物没有作用，以同种或相近种类的促性腺激素活性较强。在鱼类腺垂体激素中，对GtH的研究最受重视；近几年来，对鱼类GH、PRL和TSH的研究亦逐渐深入。

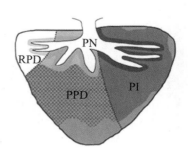

PN. 神经垂体；RPD. 前外侧部；PPD. 中外侧部；PI. 垂体中间部。

图10-7 鱼类脑垂体形态与分区示意图

1. 生长激素（GH）

鲤科鱼类以及其他许多种鱼类GH已经被分离提纯并阐明化学结构，鱼类GH由173～188个氨基酸组成，相对分子质量为20 000～22 000。同一目的鱼类，GH氨基酸组成有80%以上相同，不同目鱼类之间，GH结构差异很大，有49%～68%相同，表现出明显的种类特异性。鱼类和四足类的GH只有37%～58%相同。

鱼类GH分泌活动受下丘脑神经内分泌因子以及性类固醇激素的调节，有促进作用，也有抑制作用。生长激素抑制素是GH释放的主要抑制性因子，它可以抑制基础的及由其他因子引起的GH分泌。但还不能确定哪个因子起主导作用。现有的研究表明，GHRH、GnRH、NPY、DA等都具有促进GH释放的作用。内分泌因子对GH的作用结果见表10-2。

表10-2 各种内分泌因子对鱼类GH活动的影响

内分泌因子	对鱼类GH分泌的影响效果	实验鱼类
生长素释放因子（GHRH）	促进	鲑鱼、鲤科鱼类等
生长素释放抑制激素（GHRIH）	抑制	金鱼、鲤鱼等
促性腺激素释放激素（GnRH）	促进	鲑鱼、鲇鱼、鲨鱼、金鱼、草鱼等
神经肽Y（NPY）	促进	金鱼等
胆囊收缩素（CCK）	促进	金鱼等
铃蟾肽（BBS）	促进	金鱼等
多巴胺（DA）	促进	金鱼、鲤鱼、草鱼等
去甲肾上腺素（NE）	抑制	金鱼等
5-羟色胺（5-HT）	抑制	金鱼等
性类固醇激素（雌二醇）	促进	金鱼、鲤鱼等

外源生长激素通过注射、浸泡、埋植、灌喂和投喂等方式都能促进鲤科、鲑科和其他一些鱼类生长。近年来的研究证明鱼类和哺乳类相似，生长激素促进鱼体生长的作用至少是部分通过类胰岛素生长因子（IGF）来传递的。GH在组织与细胞水平起作用的第一步是和细胞膜上的特异性受体相结合。GH受体主要分布在肝细胞、脑、性腺、鳃、肠和肾脏等，表明GH除了和肝细胞受体结合以促进生长之外，还有其他功能。在饲料中加入能刺激鱼类GH分泌的高活性神经内分泌因子，如GHRH类似物、GnRH类似物、DA激动剂、基因重组GH制品可刺激鱼类快速生长。

2. 促性腺激素（GtH）

已经证明各种动物FSH和LH分子中α亚基相同或者十分相似；β亚基却存在较大的差异，具有种间特异性，称为激素特异亚基，生物活性取决于β亚基。

一些硬骨鱼类有两种不同分子形式的GtH，定名为GtH-Ⅰ和GtH-Ⅱ，分别与四足类FSH和LH相对应。GtH-Ⅰ和GtH-Ⅱ均为糖蛋白激素，两者的化学结构明显不同。对大麻哈鱼研究结果表明：GtH-Ⅰ和GtH-Ⅱ由α、β两条肽链组成，与高等脊椎动物所不同的是，GtH-Ⅰ的α亚基有两种类型，即α1和α2，它们分别由95个和92个氨基酸组成，并有72%的同源性。其中GtH-Ⅰ的α2亚基和GtH-Ⅱ的α亚基氨基酸组成相同，相对分子质量都是22 000，N端残基都是酪氨酸。在β亚基上有区别，GtH-Ⅰ的β亚基由113个氨基酸组成，相对分子质量为17 000，N端残基是甘氨酸；而GtH-Ⅱ的β亚基则由119个氨基酸组成，相对分子质量为18 000，N端残基是丝氨酸，它们之间只有31%的氨基酸顺序是相同的。在鲤科鱼类中至今尚未分离纯化到可以用于测定的GtH-Ⅰ，而研究更多的是GtH-Ⅱ。因此，硬骨鱼类GtH种类和结构因鱼的种类不同而存在较大的差异，这一点远比哺乳动物要复杂。GtH-Ⅰ在鱼类性腺发育早期起主要作用，而GtH-Ⅱ在性腺成熟时大量分泌并达到高峰，刺激17α，20β-双羟孕酮（DHP）生成，促进卵母细胞最后成熟和排精、排卵。

3. 催乳激素（PRL）

鲤PRL由197个氨基酸残基组成，含两个二硫键，分别在第46～160位和第177～186位的残基之间形成；鲤鱼、罗非鱼与大麻哈鱼PRL都缺少氨基末端二硫键，罗非鱼PRL的氨基酸组成和大麻哈鱼有77％相同，而和哺乳类只有36％相同。PRL对广盐性鱼类是最重要的水盐调节激素，对广盐性海水鱼类的作用还不像对淡水鱼类那样明确，虽然有些试验表明PRL参与一些海水鱼类钠流出的减缓。最近研究进一步证明PRL对鱼类在淡水中的渗透压调节起重要作用，其作用机理：降低膜可渗透性；刺激黏液细胞的分化和增生，因为黏液细胞对生活在低渗性水环境中的鱼类是必要的。环境因子如温度、光照等都对鱼脑垂体PRL分泌速率有影响。

4. 促甲状腺激素（TSH）

硬骨鱼类的TSH已经分离提纯，与促性腺激素一样都是糖蛋白，由两个亚基组成；其相对分子质量（28 000）和氨基酸组成都和牛的TSH相似。已经分离出来的所有硬骨鱼类TSH氨基酸组成都很相似，但硬骨鱼类的TSH对哺乳类甲状腺没有活性。鱼类脑垂体中TSH的含量变化很大，这可能和甲状腺参与生殖、生长或其他代谢活动的情况有关。有些鱼类脑垂体的TSH含量比哺乳类高10～20倍。

5. 促肾上腺皮质激素（ACTH）和促黑激素（MSH）

ACTH和MSH的化学结构有相似之处，因为它们都有相同的7肽片段。哺乳类的ACTH能刺激硬骨鱼类肾上腺皮质类固醇的产生，硬骨鱼类的ACTH亦能刺激哺乳类肾上腺皮质类固醇的产生，部分提纯的太平洋鲑ACTH能诱导鳟鱼血液中皮质醇含量升高。

在硬骨鱼类，体色的变化部分受交感神经系统控制，在一些鱼类，MSH也参与体色调节。硬骨鱼类MSH的化学结构和哺乳类一样，分为α-MSH和β-MSH。例如大麻哈鱼的α-MSH和哺乳类的α-MSH结构相似，都是由13个氨基酸残基组成，β-MSH和哺乳类的也非常相似，是由18个氨基酸残基组成的多肽。

三、甲状腺

1. 甲状腺形态结构

鱼类鳃区底部较大的滤泡状腺体为甲状腺。板鳃鱼类和全头类的甲状腺为坚实的块状腺体，呈现新月形或不规则形，具备典型的甲状腺结构；硬骨鱼类的甲状腺呈弥散状，主要分布在腹主动脉和鳃区动脉的间隙组织、基鳃骨和胸舌骨肌附近，有的甚至弥散到眼、肾脏、脾脏等处。见图10-8。鱼类甲状腺结构与高等动物相似，由许多球形腺泡组成，腺泡内充满甲状腺球蛋白。

2. 甲状腺激素及其合成

甲状腺激素是唯一含有卤族元素的激素，具有激素活性的物质：3，5，3-三碘甲状腺原氨酸（T_3）和四碘甲状腺原氨酸（T_4）。甲状腺激素和儿茶酚胺一样，由于分子小，在进化过程中变化不大，鱼类的甲状腺激素结构和其他脊椎动物的一样。

鱼类甲状腺激素的合成亦和其他脊椎动物基本相似。第一步是甲状腺分泌单位通过离子的主动运输方式从血液中浓集碘。第二步包括碘离子被氧化成活性碘以及活性碘与酪氨酸作用产生一碘酪氨酸和3，5-二碘酪氨酸。碘化过程不发生在游离酪氨酸上，只发生在甲状腺球蛋白中原球蛋白的酪氨酸残基上。1个单碘酪氨酸分子和1个二碘酪氨酸的缩合作用而形成T_3，两个二碘酪氨酸缩合成T_4。

3. 甲状腺生理功能与调节

鱼类的甲状腺激素对代谢活动、生长、渗透压调节、生殖、中枢神经活动和行为等方面都可能有影响。甲状腺激素对鱼体组织的碳水化合物代谢有直接影响；甲状腺激素对鱼类的渗透压调节起一定作用，硬骨鱼类处于渗透压变化的环境中，甲状腺激素能促使进行渗透压调节所需的能量代谢增强；甲状腺激素能够明显促进鱼类发育和生长。淡水鱼卵中含有较多T_4，海水鱼卵主要含有T_3，甲状腺激素和血浆中脂蛋白质结合，T_3和T_4通过母体的卵黄蛋白原而积累在卵母细胞的卵黄中。甲状腺激素对鱼体个别系统或器官的构造亦有影响，尤其是对骨骼的成分。甲状腺激素还对鱼体色有影响，甲状腺激素能影响硬骨鱼类中枢神经系统的机能和行为。甲状腺激素的合成和分泌活动受脑垂体分泌的TSH控制，TSH的释放又受下丘脑的TRH的调节。而血液循环中，甲状腺激素水平的升高通过负反馈作用会抑制下丘脑的TRH和脑垂体TSH的释放，使甲状腺激素保持适当的水平。见图10-8。

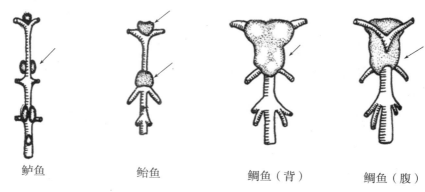

鲈鱼　　　　　　鲐鱼　　　　　　鲷鱼（背）　　　　鲷鱼（腹）

图10-8　部分海水鱼类甲状腺解剖位置（箭头所示）

四、肾上腺

1. 肾上腺髓质

嗜铬组织用重铬酸钾溶液处理时，细胞内颗粒变为棕色，它既是交感神经系统的一部分，亦是内分泌系统的一部分。高等动物的肾上腺髓质实质上是没有纤维的交感神经后神经元，它们的分泌物直接进入血液作用于靶器官，其分泌活动也直接受交感神经节前纤维的激活与调节，这是脊椎动物内分泌腺的特殊例子。在硬骨鱼类，嗜铬组织和肾上腺皮质发生联系并埋到皮质组织内：主要分布在后主静脉附近并和后肾接连，它们都含有儿茶酚胺，即肾上腺素和去甲肾上腺素，血浆中的多巴胺可能是由去甲肾上腺素细胞或者肾上腺素细胞产生。

肾上腺素和去甲肾上腺素对鱼类的应急反应起重要作用，它们刺激肝脏、骨骼肌和心肌糖原分解以调动体内的葡萄糖；它们也加强心搏力和提高心搏率以及促进平滑肌的收缩而使血压升高。肾上腺素和去甲肾上腺素的作用并不完全相同，前者主要和β类肾上腺素能受体结合，后者主要和α类肾上腺素能受体结合。

2. 肾上腺皮质——肾间组织

肾上腺皮质（肾间组织）、肾脏、性腺均起源于体腔顶部的中胚层，它们之间的生理机能存在密切联系。一方面是肾上腺皮质和性腺所产生的激素都属于类固醇，另方面，肾上腺皮质和肾脏的机能都对离子的调节起重要作用，因为从鱼类到哺乳类，肾上腺皮质产生的类固醇激素都参与调节体内的电解质平衡。

肾上腺皮质产生的类固醇激素种类比较多，但这些类固醇并不都是最终形成的激素，许多是激素合成过程的中间产物。在高等硬骨鱼类，皮质醇和皮质酮是主要的，在两栖类、爬行类和鸟类以皮质酮和醛固酮为主，哺乳类除醛固酮外还有皮质醇、皮质酮和18-羟基皮质酮。一般将皮质激素分为两类：一类具有促进葡萄糖异生作用，称为糖皮质激素，如皮质醇、皮质酮等，皮质醇作用最显著；另一类调节电解质平衡，称为盐皮质激素，如醛固酮、脱氧皮质酮等，以醛固酮最重要。鱼类和高等脊椎动物一样，调节糖皮质激素和盐皮质激素的机制是不同的，糖皮质激素由胆固醇衍生，其分泌受CRH-ACTH-类固醇激素反馈调节。糖皮质激素作用于肝脏，增加酶的合成而促进葡糖异生。盐皮质激素分泌基本不受脑垂体控制，虽然ACTH对它的分泌亦有影响。在哺乳类，肾上腺皮质分泌活动受肾素-血管紧张素-醛固酮系统的影响。在硬骨鱼类肾脏内部已经证实有血管紧张肽原酶，但它们和肾上腺皮质以及肾脏之间的相互作用尚未完全证实。

许多研究都已证明皮质醇对海水鱼类水盐平衡起重要调节作用。如皮质醇能增强海水鱼类肠道对水和离子的吸收，增加氯细胞的数量和增强其作用；增加膀胱对水和离子的吸收；能增加海水鱼鳃上皮的离子可渗透性及激活Na^+-K^+-ATP酶，并促使离子通过鳃排出体外等。皮质醇和催乳激素作用正好相反，皮质醇促进氯细胞的增生和分化，而催乳激素阻抑氯细胞的分化形成并通过减少主动转运和离子可渗透性，减弱氯细胞的作用。

五、松果体（腺）

原始脊椎动物顶眼失去感光作用发展成为松果体或松果腺。在硬骨鱼类，松果体常常与其他组织一起形成松果体复合体，一般由松果体（终囊）、松果体柄、小松果旁体（背囊）组成；每部分都含有感光细胞、支持细胞和神经节细胞等；感光细胞和视网膜中的感光细胞相似，具有感光和分泌的功能。

鱼类松果体亦和哺乳类一样能产生褪黑激素，感光细胞是褪黑激素生物合成的主要位点，血液中褪黑激素主要来自松果体。鱼类褪黑激素的生物合成主要步骤：色氨酸首先被吸收到松果体，在色氨酸羟化酶作用下转化为5-羟色氨酸，经L-氨基酸脱羧酶作用，形成5-HT；5-羟色胺N-乙酰转移酶将5-HT转变成N-乙酰-5-羟色胺，在羟基吲哚-氧-甲基转移酶作用下形成褪黑激素。通常鱼类血液中褪黑激素含量呈现昼夜变化，即白天含量低，夜间含量高。鱼类褪黑激素合成与分泌节律主要受到光照和温度的影响，光照明显抑制鱼类松果体合成与分泌褪黑激素。

同其他脊椎动物一样，鱼类褪黑激素生理作用比较广泛，参与生殖、发育和生长等主要生理过程。褪黑激素对性腺发育的作用受到季节、光周期、水温以及年龄和性腺发育时期等因素影响。褪黑激素对鱼类下丘脑-脑垂体-性腺轴具有一定调节作用，并且这些作用还会受到血液中性类固醇激素、糖皮质激素和甲状腺激素等的影响。褪黑激素不仅可调节促黑激素分泌，还能直接作用于表皮黑色素细胞，影响皮肤色素沉积；褪黑激素可参与调节血液中血糖、催乳激素和电解质水平。

六、胰岛和胃肠道

1. 胰岛及分泌物

部分鱼类胰岛散布于胰脏内，有些硬骨鱼类胰岛组织为球状构造，位于胆囊附近（图10-9）。鱼类和其他脊椎动物一样，胰岛组织含有3个类细胞：① α细胞（A细胞），受低血糖刺激分泌胰高血糖素，它促进糖原分解，刺激糖原异生和肝脏释放葡萄糖等，促使血糖升高；② β细胞（B细胞），受高血糖及高血糖素和生长激素刺激分泌胰岛素，降低血糖水平；③ δ细胞（D细胞）生理作用并不十分清楚。

高等动物胰岛素相对分子质量为6 000左右，由21个氨基酸的A链和31个氨基酸的B链组成，它们借助二硫键接连起来。鱼类胰岛素在结构、免疫特性和生物活性方面都和哺乳类不同，表现出很大的种间特异性。胰高血糖素分子较小，含29个氨基酸，相对分子质量约为3 500，鱼类和哺乳类的胰高血糖素有不同的化学结构。

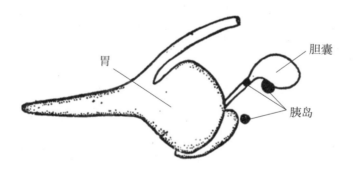

图10-9　梭鱼和鳐鱼胰岛分布情况

2. 胃肠激素

胃肠道既是消化器官，也是内分泌腺体。胃肠道激素不仅存在于消化道中，还存在于神经系统或其他组织中。广义胃肠激素包括胃肠系统所产生的以及存在于其他部位，主要以胃肠系为效应器的调节肽。目前在哺乳动物发现的胃肠内分泌细胞约有14种，不同动物胃肠道内分泌细胞种类和数量不相同。哺乳动物胃肠激素主要包括胃泌素、促胰液素、促胰酶素、抑胃肽（gastric inhibitory peptide，GIP）等。近年来还从胃肠道和脑的内分泌细胞和神经组织鉴别出10多种对消化道有生物活性的多肽。

有些学者建议将鱼类内分泌细胞分为4类：Ⅰ型细胞，胞突与消化腔有直接接触，具备腔分泌功能；Ⅱ型细胞，既有胞突与消化腔直接接触，又有胞突伸向邻近细胞，把分泌物扩散至邻近靶细胞起作用，故兼有腔分泌与旁分泌的功能；Ⅲ型细胞，无任何胞突，分泌物直接入血液，与一般内分泌细胞一样具内分泌功能；Ⅳ型细胞，只具基部胞突，故只具旁分泌功能。有胃真骨鱼类胃中有着丰富的内分泌细胞，肠道中少有分布。它们常以细胞群的形式分布于胃小凹底部、胃上皮细胞间和聚集在胃腺腺泡间，且从贲门部、盲囊部到幽门部的分布密度呈递减趋势。无胃鱼类因缺少胃腺，肠道内分泌细胞在消化过程中占有重要地位。已经在硬骨鱼消化管中定位了胃泌素、胆囊收缩素、促胰液素、高血糖素、胰胃肽、血管活性肠肽、胰多肽、神经肽Y、β-内啡肽、脑啡肽、P物质、神经降压素、生长抑素、降钙素、5-羟色胺、蛙皮素、类高血糖素共17种免疫活性细胞。在软骨鱼和圆口纲类消化管中除以上17种外，还定位了酪酪肽、α-内啡肽、胃泌素释放肽等。

胃肠激素的生理作用：胃肠激素与神经系统一起，共同调节消化器官运动、分泌和吸收功能；胃肠激素参与调节消化腺分泌和消化道运动，其靶器官包括唾液腺、胃腺、胰腺、肠腺、肝细胞、食管-胃括约肌、胃肠平滑肌及胆囊等；调节其他激素释放，如抑胃肽、生长抑素、胰多肽、血管活性肽等，对生长激素、胰岛素、胰高血糖素、胃泌素释放均有调节作用；营养作用，一些胃肠激素能刺激消化道组织代谢和促进生长。

七、其他腺体

1.鳃后体与降钙素

除圆口类以外，所有脊椎动物都具有鳃后体。在软骨鱼类，鳃后体位于围心膜和咽与食道接连腹面之间左侧，腺体由许多腺泡组成，富含微血管；在硬骨鱼类，鳃后体位于腹腔与静脉窦之间的横膈上，在食道腹方。

哺乳动物分泌降钙素，为32个氨基酸组成的直链多肽，相对分子质量约为3 600，和后叶加压素与催产素相似。鱼类鳃后体分泌的降钙素同样由32个氨基酸组成，相对分子质量约为3 400。哺乳动物的降钙素能促进Ca^{2+}沉积在骨骼内，使血钙含量降低。软骨鱼类骨骼内没有钙的沉积，许多硬骨鱼类的骨骼没有骨细胞，也就没有细胞外液的Ca^{2+}交换。对于有骨细胞的鱼类，降钙素能够明显降低血钙和磷水平。因此，在软骨鱼类和骨骼没有骨细胞的硬骨鱼类，降钙素对血钙的调节作用不是通过骨骼，而可能是通过鳃、肠或肾脏的细胞膜把体内过多的Ca^{2+}排到体外。

2.斯坦尼氏小体（corpuscle of Stannius，SC，斯氏小囊）

斯坦尼氏小体位于肾脏上或肾脏内，其数目在各种鱼类不同，由2个到50多个成对地排列在肾脏的背侧后端，或者不规则散布在肾脏背侧（图10-10），只有鲟科鱼类没有。从鱼类斯坦尼氏小体分离出来的糖蛋白在功能和免疫反应方面都和哺乳类的甲状旁腺素相似，约由100个氨基酸组成，相对分子质量都是27 000～30 000。在诱导鱼类性成熟过程中，斯坦尼氏小体的活动对于从血库中调动钙的贮存并输送到正在发育成熟的性腺中可能起重要作用。斯坦尼氏小体分泌物具有明显的低钙效果，能抑制鱼类鳃对钙的吸收。因此，PRL和斯坦尼氏小体分泌物对鳃吸收钙的调节作用可以有效地保持鱼体内钙的平衡，这对生活在海水或者钙含量高的淡水中的鱼类尤为重要。

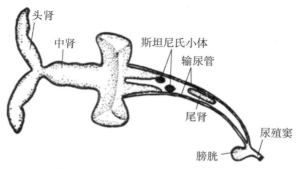

图10-10　鲫鱼斯坦尼氏小体的位置

3. 尾（下）垂体（urophysis）

尾（下）垂体是鱼类特有的神经分泌器官，又称尾神经分泌系统（caudal neurosecretory system）。尾（下）垂体的分泌细胞是变态的神经元，伸入到丰富的微血管内，分泌物集中在轴突膨大部分，轴突终止于轴突末端与微血管内皮之间的基膜附近（图10-11）。在软骨鱼类，通常有大型的

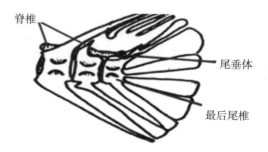

图10-11　鱼类尾垂体解剖位置

尾部神经分泌神经元，其轴突延伸到脊髓基部的微血管丛，有些种类的轴突还可到达脑膜。在大多数硬骨鱼类，神经分泌细胞的轴突伸长，微血管丛比较集中而形成裂片状的尾（下）垂体。

尾（下）垂体主要参与鱼类的渗透压调节，鱼类尾下垂体至少产生两种激素，即尾紧张素（urotensin）Ⅰ（u-Ⅰ）和Ⅱ（u-Ⅱ），硬骨鱼类尾（下）垂体还含有乙酰胆碱，其生理作用不清楚。u-Ⅰ参与鱼类渗透压调节。u-Ⅱ对鱼类有多种机能，包括加

压作用、肾小球利尿作用、尾淋巴心刺激作用、平滑肌收缩作用（血管、肠、泄殖管道）以及渗透压调节作用等。

第三节 虾蟹类内分泌器官与生理功能

甲壳纲和昆虫纲是节肢动物门中最为重要的两个纲，甲壳动物和昆虫的近缘关系决定它们的形态结构和生理特征也极为相似。近年来甲壳动物内分泌学研究的蓬勃发展，很大程度上得益于昆虫内分泌学研究所取得的成就。

一、内分泌器官

1. 大颚器（大颚腺）

甲壳动物的大颚器相当于昆虫的咽侧体，大颚器合成和分泌甲基法尼酯（MF），它是保幼激素（JH）的前体物质。一对大颚器位于大颚的背面，为椭球形实体，苍白至淡黄色；细胞间有血管和血窦，细胞内有广泛分布的光面内质网和大量的线粒体，大颚器细胞超微结构类似于脊椎动物的类固醇细胞和昆虫的咽侧体细胞。虾类性成熟大颚器的体积是未成熟的数倍，组织结构随着卵巢发育而发生周期性变化。

2. Y器官（YO）

现在已经明确，YO位于虾蟹类头胸甲前部，是甲壳动物的蜕皮腺，它们的解剖学特征具有较大的种间差异。中华绒螯蟹YO超微结构在蜕皮周期的不同阶段呈现周期性变化，蜕皮前期具有发达的光面内质网、管嵴状线粒体以及大量游离核糖体，具有类固醇激素合成特征。

3. X器官-窦腺复合体

窦腺是甲壳动物神经内分泌主要调控中心。在大多数有眼柄种类中，该器官位于眼柄，而在无眼柄种类中，窦腺位于头部近脑侧。甲壳动物眼柄上有X器官和窦腺，它们之间有纤维束相连，又同位于眼柄，通称为X器官-窦腺复合体。窦腺还通过纤维束与脑相连，窦腺本身并不产生激素，只是神经血管器，起贮藏和释放激素的功能，它由许多神经分泌细胞的轴突构成。

4. 其他内分泌器官

性腺包括卵巢和雄性腺，至今只发现软甲亚纲的种类具有雄性腺。甲壳动物头部还有两对神经血管器。一对是后联结器，为神经血管器的神经轴突末端，其神经细胞体位于食道后的联结处。后联结器的功能是释放神经激素，调控甲壳动物体色变化。另外一对是围心腺，位于环心脏的静脉腔中，是由神经轴突末端构成的。这些神经从每一胸神经节发出进入围心腔，在那儿形成围心的网状组织即围心腺。其功能是促使心脏兴奋。见图10-12。

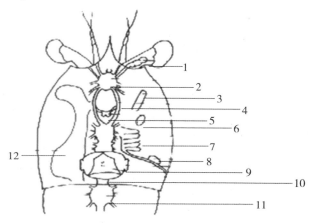

1. X器官窦腺复合体；2. 脑；3. Y器官；4. 围咽神经环；5. 后接索器；6. 大颚器；7. 精巢；
8. 促雄性腺；9. 围心器；10. 心脏；11. 腹部第一神经节；12. 卵巢。

图10-12　虾蟹类内分泌器官解剖位置图

（仿王克行，2001）

二、激素及其生理功能

1. 蜕皮与变态的内分泌调控

1987年首次从甲壳动物的血淋巴和大颚器培养液中分离纯化了MF，进一步证明大颚器是甲壳动物唯一合成和分泌MF的内分泌器官。但种间和个体间合成MF的能力相差很大。

昆虫的大颚器产生和分泌MF和极少量的JH-Ⅲ，推测JH-Ⅲ可能是MF的环氧化物。在昆虫发育过程中JH起着重要的调节作用，其中之一就是促进卵子发育，被认为是昆虫的促性腺激素。MF是一种类萜，类似胆固醇的结构。甲壳动物大颚器可能分泌一些在结构和功能上与JH相类似的激素，控制自身性腺发育。MF主要生理功能：① 促进蛋白质代谢。大颚器对雌虾肝胰腺的蛋白质合成可能具有缓慢促进过程。② 对雌雄个体生殖的作用。昆虫JH与卵巢发育和卵黄蛋白原合成有关，生殖系统发育完好的雄成蟹，大颚器合成MF的能力和血淋巴中MF滴度都很高，在一定条件下有交配行为，而性腺发育较差的雄成蟹，其各项指标都相反，说明MF对于雄性性腺发育也具有促进作用，大颚器提取物能直接促进离体卵径增大和卵巢总RNA含量升高，不同发育期卵巢对大颚器提取物反应有差异。③ 对蜕皮的作用。甲壳动物的YO相当于昆虫的前胸腺，分泌蜕皮酮。虽然在蜕皮周期中，大颚器的超微结构也呈周期性变化，但YO与蜕皮关系更为密切。MF可能调控蜕皮激素的合成，或者YO和大颚器激素合成的调控类似。④ 对变态的作用。JH的主要生理功能是调控昆虫变态，MF和一些JH类似物对甲壳动物的变态也有调控作用。蜕皮受到激素的调节是早为人们所熟知的事实。蜕皮的整个过程包括蜕去旧甲壳，个体由于吸水迅速增大，然后新甲壳形成并硬化。因此甲壳动物的个体增长在外形上并不连续，呈阶梯形，每蜕一次皮就上一个台阶。剪去眼柄可以引起早蜕皮，窦腺分泌一种蜕皮抑制激素（MIH），能防止动物蜕皮。而一旦剪除眼柄，甲壳动物血液中的蜕皮激素浓度迅速升高，导致动物提前蜕皮。MIH能显著抑制YO分泌蜕皮激素，还可逆向作用于蜕皮激素本身，调节相关组织对蜕皮激素的反应。MIH在结构上与加压素相似，受到神经递质5-HT的调节，同时还受到MIH本身对YO作用结果的影响。虾类眼柄与窦腺器官的解剖关系见图10-13。

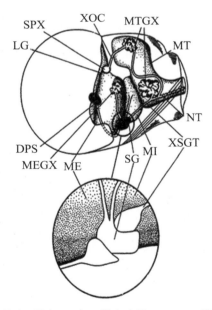

LG. 视神经层；SPX. 感觉孔X器官；XOC. 器官连丝；MTGX. 端髓神经节X器官；MT. 端髓；NT. 从头部到窦腺的神经分泌纤维束；XSGT. X器官窦腺；MI. 内髓；SG. 窦腺；ME. 外髓；MEGX. 外髓神经节X器官；DPS. 附属色素。

图10-13 锯齿瘦虾眼柄示意图（下图为窦腺放大）

（仿蔡生力，1998）

2. 繁殖内分泌调控

与甲壳动物繁殖相关的第一种激素是由窦腺分泌的性腺抑制激素（GIH）。GIH既无种类特异性，也无性别特异性，既抑制卵巢发育，也能抑制雄性精巢发育成熟。GIH的作用可能是阻止卵细胞吸收卵黄蛋白。另一种与甲壳动物繁殖相关的神经激素是脑和胸神经节分泌的性腺刺激激素（GSH）。该激素的含量在生殖期的雌体中最高，预示着对起动卵黄蛋白合成的重要性。X器官窦腺复合体释放许多重要神经肽激素，调控甲壳动物蜕皮、生殖、血糖平衡和体色变化等生理功能。雄性腺不仅调控雄性生殖系统的性分化，还决定了生殖系统的功能发挥和第二性症发育。

作为脊椎动物生殖激素的类固醇激素，如孕酮、雌二醇、睾酮近些年来在甲壳动物中也受到普遍关注，尤其是对一些具有较高养殖价值的种类，如对虾、沼虾、龙虾、蟹类等。类固醇激素与生殖的关系研究颇多，利用生物检测、色谱技术、放射免疫等方法已在众多甲壳动物中检测到了孕酮、雌二醇、睾酮。推测孕酮是由大颚腺分泌的，在生殖季节可转化为雌二醇。与脊椎动物相似，雌二醇是调控虾类性腺发育的重要激素。有报道认为一定浓度的蜕皮激素对甲壳动物卵巢的生成是必需的，其血液中浓度的周期性变化与卵巢发育相关联。

大量的研究报道证实，在甲壳动物血清中的JH及其类似物或通过外源注射JH及其类似物对甲壳动物卵巢发育有促进作用。大多数甲壳动物大颚腺合成结构类似JH的MF，而且MF的浓度变化与蟹类的卵巢发育密切相关，进入血液后可以转化为JH，但其作用机制尚不十分清楚。

本章思考题

（1）鱼类的内分泌器官与高等动物相比有何区别和联系？

（2）简述鱼类生长发育的内分泌调节机制。

（3）简述虾蟹类的内分泌器官及其功能。

主要参考文献

蔡生力. 甲壳动物内分泌学研究与展望［J］. 水产学报，1998，22（2）：155-161.

陈守良. 动物生理学［M］. 3版. 北京：北京大学出版社. 2005.

林浩然. 鱼类生理学［M］. 2版. 广州：广东高等教育出版社. 2007.

刘筠. 中国养殖鱼类繁殖生理学［M］. 北京：农业出版社，1993.

王克行. 虾类健康养殖的理论与技术 ［M］. 北京：科学出版社，2008.

魏华，吴垠. 鱼类生理学 ［M］. 2版. 北京：中国农业出版社. 2011.

温海深. 水产动物生理学 ［M］. 青岛：中国海洋大学出版社，2009.

杨秀平. 动物生理学 ［M］. 3版. 北京：高等教育出版社. 2016.

Dall，W. 对虾生物学 ［M］. 陈楠生，译，青岛：青岛海洋大学出版社，1992.

Bromage N, Porter M, Randall C. The environmental regulation of maturation in farmed finfish with special reference to the role of photoperiod and melatonin ［J］. Aquaculture, 2001, 197: 63-98.

Goos H J Th, Bosma P T, Bogerd J, et al. Gonadotropin-releasing hormone in African catfish: molecular forms, localization, potency and receptor ［J］. Fish Physiol. Biochem. 1997, 17: 45-51.

Lin H R, Peter R E. Hormones and spawning in fish ［J］. Asian Fisheries Science, 1996, 9: 21-33.

第十一章

繁殖生理学

所有的鸟类、绝大多数的两栖类、爬行类、鱼类、无脊椎动物，均营卵生的生殖方式。卵生可分为2类：产卵细胞的卵生（ovuliparity）和产受精卵的卵生（oviparity）。前者通常为体外受精，雌雄个体分别将卵细胞、精子排出体外，精卵于水中结合受精；卵生雌性动物的卵子和雄性动物的精子结合。后者通常为体内受精，成为受精卵，卵细胞在母体内受精，受精卵由母体产出后，在体外孵化，成为新个体。本章概述典型卵生硬骨鱼类、水生甲壳动物、水生双壳和单壳贝类、头足类、海参等重要经济水产动物繁殖特征，为深入研究其生理机制奠定基础。

第一节　卵生硬骨鱼类繁殖生理学

动物繁殖（reproduction，生殖）是保证种族延续的各种生理过程的总称，包括生殖细胞形成、交配、受精、胚胎发育等重要事件。大部分硬骨鱼类为雌雄异体，软骨鱼类和部分硬骨鱼类中也有雌雄同体现象，还有行孤雌生殖（parthenogenesis）的。鱼类的生殖器官包括主性器官和副性器官。主性器官一般为性腺，雄性称为精巢（睾丸），雌性称为卵巢，它们既是产生生殖细胞的场所，也能分泌性激素，属于内分泌器官。副性器官也是生殖过程所必需的，大多数鱼类的雌性副性器官为输卵管和产卵管，雄性的为输精管和交接器等。副性器官和副性特征的发育有赖于性腺内分泌作用。

大多数鱼类的生殖活动都有明显的季节性变化规律，部分鱼类常年连续繁殖。通常情况下，温带地区的鱼类在春夏之交繁殖，冷水性鱼类在秋季繁殖，热带地区的鱼类在雨季繁殖。各种鱼类生殖周期的精确时间性能够保证幼鱼得到适宜的生存环境和饵料条件。事实上，许多鱼类生理活动过程的内在周期性是对季节性暗示（cue）的反应，在各种环境因子中，光周期、温度和降雨对鱼类生殖的周期性活动最为重要。温带的鲤科鱼类，温度可能是最主要的调节生殖周期的环境因素；冷水性鲑科鱼类，光周期变化对生殖周期起着重要作用。鱼类生殖周期的机理可能是多种多样的，目前只对部分鱼类进行过系统研究。

一、性腺的机能形态学

根据性腺发育周期的不同，按卵子发生模式把卵巢分为3种类型。第一种为完全同步性型（complete synchronic）卵巢：卵巢中含有的卵母细胞都处于相同发育阶段，通常一生中只产卵一次就死亡，如溯河性的大西洋鲑和大麻哈鱼属（Oncorhynchus）及下海产卵的欧洲鳗鲡。第二种为部分同步型（partial synchronic）卵巢：卵巢至少由两种不同发育阶段的卵母细胞组成，如黑光鲽（Liopsetta obscura）、虹鳟和石鲽（Kareius bicoloratus），生殖季节相当短。第三种为非同步型（asynchronic）卵巢：卵巢内含有各个发育阶段的卵母细胞，如褐牙鲆（Paralichthys olivaceus）、青鳉（Oryzias latipes）和鲫鱼。这些鱼一般有较长的繁殖季节，并能进行多次产卵。

（一）性腺分化

鱼类性腺发育一般要经历一个性腺发生、分化与成熟的过程，最终形成精巢或卵巢。鱼类的性细胞起源于胚胎时期的原始生殖细胞（PGC），PGC经过增殖、迁移，抵达生殖嵴，并与其共同构成原始性腺。PGC不断分裂和分化，进一步形成成熟的性细胞，鱼类性腺也达到成熟。在性腺发育过程中，类固醇激素及其相关芳香化酶类发挥重要的生理作用，芳香化酶类调节产生不同种类和不同水平的类固醇激素，这些激素与其特异性受体结合，调控性腺向精巢或者卵巢发育。

1. 性腺分化类型

硬骨鱼类性腺没有双重起源，再加上鱼类生活环境千差万别，决定了鱼类性别分化类型多种多样。硬骨鱼类的性分化有许多种类型，根据性腺功能可分为2种：一种是卵巢和精巢同时分化型，即性腺发育成熟后，仅含有精巢或卵巢，这种类型的鱼最为常见；另一种是指鱼类达到性成熟后同时具有功能的精巢和卵巢，雌性先成熟或雄性先成熟，然后部分鱼类发生性反转，例如，驼背大麻哈鱼（*Oncorhynchus gorbuscha*）、金头鲷、石斑鱼属、黑鲷、黄鳝。Yamamoto根据性别稳定性又将雌雄异体分为分化型和未分化型两种类型，在分化型雌雄异体鱼类，中性的性腺先发育成一种卵巢样的性腺，然后约半数的个体发育成雄性，其他的发育成雌性。这种性分化类型中，可以看到大量的两性个体。例如，真鲅（*Phoxinus phoxinus*）、虹鳟、欧洲鳗鲡；半滑舌鳎在性腺发育过程中未发现有同时具有精巢和卵巢或者兼有精巢和卵巢特征的性腺的个体出现，属于雌雄异体的分化型鱼类。在未分化型雌雄异体鱼类，鱼类的性腺直接发育成精巢或者卵巢。包括青鳉、圆鳍鱼（*Cyclopterus lumpus*）、银大麻哈鱼、鲤鱼、大口黑鲈等。在分化类型的种类中，自然的两性鱼和零星的性反转都不大可能发生，也就是说，分化类型的种类性别是更稳定的。

2. 性腺分化时间

性别在细胞学上分化的时间随鱼的种类和性别不同而异，一般以生殖细胞进入成熟分裂前期作为性别细胞学分化的判断指标，绝大多数雌鱼性腺的细胞分化早于雄鱼。青鳉雌鱼在胚胎时期出现原始生殖细胞，性别分化发生在孵化阶段。虹鳟精小叶的形成出现在受精后250 d；莫桑比克罗非鱼（*Oreochromis mossambicus*）的卵巢分化发生在孵化后20 d，此时可以观察到生殖细胞的成熟分裂和卵巢腔的形成；黑口新虾虎鱼（*Neogobius melanostomus*）在孵化后15～20 d性分化，此时性细胞呈分裂初期的结合期和粗丝期；黑海鲻（*Liza saliens*）在孵化2～3个月后才性分化。对于比目鱼的研究表明，条斑星鲽（*Verasper moseri*）在全长为35.0 mm时性腺开始分化，褐牙鲆在全长为15.0～30.0 mm时性腺开始分化，庸鲽（*Hippoglossus hippoglossus*）在全长为38.0 mm时性腺开始分化。半滑舌鳎精巢的分化晚于卵巢的分化，这和其他鱼类性分化规律一致，全长为35.5 mm时（孵化后80 d），精原细胞开始快速有丝分裂，性腺开始增大；全长为45.0 mm时（孵化后100 d），开始出现精小管原基，精巢分化开始；全长为62.0 mm时（孵化后150 d），观察到精小叶，精小管等结构，同时出现精母细胞，精巢完全分化；全长为76.3 mm时（孵化后190 d），进入成熟发育期。对于绝大多数硬骨鱼类而言，早期精巢分化，首先表现为输出导管形成，生殖细胞的成熟分裂发生在孵化后50～60 d。

3. 原始性腺的形成

对于大多数动物来说，生殖细胞并非是在胚胎发育的后期才在生殖腺中产生，而是在胚胎发育之初就与体细胞分开了，那时它被称为PGC。随着卵裂的进行，PGC通过不同的途径逐渐迁入正在发育着的生殖腺，随后与它共同分化为精巢或者卵巢。

鱼类PGC起源的具体部位不确定，而且不同鱼类的PGC在胚层分化过程中所处的位置不同，多数学者认为，在原肠形成后，鱼类PGC从发生部位迁移至生殖嵴主要有3种方式：其一是PGC沿着脏壁中胚层从肠道膜侧迁移到背面的生殖嵴，以这种方式迁移的有泥鳅、小体鲟、底鳉属等，半滑舌鳎PGC沿着腹腔的后端向生殖嵴方向移动；其二是沿着体壁中胚层通过体节迁移到生殖嵴，以青鳉、食蚊鱼属（*Gambusia*）、新目鱼属为代表；其三是借助血液循环迁移。

鱼类PGC迁移的机制并不完全清楚，有学者认为鱼类PGC的迁移与其周围组织细胞的推动有关，PGC在迁移时受到周围组织细胞的推动，表现出被动的迁移。另有些学者在PGC表面观察到伪足形成，认为这是PGC主动迁移的标志。PGC迁移到生殖嵴后，共同形成原始性腺，原始性腺中多数为体细胞，分布少量的PGC。原始性腺形成之初，发育缓慢，至个体发育至一定阶段，原始性腺开始快速有丝分裂，逐渐形成两种类型的性腺：精巢和卵巢。革胡子鲇PGC是以阿米巴运动方式从内胚层迁移到体壁中胚层的，在体壁中胚层与生殖嵴共同构成原始性腺；莫桑比克罗非鱼的原始性腺由1~2个PGC与体细胞共同构成，体积大的原始性腺未来倾向于分化成为卵巢，而体积小的则倾向于形成精巢。

4. 鱼类性腺分化的标志

鱼类的性分化在两个层次上进行，一是解剖学上的分化，二是细胞学上的分化。

解剖学方面，生殖腺的形态作为性分化标志的有外部形态：卵巢腔的形成、精细小管和微血管的位置等。当微血管位于生殖腺的中央时，该生殖腺有向卵巢分化的趋向；当微血管位于生殖腺的基部时，该生殖腺有向精巢分化的趋向。

细胞学方面，包括从原始的生殖细胞向卵原细胞和卵母细胞或者精原细胞和精母细胞的减数分裂分化，及其生殖细胞的早期发生、密度和出现时间。一般认为，细胞学上作为分化标志的是减数分裂的开始，但很多鱼类个体发育到生殖细胞减数分裂要经历一个较长的时期。

对革胡子鲇的研究表明：PGC中的形态结构与性别有直接联系，向精原细胞分化的PGC，生殖质的线状结构多于颗粒结构，而向卵原细胞分化的PGC，其生殖质的颗粒结构多于线状结构。罗非鱼属鱼类，性腺解剖学上的分化先于其细胞学上的分化，而有些鱼类，细胞学上的分化先于其性腺解剖学上的分化。细胞学上的分化通过染色体鉴定；出现减数分裂染色体和其他的细胞特征，则通过解剖学特征来描述性分化时期。大多数比目鱼，如褐牙鲆、条斑星鲽、庸鲽、大菱鲆、漠斑牙鲆、半滑舌鳎，形成卵巢腔被认为是性分化开始的可靠证据。

5. 鱼类性分化中的类固醇激素

鱼类PGC从卵黄囊内层迁移到原始性腺的过程业已表明，性别决定和性腺发生的早期事件是需要细胞之间的相互作用的。性腺随后的生长和分化过程也通过内分泌系统控制和与非邻近组织的交流。性分化的内分泌调控包括脑和性腺之间一系列相互作用，这些作用是通过脑垂体产生促性腺激素以及脑和性腺产生的类固醇激素实现的。

类固醇激素不仅对生殖细胞的发育具有直接的影响，而且作为一种内分泌激素影响到性分化过程中起作用的其他细胞类型和组织。这种多层次的控制是非常复杂的，包括内部和外部因素通过生物化学、神经学和生理学方式影响性腺的发育进程。

大量的研究表明，性类固醇激素是性分化自然诱导者，雌激素是鱼类的雌性化诱导者，雄激素是雄性化的诱导者。在性分化之前的中性期，注射性类固醇激素导致多种鱼类的不同程度的性逆转现象。这说明性类固醇激素在鱼类性分化过程中发挥着极为重要的作用。在雌鱼体内发现比雄鱼高得多的雌二醇水平，认为雌二醇是诱导并保持卵巢发育最为重要的类固醇激素。在雄鱼体内发现了睾酮和11-酮基睾酮（11-ketotestosterone，11-KT），其中11-酮基睾酮是精巢发育的主要诱导因子。

（二）鱼类精巢发育

性腺是鱼类机体的重要组成部分，是鱼类繁殖的基础，直接关系着鱼类生长发育、繁殖性能等重要的生命活动，性腺发育又是其种群和野生鱼类资源稳定的基础。鱼类的生殖方式有多种，但其性腺的组织形态、发育分期和机能分化都有着共同的特征和规律。大部分硬骨鱼类的精巢为一对延长的器官，附着在体腔背壁上，精巢的向后延伸部分形成输精管，终止在直肠和输尿管之间的生殖乳突上。硬骨鱼类精巢与哺乳动物一样，由间质和小叶（或小管）组成，间质位于小叶之间，由间质细胞、成纤维细胞和血管、淋巴管组成。小叶（或小管）具有两种类型的细胞，即生殖细胞和构成小叶边缘的体细胞。

根据精子发生的模式，可将鱼类精巢分成两种基本类型，小叶型（lobular type）和小管型（tubular type）。小叶型精巢为绝大部分硬骨鱼类所有，其精巢由许多被结缔组织分隔成的小叶组成，小叶中的原始精原细胞经历若干次有丝分裂，形成含有数个精原细胞的生精小囊。在成熟过程中，一个生精小囊中的所有生殖细胞大致都处于相同的发育阶段，随着精子发生到精子形成，生精小囊不断扩大，最后破裂，精子被释放进入与输精管相连接的小叶腔。管型结构的精巢，即小管型。属这种类型的为花鳉科（Poeciliidae）鱼类，这种精巢为许多小管规则地排列在外端固有膜和中央腔之间，原始精原细胞仅位于小管近盲端部分，随着精子发生到精子形成，生精小囊逐渐向中央腔方向移动，成熟精子被释放入与输精管相连接的中央腔。这种类型的精巢不存在相当于小叶腔的结构。

（三）鱼类卵巢发育

大部分硬骨鱼类的卵巢为一对中空的囊状器官，卵巢腔实际上是体腔的隔离部分，卵巢腔的后端延伸形成输卵管。硬骨鱼类的输卵管与卵巢腔直接联合，这在其他脊椎动物是没有的。成熟的卵直接落入卵巢腔，通过输卵管由泄殖孔排出。鲑鳟鱼类和鳗鲡等鱼类的输卵管退化，成熟的卵子落入腹腔，经生殖孔排出，雄鱼仍有腹膜形成的输精管，连接精巢和泄殖孔。

鱼类卵巢由卵原细胞、卵母细胞以及外围的滤泡细胞、支持细胞、基质、血管和神经组织组成。在早期发育阶段，每个卵母细胞的外周被一层不连续的滤泡细胞包围。由于卵母细胞不断生长，滤泡细胞增殖并形成一层连续的滤泡细胞层（颗粒细胞层）之后，由结缔组织形成滤泡膜的外层（鞘膜层）。所以卵黄发生期的卵母细胞由两个主要的细胞层包围着，即鞘膜层和颗粒层，两层之间由基膜将它们分开。鞘膜层含有成纤维细胞、胶原纤维和毛细血管，一些鱼类的鞘膜层还含有特殊鞘膜细胞；颗粒层则由排列紧密的单层柱状上皮细胞组成。

二、性类固醇激素及其生理作用

（一）产生性类固醇激素的组织

早年用生物化学方法已证明一些硬骨鱼类的性腺组织，具有合成各种类固醇的能力。近年来由于特异放射免疫测定技术和离体培育技术的发展，应用哺乳类促性腺激素和鱼类促性腺激素刺激性腺组织产生性类固醇，进行了定量研究，加之各种形态学方法，如组织化学方法和电镜技术，证明了各种与类固醇激素生物合成有关的酶类和性腺类固醇合成的组织。

1. 精巢的内分泌组织

（1）间质细胞。间质细胞通常单个或成群地分布在硬骨鱼类精巢小叶之间的间质中，半滑舌鳎的间质细胞分布在精巢的周边部分。组织化学证明，一种与类固醇激素合成有关的酶类——3β-羟-△5-类固醇脱氢酶（3β-hydroxy-△5-steroid dehydrogenase，3β-HSD）存在于多种硬骨鱼类的间质细胞中，表明硬骨鱼类间质细胞具有类固醇合成细胞的典型超微结构特征：细胞大，呈多边形，具有广泛伸展的光滑内质网和具管嵴的线粒体。还发现鳉间质细胞的出现早于精原细胞的分化。处于性分化期间的尼罗罗非鱼，精巢间质细胞可凭借超微结构的特征被鉴定出来。

未成熟的日本鳗鲡的间质细胞在人绒毛膜促性腺激素的刺激下，细胞明显增大，线粒体和光滑内质网增加；人绒毛膜促性腺激素同样也能引起欧洲鳗鲡精巢间质细胞的形态学变化和增加类固醇激素的分泌。因此，认为间质细胞与哺乳动物的Leydig's细胞同源，是合成雄性激素的主要场所。

（2）小叶界细胞或足细胞（lobule boundary cells or Sertoli cells）。小叶界细胞又称为支持细胞或Sertoli氏细胞，硬骨鱼类的小叶界细胞一般构成精巢小叶和小管的内壁（图11-9）。硬骨鱼类的小叶界细胞通常与精子细胞或正在发育中的精子靠得很近，因此又沿用哺乳动物精巢中足细胞的名称。组织化学研究证明，底鳉、虹鳟、莫桑比克罗非鱼的小叶界细胞具有3β-HSD的活性。但大多数硬骨鱼类的小叶界细胞的超微结构表现出与吞噬作用以及与代谢物质的转运有关。然而在某些鱼类的小叶界细胞中具有合成类固醇激素的典型超微结构特征，但线粒体的管嵴和光滑内质网的发达程度远远不及间质细胞，而细胞质中却含有较多的脂滴。一般认为小叶界细胞的活动与类固醇激素的合成有关，但主要功能是吞噬以及代谢物质转运。

2. 卵巢的内分泌组织

一般认为卵巢的基质细胞（stromal cell）、鞘膜细胞和颗粒细胞（granulosa cell）具有合成类固醇激素的能力，这种能力根据种类的不同和生殖细胞发育阶段的不同而有差异。

（1）排卵前卵泡。颗粒细胞位于卵母细胞放射膜的外缘，排列紧密，形成单层的细胞层。组织化学研究证明网纹花鳉、大头鲻、罗非鱼、刺鳊、青鳉、黄鳝、虹鳟、泥鳅的颗粒细胞具有3β-HSD活性。大头鲻、网纹花鳉和金鱼的颗粒细胞具有17β-羟类固醇脱氢酶（17β-HSD）活性。但是超微结构特征并不能支持组织化学的结论，因为这些细胞具有与蛋白质合成有关的特征。但也具有一些含管嵴的线粒体和少量的光滑内质网，在性周期过程中，管嵴线粒体和光滑内质网的数量可以增加，从而认为颗粒细胞具有间断性的类固醇合成作用。

特殊鞘膜细胞（special thecal cell）外周具有由结缔组织构成的鞘膜细胞层，颗粒层与鞘膜层之间由基膜分隔开。鞘膜层又分鞘膜内层和鞘膜外层两部分，特殊鞘膜细胞分散于内层中，一般较其他细胞大，通常位于毛细血管附近，成丛分布。大多数鱼类，在繁殖周期的不同阶段，卵巢鞘膜层的某些细胞具有3β-HSD的活性。卵黄发生期开始，该酶的活性最强，当卵母细胞达到成熟时，该酶的活性明显下降。而虹鳟的鞘膜细胞，在卵母细胞成熟和排卵时，3β-HSD的活性最强。硬骨鱼类的特殊鞘膜细胞具有较典型的合成类固醇激素的超微结构特征，具有管嵴的线粒体和光滑内质网。

（2）排卵后卵泡。某些硬骨鱼类的早期排卵后卵泡，其鞘膜层具有丰富的血管，颗粒细胞肥大，而且发现在特殊鞘膜细胞和颗粒细胞中都有3β-HSD的活性。排卵后卵泡组织学与组织化学的研究表现为一致性，并与哺乳动物的黄体很相似，因此认为排卵后卵泡具有合成类固醇激素的能力。这种合成类固醇激素的活动持续的时间在各种鱼类却是不一致的。实验证明，在促性腺激素刺激下，离体的马苏大麻哈鱼的早期排卵后卵泡有合成和分泌孕酮、17α-羟孕酮（17α-hydroxyp-ogesterone）、睾酮和17α,20β-双羟孕酮的能力；而晚期的排卵后卵泡则不具有合成类固醇激素的能力。但无论是早期的还是晚期的排卵后卵泡都无合成雌二醇的能力。

（二）鱼类的性激素种类

电镜超微结构、组织酶化学和生物化学研究资料证明，鱼类性腺能合成多种性激素，性激素的化学本质是类固醇，所有类固醇分子都具有共同的母核结构（环戊烷多氢菲）。在环上常连接一些基团，加之空间构型不同，生物活性也存在差异。类固醇的核心结构为4个环，依次以A、B、C、D表示。

1. 鱼类卵巢合成的主要类固醇激素

鱼类卵巢能合成孕激素、雄激素和雌激素，也能合成皮质类固醇激素。

（1）孕激素：为含有21个碳原子的类固醇激素。鱼类中发现的孕激素主要有孕酮、17α-羟孕酮、17α,20β-双羟孕酮。孕酮和17α-羟孕酮由卵泡的特殊鞘膜细胞合成和分泌，17α,20β-双羟孕酮由卵泡的颗粒细胞合成和分泌。最新的研究发现，17α,20β,21-三羟孕酮（20β-S）在海水鱼类生殖调节中发挥重要作用。

（2）雄激素：为含有19个碳原子的类固醇激素。鱼类卵巢能合成的主要雄激素为脱氢表雄酮（dehydroepiandrosterone，DHEA）、雄烯二酮（androstenedione，AED）、睾酮、11-酮基睾酮。雄激素是合成雌激素的前身物，而睾酮可能还与雌鱼的第二性征发育和性行为有关，因此雌鱼血液中的睾酮浓度相当高。雄激素都由卵泡特殊鞘膜细胞合成。

（3）雌激素：为含18个碳原子的类固醇激素，A环为苯环结构。鱼类卵巢能合成的主要雌激素是雌二醇。以雌二醇活性最强，雌酮次之。雌激素都由卵泡颗粒细胞合成。

（4）皮质类固醇激素：为含有21个碳原子的类固醇。鱼类卵巢分泌的主要皮质类固醇是11-脱氧皮质类固醇，如11-脱氧皮质酮和11-脱氧皮质醇。

2. 鱼类精巢合成的主要类固醇激素

（1）雄激素。鱼类精巢除了能合成脱氢表雄酮、雄烯二酮和睾酮外，另一种十分有效的雄激素是11-酮基睾酮，是硬骨鱼类主要的雄激素。

（2）雌激素。一般认为，雌激素只在雌性个体中发挥作用，而雄性动物中只有雄激素及其受体才具有生理作用。但是，近年来的研究结果证实，雌激素及其受体在雄性动物也具有重要的生理功能。男性生殖系统中，至少有3类细胞产生雌激素，即Sertoli氏细胞、Leydig's细胞和生殖细胞。尽管睾酮是男性最基本的性类固醇激素，但在睾丸网和脑中，男性的雌激素含量甚至高于女性，说明它具有重要的生理功能。与雌性个体一样，细胞色素P450芳香化酶是将雄性动物T转化为E_2的唯一酶类。对硬骨鱼类的研究表明，雌激素在雄鱼体内也发挥重要作用，但机制不十分清楚。

（3）孕激素。在虹鳟和马苏大麻哈鱼排精时期的血浆中，发现随着精子的产生，$17\alpha, 20\beta$-双羟孕酮的含量明显升高。$17\alpha, 20\beta$-双羟孕酮在雄鱼中的作用尚不清楚，一些学者认为可能与精子的水化作用有关。

（三）性类固醇激素的生物合成

1. 性类固醇激素生物合成途径

包括肾间腺分泌的皮质类固醇在内，合成所有类固醇激素的原料是胆固醇，胆固醇是从乙酸合成的。也就是说胆固醇是各种类固醇激素生物合成的前身物。主要步骤：① 胆固醇转变为孕烯醇酮。在线粒体中，在$C_{20\sim22}$裂解酶的作用下完成。② 孕烯醇酮在滑面内质网中经过3-羟脱氢酶和5,4异构酶的作用，形成孕酮。也可以通过17-羟化酶作用转变成17-羟孕烯醇酮。③ 孕酮或17-羟孕烯醇酮转变成皮质激素。

在肾上腺皮质，孕酮经过21-羟化酶的作用形成11-脱氧皮质酮，再经过11-羟化酶的作用生成皮质酮；皮质酮经过18-羟化酶作用生成18-羟皮质酮，再经过18-羟脱氢酶的作用转变成醛固酮。孕酮经过17-羟化酶作用形成17-羟孕酮，再经过21-羟化酶的作用生成11-脱氧皮质醇，后者在11-羟化酶作用下转变成皮质醇。在性腺中，孕酮经过17-羟化酶的作用生成17-羟孕酮，再经过$C_{17\sim20}$裂解酶变成雄烯二酮。后者在17-酮皮质类固醇还原酶作用下生成睾酮，它经过芳香化酶的作用转变成雌二醇。合成途径见图11-1。

2. 双层细胞型模式合成雌二醇和$17\alpha, 20\beta$-双羟孕酮

（1）雌二醇的合成模式。近年来应用离体技术，采用卵黄发生期卵巢滤泡的制备物证明了合成E_2的确切部位：① 完整无损伤的卵泡（包括卵母细胞和外包的滤泡层）；② 鞘膜细胞层；③ 颗粒细胞层和放射带；④ 鞘膜细胞层-颗粒细胞层联合培育。

在细胞层培养液中加入鲑促性腺激素，结果显示，鲑促性腺激素仅刺激完整卵泡和鞘膜细胞层-颗粒细胞层产生雌二醇，而单独刺激鞘膜细胞层、单独刺激颗粒细胞层

都不产生雌二醇。将预先用鲑促性腺激素培育分离的鞘膜细胞层的培养液培育分离的颗粒细胞层，这时分离的颗粒细胞层便产生大量雌二醇。实验结果说明，在鲑促性腺激素刺激下，两层细胞（鞘膜细胞层和颗粒细胞层）对雌二醇的合成是必不可少的。而睾酮可以在促性腺激素刺激下，单独由分离的鞘膜细胞层产生，若用雄烯二酮和睾酮为底物，则可使颗粒细胞层产生大量雌二醇，而用17α-羟孕酮作底物产生的雌二醇则较少。

由此提出，双层细胞型是产生卵泡雌激素的基本模式，鞘膜细胞层在促性腺激素的作用下，是生物合成雄激素的场所，雄激素（包括雄烯二酮和睾酮）再被运送到颗粒细胞层。在颗粒细胞层被芳化成雌二醇（图11-1）。同时进一步证明马苏大麻哈鱼和虹鳟的颗粒细胞中存在芳化酶和17β-羟类固醇脱氢酶的活性。哺乳动物雄激素的合成也有类似的模式；鸡类则不同，颗粒细胞合成孕酮或睾酮，而后由鞘膜细胞将其转化成雌激素。这是进化中很有趣的现象。

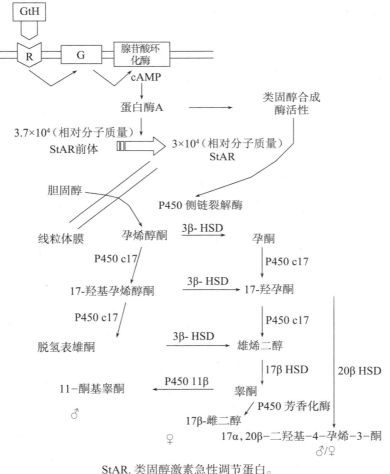

StAR. 类固醇激素急性调节蛋白。

图11-1 硬骨鱼类固醇激素合成的总体过程

（温海深和齐鑫，2020）

（2）诱发成熟类固醇激素（MIS）的合成模式。已证明鲑鳟鱼类的诱发成熟类固醇激素是17α, 20β-双羟孕酮，该激素在促性腺激素刺激下，在卵泡的颗粒细胞中合成。用充分生长（卵黄积累完成）的卵巢滤泡做成以上4种制备物，促性腺激素明显刺激鞘膜细胞层-颗粒细胞层联合培养制备物产生17α, 20β-双羟孕酮，说明17α, 20β-双羟孕酮的合成，也具有双层细胞型模式的作用原理。而17α-羟孕酮是转化成17α, 20β-双羟孕酮的前体物质，可在鞘膜细胞层中合成，转运到颗粒细胞层中后，被转化成17α, 20β-双羟孕酮。

（四）类固醇发生和活性的调节

1. 类固醇发生的调节

（1）垂体促性腺激素的作用。切除垂体后抑制了第二性征发育，而已知第二性征是由性类固醇激素诱发的，由此说明，类固醇发生受垂体因子活动的调节。无论是注射垂体粗提取物还是纯化的促性腺激素，都能刺激精巢或卵巢中3β-HSD活性增强，血液中雌二醇、17α, 20β-双羟孕酮、睾酮、11-酮基睾酮的浓度上升。卵巢、精巢的离体研究，直接证明了促性腺激素能刺激性类固醇合成和分泌。哺乳动物的促性腺激素和羊促黄体激素，也都能增强3β-HSD和17β-HSD的活性，提高血液中性类固醇激素的浓度，而羊促卵泡激素的作用较弱。促性腺激素对性腺类固醇激素合成的调节，和其他促激素一样是通过环-磷酸腺苷（cAMP）的增加加速胆固醇转变成某种类固醇。鱼类卵母细胞发育调节模式见图11-2。

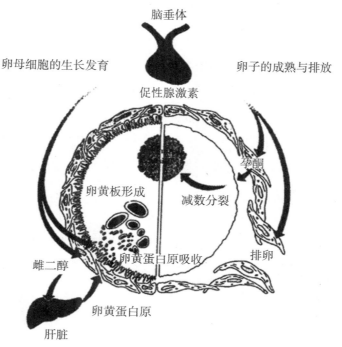

图11-2　硬骨鱼类卵母细胞发育与成熟的内分泌调节

（2）类固醇激素的作用。类固醇可指导其本身的代谢作用，向着合成某种激素的方向进行。类固醇在生物合成的代谢活动中，或作为一种前身物，或对酶活性进行调节。在虹鳟离体卵泡试验中，睾酮能增加促性腺激素诱发17α，20β-双羟孕酮合成的作用，而雌二醇有抑制促性腺激素诱发17α，20β-双羟孕酮合成的作用。这一结果说明，在促性腺激素诱发卵母细胞成熟时，类固醇激素与促性腺激素有协同作用。

2. 类固醇活性的调节

（1）降解代谢。类固醇主要在肝脏降解成无活性的产物，然后随尿排出。在未成熟的欧洲鳗鲡，睾酮和雌二醇的半衰期较长，分别为11.5 h和50.6 h。在虹鳟雌鱼，雌二醇的清除率随着卵巢的发育而延长。活性降解主要通过类固醇的结合作用而实现。一种从斑马鱼卵巢中分离提取出来的类固醇-葡糖苷酸组分，对雄鱼有引诱作用。

（2）性类固醇结合蛋白。类固醇激素进入血液，即与血浆中的血浆蛋白结合，这种类固醇结合蛋白对睾酮和雌二醇有很高的亲和力。和在其他脊椎动物中一样，类固醇激素与血浆蛋白的可逆结合可以降低类固醇激素的生物活性，因为呈结合状态的类固醇是无生物活性的，只有呈游离状态的类固醇才具有激素的生物活性。因此，当用血浆代替平衡盐溶液作为培养液时，将降低诱发成熟类固醇激素（17α，20β-双羟孕酮）对卵母细胞的活性。

3. 环境因子对类固醇分泌的调节

温度可直接影响类固醇分泌。虹鳟和金鱼的研究证明，随着温度的升高，11-酮基睾酮和17α，20β-双羟孕酮的合成与分泌增加，具有对温度的依赖性。光周期变化通过下丘脑-垂体轴对虹鳟血浆雌二醇水平和雄鱼血浆睾酮进行调节。

（五）性腺类固醇激素的生理作用

各种性类固醇激素的机能是不同的，主要有3方面：第一是刺激性腺发生和发育，包括生殖导管的发生和维持以及配子的发生；第二是刺激第二性征发育和性行为的发生，当配子发育到准备受精的阶段，性类固醇激素的作用诱使两性聚集在一起以保证受精顺利进行；第三是对垂体促性腺激素具有反馈作用，从而维持性类固醇激素调节的正常生理机能。

1. 雌激素的生理作用

（1）促使未成熟性腺发育。3~5个月龄的虹鳟，在卵巢类固醇发生细胞中检测到有关孕激素合成酶的活性；7个月龄时已有芳化酶活性，但这时血浆中雌激素的含量还很低。而到13个月龄时，能测得较高的血浆雌激素含量。当连续两次注射含糖蛋白的促性腺激素后，幼年雌鳟血浆中睾酮和雌二醇含量上升，所以在幼年卵巢中较早地表现出类固醇合成能力和对促性腺激素刺激的敏感性。

（2）影响成年鱼性周期。目前认为雌激素在卵黄发生前的生理意义是刺激性腺的再复发，有刺激卵原细胞增殖的作用。进入卵黄发生期，主要是血浆雌二醇水平上升，这与卵黄发生期卵母细胞的生长相关，雌酮水平略低于雌二醇。该时期内雌二醇的主要作用是刺激肝脏合成卵黄蛋白原，即卵黄蛋白的前身物。雌激素通过调节碳水化合物和脂类的代谢参加卵黄蛋白原的合成。而卵母细胞吸收卵黄蛋白原的作用是由于促性腺激素的作用而完成的。使用外源雌二醇、雌酮和雌三醇能刺激去垂体金鱼的卵母细胞中出现卵黄泡。

（3）雌激素对垂体促性腺激素的反馈作用。雌二醇能刺激银鳗垂体促性腺激素细胞发育和刺激未成熟虹鳟垂体中促性腺激素含量增加，呈现出正反馈作用。鲤鱼血清中雌二醇浓度、垂体促性腺激素含量和血清促性腺激素浓度周年变化的研究，也说明雌二醇有刺激垂体合成促性腺激素的正反馈作用；而抑制此时促性腺激素分泌，血清中促性腺激素浓度很低，呈现负反馈作用。雌二醇对促性腺激素分泌的负反馈作用还明显地表现在性周期的后期，卵母细胞成熟和排卵前，血浆雌二醇水平明显下降，排卵时的雌二醇水平很低。但大泷六线鱼在产卵期（11月至翌年1月）雌二醇水平显著升高，产卵后明显下降，作用机制并不十分清楚。卵母细胞最终成熟和排卵前雌二醇水平下降，意味着雌二醇对促性腺激素分泌的负反馈作用的减弱或去除，才可能出现血浆促性腺激素水平的不断升高，这个现象可能在硬骨鱼类具有普遍性。

2. 雄激素的生理作用

（1）在精子发生中的直接作用。睾酮经植入金鱼精巢后，发动和维持了整个精子发生过程；睾酮能刺激虹鳟离体精巢的蛋白质和RNA合成，说明了其对细胞有丝分裂的刺激作用。11-酮基睾酮在血液中的浓度与雄鱼成熟系数具有相关性，精子成熟时期，11-酮基睾酮水平缓慢上升，至性周期末，出现迅速上升的状况，所以测定血液中11-酮基睾酮的浓度被成功地用于鲑鳟鱼类、鳕和金枪鱼等早期性别鉴定。

（2）促进排精。睾酮和11-酮基睾酮在血液中的浓度峰值都出现在虹鳟的繁殖季节，或睾酮峰值的出现略早于11-酮基睾酮。睾酮达到峰值后即下降，而11-酮基睾酮在繁殖季节较长时间地维持峰值水平，并且11-酮基睾酮的浓度总是大于睾酮的浓度，所以11-酮基睾酮在排精中的作用可能是主要的，睾酮可能是作为11-酮基睾酮合成中的中间产物而存在的。

（3）促进雄性第二性征发育。研究证明11-酮基睾酮能刺激许多雄鱼第二性征的发育，如红大麻哈鱼皮肤的颜色、皮肤的增厚、吻端的延长。11-酮基睾酮在雄性青鲮、金鱼、大头鲤和网纹花鳉的作用较睾酮明显。

（4）雄激素在雌鱼中的作用。在许多雌鱼中都发现睾酮是循环血液中的一种重要类固醇激素，其浓度大大高于雌二醇浓度，而且超过同种雄鱼中的睾酮浓度。睾酮在雌鱼中的作用可能有3方面：① 作为芳香化雌二醇的前身物；② 刺激性行为发生，因为雌二醇浓度一般在排卵前一个月就开始下降，排卵和产卵时雌二醇浓度都十分低，因此雌二醇不像在其他脊椎动物能有效地刺激性行为发生，而此时高浓度睾酮的出现可能执行这一功能；③ 睾酮抑制或刺激促性腺激素的分泌，由于睾酮在临排卵或产卵前才明显下降，反馈引起促性腺激素的大量分泌，更促进排卵或产卵活动的实现。在雄鱼，注射雄激素能促使未成熟虹鳟增加垂体中促性腺激素的积累，这是经由芳化作用引起的。已知硬骨鱼类垂体和脑中都有芳香化酶存在，所以雄激素对垂体的反馈作用是间接的。

3. 孕激素的生理作用

（1）促进卵母细胞最终成熟和排卵。鲑鳟鱼类中占优势的孕激素是17α，20β-双羟孕酮，其作用是促使卵核极化直至卵核消失，为排卵做准备。例如，虹鳟约在排卵前一周该激素才能在血液中检测出来，但两天后就迅速上升至300 ng/mL左右，随后出现排卵。鲤鱼自然成熟诱发激素可能不是17α，20β-双羟孕酮，17α-羟孕酮诱发自然成熟更为有效，其机制还有待进一步研究。

（2）未产出早期卵的保留和维持。因为排卵后的卵巢滤泡有合成孕激素的能力，推测这对未产出的早期卵可能有保存和维持作用。另外还发现孕激素与妊娠控制有关，与鲑鳟鱼类雄鱼排精时的精子水化作用也有关系，从而使精子进入输精管。

三、卵子生长和成熟

（一）卵黄蛋白

鱼类为卵生脊椎动物，鱼类的卵富含卵黄，与鸟类和两栖类一样都含有卵黄蛋白，即卵黄脂磷蛋白（lipovitellin）和卵黄高磷蛋白（phosvitin）。

1. 鱼类卵黄蛋白的化学性质

鱼类卵黄蛋白溶于稀盐溶液，能溶解在0.5 mol/L的NaCl溶液中。卵黄脂磷蛋白一般为糖脂磷酸蛋白，仅含少量不稳定的碱性磷；而卵黄高磷蛋白富含磷，却不含脂类和碳水化合物。然而鲑鳟鱼类的卵黄高磷蛋白含有一些氨基葡萄糖。虹鳟的卵黄脂磷蛋白中，脂的含量为25%，不稳定碱性磷的含量为0.007%；卵黄高磷蛋白中，不稳定碱性磷的含量为15.8%。虹鳟卵黄脂磷蛋白的相对分子质量为300 000，卵黄高磷蛋白的相对分子质量为43 000。鲑鳟鱼类的卵黄高磷蛋白中，丝氨酸含量最高，约占氨基酸含量的42%，它以磷酸化（即磷酸丝氨酸）形式存在。含硫氨基酸如半胱氨酸和甲硫氨酸，含芳香化氨基酸如酪氨酸、苯丙氨酸以及组氨酸；缬氨酸和亮氨酸含量很少或不存在。硬骨鱼类卵黄高磷蛋白的这些特征也是蟾蜍和鸡的卵黄高磷蛋白所共有的特征。鲑鳟鱼类卵黄高磷蛋白的氨基端为酪氨酸，羧基端为天门冬氨酸。虹鳟卵黄脂磷蛋白的氨基酸成分，除丝氨酸和缬氨酸外，都与滑爪蟾的相似。

2. 硬骨鱼类卵黄蛋白与其他脊椎动物的区别

大多数脊椎动物的卵黄脂磷蛋白和卵黄高磷蛋白结合在一起形成结晶状的小板，然而大多数硬骨鱼类含有一种非颗粒状的液状卵黄，卵黄蛋白和卵的其他成分一起充满在液体的小球内。斑马鱼的卵黄虽以结晶状结构沉积在卵母细胞中，但结晶形式与两栖类不同。卵母细胞成熟后期，卵黄与卵内的其他内含物合并和混合。硬骨鱼类的卵黄蛋白比其他脊椎动物的卵黄蛋白易溶于水，因为硬骨鱼类卵黄的磷酸化作用较低。从一些鱼类的卵巢丙酮粉中检测到蛋白激酶的活性较低，硬骨鱼类卵母细胞中磷酸化作用的程度也是很不一致的。硬骨鱼类卵黄高磷蛋白的相对分子质量较其他脊椎动物的低，甚至卵黄中缺乏卵黄高磷蛋白。硬骨鱼类的卵黄脂磷蛋白含量很低，还发现含有与卵黄脂磷蛋白和卵黄高磷蛋白不同的卵黄成分。

3. 卵黄蛋白原

卵黄蛋白原是一种脂磷蛋白，仅在雌鱼中存在，因此又称为雌性特异血浆蛋白。这种蛋白出现在正在成熟的雌鱼血浆中，与卵黄发生相平行。给未成熟雌鱼或雄鱼注射雌激素后，血液中卵黄蛋白原含量增加。

性成熟的无脊椎动物和卵生脊椎动物分别在血淋巴和血浆中含有卵黄蛋白的前身物卵黄蛋白原。卵生脊椎动物卵巢产生的雌激素，主要是雌二醇刺激肝细胞合成一种多肽物质，然后这种多肽物质沿高尔基体膜系统以及粗糙内质网，经由脂化作用、糖化作用和磷酸化作用转化成一种二聚体形式的前身蛋白，即卵黄蛋白原，被分泌进入血液，然后被卵母细胞吸收，进一步转化成卵黄高磷蛋白和卵黄脂磷蛋白。

已证实硬骨鱼类的卵黄蛋白原是一种脂磷蛋白，还含有碳水化合物和钙。虹鳟卵黄蛋白原的氨基酸组成，除丝氨酸和丙氨酸的含量有差别外，与滑爪蟾和家鸡的卵黄蛋白原相似。通过对鲇鱼的多肽图谱和SDS凝胶电泳研究证明血液卵黄蛋白原和卵子的卵黄蛋白原之间有相似的化学结构。

（二）卵黄发生的机制

鱼类卵细胞从发生到成熟，体积显著增大，除了卵细胞质的增加外，主要是大量卵黄物质的积累，所以成熟卵巢显得非常肥大。成熟卵巢的化学组成，因鱼种类的不同而有很大差异，水分为55%～75%，蛋白质为20%～33%，脂质为1%～25%，灰分为0.7%～2.2%。其中除水分外，在所有成分中以蛋白质含量最高，而又以卵黄蛋白占绝大部分。在成熟的卵母细胞内，卵黄蛋白以卵黄球和卵黄泡的形式存在。

1. 肝脏是合成卵黄蛋白前身物的场所

目前，对硬骨鱼类的卵黄发生机制的认识比较统一，认为是在卵巢分泌的雌激素的作用下，在肝脏中首先合成卵黄蛋白原，然后卵黄蛋白原进入血液循环，运送至卵巢被卵母细胞吸收。给斑马鱼注射同位素标记的氨基酸，被标记的氨基酸首先被结合到肝脏蛋白质中，最大结合率是在注射后3 h之后，标记物出现在卵巢蛋白质中。将放射磷注射到异囊鲇体内，注射后1 h，放射磷就被结合到肝脏磷蛋白中，注射后12 h结合率达到高峰，之后在血液循环中开始出现标记的卵黄蛋白原。对香鱼的研究证明，生殖腺开始成熟时起，即出现肝重系数的雌雄差别，雌鱼常是雄鱼的2～3倍。从肝脏组织学变化看，雌鱼肝细胞、肝细胞核和核仁变得肥大，细胞质中RNA大量增加，肝糖和脂肪含量降低，说明细胞在活跃地进行着蛋白质合成。而雄鱼肝脏则无这些变化，反而有缩小趋势。

2. 类固醇的作用

雌激素刺激卵黄蛋白原合成的作用广泛存在于非哺乳动物中，如七鳃鳗、盲鳗、板鳃鱼类、两栖类、爬行类和鸟类，雌激素刺激硬骨鱼类卵黄蛋白原合成的能力也已被证实。雌激素处理性未成熟的鳕鱼，仅在肝脏检测到卵黄蛋白原，而未在性腺中发现，说明卵黄蛋白原起源于肝组织。还发现雌激素能促进3H-亮氨酸结合到未成熟鳕的肝脏卵黄蛋白原中。甚至发现雌激素处理能引起雄性幼年虹鳟血液卵黄蛋白原浓度升高。

雌激素还能提高虹鳟、金鱼、乌鳢等血浆钙浓度，具有特殊的高钙效果，而其他类固醇激素，如睾酮、孕酮和醋酸氢皮质素都不具有此作用。血浆钙水平高低，与卵巢成熟密切相关，与精巢成熟则关系不大。虹鳟雌激素与血浆卵黄蛋白原浓度相关，雌激素大量分泌的时间（10月）与血浆卵黄蛋白原浓度升高的时间相一致，雌二醇血浆浓度的峰值又较卵黄蛋白原峰值早一个月，显示出雌二醇对卵黄蛋白原在肝脏中合成的生理调节作用。雌二醇在血液中的周年变化已在多种鱼类做了研究，其浓度因种类不同有较大的变异，但雌二醇的峰值一般都在排卵或产卵前1～2个月。在雌鱼繁殖周期中，血浆雌激素和睾酮的变化表明，睾酮浓度的变化一般紧跟在雌二醇变化之后。所以卵黄发生期，睾酮的主要作用可能是作为合成雌激素的前身物。

3. 促性腺激素的作用

切除垂体引起性腺成熟系数下降，被结合到卵母细胞中的卵黄减少；切除垂体还抑制卵黄发生的进程。但性腺发育早期，切除垂体并不影响生殖细胞的发育。大部分学者认为，产后期卵原细胞增殖不受促性腺激素的控制，而可能受其他垂体因子的控制；另外，卵黄发生前的卵母细胞初级生长时相也不受垂体控制，而次级生长时相或卵黄发生期的卵母细胞是依赖于垂体分泌的促性腺激素的调节控制的。拟庸鲽、美洲拟真鲽、红大麻哈鱼、大鳞大麻哈鱼和鲤的垂体抽提物和卵黄发生促性腺激素（GtH-Ⅰ），能刺激卵母细胞吸收血浆卵黄蛋白原。鲑成熟促性腺激素（GtH-Ⅱ）不能诱发成熟虹鳟的卵母细胞结合卵黄蛋白原；而整个垂体抽提物则刺激卵黄发生期卵巢滤泡细胞的超微结构发生变化。处于卵黄发生期的大西洋鲑，经GtH-Ⅱ抗血清处理后，其血浆中卵黄蛋白原和雌二醇含量降低，而且较用GtH-Ⅰ抗血清或正常兔血清处理后更低。GtH-Ⅰ抗血清抑制卵黄发生而引起卵泡萎缩，而GtH-Ⅱ抗血清则不能引起这种卵巢组织学的变化。因此认为GtH-Ⅱ对发动卵黄发生起主要作用，诱发卵巢雌激素合成和分泌，进而刺激肝细胞合成卵黄蛋白原，而它在促使性腺结合卵黄蛋白原方面的作用，则明显小于GtH-Ⅰ的作用。GtH-Ⅱ抗血清对性腺结合卵黄蛋白原的抑制可能是通过降低血浆雌二醇和卵黄蛋白原的浓度而间接影响性腺，并不是直接作用于性腺。

硬骨鱼类卵黄生成作用的全部过程见图11-3。

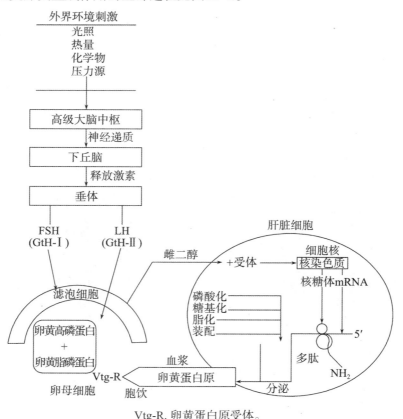

Vtg-R. 卵黄蛋白原受体。

图11-3 硬骨鱼类卵黄生成作用的全过程

（温海深和齐鑫，2020）

（三）卵母细胞的最后成熟

1. 特征

卵母细胞经历卵黄发生前期，然后进入卵黄发生期，这时期内卵母细胞生长明显加快，卵泡层发育，卵黄积累。当卵母细胞生长期完成后，卵黄发生期结束，卵母细胞开始进入排卵前的最后成熟时期。卵母细胞在最后成熟过程中发生的一些变化，和其他脊椎动物相类似。该时期硬骨鱼类充分生长的卵母细胞具有一个大的卵核，一般位于卵母细胞中央或近中央略向动物极方向偏移稍许（图11-4）。由于卵质不透明，因此从外部观察一般见不到卵核，只有用某些透明液以增加卵黄的透明度方能见到卵核。这时期卵核从卵母细胞中央或近中央向卵母细胞的周边移动，当卵核到达动物极时，球形卵黄略变得扁平；接着核膜破裂，卵核的内含物与周围卵质混合，这时卵核形状消失，随后进入第二次成熟分裂中期。除卵核的变化外，卵细胞质中也发生一些变化，在卵核偏移和消失的过程中，往往可见卵质中的脂滴和卵黄球合并，卵母细胞的透明度增加，随着最后成熟过程的进展，卵母细胞变得越来越透明，所以卵母细胞透明度的增加与卵黄球的融合是有关的。但有些鱼类卵黄球融合也有不发生在最后成熟阶段的。卵母细胞中脂滴的合并程度也不相同。在较高等的鱼类中，如金鲈、大眼鲄鲈、条纹鲻、歧尾斗鱼等，形成一个主要的脂滴；相反，在较低等的硬骨鱼类，如溪红点鲑、虹鳟等，脂滴合并较少，在已排卵的卵母细胞中仍含有大量脂滴；一些中等进化鱼类，如刺鱼和底鳉的脂滴合并程度也是中等的；例外的是欧洲鳗鲡和日本鳗鲡在卵核消失后，形成一个至数个大脂滴。已证明，底鳉、几种刺鱼和青鳉等鱼类卵母细胞最后成熟阶段有明显的水化作用，结果使卵母细胞在卵核消失后体积增大。

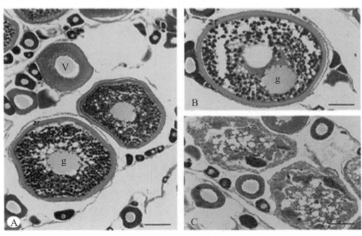

A. 正在进行卵黄沉积的卵母细胞；B. 达到最后成熟的卵母细胞；C. 退化期卵母细胞。

V. 未成熟卵母细胞核；g. 成熟期卵母细胞核。

比例尺=1∶100。

图11-4　鲷卵母细胞发育时期

2. 类固醇激素的作用

早期研究证明，某些类固醇激素的体内注射能刺激鱼类卵母细胞最后成熟和排卵。近年来应用离体技术，在排除卵巢以外其他因子影响的离体孵育系统中，精确研究了类固醇激素在卵母细胞最后成熟时的作用。

研究结果表明：各种类固醇激素在不同种鱼类离体试验效果存在较大差异（表11-1），雌激素在鱼类卵母细胞最后成熟过程中没有作用，仅雌酮在刺激斑马鱼的卵核消失中有作用，雄激素的作用也较差。几种类固醇激素的离体作用效果顺序：雌激素<雄激素<11-氧皮质类固醇<11-脱氧皮质类固醇<孕激素。最有效的是11-脱氧皮质类固醇和孕激素类。21-脱氧皮质醇和皮质醇对刺激异囊鲇卵母细胞最后成熟十分有效，可的松的作用很小，皮质酮几乎无作用。在青鳉自然排卵试验中，皮质醇是最有效的类固醇激素。而11-氧皮质类固醇激素在斑马鱼、溪红点鲑、金鲈、狗鱼、金鱼作用较缓慢或只有在高剂量情况下有刺激作用。

表11-1 几种类固醇激素对鱼类卵母细胞最后成熟的作用效果

项目	孕激素	11-脱氧皮质类固醇	11-氧皮质类固醇	雄激素	雌激素
虹鳟	++++	+	0	0	0
河鳟	++++	+++	+	+	0
狗鱼	++++	+++	+	—	—
金鱼	++++	+++	+	—	0
金鲈	++++	+++	+	+	0
青鳉	++++	+++	++	++	0
斑马鱼	++	++++	++	++	++
鲇鱼	++	++++	+++	+	0

资料来源：仿王义强，1990。

孕酮的刺激作用在许多鱼类中已被证明，它的刺激作用可能是通过转化成更有效的代谢产物而实现的，并不是直接作用于卵母细胞。几种孕激素都能刺激溪红点蛙、虹鳟、金鲈、金鱼、狗鱼、香鱼和马苏大麻哈鱼等卵母细胞卵核消失，其中最有效的为17α，20β-双羟孕酮。对于溪红点鲑、虹鳟、金鲈和狗鱼，20β-双羟孕酮的作用仅次于17α，20β-双羟孕酮，17α-羟孕酮的效果通常与孕酮相似。

某些类固醇激素的结合使用能产生较大的成熟诱导作用，往往比单一使用某种类固醇激素的效果好。皮质醇与脱氧皮质酮在诱发异囊鲇卵母细胞卵核消失过程中起协同作用；皮质醇和可的松能加强17α, 20β-双羟孕酮诱发虹鳟卵母细胞最后成熟的作用，而单独使用皮质醇或可的松都无效。11-脱氧皮质醇能加强17α, 20β-双羟孕酮在金鲈最后成熟中的作用，而脱氧皮质酮能加强17α, 20β-双羟孕酮在马苏大麻哈鱼的成熟反应。由此可见，11-氧皮质类固醇和11-脱氧皮质类固醇激素在刺激自然的最后成熟方面可能有重要作用，同时在某些鱼类的繁殖时期也观察到血浆皮质类固醇激素水平升高的现象，这些类固醇激素被认为起源于肾间组织。但进一步研究发现，一些硬骨鱼类的卵巢能产生11-脱氧皮质类固醇激素。所以，成熟类固醇激素的促进作用可以起源于卵巢，也可起源于卵巢以外的器官。

孕激素对诱导鲑鳟鱼类最后成熟有明显效率，而且这些孕激素在鲑鳟鱼类自然繁殖时期已被证明确实存在于血浆中，如17α, 20β-双羟孕酮、17α-羟孕酮和孕酮在临产卵前和产卵后的红大麻哈鱼雌鱼的血浆中被鉴定出来。在虹鳟卵母细胞经历最后成熟过程中，血清中含有很高水平的17α-羟孕酮和17α, 20β-双羟孕酮。性成熟的美洲拟真鲽血浆中也含有17α-羟孕酮和17α, 20β-双羟孕酮。应用放射免疫测定法，检测了鲑鳟鱼类在繁殖季节的血液中17α, 20β-双羟孕酮的浓度水平（表11-2），可见排卵期间血浆17α, 20β-双羟孕酮水平迅速上升。

表11-2　鲑鳟鱼类繁殖期血浆17α, 20β-双羟孕酮含量变化

种类	实验条件	17α, 20β-双羟孕酮浓度/（ng/mL）	
		最后成熟前	排卵
虹鳟	自然条件	12	270～520
	自然条件	16	354～416
	自然条件	<10	～230～270
	人工诱导条件	<10	～270～780
大西洋鲑	自然条件	<10	～120～280
	人工诱导条件	<10	～30～150
银大麻哈鱼	人工诱导条件	<10	～130～220
马苏大麻哈鱼	自然条件	～1	50～70

资料来源：仿王义强，1990。

3. 促性腺激素及其作用机制

垂体和促性腺激素制品能诱导鱼类最后成熟和排卵已是众所周知的，许多鱼类卵母细胞离体试验也证明垂体和促性腺激素制品的诱导作用。哺乳动物的促黄体激素、促卵泡激素、人绒毛膜促性腺激素和孕马血清促性腺激素（PMSG）对鱼类卵母细胞

最后成熟和排卵也是有效的。然而，这些促性腺激素对异囊鲇离体卵母细胞的成熟和排卵却无效，而体内注射则有效，说明在异囊鲇促性腺激素的作用不是由于直接刺激卵巢而引起卵母细胞成熟。因此，促性腺激素的作用机制可能存在3种形式：

第一种为垂体-卵巢轴作用，促性腺激素通过刺激卵巢滤泡细胞合成一种成熟类固醇激素诱导卵母细胞最后成熟。凡具有这种作用机制的鱼类，垂体和促性腺激素制品都能在离体情况下诱导卵母细胞成熟。这些鱼类包括鲟鱼、鳗鱼、金鱼、狗鱼、底鳉、大麻哈鱼、青鳉、虹鳟、溪红点鲑、大西洋鲑、鲤鱼等。垂体和促性腺激素诱发离体卵泡成熟所需要的时间一般较用类固醇激素诱发成熟的时间长，这也说明促性腺激素诱发成熟的作用必须包括刺激滤泡细胞合成类固醇激素的过程。

第二种为垂体-肾间组织-卵巢轴作用，在这一系统中，垂体促性腺激素刺激肾间组织产生一种成熟类固醇激素，再由这种成熟类固醇激素诱发最后成熟。目前知道至少印度异囊鲇属于此类型。促性腺激素和垂体匀浆都不能诱导异囊鲇离体卵母细胞成熟，而给去垂体的异囊鲇注射促性腺激素后，则能诱导最后成熟和排卵，或将卵母细胞与肾间组织合在一起离体培养，也能诱导最后成熟，说明垂体-肾间组织-卵巢轴存在的可能性。还发现，促黄体激素刺激异囊鲇肾间组织合成皮质醇和脱氧皮质酮，当给怀卵的或卵母细胞退化的去垂体或未去垂体的异囊鲇注射促黄体激素后，引起血浆中皮质醇浓度升高。异囊鲇卵巢似乎并不产生21-羟化类固醇激素，成熟类固醇激素可能不是孕激素类，而是皮质类固醇激素。

第三种为类固醇激素和垂体诱发最后成熟受皮质类固醇激素的促进作用，认为肾间组织可以间接影响卵母细胞的最后成熟。当繁殖时期受各种因子强化刺激时，肾间组织产生11-氧皮质类固醇，因此血浆中11-氧皮质类固醇浓度也增高，然后这些皮质类固醇激素再提高成熟类固醇激素，如17α，20β-双羟孕酮的有效性或是促性腺激素的有效性。或者是因为11-脱氧皮质类固醇与孕激素类有同样的血浆结合蛋白，所以当肾间组织产生和分泌较多的11-脱氧皮质类固醇时，置换了结合的成熟类固醇，使之成为游离的成熟类固醇激素作用于卵母细胞。对虹鳟的研究表明，只有那些呈非结合状态的成熟类固醇才能有效地诱导卵核消失。在一定程度上，这些机制反映了那些具有直接垂体-卵巢轴的种类，肾间组织对诱导最后成熟有间接影响。另外，必须指出的是除了肾间组织外，卵巢也能产生11-脱氧皮质类固醇，而且对促进卵母细胞的最后成熟有重要作用。

大量研究表明，鱼类卵母细胞最后成熟和排卵时，血液中的促性腺激素水平明显升高。在金鱼等鲤科鱼类，血液中高浓度促性腺激素的出现总是与排卵一致的，未排卵鱼则往往没有如此高浓度的促性腺激素（表11-3）。

促性腺激素的大量分泌一般稍稍先于血液中皮质醇的迅速上升，皮质醇水平的升高可能对促性腺激素诱发排卵有促进作用。而虹鳟的情况有些不同，促性腺激素大约在排卵前10 d就开始增加，在即将排卵时或排卵时达到一个小峰值，为15～25 ng/mL，之后保持较稳定的状态，排卵后，促性腺激素又继续升高至30～50 ng/mL。如果让已游离的卵滞留在腹腔内，那么排卵后的促性腺激素水平将明显高于腹腔中卵子被挤出的情况。

表11-3 部分鱼类繁殖前后血浆促性腺激素含量变动情况

种类	实验条件	繁殖前血浆促性腺激素含量 /（ng/mL）	繁殖期间血浆促性腺激素含量 /（ng/mL）
鲤	自然条件繁殖	5.3±3.59（♀）	256.0±54.63（♀）
		3.0±1.85（♂）	10.0±6.61（♂）
金鱼	自然条件繁殖	—	100～168（♀）
鲢	人工诱导繁殖	7.5±5.13（♀）	321.3±70.73（♀）
草鱼	人工诱导繁殖	8.9±1.1（♀）	202.5±69.25（♀）
团头鲂	人工诱导繁殖	7.7±6.29（♀）	133.7±114.29（♀）
红大麻哈鱼	自然条件繁殖	9.4±2.0（♀）	364.0±21.3（♀）
	自然条件繁殖	5.7±1.0（♂）	17.3±2.6（♂）
马苏大麻哈鱼	自然条件繁殖	5.0（♀）	40.0（♀）
陆封大西洋鲑	自然条件繁殖	3.4±0.4（♀）	16.0±0.8（♀）
	自然条件繁殖	4.1±0.2（♂）	6.2±0.3（♂）
溪红点鲑	自然条件繁殖	8.7±0.9（♀）	26.0±4.0（♀）
	自然条件繁殖	4.1±1.0（♂）	14.2±3.0（♂）
河鳟	自然条件繁殖	—	24.3±4.3（♀）
	自然条件繁殖	—	9.0±1.2（♂）
虹鳟	自然条件繁殖	3.5（♀）	20.0（♀）

资料来源：仿王义强，1990。

4. 雌激素与促性腺激素在卵母细胞最后成熟阶段的相互关系

虽然雌激素对最后成熟一般无明显作用，但它们在卵母细胞最后成熟的时间控制上可能有间接作用。离体研究证明，雌二醇降低了促性腺激素和垂体制备物诱导虹鳟和溪红点鲑卵母细胞最后成熟的比率。雌二醇、睾酮和其他几种雄激素能抑制醋酸氢化可的松诱导异囊鲇卵母细胞最后成熟。在两栖类，雌激素有抑制孕烯醇酮转化成孕酮的作用，阻止了促性腺激素诱发最终成熟的作用。因此认为，雌激素可能在促性腺激素刺激卵巢产生成熟类固醇激素诱发自然最后成熟的时间上具有控制作用。

虹鳟卵黄发生期至排卵期，血浆雌二醇和促性腺激素浓度的变化正好成相反的趋势：雌二醇浓度在卵黄发生期很高，然后逐渐降低；而促性腺激素浓度在卵黄发生末期很低，然后逐渐上升。排卵前雌激素下降这一情况，在银大麻哈鱼、远东红点鲑和欧洲鲽以及鲤、团头鲂等也观察到。因此，雌激素浓度下降，对卵母细胞最后成熟以及促性腺激素大量分泌可能有发动作用。另外，雌激素下降也进一步解除了对卵巢类固醇发生的抑制作用。对虹鳟的研究证明，卵母细胞最后成熟和排卵过程中血浆雌二醇浓度下降，促性腺激素浓度升高，$17\alpha, 20\beta$-双羟孕酮浓度在临排卵时迅速上升。

5. 神经内分泌的作用

（1）下丘脑的神经分泌核团。鱼类下丘脑神经分泌细胞在一些部分形成核团，其中视前核和侧结节核与鱼类生殖内分泌关系最为密切。这些神经分泌细胞核团接受来自脑的信号刺激，然后在轴突末梢释放神经激素或化学递质。视前核相当于哺乳动物的视上核和傍室核，侧结节核位于下丘脑的尾端，从水平联合的嘴端延伸至垂体柄之后，与爬行类的下丘弓状-漏斗-正中隆起相当。已知由视前核神经元产生的激素主要通过神经垂体与腺垂体之间的血液通道运送到腺垂体，有些鱼类的视前核以神经纤维直接与腺垂体细胞接触；侧结节核的神经纤维一般直接分布到中腺垂体的分泌细胞上，其末梢释放激素，调节腺垂体分泌细胞的分泌活动。

（2）性腺激素释放激素。用鲤鱼下丘脑提取物培育脑垂体，培养液中促性腺激素浓度升高；鲤鱼下丘脑抽提物也能刺激鲤鱼血浆促性腺激素水平上升；虹鳟的下丘脑抽提物也能促使离体的鲤鱼垂体释放促性腺激素。脑室内注射金鱼下丘脑抽提物、小脑抽提物和脊髓抽提物，结果只有下丘脑抽提物能刺激金鱼血清促性腺激素水平上升。鲤鱼视前核细胞和神经纤维具有性腺激素释放激素免疫活性，说明视前核是合成和分泌性腺激素释放激素的核群，是促性腺激素的调控中心。硬骨鱼类、板鳃鱼类、爬行类和鸟类的性腺激素释放激素相类似，与哺乳类和两栖类的不同，但分子活性部分在所有脊椎动物中都是相似的。硬骨鱼类性腺激素释放激素的结构由10个氨基酸组成，仅在第七位和第八位肽链上与哺乳动物促黄体激素释放激素（LHRH）有区别。

（3）性腺激素释放抑制因子。目前认为硬骨鱼类性腺激素释放抑制因子（GRIF）主要位于侧结节核和围脑室视前核（NPP）的前腹区。电损伤这些部位都引起血清促性腺激素水平升高，并出现排卵。一般认为雌鱼和雄鱼都存在性腺激素释放抑制因子。

若将性成熟的雌、雄金鱼的垂体柄完全损坏，有效地阻止神经激素被输送到垂体，则出现促性腺激素持续大量释放。金鱼正常排卵时的促性腺激素大量释放，可能与性腺激素释放抑制因子的撤除和促性腺激素自发释放有关，而不是性腺激素释放激素的作用。

给硬骨鱼类注射合成的哺乳动物促黄体激素释放激素及其类似物（LHRH-A）能引起促性腺激素大量分泌，进而诱导排卵，说明性腺激素释放激素刺激可以促进促性腺激素分泌。所以，硬骨鱼类排卵时促性腺激素大量释放的调节机制应包括两个方面：其一，去除性腺激素释放抑制因子抑制作用后，促性腺激素自发分泌；其二，去除性腺激素释放抑制因子的抑制作用后，性腺激素释放激素刺激促性腺激素分泌。性腺激素释放抑制因子在金鱼的繁殖周期中具有重要的意义，但当损伤性腺退化雌鱼性腺激素释放抑制因子时，只引起少量促性腺激素分泌或促性腺激素水平并不升高；在卵巢经历恢复期时，则有与成熟雌鱼一样的反应。这些现象可能与垂体中促性腺激素储存量有关。

（4）神经递质的作用。已知在哺乳动物中，一些药物通过作用于某些脑部的神经递质能影响促黄体激素的分泌。如多巴胺既能刺激促黄体激素分泌又能抑制促黄体激素分泌，去甲肾上腺素具有明显刺激促黄体激素释放作用，而且认为这两种儿茶酚胺都是通过先影响促黄体激素释放激素的释放再引起对促黄体激素分泌的影响的。哺乳动物下丘脑神经内分泌轴突终端位于正中隆起，而鱼类的正中隆起发育不完全。在鱼类，已知至少具有两种类型的下丘脑神经元的神经支配着腺垂体部分，即肽能神经纤维和胺能神经纤维。因此，鱼类促性腺激素的释放有可能受下丘脑激素的调节，也有可能直接受神经递质的调节。

目前发现大多数硬骨鱼类，多巴胺能抑制促性腺激素分泌，而且能降低垂体对性腺激素释放激素的反应。因此，多巴胺被认为是一种性腺激素释放抑制因子。金鱼在促性腺激素释放上既存在抑制性的多巴胺能影响，也存在刺激性的α-肾上腺素能影响。注射各种儿茶酚胺药物，对鱼类促性腺激素释放作用效果见表11-4。

表11-4　部分神经递质对鱼类促性腺激素释放的影响

药物	性质	对促性腺激素作用效果
多巴胺	下丘脑神经递质	减弱
哌迷清（pimozide）	多巴胺受体拮抗剂	增强
地欧酮（domperidone）	多巴胺D-2型受体特异性拮抗剂	增强
利血平（reserpine）	儿茶酚胺神经递质消竭剂	增强
6-羟多巴胺（6-hydroxydopamine）	儿茶酚胺神经毒素	增强

资料来源：仿王义强，1990。

（四）排卵

排卵是指卵母细胞从卵泡中脱离出来的过程。卵母细胞完成最后成熟后，卵母细胞与滤泡细胞层之间的微绒毛状的结缔组织互相松开，之后在滤泡膜的某个部位形成一个明显的洞孔，卵母细胞即由此从卵泡中脱出。这并不是一个仅仅由于滤泡细胞退缩而将卵母细胞释放出来的被动过程，其中还包括酶的溶解作用、卵泡的收缩作用以及由于卵子长大而形成的机械压力作用。

1. 滤泡细胞层与卵母细胞的分离

在哺乳动物中，各种蛋白水解酶与卵母细胞-滤泡膜之间结缔组织的瓦解以及与排卵时滤泡膜变得脆弱有关。某些蛋白酶和纤维蛋白溶酶与滤泡层退缩可能有关。泥鳅临排卵时，卵母细胞周围存在着一定量的具有蛋白酶活性的物质，而这种活性在非排卵期不存在。可以认为卵泡的颗粒细胞受促性腺激素刺激能产生一种纤维蛋白溶酶原的激活物，该激活物使纤维蛋白溶酶原转变成有活性的血纤维蛋白溶酶，然后作用于卵泡壁，使卵泡壁变得脆弱而在某一部分裂开。虽然有关鱼类这方面的研究不多，但鱼类中很可能存在与哺乳动物类似的机制，并受促性腺激素和成熟类固醇激素的控制。

2. 卵母细胞的游离

卵母细胞游离是指卵母细胞从滤泡膜包被中逸出的过程，其机理尚不完全清楚，可能与一种类似平滑肌细胞收缩的作用有关。对虹鳟、金鱼、阔尾鳉卵泡超微结构的研究发现，排卵前的鞘膜细胞中有很多微丝，接近排卵时，微丝明显增加。目前已知前列腺素能刺激已消失卵核的成熟卵泡收缩，导致排卵。前列腺素E_1、前列腺素E_2、前列腺素$F_{1\alpha}$（$PGF_{1\alpha}$）和前列腺素$F_{2\alpha}$（$PGF_{2\alpha}$）都能诱发排卵，其中以前列腺素$F_{2\alpha}$最有效。而且用放射免疫方法从卵巢组织和血浆中分别都测得前列腺素E和前列腺素F的浓度。泥鳅经注射人绒毛膜促性腺激素24 h后，卵巢中前列腺素F浓度明显升高，同时出现排卵。在已排卵的金鱼和溪红点鲑中，卵巢或体腔液中的前列腺素F浓度高于血浆中的浓度，因此认为在自然条件下，临近排卵时的促性腺激素大量分泌刺激卵巢合成和释放前列腺素，前列腺素再直接影响排卵。

雌性与雄性硬骨鱼类性腺发育成熟的生理作用机制见图11-5、图11-6。

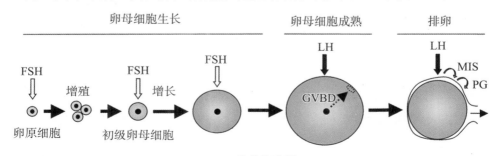

GVBD. 生发泡破裂。

图11-5 雌性硬骨鱼类卵母细胞发育成熟的内分泌调节

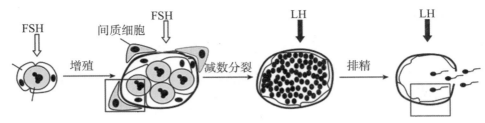

图11-6　雄性硬骨鱼类配子发育成熟的内分泌调节

（温海深和齐鑫，2020）

（五）人工诱导成熟亲鱼卵母细胞最后成熟、排卵和产卵

绝大多数硬骨鱼类的排卵和产卵是由下丘脑-垂体-卵巢轴控制的，根据这一系统的作用机理，目前分别能在下丘脑、垂体级和卵巢级水平上进行调节，诱发排卵和产卵。至目前为止，可将鱼类人工催情技术分为3个阶段。

20世纪70年代中期以前为鱼类人工催情第一代技术。这一阶段主要是应用同种或异种鱼类垂体提取物，一般为含有促性腺激素的垂体丙酮粉匀浆做腹腔或肌肉注射。之后，人绒毛膜促性腺激素被广泛应用于人工催产，人绒毛膜促性腺激素单独使用或与垂体结合使用均有效。

人工催情第二代技术从20世纪70年代中期开始，该技术包括对下丘脑-垂体-卵巢轴的高级部位和低级部位的刺激。对高级部位的作用，主要是应用性腺激素释放激素及其类似物刺激垂体大量释放促性腺激素，或性腺激素释放激素与多巴胺受体拮抗剂联合使用，增强促性腺激素合成和释放作用。对低级部位的作用，主要是应用一些卵巢激素，如17α, 20β-双羟孕酮和前列腺素直接刺激卵母细胞最后成熟和排卵。由于第二代催情技术中所采用的药物与绒毛膜促性腺激素相比，都是小分子物质，种的特异性较小，而且都能人工合成，这些制品大都已商品化，便于购买，而且价格低廉，适合于大量生产鱼苗的需要。

在对鱼类性腺发育成熟和排卵的神经内分泌双重调节机制进行了深入研究后，由我国学者林浩然和加拿大学者Peter共同建立了"林彼方法"（Linpe method），被称为鱼类人工繁殖的第三个里程碑，即注射或埋植高活性的促性腺素释放激素类似物和多巴胺D-2受体拮抗剂诱导鱼类排卵和产卵。与传统的催产剂相比，其主要优点：催产率相当高而稳定，效应时间短而且有规律，无副作用，催产剂可长期储藏，操作简单，可采用一次注射。"林彼方法"在鲤形目鱼类中的应用取得了极好的效果。几种鲤科鱼类的作用效果见表11-5。

表11-5 我国主要鲤科鱼类人工诱导排卵效果

种类	水温/℃	处理方式	排卵效应时间/h
鲤鱼	20~25	DOM（5 mg/kg）+LHRH-A（10 µg/kg）	16~14
		DOM（1 mg/kg）+LHRH-A（10 µg/kg）	16~14
鲢鱼	20~30	DOM（5 mg/kg）+LHRH-A（20 µg/kg）	约12
		DOM（1 mg/kg）+LHRH-A（10 µg/kg）	约12
鲮鱼	22~28	DOM（5 mg/kg）+LHRH-A（10 µg/kg）	6
鳊鱼	22~30	DOM（3 mg/kg）+LHRH-A（10 µg/kg）	约12
草鱼	18~30	DOM（5 mg/kg）+LHRH-A（10 µg/kg）	约12
鳙鱼	20~30	DOM（5 mg/kg）+LHRH-A（50 µg/kg）	约12
青鱼	20~30	DOM（3 mg/kg）+LHRH-A（10 µg/kg）	约8
		DOM（7 mg/kg）+LHRH-A（15 µg/kg）	

资料来源：仿林浩然，1999。

注：DOM为地欧酮。

四、鱼类性活动的调节

（一）鱼类性活动的内分泌调节

在脊椎动物中，鱼类种类繁多，生殖习性形形色色、多种多样。硬骨鱼类的生殖方式保持了脊椎动物祖先原始的方式，即卵生和体外受精。两性之间从基本的混交方式、无护卵或护幼行为发展到配对、筑巢和护幼等生殖行为。同时在硬骨鱼类的长期进化历史中出现了体内受精的方式，这就保证了产卵前的受精作用。卵胎生种类的幼体在母体内发育一段时期或在母体内发育完全后诞生，有的种类甚至发育到性成熟才诞生。与其他脊椎动物一样，鱼类的下丘脑-垂体-性腺轴内分泌系统中，性腺激素在生殖行为中起主要的中介作用。性激素直接作用于脑的一定部位而控制某些性行为，或是通过促使第二性征的发育而间接影响性行为。而性腺激素的分泌又受垂体GtH的控制。另外，一些化学物质，如前列腺素也影响生殖行为。

1. 雄鱼性行为的激素调节

硬骨鱼类雄鱼的性行为是由性腺类固醇激素调节的。许多实验证明，精巢切除后，生殖活动明显减弱，若给被阉割的个体注射睾酮，则能恢复和维持这些鱼类的生殖活动。许多鱼类在生殖季节前或生殖季节，血浆中雄激素（睾酮、11-酮基睾酮）浓度急剧升高，它们作用于脑部的神经元。这说明鱼类和陆生脊椎动物一样，精巢产生的类固醇激素作用于脑的一定部位引起雄鱼的生殖行为。

2. 雌鱼性行为的激素调节

硬骨鱼类雌鱼生殖行为控制机制有两种类型，一种由类固醇激素控制，另一种由前列腺素控制。

（1）固醇激素与雌鱼的性行为。网纹花鳉是一种体内受精、卵胎生的硬骨鱼类，它的卵巢活动周期与雌鱼的性要求表现同步性。分娩几天后是卵巢类固醇激素合成最活跃的时期，这时雌鱼表现出高度的性要求，能接受雄鱼的交配。交配之后3~4周为妊娠期，此时雌鱼无性要求，待分娩后又出现一个短的交配期。已知网纹花鳉的交配要求是由卵巢雌二醇刺激引起的。注射雌二醇能使去垂体的雌鱼恢复接受交配的要求。促性腺激素的作用是通过刺激卵巢类固醇发生而间接调节雌鱼的交配能力。网纹花鳉的这种性行为调节方式与体内受精的陆生脊椎动物基本上是相似的。

（2）前列腺素与雌鱼的性行为。金鱼性行为不发生在排卵前，而是出现在排卵后。当水温在10~14 ℃时，在无水草等卵子附着物的情况下，雌鱼卵巢能发育成熟，但不会自发排卵；一些外界环境因子，如升高水温并投入水草等卵子附着物能迅速激发促性腺激素大量分泌而引起排卵。排卵一般在夜间进行，如果此时有一尾或数尾雄鱼表现出追逐一尾雌鱼的性活动，该雌鱼在黎明时将开始产卵，并持续产卵活动数小时，直至所有的卵产出为止。前列腺素已从硬骨鱼类的性腺、精液、卵巢液、血液和离体卵巢的培养物中鉴定出来。

已知前列腺素与硬骨鱼类排卵和雌鱼的性行为有关。泥鳅在排卵时，卵巢中前列腺素含量增加；金鱼和溪红点鲑在排卵时，血液中前列腺素浓度升高；注射前列腺素能刺激多种体外受精的硬骨鱼类出现产卵行为。因此认为，雌鱼排卵后的性行为是由前列腺素刺激所引起的。前列腺素的合成可以由卵巢中游离卵刺激所引起。若将一尾已排卵雌鱼的游离卵挤出，然后将游离卵注入另一尾未排卵鱼的生殖导管，则能引起该雌鱼出现正常产卵活动。前列腺素可能通过以下两种途径作用于中枢：即已排出的卵，刺激生殖导管的传入神经而到达脑部，引起中枢释放前列腺素；前列腺素以激素作用的形式，由生殖导管或卵巢释放进入血液循环到达脑的作用部位，刺激产卵行为的出现。

具有卵生、体外受精生殖方式的金鱼，由前列腺素引起的性行为或产卵行为仅局限在排卵后，这一机制保证雌鱼在排卵后紧接着就开始产卵，使已游离的卵在具有最大生命力的时候产出体外。而体内受精的种类，由雌激素刺激引起的性行为是十分短暂的，且发生在排卵前。这种差异的原因主要是雌鱼性行为特征不同，是从体外受精进化到体内受精而形成的。

3. 硬骨鱼类的性信息素（性外激素）

性外激素是鱼类通信中的一种化学信号物质，它与鱼类的许多生理活动和社会活动有关，如同种个体的集群、活动区域的标记、种间和性别间个体间的识别，以及性追逐、交配和双亲的识别等。性外激素在不同性别鱼类之间的作用是十分重要的，具有"引发"作用，可引起接受者行为或生理反应，或作为一种"信号"，引起接受者的立刻反应。雌鱼在排卵时，性外激素量明显增加，同时开始出现性行为；雄鱼的性活动能力一般贯穿整个繁殖季节，且能不断产生性外激素。雌、雄动物各自产生的性外激素引诱和刺激对方。在陆生脊椎动物中，雄性个体的性外激素能引诱已排卵的雌性动物来到产仔的巢穴；对于非陆生的集群种类，雌性个体的性外激素能鉴定出已排卵的雌性动物。太平洋鲱在产卵时，为了保证高的受精率，大批鱼同步产卵，这时大批雄鱼释放的精液悬浮在水中形成烟幕状，使产卵的鱼群得以保护，不易被敌害动物发现，其中含有一种性外激素，能在几分钟内激发雌、雄鱼的产卵行为。

许多研究者指出，鱼类性外激素是由性腺产生的，虽然它的化学性质并不完全清楚，但近年来的研究指出，性外激素具有类固醇性质，很可能就是一种类固醇激素或类固醇激素的代谢产物。性外激素释放与繁殖条件之间具有暂时性关系，它的产生是受内分泌激素控制的。如果将刚分娩几天的网纹花鳉的垂体和卵巢切除，雌鱼释放的性外激素明显减少，如若给雌鱼注射雌激素则能使去垂体的雌鱼恢复产生性外激素的能力，但不能使去卵巢的雌鱼恢复产生性外激素的能力。实验说明，雌激素刺激卵巢产生一种性外激素，信息素再刺激分娩后的雌鱼接受雄鱼交配和增加对雄鱼的引诱力。

硬骨鱼类一般是通过嗅觉作用对性外激素产生反应的。如果将雄金鱼的鼻孔堵塞或切断一对嗅束，那么该雄鱼的性行为减弱。金鱼各侧的嗅束由一根侧束和一根中央束组成，当切断中央束，雄鱼的性行为下降到很低的水平，而切断侧束则无影响。虽然金鱼的侧束和中央束的终端区在脑的许多部位都是重叠的，但只有伸向中央终端区的中央束突起位于端脑腹中叶部位，这个部位正是结合性类固醇激素的区域，损伤这一区域，将明显减弱雄鱼的性行为。已知金鱼的嗅上皮对 $17\alpha, 20\beta-$双羟孕酮极为敏感，水中加入 $17\alpha, 20\beta-$双羟孕酮能刺激雄鱼的精液量增加；倘若切断雄鱼中央束，就不能引起精液量增加。将已排卵的雌金鱼放入有雄鱼的水族箱，能刺激雄鱼产生性行为，血液中促性腺激素浓度迅速升高，精液量增加；电刺激金鱼的中央束，也迅速引起精液释放，但电刺激侧束却无此现象。目前已知中央束具有许多神经终端纤维，头部神经具有促黄体素释放激素免疫反应物质，在绝大多数硬骨鱼类中，这一系统对嗅觉和视觉信息的处理具有整合机能，而这种整合机能可能是通过性信息素的中介作用而发挥效应的。

目前，已知金鱼性外激素作用机理：环境因子诱导性成熟雌性金鱼促性腺激素大量分泌，并刺激卵巢产生17α，20β-双羟孕酮，它诱导卵母细胞最后成熟，并排放到水中，起着排卵前"引动"性外激素的作用。17α，20β-双羟孕酮诱导雄鱼促性腺激素大量分泌，并刺激精巢产生17α，20β-双羟孕酮，它刺激产前雄鱼精液量增加；接着，雌鱼在排卵时产生前列腺素前列腺素F_5，促使滤泡破裂和诱发雌鱼产卵行为。前列腺素F_5还释放到水中，起到排卵后性激素的作用，刺激雄鱼产卵行为，协调雌雄鱼同步完成繁殖过程。

（二）环境因子和生物因子对鱼类生殖活动的影响

鱼类繁殖周期中，卵原细胞增殖、卵黄发生、卵母细胞成熟、排卵和产卵，每一个环节都必须准确、协调，才能保证在一年中最适当的时间产生成熟卵母细胞，以便受精后能存活下来。而各种地球物理因子如光照、温度、降雨量和盐度以及一些生物学因子，如营养状况等，在硬骨鱼类繁殖的时间选择上起了十分重要的作用。例如，光照对鲑鳟鱼类是很重要的控制因素。目前已知，各种环境因子都是通过发动和调节神经内分泌的变化而引起对繁殖机能的影响，包括对下丘脑、垂体及性腺各种激素分泌活动的调节作用。

1. 光照与性腺发育和排卵、产卵的关系

光照周期是许多硬骨鱼类调节繁殖周期的重要环境因子。光照信息是经由鱼类的眼和松果体输入的。春季产卵的鲤科鱼类和鲱科鱼类，在长光照下，如果切除松果体或使其盲眼，则引起刚开始发育的或性成熟的金鱼性腺退化，血清中促性腺激素昼夜周期变化消失。同样，切除阔尾鳉的松果体或使其盲眼，也引起性腺退化，成熟系数下降。一般延长光照时间和提高水温，能刺激春季产卵鱼类提前产卵；而缩短光照时间，能刺激秋季产卵鱼类提前产卵。我国一些主要养殖鱼类（鲤科鱼类）的自然产卵，一般发生在黎明，排卵一般发生在夜间。由此看来，黑暗对排卵的影响并不大，黑暗条件能抑制产卵过程。

在鲑鳟鱼类，缩短光照，不论对雌、雄鱼都会引起配子发生的进行。如果将19个月的光照周期缩短成6个月或9个月，则能使虹鳟排卵提前12周或6周。光照周期的改变首先引起内分泌变化，卵巢早期发育血清促性腺激素水平上升，继而又下降，随后是雌二醇水平上升，卵黄发生开始进行。这时血清中钙和磷蛋白增加，表示肝脏正在合

成卵黄蛋白原。卵巢发育后期，雌二醇水平下降，雌二醇对垂体促性腺激素分泌的负反馈作用减小，促使促性腺激素大量分泌，导致卵母细胞最后成熟和排卵。这一变化与正常光照周期（12个月光照周期）下的内分泌变化相一致，变化周期缩短，导致提前排卵。这些资料说明，每昼夜接受的光照时间与鱼类的繁殖节律密切有关，控制了卵巢的发育；而光照变化速率则影响不大。另外也说明，光照对繁殖节律的控制主要是通过下丘脑影响垂体，而垂体释放的促性腺激素再刺激性腺分泌类固醇激素等一系列内分泌调节的结果。

2. 温度与性腺发育和排卵、产卵的关系

对水生动物来说，温度是生态因子中最重要的因素之一。在鱼类繁殖过程中最明显的温度关系，是鱼类产卵的温度阈。每种鱼类产卵都要求有适合的温度，而且产卵的适合温度，总是在比较窄的范围内。鲤鱼每年产卵期的到来，主要取决于适宜产卵温度的降临。尽管卵巢已完全成熟，而水温未达18 ℃以上时，产卵就不能实现。如用人为条件提高水温，鲤鱼在冬季也可产卵。一般温带鱼类最适产卵水温为22～28 ℃，在此范围内，较高的水温能够促使加速产卵。热带鱼类的产卵温度阈在25 ℃以上；而冷水性鱼类，如鲑鳟鱼类，一般低于14 ℃。受精卵在外界环境中发育，早期胚胎发育阶段忍受温度剧烈波动的能力很弱，从受精到原肠胚形成这段时期，胚胎抗热性很弱，原肠胚以后，抗热性增强，在接近胚胎发育末期又出现抗热性减弱的情况。当然，各种鱼类性细胞发育过程对温度条件的要求，是其系统发育上对生活条件适应的遗传保守性的表现。

许多研究证明，无论是春季产卵还是秋冬产卵的鱼类，卵母细胞积累卵黄都是在秋季水温降低的时候进行的，也就是说低温是刺激营养物质向性腺中转化的条件。因此，卵黄积累的主要过程是在冬季和早春，那时正是鱼体生长最缓慢或近于停止的时候，鱼体代谢产生的能量主要消耗在生殖细胞的发育上。而较高的温度是刺激机体积累营养物质的条件，在夏秋温暖的水温环境中，鱼体快速生长，而卵母细胞几乎停止生长，待进入冬季，鱼体肌肉和肝脏中的蛋白质和脂肪含量则逐渐降低。

由此可见，机体的迅速生长和营养物质积累为性腺发育成熟的重要前提。但一年中有几次性周期的鱼类（如罗非鱼），几乎整年都在繁殖，鱼体的生长和生殖细胞的发育几乎是同时存在的。实验观察到金鱼在排卵时促性腺激素分泌的水平随温度的变化而波动。因此温度的作用可以通过对中枢神经系统、垂体和卵巢不同程度的影响而实现。外源性的17α，20β-双羟孕酮能在14 ℃诱发鲤鱼排卵，10～12 ℃则无效；水温10 ℃时用垂体催产也同样不能诱导排卵。温度可以明显影响激素和酶的活性或作用过

程。在性腺成熟和排卵、产卵过程中，温度的影响主要表现在3方面：直接作用性腺，影响一些酶和激素的活性和作用；影响性腺对垂体促性腺激素的敏感性；影响垂体促性腺激素的合成和分泌。

3. 其他因子的影响

鱼类产卵时异性的存在也是必要的。雄鱼对雌鱼的刺激作用，不仅是对雌鱼视觉的刺激，雄鱼产生和分泌的性外激素也可以刺激雌鱼产卵。把一种小型斗鱼分成4组分别放在水族箱内：第一组只放雌鱼；第二组的雌、雄鱼用网隔开，阻止它们的直接接触，但互相仍能看见，排放入水的性外激素也有相互刺激的作用；第三组的雌、雄鱼用玻璃隔开，只保留视觉刺激作用；第四组的雌、雄鱼完全在一个水体中，无任何阻隔。结果前三组都没有产卵，只有第四组出现追逐、顶撞等发情产卵行为，终于产出成熟的卵子。这说明产卵前的异性直接接触和追逐等是完全必要的。有些鱼类产卵时必须有卵的附着物，如水生植物等的存在。鲤鱼、鲫鱼在缺乏水草等附着物时，即使满足了水温条件，也不产卵。

流水这一环境因子对于许多在流水中产卵的鱼类的生殖腺成熟和产卵极为重要。青鱼、草鱼、鲢鱼、鳙鱼在湖泊和池塘养殖中，性腺能发育到第Ⅳ期，但无天然产卵场的水位和流速变化的刺激或不用人工催产，性腺就不会发育到第Ⅴ期，不能排卵、产卵。即使在人工催产时，当注射催情药物后，适当给予流水刺激，对性腺迅速过渡到第Ⅴ期也是有促进作用的。

对一些洄游鱼类，盐度也是一个影响性腺发育成熟和产卵的环境因子。大麻哈鱼在海水中生长成熟，而必须洄游到淡水中产卵；而鳗鲡则相反，在淡水中达到成熟后，要下海去繁殖。

所有这些外界条件的刺激，通过鱼类各种外感受器把兴奋传至中枢神经，特别是对下丘脑各种神经核团的刺激，它们分泌的各种神经激素进一步控制和调节垂体激素的分泌，再通过血液循环作用于性腺，促使性腺激素分泌，进而刺激生殖细胞发育成熟和排卵、产卵。

第二节　卵胎生硬骨鱼类繁殖生理学

目前，通过对模式物种的研究使养殖鱼类生理学有了快速进展，这些研究阐述了雌性卵生鱼类（oviparous fishes）在性别分化、发育、卵细胞发生、卵母细胞成熟过程中的激素调控机制。在20世纪80年代进行了大量关于卵胎生硬骨鱼类（ovoviviparous teleosts）母体和胚胎营养关系的形态学研究，发表了一些非常好的综述。近些年来，一些易于繁殖的花鳉科鱼类，如即虹鳉、食蚊鱼（Gambusia affinis），被用作实验鱼类进行了内分泌学的研究，发表了很多与垂体激素相关的文章，对卵胎生硬骨鱼类的繁殖内分泌学有了足够的了解。此外，自从20世纪80年代起，对平鲉属（Sebastes）的繁殖生理学的研究进展很快并仍在继续。

本节主要介绍雌性卵胎生的花鳉科、绵鳚、平鲉科鱼类的繁殖周期、卵胎生特点、分泌周期，以及促性腺激素、卵巢的性类固醇激素、前列腺素等与调节繁殖相关的激素的功能特点。

一、花鳉科

（一）性腺生理学与繁殖周期

约有300种花鳉科的卵胎生鱼类分布在温带地区，雌性在约1个月的时间内完成卵黄生成、卵母细胞成熟、受精、分娩过程。在这个类群中，有些物种的胚胎发育具有多个阶段，如异小鳉属（Heterandria）中存在异期复孕现象，在短时间内可以重复分娩。对食蚊鱼的研究发现其分娩的间隔受温度和光周期的共同影响，其中温度主要影响胚胎发育速率，光周期主要影响卵黄生成速率。食蚊鱼出生时发生性别分化，出生几天后，成对的卵巢融合成单个的被卵巢。雄性大约在出生90 d后性腺成熟，雌性在出生110 d后性腺成熟。在雌性生殖过程中，卵黄生成期卵母细胞首次出现在出生后90 d时，并在出生后110 d达到成熟前期。

雄性成熟的花鳉科鱼类在交配过程中将精液以精囊（spermatangium）或者精子束的形式传递给雌鱼。一般认为精囊在进入雌性生殖道时就被分解了，精子通过输卵管进入卵巢。精囊的溶解需要Na⁺、K⁺等渗的离子环境。精子主要贮存在卵巢内的两个地方：其一，通过对精子的电镜观察，发现精子的头部深深地嵌入输卵管上皮细胞，认为输卵管上皮细胞具有贮存精子的能力，被称为"纳精囊"；其二，在电镜下观察到精子贮存在卵泡表面一个突触小体状的结构内，它是由输卵管分支扩展形成的盲道，称作"delle"（Purser，1938）或者"精子袋"。进一步研究认为，直接参与受精的精子是储存在精子袋中的。但是，现在还不清楚精子如何通过周围的滤泡细胞进入卵细胞中。在花鳉科鱼类中，卵母细胞成熟后不排到体外，而是在卵泡内受精，形成的受精卵在卵泡内发育，分娩时排出。胚胎发育对母体的依赖有很多种类型，包括从卵黄营养依赖类型到母体营养供给依赖类型。但是，对于花鳉科鱼类来说，所有种类的卵都从母体中获取一定的能量。花鳉属（*Poecilia*）和食蚊鱼属的卵黄在妊娠晚期就聚集在卵母细胞中以备下一次妊娠的开始。卵黄蛋白原是卵黄蛋白的前体物质，在食蚊鱼的血浆中鉴定出3种不同形式的卵黄蛋白原，其中两种卵黄蛋白原（相对分子质量为600 000）被加工成两种不同类型的卵黄磷脂蛋白、卵黄高磷蛋白，另一种缺乏卵黄高磷蛋白域的卵黄蛋白原（相对分子质量为400 000）完整地嵌入了卵母细胞。在恒定的饲养条件下（25 ℃，每天光照时间8 h），食蚊鱼大约可以间隔22 d进行重复的繁殖（卵黄生成、妊娠、分娩）。为保证下一次的妊娠，卵母细胞受精后一周（在上一次分娩10 d后）开始生成卵黄，卵黄在分娩后（在上一次分娩20 d后）迅速积累，卵母细胞在分娩后3 d达到成熟并受精。因此，重复的妊娠和卵黄生成对讨论妊娠期间激素变化具有重要意义。适应温带气候的食蚊鱼有全年的生殖周期，第一次卵黄生成始于春季温度升高时，然后春季、夏季重复上述的卵巢发育周期。最后一次卵母细胞的生成在夏末可以缩短至一天，以确保最后一次繁殖可以在本季节结束。因此可以尝试通过提高早春的温度进行人工诱导卵黄生成来分析卵黄生成过程，而不会造成妊娠的重复。

（二）促性腺激素

在20世纪60年代到70年代上半叶，同时进行了对垂体激素在繁殖中作用的探究以及在光学显微镜水平下垂体的形态学研究，例如垂体切除术与垂体提取物的注射补偿。从20世纪70年代后期开始，观察到了垂体激素生成细胞的超微结构。20世纪80年代末，对激素完成了抗体的免疫组织化学研究。其中，促性腺激素和繁殖的关系被最先发现，在虹鳟中，妊娠期间垂体前叶大小的改变反映了促性腺激素分泌细胞的活动。进一步的研究证明在虹鳟脑垂体中有6种不同功能的细胞类型，其中促性腺激素细胞占据了中腺垂体的腹半侧（近端部；PPD）。自20世纪80年代对卵生硬骨鱼类研究以来，对两种促性腺激素的认知逐渐清晰，即促卵泡激素和促黄体激素同样存在于硬骨鱼类中。利用银大麻哈鱼促卵泡激素和促黄体激素的抗血清对花斑剑尾鱼垂体染色，第一次证实了两种促性腺激素在花鳉科鱼中分布在垂体中的不同位置及其出现的不同发育时期。总的来说，卵胎生花鳉科鱼和先前报道的一些卵生硬骨鱼类以及鲑鳟鱼类相似，促卵泡激素参与卵黄生成过程，而促黄体激素参与最终卵母细胞成熟，此外，促性腺激素可能对妊娠并没有重要的作用。

（三）促甲状腺激素、甲状腺激素以及它们在垂体-性腺轴中的关系

在对卵胎生花鳉科鱼类促甲状腺激素（TSH）和被其调节的甲状腺激素与繁殖之间关系的研究中，发现了虹鳟甲状腺在卵巢发育过程中呈现周期性变化，被硫脲处理的成年雌性虹鳟的卵黄生成停止，发生流产、分娩数量下降、分娩间隔延长，因此认为甲状腺激素通过其直接作用和TSH与GtH之间的相互作用对配子形成和卵胎生花鳉科鱼类的妊娠具有一定的影响。下丘脑分泌的神经内分泌调节因子和类固醇激素的反馈作用共同调节包括GtH在内的多种垂体激素的分泌活动。据报道，哺乳动物促黄体激素释放激素（LHRH）可调节GtH的分泌；离体培养的茉莉花鳉脑中的多巴胺（DA）也可抑制GtH。证明甲状腺激素可能不仅影响卵黄生成作用，还影响胚胎发育过程。对卵生硬骨鱼的研究发现，甲状腺激素被卵黄吸收，而且在胚胎早期发育中起重要作用。这一现象同样可能发出现在卵胎生硬骨鱼。

花鳉科鱼类内分泌系统的相互关系见图11-7。

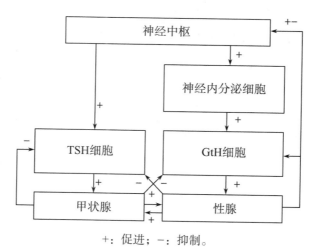

+：促进；-：抑制。

图11-7　花鳉科鱼类内分泌系统的相互关系

（依据Sage和Bromage，1970）

（四）促肾上腺皮质激素

通过光镜在虹鳟垂体中观察到，促肾上腺皮质激素分泌细胞在妊娠期间保持失活状态。然而，通过电镜观察茉莉花鳉垂体，发现妊娠期间促肾上腺皮质激素具有活性。也就是说，促肾上腺皮质激素分泌细胞在卵黄发生过程中保持相对失活，而在妊娠后期表现出中等活性，与卵母细胞卵黄发育是否开始无关。鉴于这些结果，促肾上腺皮质激素对整个分娩过程中糖皮质激素分泌是否起重要作用仍需讨论。虹鳟卵巢发育周期中血清皮质醇水平测定结果显示，妊娠期保持的高血清皮质醇激素浓度在分娩前迅速降低，因此血清皮质醇水平在妊娠期末的下降可能是触发分娩的原因之一。垂体切除并不能阻止分娩，因此卵巢发育周期中，促肾上腺皮质激素周期性变化对分娩并非必不可少。

（五）类固醇激素

花鳉科鱼类与虹鳟卵巢中类固醇生物合成相关酶研究结果表明，一些酶为类固醇合成不可或缺的，例如3β-羟基-类固醇脱氢酶（3β-HSD）、3α-HSD和17β-HSD，这些酶位于合成类固醇的颗粒细胞中。在虹鳟卵巢中的封闭滤泡中没有检测到类固醇合成所需的酶，因此其不具有类固醇生成活性；花斑剑尾鱼3β-HSD和葡萄糖-6-磷酸脱氢酶定位于卵巢间质细胞而不是颗粒细胞。因此在花鳉科中，是否与卵生硬骨鱼一样存在这两种类型的类固醇合成细胞还有待证明。

虹鳟中，卵黄生成作用后雌二醇的合成迅速下降，而DHP开始生成。尽管其血清浓度在卵巢发育或妊娠期间没有变化，但在受精期比妊娠期的浓度相对更高。该结果证明同很多卵生硬骨鱼一样，卵胎生花鳉科DHP是成熟诱导激素。卵胎生花鳉科同平鲉科一样，DHP不参与维持妊娠期，说明高极性化合物很可能是雌性受孕的化学信号。

（六）分娩的激素调控

通过激素注射法研究花鳉科鱼的分娩问题，发现注射脱氧皮质醇、催产素、加压素和鲤鱼神经垂体同样可以诱导早产，注射脱氧皮质醇会引发体外滤泡破裂。尽管各种环境因素和内分泌因素与花鳉科分娩相关，但是神经垂体激素很可能直接影响分娩。随后，虹鳟中雌二醇和抗孕激素（RU 486）会引起早产，孕酮、DHP、皮质醇和芳香化酶抑制剂（4-羟基雄甾-4-烯-3，17-二酮）则会引起晚产。

花鳉科鱼类的成熟胚胎从滤泡中提前排出（相当于卵生硬骨鱼的排卵），所以为了明确分娩的机制而阐述排卵的机制就显得十分有必要。研究显示，前列腺素在一些卵生硬骨鱼排卵中起重要作用，研究虹鳟产后滤泡（PPF）发现，产后滤泡利用花生四烯酸（PG的前体）合成前列腺素E和前列腺素F。研究者同样发现前列腺素可能参与卵生硬骨鱼的排卵。妊娠期间通过注射前列腺素E_2或前列腺素$F_{2\alpha}$可以确认前列腺素不仅诱导排卵和连续分娩，还能诱导早产。上述两种前列腺素可以诱导体内和体外培养的胚胎发生滤泡分离，分离发生率在妊娠中后期上升，直至分娩。血液皮质醇浓度在妊娠期间保持高水平，分娩前迅速下降，研究显示皮质醇恢复并增加前列腺素合成。证明皮质醇会推迟分娩。花鳉科鱼在分娩时，卵巢组织分泌的前列腺素可能首先激活胚胎从滤泡中分离，然后通过神经垂体激素分泌诱导平滑肌收缩，促进胚胎从卵巢中分离。

二、绵鳚科

（一）繁殖周期

现存的65个绵鳚科种类中，有2种卵胎生鱼类，2种都属于绵鳚属（*Zoarces*），即北大西洋种（绵鳚，*Z. viviparus*）和北太平洋种（长绵鳚，*Z. elongatus*）。这2个物种均为底栖鱼类，生活在温带北回归线区域微咸水水域。绵鳚是较早确定的卵胎生物种，因为该鱼也生活在相对被污染的环境中，近年来常被作为内分泌干扰物质影响的指示生物。在长绵鳚中，内源性卵黄（卵黄囊泡或皮质小泡）的积累发生在12月到翌年4月之间的妊娠期；之后，5月到8月外源性卵黄形成，9月卵巢腔中卵母细胞成熟、排卵并受精，10月卵巢内的受精卵孵化，孵化后的胚胎在卵巢内继续生长，在3月到4月之间分娩。推测雌雄的交尾发生在8月左右，因为精巢的发育刚好在排卵之前，但卵巢内没有发现特化的贮存精子的结构。绵鳚和长绵鳚的生殖周期几乎相同，通常在5月或6月开始，8月成熟卵母细胞排出并受精，受精卵在卵巢腔内发育到12月，翌年1月到2月出生。据报道，荷兰北部的北海种群每年有2个妊娠期，即9月到翌年1月、4月到7月。

长绵鳚在5月血清卵黄蛋白原水平开始增加，此时卵黄发生开始，在9月达到最高点，在10月迅速降低，并且之后维持在较低的浓度。此外，北大西洋种群中，卵黄蛋白原在6月和9月表现出较高的浓度。卵巢内的胚胎在妊娠早期生长显著，而在妊娠中期到后期主要吸收自己的卵黄提供能量。

（二）垂体激素

关于绵鳚属垂体的组织学研究比较少，但是通过光镜和电镜在垂体前外侧部（RPD）和中间部分别鉴别出6种和2种激素分泌细胞。其中2种嗜酸性细胞的活性与性腺活性一致，被认为是促性腺激素细胞。为了明确维持妊娠是否需要垂体激素。垂体激素参与营养从母体转运到胚胎的调控，启动分娩的激素可能是从垂体分泌。

（三）类固醇激素

一些关于绵鳚属卵巢中类固醇代谢的报道显示，没有关于类固醇合成能力伴随生殖周期变化的研究。性类固醇的血液浓度研究显示长绵鳚和绵鳚的雌二醇水平在卵黄生成过程中维持在高浓度，而在妊娠期间下降。雌二醇通过调节血液中的卵黄蛋白原和肝脏雌激素受体的量来调控卵黄生成。对绵鳚的研究显示雌二醇同样诱导卵黄膜蛋白合成。在绵鳚中，雌性与雄性血液睾酮水平相同或相对较高，然而，生理学显著性还未知。此外，11-酮基睾酮作为硬骨鱼类的一种功能性雄激素，在雌鱼血液中也检测到有非常低的水平。为了探究类固醇激素对妊娠的影响，尝试通过激素处理妊娠雌鱼进行实验。注射雌二醇会阻碍母体将营养转运到胚胎中，可能雌二醇会抑制垂体分泌的一种参与胚胎营养供应的激素的激活和分泌（负反馈）。关于绵鳚属分娩的研究表明妊娠期间睾酮或睾酮和雌二醇同时注射会刺激分娩，而仅注射雌二醇不会刺激分娩。这与雌二醇和睾酮在花鳉科中的作用相反。为了阐明妊娠和分娩的内分泌机制，有必要进行激素处理实验和研究繁殖周期中内分泌的变化。

三、平鲉科

（一）繁殖周期

平鲉属和菖鲉属（Sebastiscus）是平鲉科的卵胎生属。平鲉属中大约有100个种，相当于平鲉科的1/3。平鲉属的生殖周期可以以边尾平鲉（Sebastes taczanowskii）和许氏平鲉（Sebastes schlegelii）为例，这些鱼的性腺组织学变化等内容已经被广泛研究。雄鱼功能性成熟和交配一般发生在11月，在这个时间，雌鱼开始卵黄生成作用。3至4月，卵黄生成作用完成，卵母细胞成熟并完成排卵。一般认为，受精发生在卵母细胞成熟并排卵至卵巢腔后。之后受精卵在卵巢腔中发育，6月分娩。研究认为，雄性交配并不会刺激卵黄生成作用和卵母细胞成熟，因为即使雌雄分离，卵黄生成和卵母细胞成熟也会发生。妊娠期间胚胎通过吸收胚胎内的卵黄营养进行发育，卵巢或胚胎并没有特殊的营养器官，胚胎也可以从母体中吸收营养。分娩时间依不同种的生态栖息地有所不同。分娩前胚胎在卵巢中孵化，幼鱼一次性通过受精膜排出。在妊娠期间，下一轮发育的卵母细胞并不启动卵黄生成作用。

（二）促性腺激素释放激素

对纵痕平鲉（Sebastes rastrelliger）GnRH的分子结构研究表明，通过高效液相色谱（HPLC）检测到4种形式的GnRH：鲷GnRH（sbGnRH）、鸡GnRH（cGnRH-Ⅱ）、鲑GnRH（sGnRH）和拟银汉鱼GnRH（pGnRH）。在这些GnRH中，sbGnRH参与调

节促性腺激素的分泌，因为在垂体中检测到大量sbGnRH。雌性纵痕平鲉大脑sbGnRH浓度在分娩后迅速上升，说明sbGnRH分泌量超过合成量，可能由于妊娠期需要大量GnRH分泌以促进促性腺激素的分泌。垂体激素在平鲉属妊娠期间的作用有待进一步研究。

（三）类固醇激素

平鲉属在繁殖周期内血液雌二醇浓度在卵黄生成过程中逐渐增加，在卵母细胞成熟前达到峰值，妊娠时迅速下降。菖鲉属卵母细胞开始卵黄积累时，血清雌二醇浓度开始上升，一个繁殖季节可以繁殖两次以上。此外，卵黄蛋白原血清浓度变化基本上与雌二醇变化相同。可以确定卵胎生鲉科与其他卵生硬骨鱼一样，雌二醇促进卵黄生成作用。一个月后血浆睾酮浓度变化与雌二醇一致，在卵母细胞成熟或妊娠早期达到峰值，之后迅速降低。可以想象在这个血清模式中，睾酮是雌二醇的前体。然而对菖鲉属的研究显示母体甲状腺激素在卵黄生成作用中从母体转移到卵母细胞，卵巢甲状腺激素水平会比之前报道的卵生硬骨鱼类高。这可以说明睾酮可能参与了卵巢中甲状腺激素的转运，因此认为卵巢中高浓度的甲状腺激素对妊娠维持或胚胎发育具有一定作用。

认为DHP是由GtH刺激卵泡合成的，而且和其他卵生硬骨鱼一样，在平鲉属诱导成熟激素中起重要作用。妊娠期间可以检测到血浆中高浓度的DHP，但是它是在哪里合成的？在许氏平鲉整个妊娠期间，由成熟卵母细胞排卵形成的排卵后滤泡（POF）维持卵巢的细胞结构，这与卵生硬骨鱼POF一般在产卵后退化和重吸收相反。许氏平鲉体外POF合成雌二醇能力弱，但是合成DHP能力强。这说明平鲉属POF和哺乳动物黄体的功能是对应的，这意味着在母体中这两种DHP水平下降对顺利分娩是必需的。

总之，在3类卵胎生硬骨鱼类中，现在已经很明确卵胎生花鳉科和平鲉科配子形成的内分泌机制与卵生硬骨鱼类没有原则上的区别，特别是类固醇的作用。在绵鳚科中，卵母细胞最终成熟的内分泌机理还没有完整的研究，即使有些关于配子形成过程的GtH作用的报道，比如明确区分了FSH和LH，可能在花鳉科中FSH参与了卵黄生成作用，LH参与了最后的卵母细胞成熟。其他卵胎生硬骨鱼类种群中两种GtH的功能仍有待阐明。每个种群中维持妊娠的内分泌调控机理，至少是类固醇激素的作用都有不同，这些似乎取决于妊娠发生在排卵前卵泡内还是排卵后卵巢腔内。在花鳉科鱼中，妊娠和排卵抑制发生在卵泡中，孕酮（包括DHP）的合成和血浆水平在妊娠期间迅速下降，被认为参与了最终卵母细胞成熟。然而在鲉科中，妊娠发生在排卵后的卵巢腔中并且抑制卵细胞释放，DHP的合成和血浆浓度在妊娠期间保持较高的水平。因此认为妊娠维持的机制可能不同，而且DHP从卵母细胞成熟到妊娠期间的作用在不同科之间存在差异。DHP在平鲉科维持妊娠中可能有积极作用。

垂体激素尽管在花鳉科妊娠期间不参与妊娠维持和胚胎发育，但是在绵鳚科中有可能与胚胎发育相关。此外，在平鲉科中，通过检测GnRH水平的变化判断出，GtH是在妊娠期间分泌的。因此，垂体激素参与妊娠在科之间是不同的。妊娠期间从母体到胚胎的营养供给水平在每个科之间也是不同的，胚胎对母体营养的依赖性顺序：平鲉科<花鳉科<绵鳚科。随着胚胎对母体营养依赖程度的增加，各种激素必须参与调节变化，不仅是胚胎，还有卵巢结构或母体营养物质的代谢需要发生巨大的变化。此外，研究表明DHP在平鲉科鱼类妊娠过程中起一定作用。因此，GtH可能作为一种调节因子参与类固醇的合成。这一点也需要深入研究。

对花鳉科鱼类分娩的具体实验已经明确，在卵巢生成的PG诱导排卵期的分娩。在卵生硬骨鱼类中，卵母细胞成熟后卵巢中PG的合成可能受MIH调控，或受其他不同于卵母细胞成熟的其他内分泌调节系统调控。至少在花鳉科中，参与PG合成的机制与卵母细胞成熟不同，因为卵泡内分娩是靠在卵母细胞成熟和排卵期之间完成受精和受孕来实现的。不过，在卵母细胞成熟后PG的合成受到抑制，抑制的减少可以触发分娩前的排卵现象。绵鳚科和平鲉科中，腔内妊娠是通过卵母细胞成熟后迅速排卵实现的，推测分娩的机制和卵生鱼类排卵的机制是相同的，有可能通过抑制刺激卵细胞释放保持胚胎长时间在卵巢腔内。平鲉科中，高浓度DHP的调控可能抑制了刺激卵细胞释放。这一点同样需要进一步研究。

花鳉科、绵鳚科和平鲉科卵巢周期内受精和参与繁殖的相关激素情况见图11-8。

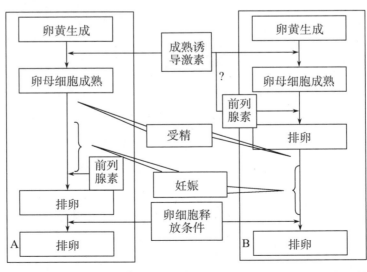

图11-8 花鳉科（A）、绵鳚科（B）和平鲉科（B）卵巢周期内受精时间和参与繁殖的相关激素
（温海深和齐鑫，2020）

第三节　虾蟹类繁殖生理学

目前虾蟹类繁殖生理学研究主要集中在雌雄生殖系统的结构与发育，精子发生与精子形成、质量和活力评价，卵子发生及卵子的成熟，生殖过程（交配、受精和产卵），胚胎发育，等等。

一、雌雄生殖系统结构与发育

甲壳动物雌性生殖系统由卵巢和输卵管组成，卵巢分为对称的左右两叶，一对输卵管分别从两叶卵巢后1/3处伸出，经过肝胰脏后，与雌性生殖孔相连，雌性生殖孔开口于第三对步足基部。卵巢壁很薄，由外膜和生殖上皮组成，外膜为疏松结缔组织，发育初期比较厚，随着卵巢发育，卵母细胞体积不断增大，外膜扩展，卵巢成熟时变为薄层。生殖内皮为复层上皮，发育初期，上皮细胞十分活跃，产生大量的卵原细胞，同时分化出滤泡细胞。卵巢下腹面两叶交界处是产生卵原细胞的生殖区，随着卵巢发育，生殖区向卵巢内扩散，发育成熟的卵母细胞被推向外周。卵原细胞经过分裂增殖产生初期卵母细胞，随着卵巢发育，一部分卵母细胞发育较慢，另一部分细胞发育迅速，位于卵巢四周，被单层滤泡细胞包裹而形成卵巢腔。当成熟卵排出后，滤泡呈现空腔状，同时发育缓慢的细胞开始生长，为第二批成熟卵做准备。

根据卵巢的外观将甲壳动物卵巢划分为几个时期：

第一期：卵叶呈半透明状，直径小于肠直径，卵母细胞处于发育初期；

第二期：卵叶透明，直径与肠的相当，卵母细胞增大；

第三期：卵叶呈浅黄色，直径比肠直径大，卵黄磷蛋白积聚于卵母细胞中；

第四期：卵叶颜色加深，占据背部区域，卵母细胞成熟。

在第三期和第四期，活体背部均可见卵巢，卵巢的颜色随产卵期的临近而加深，但最终颜色取决于不同种类。颜色深的种多呈橄榄绿色，但也可能呈蓝灰色；颜色浅的种多呈黄色或橘黄色。

粗糙沼虾（*Macrobrachium asperulum*）精巢一对，表面多褶皱，位于胃的后方，肝胰腺的上方。精巢前端愈合，末端分离。性成熟时精巢可延伸至腹中部。在精巢前端两侧近1/3处伸出一对输精管，由雄性生殖孔开口于第五步足基部内侧。精巢早期较小，为乳白色，而后颜色逐渐加深，直至为紫红色，体积也逐渐增大。粗糙沼虾的雄性生殖系统结构见图11-9。

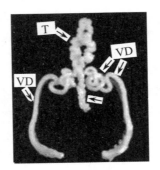

T. 精巢；VD. 输精管。

图11-9　粗糙沼虾雄性生殖系统

（王克行，2008）

粗糙沼虾精巢是由结缔组织包围许多生精小管而成，在小管之间含有血窦。生发区位于生精小管的一侧，另一侧为单层扁平上皮，这与中华绒螯蟹和中国明对虾相似。粗糙沼虾的精子发生为非同步性，精原细胞由生发区产生，并向管腔内逐步进行分化增殖，发育成不同细胞类型的生殖区域，从而保证精子的持续供给，为多次交配繁殖提供了物质基础。

二、配子的发生与形成

（一）精子发生与形成

目前，许多研究主要集中在雌虾的生殖系统及卵发育，对雄虾生殖系统的研究，大部分集中在雄虾生殖系统的结构，促性腺的结构，作用及精子的形态，发生，而对雄虾成熟度、精子质量评价及影响精子成熟的因素研究较少。事实上，雄虾的发育和成熟度同样是对虾繁殖中的重要限制因素，尤其对于纳精囊开放式的种类如凡纳滨对虾来说，更是如此。对虾个体发育的基础是精子与卵子的结合，在繁殖过程中，精荚（spermatophore）的发育和精子质量直接影响卵的受精率、孵化率和幼体的质量。

1. 精子形态结构

甲壳动物精子多种多样，其中须虾亚纲、蔓足亚纲、鳃尾亚纲等精子具鞭毛，能运动，其他5个亚纲的精子形状各异，没有中间体和鞭毛。游泳十足目的虾类精子有一个单棘，而爬行亚目的蟹类精子则有多条辐射臂。甲壳动物有多种精子传输方式，其中大部分产生精荚，黏于雌体腹部或通过交接器输到纳精囊中，而蔓足类则直接传输精子。另外，精子在雌性纳精囊中可能还具有一个获能过程。对于短尾类，如锯缘青蟹，其受精发生在纳精囊内部，使用贮存的精子，因此很难获得未受精的卵子，不能采用受精率作为精子质量评价的标准。虾蟹等十足目甲壳动物的精子没有鞭毛，不能运动，保存困难，因此其精子质量好坏及活力判断的最大困难就是缺少一个可靠的依据。另外，精荚移植、杂交育种和精子库计划需要高质量的精子，创造好的雄性繁殖条件以提高繁殖质量也需掌握精子质量的评价标准。

中国对虾、长毛对虾（*Penaeus penicillatus*）、斑节对虾（*Penaeus monodon*）、刀额新对虾（*Metapenaeus ensis*）、近缘新对虾（*Metapenaeus affinis*）的成熟精子属于单一棘突类型，其内部结构分为棘突、中间部和主体部，没有鞭毛，不主动运动。来自雄虾体内和雌虾纳精囊内的精子有很多不同之处：雄虾体内精子外形似梨，棘部短粗，其基部有螺旋结构，而雌虾纳精囊中的精子不具螺旋结构，较细长；雄虾体内精子核后细胞质带结构更完整，而雌虾纳精囊内精子核后细胞质带囊泡发达，并常与质膜融合发生胞吐现象；雄虾体内精子核膜比雌虾纳精囊精子核膜完整；

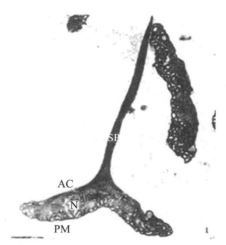

SP.棘突；AC.顶帽；N.核；PM.细胞质膜。

图11-10 秀丽白虾成熟精子结构

（王克行，2008）

雌虾纳精囊精子的环状片层结构更发达；雄虾体内的精子主体部上方内质网发达，而雌虾纳精囊中精子的内质网浓缩为团块状或颗粒状（图11-10）。

2. 精子发生

精子发生于精巢管的外缘生发层，由精原细胞减数分裂发育而成，精原细胞经过细胞核、内质网等的一系列变化形成精子。根据顶体形成过程中超微结构的变化，把精子发生分为精原细胞、初级精母细胞、次级精母细胞、精子细胞、精子5个阶段。精子发生过程中化学成分也有相应的变化。刀额新对虾成熟精子发生过程中精原细胞、精母细胞、早期精细胞核内均含有丰富的碱性蛋白，但在精细胞变态成精子过程中，只有顶体内出现碱性蛋白，核内没有碱性蛋白。在成熟精子中，外顶体层碱性蛋白多于内顶体层，棘突中无碱性蛋白存在。

以粗糙沼虾为例，精原细胞期精巢小，呈透明乳白色。生精小管内充满着精原细胞，包围精巢的结缔组织膜较厚。生精小管内的营养细胞少。发育后期，在生精小管内侧，有少数精原细胞开始向初级精母细胞过渡。精母细胞期精巢体积增大，呈半透明乳白色，表面分布有少量的紫色斑点。营养细胞明显增多，分布在生精小管四周以及精母细胞周围。生精小管逐渐变大，管壁上皮扁平状，生发区内细胞形态复杂，但精母细胞占优势，管腔中有少量精细胞。精细胞期精巢体积进一步增大，颜色进一步加深。生精小管管径继续变大，管壁结缔组织变薄，营养细胞散布在精细胞之中。成熟精子期精巢充分发育，可延伸至腹中部。生精小管管腔可达最大值，几乎占满整个生精小管，腔内充满成熟精子。生发区体积进一步减小，其内分布少量的精原细胞和精母细胞。生精小管管壁薄。退化期生精小管呈空泡状，残存的精原细胞开始恢复增殖。精巢表面褶皱增多、退化，呈半透明乳白色，表面有少量紫色斑点。

3. 精荚

精荚是十足类甲壳动物所具有的特殊结构，成对存在于精囊中，每侧各一个，其质量优劣直接关系到卵子受精率和人工育苗的产量。对虾受精前，精荚具有传输和保护精子的双重作用。按照其形态结构可将精荚分成3种基本类型：柄状（异尾类）、管状（长尾类）和球形或圆形（短尾类）。精荚由精子、精荚基质、精荚壁3部分构成。一般认为精荚是在精子从精巢进入输精管前段以后，由输精管上皮细胞分泌物随即包被精子团形成的，精荚壁则是由这些分泌物逐渐沉积而成，是一种非细胞结构的物质。从输精管中段到精囊，形成精荚的物质供应是不连续的，而精荚的形成与蜕皮周期有关，在蜕皮间期精荚在输精管末端逐渐形成，夜间蜕皮时移到精囊。

对虾精子的发生是连续的、非同步的，从精巢中排出的时间有先有后，精巢中产生的精子数量远远超过形成一对精荚所需要的精子，这决定了雄虾具有多次交配的能力。对虾的精荚可以再生。精荚再生分为4个阶段：未发育阶段、早期发育阶段、晚期发育阶段、成熟阶段。每个阶段持续的时间与对虾种类、眼柄是否切除及精荚摘除方式有关。中国对虾交配后精荚再生的平均时间为3 d，但部分雄虾在交配的次日就可生成新精荚。雄性斑节对虾在人工摘除精荚后，精

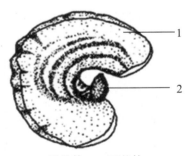

1. 瓣状体；2. 豆状体。

图11-11 中国对虾精荚结构示意图

（王克行，2008）

荚再生需要7～11 d。种间差异、生理状态、营养条件和环境因素等都可能影响精荚的再生（图11-11）。

4. 精荚和精子质量评价

评价指标：精荚重量和外观；精子总数；活精子的百分含量；畸形精子的百分含量。

评价方法：

（1）形态观察法：评价精子和精荚质量的普遍方法。畸形精子表现为主体部畸形，棘突弯曲或缺少。畸形的精子不具有正常的受精能力，增加正常精子的数目或提高总精子的数目可以提高繁殖性能。精子数量和精子质量的提高对增强封闭式纳精囊的斑节对虾的繁殖质量显得特别有用。睾酮可显著提高凡纳滨对虾精子数量和精荚质量，同时降低异常精子数，而孕酮则没有此效果。健康的精荚是具有正常形态的白色精荚；早期退化的精荚有黑色素沉着，末端可能变黑；中期退化的精荚变成黑褐色，黑化部分扩展到更多的区域，周边区域可能糜烂；严重退化的精荚表面完全变黑，糜烂的区域进一步扩大。精荚的黏度对于雌虾获得受精能力是很重要的，黏稠的分泌物贮存在精囊，可能影响精子获能。精荚形态结构的改变可以影响精荚的黏度，进而影响交尾时黏附到纳精囊的稳定程度，从而影响受精率。精荚颜色、膨胀度和外观能指示精子质量，但不能为精子质量提供定量检测依据。形态观察法比较直观，却易受以下因素的影响：精子悬液的制备方法、雄虾的年龄、交尾频率、种间差异。该方法对精子活力的生理、生化方面的检测是有限的。

（2）生物染色剂法：一般采用台盼蓝和吖啶橙作为生物染色剂。用台盼蓝染色时，活精子不被染色，死精子因膜间隙变大而被染成蓝色；吖啶橙用来评价核膜的完整性，具有完整核膜的精子呈淡绿色，活力弱的精子呈黄色或橙色，死精子呈黑红色。用这种方法可能对活精子比例估计过高，这可能与精荚和精子膜的通透能力及不同色素的通透能力之间存在着差异有关。该方法只是一种粗略的估计精子活力的方法，无法区分10%～20%的存活力差异，实验过程中精子存活力将受到影响。生物染色剂法多与形态观察法共同使用，以区分活精子和畸形精子，进而在精子存活力方面得到更多的信息，但有时棘突缺少、弯曲的精子用台盼蓝染色时呈无色，吖啶橙染色时呈淡绿色，而不是黄色、橙色或黑红色。

（3）卵水诱导反应：与卵水发生反应的精子比例可用来评价精子质量。用这种方法可以评价低温贮藏的单肢虾精子的活力，白对虾精子在卵水中出现顶体反应；可以评价营养物质对凡纳滨对虾精子质量的影响。但同种卵水是这种方法的影响因素，如果用不同种的卵水可能会影响顶体反应，导致结果的偏差。

（4）生化成分分析法：根据精子物质和能量代谢的酶活力来检验精子质量和活力，是一种间接的评价方法。主要测定Na^+-K^+-ATP酶和$Mg^{2+}-ATP$酶，具有明显的季节变动。精液和精荚富有蛋白质、糖及脂肪，且精荚含量显著高于精液；精子在雌雄生殖系统中的能量代谢是一个无氧糖酵解的过程，未交配的雌蟹纳精囊中有机物质很少，交配后由于精液的输入则富含有机物质，精子贮存在纳精囊中时糖含量显著降低。因此精子的营养成分的不同，可以反映不同部位或不同发育阶段精子的状况。

（5）低渗外吐法：是在低渗溶液中评价精子膜完整性的方法，具有敏感、可重复的特点，与其他膜完整性测试方法相结合，可能是一种检验质量和活力低下精子群体的有效方法。

5. 生殖质量下降和影响精荚和精子质量的因素

生殖管道退化综合征和生殖系统色素沉着：生殖管道的退化是对虾养殖中普遍存在的问题，主要表现为精子总数和活精子数逐渐减少，畸形精子量增加，并伴随着生殖管道和精荚的黑化。生殖质量下降的原因可能是种间差异、多次排出精荚、电刺激排精荚、细菌感染、营养因素和温度等多种因素单一或协同作用的结果。影响生殖质量下降的主要因素：

（1）外源激素及内分泌：注射生理剂量的17α-甲基睾酮能提高精荚质量，推测原因可能是这种化合物的药理作用促进了精子发生和精荚合成。去掉眼柄抑制因素可加快蜕皮后新精荚的转移，加快精子发生的同步性，对不同的对虾有不同的影响。切除眼柄可以诱导斑节对虾和墨吉对虾雄虾精荚早熟；可以增加凡纳滨对虾拟成虾的性腺大小和交尾频率，增加成虾精荚质量和精子数量，减少畸形精子数量；可缩短白对虾新精荚形成的时间，但未发现能显著影响白对虾的交尾率、产卵量、受精率和孵化率；也未发现能提高斑节对虾的性腺指数和精子质量，但能增加精子数量；对南美蓝对虾（*Penaeus stylirostris*）受精率没有显著的影响，但能缩短其蜕皮周期。可见不同种类对虾之间存在着一定的差异。促雄性腺在甲壳动物性别发育、性别分化中有重要作用。中国对虾的促雄腺对精子成熟未起重要作用，推测可能对精荚的形成有作用，也可能为雄性交配活动和精荚的排出提供能量，相关问题有待于进一步深入研究。

（2）温度：凡纳滨对虾、白对虾、南美蓝对虾对温度的敏感性很高，推测温度可能与精荚和精子的变质有关。温度对亲虾精子质量有一定的影响。温度低时虾发育缓慢，虾的规格较小，在性腺产生精子时，输精管可能没有同步成熟，畸形精子的百分率较高；温度高时畸形精子数量也会增加。

（3）营养物质：是精荚发育、再生以及精子质量的重要限制因素之一。雄性亲虾的发育与雌虾发育所需的营养物质可能存在差异，需要深入研究，以提高雄虾的成熟率和精子的质量。

（二）卵子发生与形成

1. 卵子发生

在发育和重复发育的卵巢中，卵子发生主要经历卵原细胞的增殖和初级卵母细胞的分化、生长、成熟这两个阶段。根据卵子发生过程中雌性生殖细胞形态的变化，这两个阶段又可细分为6个期：卵原细胞期、卵黄发生前卵母细胞期、小生长期、大生长期、近成熟卵母细胞期和成熟卵母细胞期。三疣梭子蟹的卵巢壁很薄，由结缔组织外膜和内生殖上皮构成。结缔组织中含有血管和血窦；内生殖上皮紧衬于外膜内侧，系特殊的复层上皮。在性未成熟雌蟹的卵巢和刚产完卵的卵巢组织切片上，可见卵巢壁向内皱褶形成的卵巢壁内突。内生殖上皮不断地产生出两种形态、大小各异的细胞，其中较大的一种为卵原细胞，较小的一种为滤泡细胞。卵原细胞一般近球形，胞核较大，占据细胞的绝大部分，胞质稀少。

随着卵原细胞的增殖、分化，在卵巢分隔小区内形成卵细胞发育区。同一卵巢不同的卵细胞发育区内，初级卵母细胞分化时间和发育阶段并不完全相同，刚转化的初级卵母细胞的膨大胞核为卵黄发生前的卵母细胞。初级卵母细胞的生长可划分为小生长期和大生长期。小生长期卵母细胞呈椭球形，具有1个或多个趋周边分布的核仁。小生长期卵母细胞一个明显的细胞学特征是具有强嗜碱性的胞质，由核仁颗粒物质的外排及胞质中核糖体剧增所造成，核不规则的滤泡细胞零星散落在小生长期卵母细胞间。同一卵细胞发育区内，周围的卵母细胞较中央的发育快，先转入卵母细胞的大生长期，此时可见滤泡细胞正在对卵母细胞进行分割包绕以形成滤泡结构。随着卵黄物质的旺盛合成与快速积累，大生长期卵母细胞的胞质逐渐转变为嗜酸性或强嗜酸性。卵母细胞直径增加到250 μm左右时，初级卵母细胞的胞质呈强嗜酸性；核发生皱缩，嗜碱性增强，核膜破裂，此即近成熟初级卵母细胞。包绕在卵母细胞外的滤泡细胞已被挤压成极薄的单层，近成熟滤泡间有时可见新一批的小生长期卵母细胞正在发育。近成熟卵巢呈橘红色葡萄状。形态学上，成熟卵巢也呈橘红色葡萄状，其内的成熟卵母细胞因相互挤压而较不规则，胞质呈强嗜酸性；成熟卵子外具壳膜，壳膜外包绕着单层滤泡细胞，卵周隙宽窄不一。成熟滤泡间有时可见新一批的小生长期卵母细胞正在发育。形态上成熟的卵母细胞一般并不处于游离的可流动状态，初级卵母细胞在形态上和生理上都成熟的时间窗口很窄。刚产出的成熟卵母细胞或近圆球形或椭球形，仍处在第一次减数分裂中期，纺锤体长轴或与质膜平行，或与质膜垂直。

排卵后再发育的卵巢内快速地进行着初级卵母细胞的分化和生长，卵巢内的残留卵母细胞发生退化，其卵黄物质被重吸收、利用。

2. 卵黄形成

甲壳动物卵黄发生是指各种卵黄物质（包括蛋白质、脂类、碳水化合物等）的形成及其在卵母细胞中的积累，是卵母细胞发育成熟的必要前提，也是雌性甲壳动物生殖周期的决定性时期，它以血淋巴中卵黄蛋白原的大量增加和卵巢的发育为特征。目前，甲壳动物卵黄发生的研究绝大多数集中在卵黄蛋白的产生和积累上。动物的卵黄根据来源不同可分为内源性卵黄和外源性卵黄两种。卵母细胞内合成卵黄物质的过程称为初级卵黄发生，把胞饮方式形成卵黄物质的过程称为次级卵黄发生。来自胞饮的卵黄物质被认为是卵黄蛋白原，是卵黄磷蛋白的前体物，与其有着相似的细胞化学特性和免疫原性。卵黄蛋白原在肝胰腺、脂肪组织和卵巢上合成，罗氏沼虾肝胰腺有合成卵黄蛋白原的作用，而卵巢未见有合成。跳钩虾属的皮下脂肪组织有卵黄蛋白原的合成，同时认为卵巢组织无卵黄蛋白原的合成作用。外源的卵黄蛋白原通过血淋巴进入卵巢，可能运输脂类到卵巢中，卵母细胞膜卵黄蛋白原特异受体的存在使得卵黄蛋白原也可以直接融入卵母细胞。

卵黄脂磷蛋白存在于卵巢及胚胎，是卵黄蛋白的主要成分，并含有糖和类胡萝卜素辅基。类胡萝卜素的存在可以影响卵黄脂磷蛋白的颜色。卵黄脂磷蛋白是胚胎发育的营养源。卵黄中的脂类物质主要是磷脂和中性脂，磷脂主要存在于卵黄体中，中性脂则以脂肪滴的形式存在于卵黄物质中，合成脂类的物质来自外界食物。中性脂可能由肝胰腺的R细胞吸收脂肪物质，再经线粒体和内质网加工而成；磷脂则不同，卵黄发生初期，磷脂成分可能主要源于自身肝胰腺吸收的外源脂肪物质，而卵黄发生旺期，磷脂成分则主要由外源性磷脂而来。卵黄发生期，不同种类的营养、生活习性、生殖习性不同，卵巢和肝胰腺的总脂含量的变化以及二者之间的相关性也有不同。

三、生殖过程

（一）交配行为

大多数对虾拥有开放型纳精囊，在卵巢成熟后，蜕皮周期的末期交配；封闭型纳精囊类型的对虾在蜕皮后不久即交配，交配时角质层柔软。对虾多在夜间蜕皮，大多数封闭型纳精囊的对虾也在夜间交配。南美白对虾为开放型纳精囊类型，蜕皮中的雄虾和处于蜕皮后期的雌虾交配。封闭性纳精囊类型的雌虾能交配的时间非常短，因此，雌虾蜕皮期间，异性吸引是很有利且很重要的。交配的第一阶段，日本对虾和斑节对虾的雌虾蜕皮后游来游去，时而上游20～40 cm，时而停留于底部。这期间，一只或几只雄虾追随一只雌虾，伺机仰游于雌虾下面，与雌虾抱对。雌虾用步足抱住雄虾的胸甲，一同游泳。而圣保罗对虾的雌虾在交配前和交配期一直待在底部并不游动。斑节对虾这种抱对姿势可维持20～120 min。如果雄虾被赶走，另一只即取而代之。交配第二阶段，位于雌虾下面的雄虾上移，雌雄用步足相互拥抱。这时，别的雄虾欲再取而代之就困难了，但一旦取代，即刻回复于第一阶段的位置。第三阶段，雄虾紧紧抱住雌虾且在瞬间翻转，二者呈垂直状；身体呈弓形环抱雌虾，且愈抱愈紧；与此同时，雄虾还轻弹其头部和尾节，以便于精荚传递。交配结束后雌雄虾分开，各自游去。而日本对虾交配时雄虾不翻转，始终与雌虾上、下平行。斑节对虾的交配时间为30 min～3 h，日本对虾却仅需10 min。

南美白对虾的交配发生于雌虾卵巢充分成熟后。在交配发生前1～2 d即可观察到追尾现象，通常发生在傍晚6：00左右，天刚暗时。追尾时，雄虾靠近并追逐雌虾，游动速度比较快。一般雄虾头部位于雌虾尾部下方作同步游泳，这一过程时间较长，反复多次才能成功。真正交配时间仅2～3 min。雄虾转身向上，将雌虾抱住，释放精荚并将其粘贴到雌虾第3～5对步足间的位置上。如果交配不成，雄虾会立即转身，并重复上述动作。这期间还观察到雄虾追逐性腺未成熟的雌虾，甚至雄虾追逐雄虾的现象。只有成熟的雌虾才能接受交配行为。

（二）产卵

在封闭型纳精囊的对虾中，雌虾蜕皮后即刻纳入精荚，在甲壳变硬的蜕皮前期产卵。经济对虾的蜕皮周期为27 d左右，精荚需保留10～20 d。开放型纳精囊的对虾中，在产卵前3 d内交配，受精才能成功。

对虾常于夜间产卵。产卵前，日本对虾静静地潜伏在底部，有时侧身躺着。接着，便开始游泳，大约1 min后开始产卵。胸肢簇在一起用力地拍打躯体，挤排出卵粒，腹足的扇动有助于卵的散开。排卵持续3～4 min，然后雌虾潜入底部休息。卵在水体中缓慢沉降。其产卵时间随季节而变。

（三）受精

对虾的受精区域由第三、四胸节基节所围成，同时也被这些结构的腹刚毛所部分遮盖。精子从精荚内向前移动；卵从第三胸节基节的生殖孔内排出，卵受精后进入水中。第四胸节基节均与纳精囊的中板形成一个通往受精腔的又细又深的通道，外覆刚毛，起到很好的保护作用。这些通道是精子从精荚进入受精腔的正常路线。受精过程分为6个步骤：

（1）精子最初附着阶段：产卵时，精子外表上与卵结合，一个卵的卵黄膜上可有

20个精子，精子通过其前顶端的刺突附着于卵。

（2）初级顶体作用：精子迅速进入顶体反应第一阶段，然后穿过卵黄膜和卵表面结合。顶体的胞吐现象能促使体外利用卵液或靠外围的Ca^{2+}使凝胶隔离。

（3）卵液的排放：凝胶前体自小囊内溢出，于卵周围形成一非均质胶体，使卵黄膜消失。凝胶前体经历过渡时期变成凝胶层。

（4）次级顶体作用：精子经过初级顶体反应之后仍与卵表面结合，且逐渐被形成的凝胶层包被。精卵最初结合的10~20 min后，精子释放顶体丝完成顶体反应。顶体丝的形成与细胞间pH的降低和K^+的外流有关。

（5）精卵结合：精子的突起与卵膜融合，使细胞核传递。参加受精的精子没有前颗粒，其刺突也比其余的精子短。

（6）孵化膜的形成：孵化膜是皮层反应形成的，孵化膜可自发形成，不需要受精。但膜的形成与皮层小囊的胞吐作用有关，其过程与其他种的受精膜的形成过程类似。孵化膜形成后，其余未受精的精子被丢掉。

四、胚胎发育

（一）受精卵

不同种属的甲壳动物受精卵大小都不同，拟对虾属的卵最大，其次是鹰爪虾属，仿对虾属和新对虾属属中等大小卵。受精卵大小的差异主要是受精后形成的卵周隙的大小所决定的。对虾卵排出后一般属底栖性的，但也可能受卵周隙的大小和无胶质基质的影响，卵的浮力会发生变化。产卵后欧洲对虾的卵被大量透明胶体包被成一团，在水中可悬浮一至几小时。某种新对虾的卵有很大的卵周隙，浮力很大，属浮游性。某种鹰爪虾的大多数卵属沉性卵，比白对虾的轻。四脊滑螯虾（*Cherax quadricarinatus*）受精卵为乳白色或淡黄色，卵体柔软，卵膜明显。内为初级卵膜，其外为三级卵膜。前者在卵母细胞形成时由卵细胞本身所产生，后者由母体黏液腺分泌而成。卵呈椭球形，外膜突起形成的卵柄附着于母体腹足的刚毛上。受精5~6 h后，受精卵外膜逐渐变硬，表面光滑。在解剖镜下观察，可见卵膜内充满细小、分布均匀的卵黄颗粒。

（二）发育

以四脊滑螯虾为例叙述胚胎发育过程。

1. 卵裂期与囊胚期

发育3~4 d的受精卵呈橄榄绿色，整个卵表面颜色不均匀，局部有白色斑块。随后几天的发育过程中，卵色逐渐变成黄绿色。整个卵裂期和囊胚期，未出现分裂沟、分裂球或其他的外形特征。

2. 原肠期

排卵10～11 d后，受精卵呈黄绿色。卵的一端出现一个透明的、近似半球形的凹陷，内无卵黄颗粒，标志着胚胎发育进入原肠期。原肠期开始后不久，逐渐形成2个细胞的视叶原基，后来发育成1对复眼。原口两侧的细胞分裂增殖，逐渐形成2个细胞群，为最初的1对腹板原基。

3. 前无节幼体期

原肠后期，在胸腹突与两视叶原基之间形成1对左右对称的细胞群突起，为胚体的大颚原基。随后在两者之间先后出现大、小触角原基。在大触角原基发育成消化系统的口道。胸腹突末端中央细胞向内集中凹陷形成肛道。

4. 后无节幼体期

5对附肢期：胚胎前端背侧头胸甲原基形成，3对附肢原基此时基部较细，末端钝圆并快速生长，形成3对肢芽。大颚之后又先后出现2对附肢原基，不久发育为2对小颚肢芽。7对附肢期：身体开始分节，将胚体分为左右对称的2部分，尚未出现分节现象，先后长出2对颚足肢芽，此时胚胎共有7对附肢。13对附肢期：胸部渐渐增长，腹部向胚体腹面弯曲。出现的6对附肢，胸部与腹部开始出现明显的分节现象，相邻体节间胚体向内缢缩。胸部每一体节有1对附肢，腹部附肢尚未发生。随后的发育过程中，头胸部附肢体积不断增大，并开始出现分节现象。后来腹部也已分为6节，第2～6腹节出现肢芽，第6腹节将形成尾叉。18对附肢期：腹部肢芽由第2腹节开始生成后，第2～5腹节的4对肢芽不断长大，而第6腹节的肢芽却慢慢与尾叉愈合形成尾扇。至此，胚胎附肢已经全部长出，共18对，包括头部8对、胸部5对、腹部5对。

5. 复眼色素形成期

复眼色素形成初期：复眼外侧先出现稀疏分布的黑色色素点，以后逐渐连成2条新月形的黑色色素细线，胚胎发育进入复眼色素形成初期。随后复眼内侧出现左右对称的膜状结构，此膜逐渐加厚，形成复眼的眼柄。头胸甲在头胸部的两侧形成1对鳃腔。

复眼色素形成后期：复眼色素带加宽，颜色加深，而长度却不再增加，此时复眼的结构发育已基本完成，各复眼由许多单眼组成。

6. 孵化准备期

此期胚胎发育已基本完成，外骨骼变硬，体形与成体相似。身体分为头胸部与腹部2部分。头胸甲侧缘游离，覆盖头胸部，边缘出现红斑，红斑逐渐增多并向背部蔓延。腹部附肢出现分节现象。当卵黄消耗殆尽时，仔虾脱离母体，在水中自由活动、觅食，虾体呈灰褐色。在28 ℃的水温条件下，整个胚胎发育历时39 d左右。

四脊滑螯虾胚胎发育的全过程见图11-12。

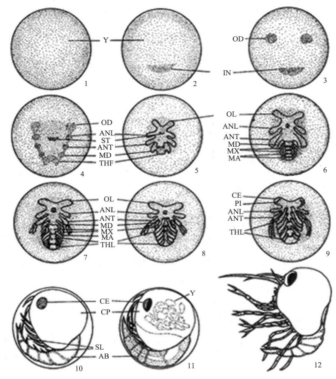

1. 受精卵；2～3. 原肠期；4. 前无节幼体期；5～8. 后无节幼体期；9. 复眼色素形成初期；
10. 复眼色素形成后期；11. 孵化准备期；12. 刚刚孵化的幼体。

AB. 腹部；ANT. 大触角；ANL. 小触角；CE. 复眼；CP. 头胸甲；IN. 内陷区；MD. 大颚；MA. 颚足；
MX. 小颚；OD. 视叶原基；OL. 视叶；PI. 复眼色素；ST. 口道；THF. 胸腹突；THL. 步足；
SL. 游泳足；Y. 卵黄。

图11-12　四脊滑螯虾胚胎结构与发育过程

（王克行，2008）

第四节　单壳和双壳贝类繁殖生理学

一、生殖系统

贝类的有性生殖分为卵生、卵胎生和幼生，由专门的器官来完成。一般又将这些参与全部生殖过程的组织和性腺器官总称为生殖系统。贝类的生殖腺由体腔壁形成，生殖输送管一端通向生殖腺腔，另一端开口于外套腔或直接与外界相通。在双壳类中，性腺由分支的小管组成，配子从小管的上皮内层脱出。微管结合形成导管，进而再形成较大的导管，最终在一个短的生殖管中终止。在原始的双壳类中，生殖细胞进入肾脏，卵子和精子通过肾脏的开口（肾孔）进入外套膜腔。在大多数双壳类中，生殖道不再与肾脏相连，而是通过独立的孔打开，进入靠近肾孔的外套腔。在体外受精的贝类中，配子通过外套膜的排气口排出（图11-13）。

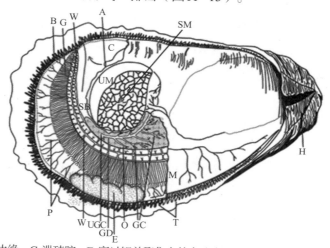

A.肛门；B.外套膜边缘；C.泄殖腔；E.穿过鳃并聚集在外套腔中的卵；G.鳃；GD.生殖管；GC.生殖管；H.铰合部；M.外套膜；O.卵巢；P.外套腔；SB.鳃上腔；SM.闭壳肌的横纹肌区域；T.外套膜边缘触须；UGC.泄殖孔；UM.平滑肌区域；W.水管。

图11-13　雌性美洲牡蛎（*Crassostrea virginica*）结构示意图

（Galtsoff，1938）

贝类为雌雄同体或雌雄异体，但是性别在某些种类中并不是恒定的，常有性变现象。在雌雄异体的种类中，两性的形态区别不明显，尤其是双壳纲的雌雄异体，在外形上并没有第二性征，但在某些蚌类，如肿胀珠蚌（*Unio tumidus*），雌性个体比雄性个体大。有极少数的种类雌雄之间壳形存在差异。有些双壳类的性别可以通过生殖腺的颜色来区别，生殖腺常呈现不同颜色，如红色、粉红色、橘红色、淡黄色和乳白色。通常红色为雌性，白色为雄性，如栉孔扇贝雌性性腺呈橘红色，而雄性性腺为乳白色。也有部分双壳类如牡蛎，雌雄生殖腺颜色都为乳白色，无法通过颜色辨别雌雄，多采用组织切片进行性别鉴定。在腹足类中，可通过外形的结构辨别雌雄，如交接突起（雄性田螺右触角粗短，成为交接器）的有无、壳口和厣的形状不同等。

贝类的产卵方式多种多样。大多数贝类为卵生，即受精卵在体外发育，胚胎发育过程中依靠卵细胞自身所含的卵黄进行营养，如泥蚶、长牡蛎（*Crassostrea gigas*）、近江牡蛎（*Crassostrea ariakensis*）；卵胎生的种类较少，其受精卵虽然在母体内发育，但营养仍然依靠卵母细胞自身所含的卵黄，与母体没有或只有很少的营养联系，直至发育成幼体才离开母体，通常见于腹足纲和多板纲贝类；幼生，类似于卵胎生，是双壳类牡蛎属和蚌科部分种类的一种繁殖方式，其受精卵在鳃腔中受精，并在亲体的鳃腔中发育成面盘幼虫，离开亲体，如密鳞牡蛎（*Ostrea denselamellosa*）。雌雄同体的个体一般为异体受精，但密鳞牡蛎能自体受精。

腹足类和头足类常常选择合适的产卵地点，一般把卵产在温度较高、光线较好、氧气浓度高和饵料丰富的场所。雌性产卵的数目随种类及生活环境的不同而存在较大差异。一般海产的种类产卵较多，陆生和淡水的种类产卵较少；体外受精的种类产卵量多，体内孵化或者卵胎生的产卵少。腹足类有明显的护卵行为。

二、性腺发育和繁殖

（一）性成熟

和无性生殖相比，有性生殖的意义在于，后代个体的基因由双方提供，可产生丰富的遗传变异供自然选择，使物种不断增加其适应能力，从而加速进化。有性生殖过程需要雌雄个体分别产生生殖细胞，并通过一定的生殖行为实现。因而，生殖功能是动物出生后生长发育到一定阶段才能完成的生理活动。

贝类的性成熟年龄是指性腺初次发育成熟的年龄。生物学最小型是指第一次性腺成熟时期的最小个体大小。例如，缢蛏（*Sinonovacula constricta*）的性成熟年龄为1龄，其生物学最小型为2.5 cm。许多贝类出生1年内即达性成熟，如双壳类的贻贝（*Mytilus edulis*）、长牡蛎、菲律宾蛤仔（*Ruditapes philippinarum*）、马氏珠母贝（*Pinctada martensi*），腹足类的大瓶螺（*Pomacea canaliculata*）、泥螺（*Bullacta exarata*）。性成熟年龄随着环境的变化而变化，如泥蚶在南方1龄即达到性成熟，而在北方则需要到2龄；皱纹盘鲍在自然海区3龄达到性成熟，而在人工养殖条件下2龄即可性成熟。

贝类的繁殖季节，随种类和栖息环境的不同而不同，即使同一种类，在不同环境其繁殖季节也有差异。一般地说，贝类的繁殖季节与种类、区域、温度等因素有关。

（二）贝类的性腺发育

贝类性腺发育过程表现出明显的阶段性，根据各阶段性腺发育的组织学特征，将其分为若干不同的时期，这就是性腺发育分期。国内外学者对贝类性腺发育的分期标准不尽一致，经典的Chipperfield分期法主要根据生殖细胞的发育阶段和各阶段生殖细胞在滤泡中的形态和数量比例，将性腺分为4～6期。现以长牡蛎为例，将各期特征叙述如下（图11-14）：

（1）增殖期：性腺开始形成，软体部表面初显白色，但薄而少，内脏团仍见生殖管呈现叶脉状，其内生殖上皮开始发育。随着发育的继续，滤泡壁开始增厚，并出现附着于滤泡壁上的生殖细胞，且开始增多。雌性：由生殖上皮形成的原始生殖细胞进入雌性发育途径后，就变成卵原细胞，它们迅速增殖。细胞分裂停止后，转化为初级卵母细胞。雄性：滤泡生殖上皮的原始生殖细胞开始增殖，发育形成精原细胞，精原细胞不断分裂产生数目较多的初级精母细胞，并着生在滤泡壁的基底膜上。

（2）生长期：乳白色性腺占优势，遮盖着大部分内脏团。滤泡内生殖细胞的数量开始增多。雌性：滤泡数量增多，分布范围增广，滤泡内卵原细胞分裂停止后，开始增大成为初级卵母细胞，卵黄开始积累。卵母细胞已基本挤满整个滤泡壁，呈梨形或长形等不规则形状，整个滤泡空隙逐渐变少。雄性：滤泡数量增加，体积增大，滤泡腔空隙逐渐缩小，此时精原细胞体积增大，成为初级精母细胞，并开始出现精子，此时在滤泡内可见从精原细胞到精子各个阶段的雄性生殖细胞。与此同时，滤泡内的生殖细胞已从原来的单层排列变成多层排列。

（3）成熟期：性腺急剧发育，覆盖全部内脏团。整个滤泡腔被生殖细胞所充满，腔内无空隙。雌性：牡蛎卵母细胞不在体内进行减数分裂，此时卵母细胞在滤泡内相互挤压，呈不规则状，有椭球形、梨形及多角形等。雄性：成熟精子呈密集辐射状排列，充满滤泡腔中央。精母细胞分布于滤泡壁。初级精母细胞进行减数分裂，在减数分裂Ⅰ期，每个初级精母细胞分裂成两个次级精母细胞，核内染色体数目减少一半，成为单倍体。紧接着进入减数分裂Ⅱ期。减数分裂Ⅱ期与有丝分裂过程相似，染色体数目不变，仍为单倍体。分裂的结果是1个次级精母细胞形成4个精细胞。精子细胞必须经过一系列的变态分化才能形成精子，称为变态期。这一时期包括细胞核的变化、顶体形成、中心粒的发育、线粒体的变化等。镜检精子活力强，此时精子已具受精能力。

（4）排放期：牡蛎在一个生殖季节里多次成熟、多次产卵，成熟排放后性腺在软体先端逐渐向后变薄，重现褐色内脏团。滤泡腔逐渐出现大小不等的空腔，滤泡缩小，而它们之间填充组织逐渐增多。雌性：滤泡内仍残留卵母细胞，并且滤泡腔内有部分分散的成熟卵。雄性：滤泡内可见精母细胞和精子，但精子的数量已显著减少，不再呈辐射状排列。

（5）耗尽期：性腺萎缩，滤泡分散，腔内发生吞噬作用且相对较空，雌性仅残留少量卵母细胞，且处于重吸收阶段。雄性残留极少量精子，逐渐被周围细胞吸收。

（6）休止期：软体部表面透明无色，内脏团色泽显露。滤泡变为一个大空腔，滤泡壁由一单层扁平上皮细胞组成，滤泡间隙逐渐加大。

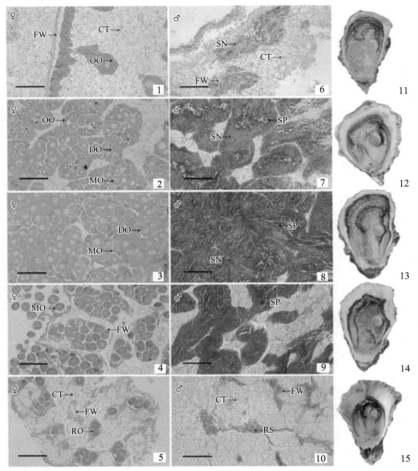

1、6、11. 增殖期；2、7、12. 生长期；3、8、13. 成熟期；4、9、14. 排放期；5、10、15. 休止期；
CT. 结缔组织；FW. 滤泡壁；OO. 卵原细胞；DO. 未成熟卵子；MO. 成熟卵子；RO. 残留卵子；
SN. 精原细胞；SP. 精子；RS. 残留精子。

比例尺：100 μm。

图11-14　长牡蛎性腺发育组织学

三、影响单壳和双壳贝类性腺发育的因素

（一）影响单壳和双壳贝类性腺发育的因素

外因：温度是决定贝类性腺发育的重要外界因素，温度在双壳贝类的性腺发育和产卵中发挥重要作用。对于水生贝类来说，温度能影响性腺发育的时间。水温升高，可使其性腺提早发育成熟；若水温过低，则其繁殖期就会被推迟（图11-15）。

在自然海区，盐度的变化对牡蛎等双壳类的产卵也有很大的影响，特别在河口附近更为明显。在连续降雨使海水盐度显著下降的情况下，牡蛎往往会大量排精、产卵。

　　潮汐对滩涂埋栖型贝类的产卵也有很大影响，如泥蚶、缢蛏、菲律宾蛤仔等常常在大潮期产卵，这主要是因为潮差较大，水温的变化幅度也较大，加上潮流的强烈震荡，促使了贝类排放精卵。

　　饵料是贝类积累营养物质的来源，也是贝类性腺发育的物质基础。因此，环境中饵料的质量和数量，直接影响贝类的繁殖。在自然海区，饵料丰度又受季节、海流、食物链等因素制约。在人工饲养条件下，饵料的营养搭配、饲养密度、水质管理等，也直接或间接地影响贝类的繁殖。

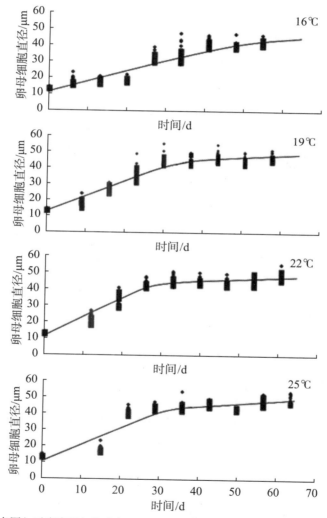

点序列（散点图）对应卵母细胞直径测量数据，曲线为长牡蛎logistic生长模型的拟合。

图11-15　不同温度条件下长牡蛎卵母细胞直径随时间的变化

（Chávez-Villalba等，2002）

　　内因：在软体动物中，有关类固醇的发生及其生理学意义知之甚少。软体动物中已经报道了许多参与类固醇代谢的酶。近年来，通过不同的分析方法（高效液相色谱，HPLC；酶免疫测定，EIA；放射免疫测定，RIA；气相色谱-色谱质谱，GC-R），在一些无脊椎动物，尤其是软体动物中也检测到了许多"脊椎动物类型"的性类固醇。例如，17β-雌二醇、睾酮和孕激素已在腹足类、双壳类如牡蛎、虾夷扇贝、贻贝和缢蛏等物种中发现。双壳类动物中性类固醇含量的变化与卵母细胞直径、性腺指数和性腺成熟过程相关，说明这些激素在诸如卵黄发生的生殖调控中具有生理功能。而且，E_2在体内和体外对性别决定、卵黄发生、性腺发育有一定作用。在许多软体动物中，性腺和消化腺似乎是产生类固醇的主要器官。研究表明，双壳类中雌体雌激素含量较高，雄体雄激素含量较高，而卵泡膜细胞层中产生的睾酮可以通过颗粒细胞中的芳香化酶转化为E_2；抑制芳香化作用可引起雄激素增加并导致腹足纲动物的性畸变。

（二）单壳和双壳贝类排卵的影响因素

外因：在自然界、实验室和孵化场的种群中，水温是影响产卵开始的最常见因素。此外，通过敲击或摩擦贝壳、拉扯或剪断足丝等物理刺激，可以刺激贻贝的产卵。其他自然刺激包括盐度变化、月相和潮汐波动、饵料丰度等。

内因：在双壳类中，生殖周期是由神经节神经分泌和类固醇之间的相互作用控制的。神经分泌细胞主要位于中枢神经系统的脑神经节，分泌神经肽，对性腺产生多种生理作用。其中一个是促性腺激素释放激素，它通过刺激垂体前叶分泌促卵泡激素或黄体生成激素间接调节生殖。然而，在双壳类中，GnRH和其他GnRH样肽通过刺激有丝分裂对性腺产生直接影响，但相关机理尚未阐明。在牡蛎中，胰岛素样肽在冬季参与性腺小管重建，春季参与生殖细胞发育，夏季参与配子成熟。单胺类5-羟色胺是另一种作为神经激素调节产卵和双壳类性腺卵母细胞成熟过程的分子。神经分泌细胞的活性在配子发育的静止期较低，与性腺的发育同步增加，并在产卵前达到最大值（图11-16）。

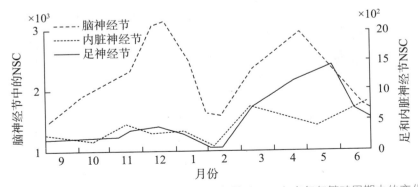

图11-16　贻贝各神经节中活跃的神经分泌细胞（NSC）在每年繁殖周期中的变化
（Zwann和Mathieu，1992）

许多分析技术，如气相色-谱法、气-质联用、薄层色谱、放射免疫分析法（RIA）和酶联免疫吸附（ELISA）已被用作定性和定量检测动物组织中的类固醇激素。代谢性类固醇如睾酮、$17\beta-$雌二醇和黄体酮代谢在几种软体动物中被鉴定出来，而且在双壳类中，性类固醇水平的转变与性成熟周期有关，提示性类固醇可能在生殖调节中起重要作用。例如，注射性类固醇可刺激扇贝的卵子和精子发生，注射雌二醇可刺激牡蛎卵黄的发生。也有证据表明性类固醇可能在性别和性别比例的决定中起重要作用。同时，在软体动物中也发现了产生性类固醇所需的大多数酶以及雌激素受体。双壳贝类的产卵既受环境化学因素的影响，也受内部化学介质的影响。扇贝嗅检器已被证明能产生神经分泌物质，并以轴突方式运输到性腺，这表明扇贝嗅检器在检测传播信息素和产生储存于内脏神经节（在产卵时从内脏神经节释放）的神经分泌中都有作用。单胺类5-羟色胺、前列腺素E_2和前列腺素$F_{2\alpha}$在配子释放过程中起着重要的中介作用。将5-羟色胺（$1\times10^{-6}\sim1\times10^{-4}$ mol/L）注入紫斑扇贝雌性性腺，会增加卵子释放的数量，并且这些数量会随孵化时间的延长而增加。前列腺素E_2（1×10^{-6} mol/L）也增加了卵母细胞的释放数量，但前列腺素$F_{2\alpha}$不影响这一过程。此外，5-羟色胺和两种前列腺素还提高了生发泡卵母细胞的破裂率。类固醇激素在产卵过程中也起着重要作用，注射$17\beta-$雌二醇能够增大成熟雌性扇贝产卵的强度，睾酮能增大雄性的产精强度，而孕酮/黄体酮能降低产卵个体的比例。注射雌二醇促进了两性5-羟色胺诱导的产卵，而睾酮只促进了雄性的产卵；黄体酮抑制了雌性的5-羟色胺诱导的产卵，但增强了雄性5-羟色胺诱导的产卵。

第五节　头足类繁殖生理学

一、雌性生殖系统

头足类动物雌雄异体，且生殖系统存在差异。

　　雌性的生殖系统由卵巢、输卵管、输卵管腺、缠卵腺、副缠卵腺等器官组成。乌贼、鱿鱼和章鱼的生殖系统各有不同（图11-17至图11-19）。

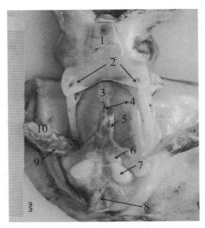

1.漏斗锁定软骨装置；2.漏斗；3.鳃心；4.肛门；5.肠；6.副缠卵腺；7.缠卵腺；8.墨囊；9.鳃心；10.鳃。

图11-17　乌贼雌性生殖系统解剖图

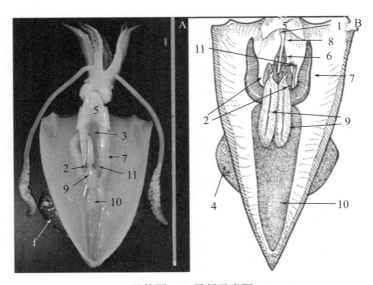

A.整体图；B.局部示意图。

1.肛门；2.副缠卵腺附件；3.消化腺；4.鳍；5.漏斗；6.墨囊；7.鳃；8.肠；9.缠卵腺；10.卵巢；

11.输卵管（枪鱿类为单个，开眼类鱿鱼为一对）。

图11-18　鱿鱼雌性生殖系统

（Gestal等，2019）

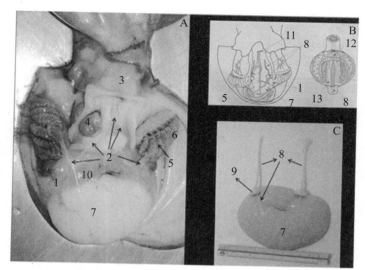

A. 整体图；B. 图示输卵管腺的主要部位及切面图；C. 生殖系统。

1. 鳃心；2. 血管；3. 漏斗；4. 消化腺；5. 鳃；6. 鳃瓣；7. 卵巢；8. 输卵管；9. 输卵管腺；10. 肾脏；11. 肛门；12. 中央腔；13. 受精囊。

图11-19 章鱼的雌性生殖系统

（Gestal等，2019）

1. 卵巢

卵巢位于胴体腔，卵母细胞在卵巢中形成，许多卵泡被生腺腔包围。在未成熟的雌性乌贼和鱿鱼的卵巢中，可以观察到大量未成熟的、不同大小的卵黄前期卵母细胞（图11-20A～D）。较小的卵母细胞形状扁平，并且可能与其他卵母细胞接触，而在较大的卵母细胞中，明显可见较厚的上皮，只有少数卵母细胞表面有皱褶。在较大的卵母细胞中，细胞上皮存在大量的有丝分裂，细胞核呈颗粒状染色质，但核仁不明显。

而成熟雌性乌贼的卵巢含有不同发育阶段的卵泡，最晚期为卵黄形成期（图11-20）。不同发育阶段的滤泡的存在表明，雌性乌贼只有一个繁殖季但有多次产卵。在卵黄期卵泡（vitellogenic follicle）中，卵泡上皮细胞随着卵母细胞表面的皱褶而折叠，呈曲折状。这些褶皱相互吻合，形成一个复杂的网络。卵泡细胞较短，细胞核多为球形浓缩形。有时可见未浓缩的染色质，其呈现出大而圆的卵母细胞核，其外观与灯刷染色体相似（未凝聚的二价体），细胞质有轻微的嗜碱性。大的卵黄期卵母细胞嗜碱性强，有一个位于细胞中央的颗粒状核。整个滤泡被结缔组织（滤泡膜）包围，结缔组织和血管进入滤泡上皮内折的轴。卵母细胞充满嗜酸性的卵黄，由圆形的层状结构形成。滤泡直径在卵黄形成阶段增大。卵巢也可见闭锁卵泡（atretic follicle）。

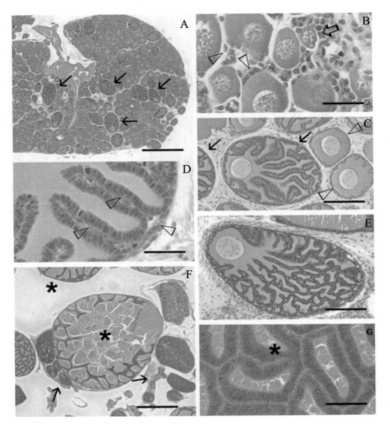

A. 未性成熟的鱿鱼卵巢的整体图，箭头表示处于卵黄前期和卵泡早期的卵母细胞；B. 箭头表示卵原细胞与卵泡发育早期的卵母细胞，可见有一极的卵母细胞（楔形符号），从细胞核外观判断卵母细胞处于减数分裂前期（粗线期）；C. 同一卵巢中卵黄前期卵母细胞（细箭头）和卵黄发育中的卵母细胞（楔形符号）；D. 卵黄前期卵母细胞壁显示细胞上皮的深皱褶，伴有血管结缔组织（楔形符号），可见细胞上皮中频繁的有丝分裂；E. 成熟乌贼卵巢切片显示大的卵黄前卵泡（星号）以及小的卵黄前卵泡（箭头），可见大卵母细胞细胞质内被染为黄色的卵黄；F. 乌贼卵黄前卵泡向内折叠，呈网状结构；G. 大的卵黄前卵泡内折的细节。

比例尺：A. 0.8 mm；B、D、G. 50 μm；C、F. 200 μm；E. 1.2 mm。

图11-20　鱿鱼（A~D）和乌贼（E~G）卵巢组织学

（Gestal等，2019）

在章鱼中，未成熟卵巢的切片里可以看到大量发育中的小卵泡（图11-21）。这些卵泡是梨形的，具长柄，与近端连续，卵泡隔膜向内生长，突出于卵巢腔内。章鱼卵母细胞呈瓶状，较薄的部分靠近茎部，较厚的区域位于远端。卵母细胞被内滤泡上皮覆盖，周围是扁平的卵巢上皮和薄血管，血管伸到这些层之间的茎中。未成熟卵母细胞的细胞核呈球形，核仁大，为颗粒状。在章鱼成熟的卵巢中，含有非常大的充满卵黄的卵母细胞，这些卵母细胞被厚厚的卵泡上皮所覆盖，卵泡上皮呈现出纵向的内折（图11-21D、E）。覆盖在每个卵母细胞上的卵泡细胞的数量是巨大的。这些卵泡细胞合成主要的卵黄蛋白、卵黄生成素和其他脂质物质，形成卵黄储备物质。在这些大卵母细胞切片中很少观察到细胞核。

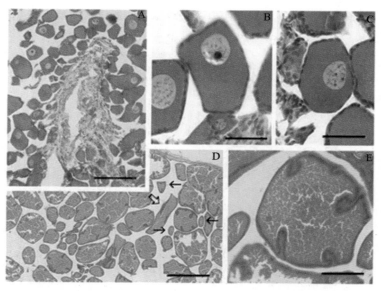

A. 切片显示许多卵原细胞和早期卵母细胞附着在卵巢索上；B、C. 卵泡发育早期的卵原细胞和卵母细胞，可见在B中有一个大核仁，在B和C中有减数分裂染色体；D. 含卵黄的卵巢切片，卵母细胞内可见丰富的卵黄，卵泡上皮皱褶形成细长的顶。章鱼的卵泡被拉长，呈梨形，因此长柄部分直径较小（箭头；大部分卵泡为横切）大箭头指向斜切的卵泡柄；E. 含卵黄的卵泡的细节。

A ~ C. 马松三色染色；D、E. HE染色。

比例尺：A. 200 μm；B、C. 50 μm；D. 800 μm；E. 100 μm。

图11-21　未成熟（A~C）和成熟（D、E）雌性章鱼卵巢切片

（Gestal等，2019）

2. 输卵管和输卵管腺

输卵管是一个内表面折叠的导管，由位于厚结缔组织上的高纤毛上皮组成，在结缔组织的外部包裹着肌肉。雌性乌贼、鱿鱼和章鱼的输卵管数量不同，枪鱿和乌贼具有一个输卵管，开眼类鱿鱼和章鱼均有两条输卵管（图11-22）。成熟雌性章鱼的输卵管腺是一个致密的卵球形腺体，分为两个不同的部分，外层由高度嗜酸性的腺体细胞组成，内层由淡色的腺体细胞组成，中间有明显的界限。这些组织含有黏蛋白和黏多糖，

黏多糖作为黏蛋白黏合剂，形成卵串，将其固定到适当的底物上。输卵管腺呈紧密的叶状，由薄的连接隔膜（connective septa）分开，连接隔膜贯穿两部分，并被一层薄的结缔组织的包膜所覆盖。叶由分支的腺状上皮小管组成，有厚壁和小腔，由非常薄的隔膜分隔，使腺体外观非常紧凑。小管从叶的中心区域开始分支，那里小管的管腔较大。嗜酸的小管由腺细胞和支持细胞两类细胞组成。腺细胞细胞质充满大量嗜酸性的圆形分泌颗粒，而小而浓缩的细胞核则位于离隔膜较近的基底部。支持细胞的核较大，位于顶部或基底部，但被大量的分泌颗粒所掩盖。非嗜酸性部分也由紧密重叠的厚支状上皮小管和小管腔组成。在这个区域，支持细胞清楚地显示它们的顶核和基底，因为颜色明亮

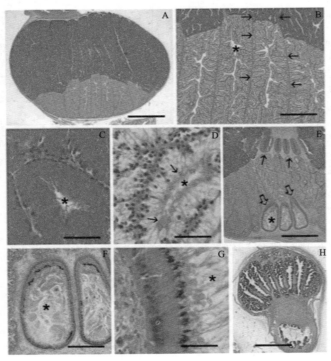

A、B. 显示了由两种类型的腺单元组成的扇区组织，位于卵巢近端和远端。远端部分染成鲜红色，近端部分染成淡粉色。可见每个延伸的单元之间的界限（B图箭头），星号部分为黏液腔；C. 远端腺上皮显示腺细胞充满染为红色的分泌颗粒，可见细胞核在基底位置，星号为内腔；D. 近端分泌单位由浅色黏液颗粒填充，图中可见浅色的胞核排列在管腔内（箭头），也可见致密的腺体细胞核；E. 中间的切片显示远端部分的分泌管（箭头）和3个精囊（箭头）；F. 精囊，从精荚释放的精子储存在精囊中等待卵子受精；G. 纳精囊上皮连着精子头部，精子尾部直接朝向腔（F中精子尾部束明显）；H. 未成熟雌性章鱼输卵管腺和输卵管的弦切面，显示由连接基质分隔的分支小管。

HE染色，比例尺：A、E. 1.2 mm；B. 400 μm；F. 500 μm；C、D、G. 50 μm；H. 1 mm。

图11-22　成熟雌性章鱼输卵管腺的纵向切片

（Gestal等，2019）

的腺细胞没有遮盖它们。颜色明亮的腺细胞在基底区有浓缩的细胞核。在切片中没有观察到嗜酸性和光小管之间的连续性。在嗜酸性叶的中央区域，一些短的小管显示没有腺体细胞的区域被纤毛上皮细胞覆盖，形成向腺体导管的过渡，腺体导管被高纤毛上皮覆盖，表面呈波浪状。在导管的切片上，它们充满了大量的嗜酸性颗粒，包括浓缩的核，表明这个腺体部分的分泌是全分泌型（holocrine type）的。

乌贼和鱿鱼的纳精囊则位于口部下方，而章鱼存储精子的位置在于输卵管腺的受精囊（spermatheca）。它们是细长的囊，表面光滑，被柱状上皮覆盖，基底部有细胞核。在交配的雌性中，上皮细胞与大量的精子通过头部连接，而长精子的尾巴充满了囊腔，并伴有大量的嗜酸性小球体，精子在纳精囊中可以一直存活到排卵。与成熟的雌章鱼不同，未成熟章鱼的输卵管腺的外观非常不同，它们有宽的导管，由褶皱和分支的壁组成，形成许多齿槽结构。这些导管在输卵管周围呈放射状排列，各导管及其小叶与邻近的导管和小叶被丰富的结缔组织分开。导管被高纤毛上皮覆盖，管壁未见腺上皮外观。

3. 缠卵腺和副缠卵腺

缠卵腺的功能是产生卵的外层。副缠卵腺具有许多分泌器官的结构特征，基本的结构单元是一个由单层上皮细胞组成的小管，其中含有序排列的粗面内质网，管腔表面覆盖着特化的微绒毛、纤毛，推测与分泌有关。乌贼的缠卵腺是一个外观巨大的腺体，由许多层膜组成，从外围向中心延伸。薄层由两层紧密贴合的腺状上皮组织组成，由一薄的血管结缔组织轴区分开（图11-23）。腺细胞组织成平行条带，部分由纤毛上皮细胞分隔。在这些条带中，腺体细胞核向轴向片的边缘或相邻条带之间的边缘移动，而分泌颗粒丰富的细胞质则向中心-顶端区域移动。当切片与薄层表面相切时，可见这种组织产生的平行条带的特征模式。伸长的腺单位可在某些点上吻合。覆盖细胞是小细胞，细胞核主要位于上皮细胞的顶端，长基突主要在腺体细胞之间向上皮细胞的基底或相邻分泌带之间的线移动。这些细胞有纤毛。向层膜的顶端，上皮细胞逐渐变薄，大多数腺细胞消失，上皮细胞变成类似于覆盖腺体导管的薄的高纤毛上皮。向层膜基部可见纤毛上皮区域。腺体的外表面由血管结缔组织层构成。

乌贼副缠卵腺是一个巨大的腺状结构，由大量的管状和齿槽状结构组成，周围有结缔组织和血管组织层。小直径的管状部分被简单的单层立方上皮覆盖，管腔缩小，而扩张的小管和窝泡（alveoli）被扁平上皮覆盖。其中可见丰富的无定型分泌物。在小管和窝泡之间有含有许多血管薄的结缔血管组织。在未成熟的雌性鱿鱼中，副缠卵腺显示出大量紧密平行的薄层，它们由两个重叠的长方体上皮构成，中间有一薄的结缔血管组织层。在薄层的边界处，每一层上皮与相邻的层相连。在这个不成熟的阶段，上皮细胞表现出频繁的顶端有丝分裂，缺乏腺样外观。鱿鱼在性成熟过程中，副缠卵腺的颜色由白色变为斑驳的红色。性成熟鱿鱼的副缠卵腺由红、白、黄3种颜色的小管组成，在不同情况下，小管的颜色都是由占据小管的细菌种群决定的。

章鱼无缠卵腺和副缠卵腺，生殖孔在外套腔中直接开放。

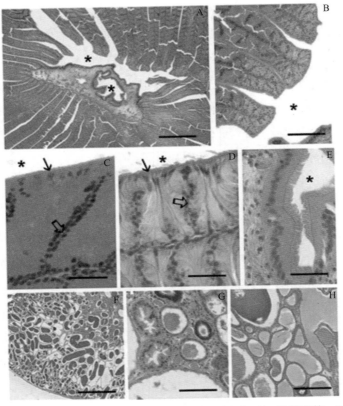

A. 成熟雌性乌贼的缠卵腺部分切片，显示中央区域周围的腺组织叶，显示腺管；B. 叶内部区域的细节，显示两个不同的腺区；C. 叶基部的细节，显示紧密排列的平行的高腺体细胞条带，细胞质充满被染红的颗粒和致密的基底核，可见顶端非腺细胞（箭头）；D. 叶的顶端区域显示平行的高黏液细胞条带，有基底核和顶端支持细胞（箭头）；E. 缠卵腺的切片显示高纤毛上皮。
除顶部外，图中所示的C、D大箭头指向分隔腺带的薄连接层；A～E中的星标表示腺管腔和导管腔；F～H成熟雌性乌贼副缠卵腺的整体图和细节图显示大量充满分泌物的小管。
HE染色，比例尺：A、F. 500 μm；B、H. 200 μm；C～E. 50 μm；G. 100 μm。

图11-23　乌贼缠卵腺

（Gestal等，2019）

二、雄性生殖系统

头足类动物的雄性生殖系统包括一个精巢和生殖管，生殖管由输精管、精荚腺（尼登氏囊）、附腺等组成（图11-24、图11-25）。

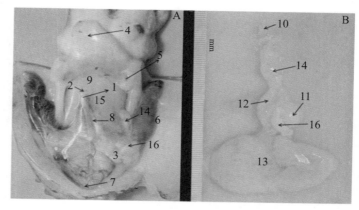

A. 整体图；B. 生殖系统主要部分。

1. 肛门；2. 肛门瓣；3. 鳃心；4. 漏斗；5. 漏斗锁定软骨装置；6. 鳃；7. 墨囊；8. 肠；9. 食道；
10. 精荚；11. 精荚腺；12. 精荚囊或尼登氏囊；13. 精巢；14. 端器；15. 消化腺；16. 精荚腺。

图11-24 乌贼雄性生殖系统解剖图

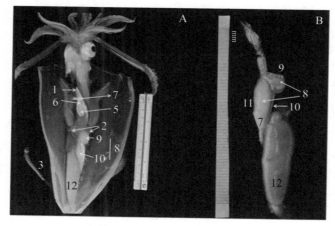

A. 整体图；B. 生殖系统主要部分。

1. 肛门；2. 鳃心；3. 鳍；4. 鳃；5. 墨囊；6. 肠；7. 精荚；8. 精子复合物；9. 精子；10. 精荚腺；
11. 精荚囊或尼登氏囊；12. 精巢；13. 端器。

图11-25 鱿鱼雄性生殖系统

（Gestal等，2019）

1. 精巢

在未成熟的雄性鱿鱼中，精巢巨大，由紧密贴附的精巢索或小管组成（图11-26A、B）。成熟雄性章鱼的精巢由许多厚壁的精巢小管组成，腔内有成熟的精子（图11-26C）。小管被一个薄的结缔血管组织分开。

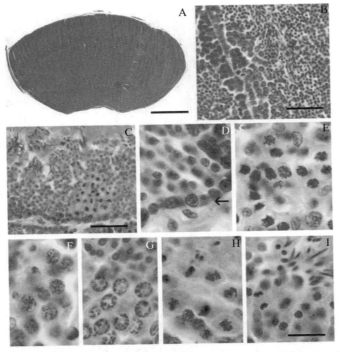

A. 未成熟鱿鱼的精巢切片，显示精巢索的致密组织；B. 邻近精巢索（小管）的细节，显示外层有精原细胞的带状组织，以及精母细胞团和成熟的精细胞；C. 成熟章鱼的精巢小管壁的一部分显示不同成熟阶段的生殖细胞团，包括成熟的精子　D～I. 在不同成熟阶段的精原细胞；D. 精原细胞层（箭头所指）位于小管边缘；E. 细线期（减数分裂前期Ⅰ）精母细胞群；F. 一簇在偶线期（减数分裂前期Ⅰ）的精母细胞；G. 粗线期（下）和早期精子细胞（上）中的精母细胞群；H. 减数分裂Ⅰ中期的一簇精母细胞；I. 减数分裂Ⅰ末期中的精母细胞（底部）和细胞核延长的精细胞（顶部）。

HE染色，比例尺：A. 1 mm；B. 40 μm；C. 50 μm；I. 16 μm。I图中比例尺也适用于D～H。

图11-26　鱿鱼、章鱼精巢切片

（Gestal等，2019）

从管腔外到管腔内的生殖阶段，小管壁呈现出一系列的精子发生过程（图11-26D～I）。精巢细胞很容易被识别，因为它们显示出相同的外观。最外层的细胞层由精原细胞附着于连接膜上，连接膜部分区域似上皮细胞。这一层偶尔可见有丝分裂。在其他层，带有细染色质的次级精原细胞群是前期细胞。初级精母细胞数量众多，这些细胞的特征是体积大（它们是精巢中最大的细胞），细胞核内的染色质特征表明每组细胞都处于长期第一次减数分裂前期的同一阶段（细线期、偶线期、粗线期和双线期）。一些细胞为减数第一次分裂中期，显示染色体呈菱形。这是第一次减数分裂最长的阶段，减数第一次分裂后期和减数第一次分裂末期很少被观察到。初级精母细胞时期内的细胞多为小的精细胞，细胞核小而圆，因为第二次减数分裂是短暂的阶段。

在向精子转化的不同阶段，精子细胞改变其核的形状（延长），也可在腔内附近观察到，具有长丝状核的精子团和缠结长精子鞭毛占据管腔。

2. 输精管和精荚腺

输精管中含有大量精子，是一个复杂的结构。精荚腺存在近端和远端区域，近端区域的特征：第一是由其精细褶皱的壁形成的迷宫（图11-27A中箭头所示），其内壁由高纤毛的上皮组成，有两层细胞核，顶端为纤毛细胞，底层为大量的腺细胞；第二是上皮细胞呈细褶状，并有一薄的基底血管结缔组织层将其不同的褶皱分开（图11-27B）；第三是形成一个C形腔（图11-27B中星号所示）。

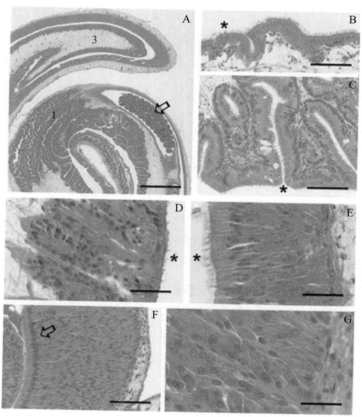

A. 卷曲的腺体区域（1）、厚壁的分泌部分（3）和部分近端输精管，内有精团（箭头所示），与1部分邻接；B. 输精管纤毛上皮的细节，*表示管腔；C. A图中1部分中卷曲的腺上皮的细节；D、E. A图中3部分腺上皮，覆盖的凸壁（D）和较厚的外区（E），可见基底区域的不同外观，D内凹实，E内光滑，顶端上皮细胞有纤毛，E图中明显，*表示管腔；F. 乌贼精荚腺的腺状上皮较厚，外观与章鱼相似，箭头所指的是浅表上皮细胞（支持）细胞；G. 构成大部分上皮的腺体细胞，显示腺体细胞的基底柱的细节。

HE染色，比例尺：A. 1 mm；D、E. 50 μm；B、C、F. 100 μm；G. 30 μm。

图11-27　成熟雄性乌贼和章鱼精荚腺切片

（Gestal等，2019）

管壁的一侧向外突出，纤毛腺上皮非常厚，且覆盖外腔的上皮较厚，而内腔的上皮较薄。在管腔外表面，大量的细胞核分布在大部分的上皮细胞中。几排密集的纺锤形细胞核位于顶部，与纤毛上皮细胞和顶端黏液细胞的细胞核相对应。其他腺体细胞的核较大，核浓缩程度较低，大部分分布在厚层壁上。深层的腺细胞成组出现，形成垂直的柱状结构，与上皮基层边缘的叶状结构相对应。腺细胞在此区凸面呈明显的小叶状分布，基底叶在疏松的结缔组织黏膜下层延伸。深部腺细胞呈嗜酸性细胞质，但未见分泌颗粒。在通过上皮顶端的切向切片中，可见两种类型的腺细胞镶嵌在颈部。在厚上皮的某些部位，可见大细胞，细胞核大，常可见明显的核仁。这些细胞可能与上皮内感觉神经元相对应。在含有这些细胞的区域，还可以看到小的上皮内神经束在上皮细胞的基底附近水平分布。在上皮细胞下面，有一层疏松的结缔组织，连接着腺传导的主要转变。在成熟的雄性乌贼中，精原细胞的厚上皮与章鱼的很相似。基底腺体区域的叶状外观比章鱼更明显，薄的连接薄层在叶之间上升，直到近顶端区域。

精荚是雄性用来包裹精子的管状结构，较长（章鱼的长2~3 cm），能够容纳数百万精子，存在种间差异，结构主要包括5部分：弹射装置（ejaculatory apparatus）、射精管（ejaculatory tube）、胶合体（cement body）、连接管（connective complex）、精团（sperm mass）。乌贼的精荚结构见图11-28。

Gestal等（2019）发现精荚的冠线结构呈薄层状，含嗜酸性物质。精子头部斜向细胞壁，精子内还含有尾巴以及朝向中心和前方的物质。精囊被一层稍厚的嗜碱性内膜和一层薄薄的嗜酸性外膜所包围。这些膜一直延伸到环绕着其他精荚的鞭毛顶端。精荚的前缘是一种瓶状结构，形状复杂，收缩后继续形成螺旋状的层状结构。

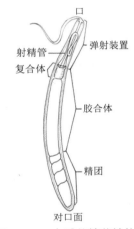

图11-28 乌贼的精荚结构
（Voss，1969）

3. 尼登氏囊

成熟的雄性个体储存精荚的囊状物，被称为尼登氏囊（Needham's sac），也称精荚囊（spermatophoric sac），由褶皱的内壁组成，其大部分由厚厚的腺上皮覆盖着，这些腺上皮含有成熟的精子（图11-29）。上皮细胞由具有球形细胞核的高纤毛细胞组成。这些细胞的细胞核密集，位于腺细胞的基底极，而颗粒状分泌物占据着大部分的顶端细胞质。在腺上皮向非腺区过渡区，大量的腺细胞消失，而纤毛细胞则形成所有的上皮细胞。腺区位于丰富的血管连接层之上。腺区囊内壁的皱褶由长的初级皱褶和短的次级皱褶组成，有时分岔，而非腺区皱褶短而简单。折叠区域围绕着精荚，精荚在剖面图中呈现长棒状或圆形。囊的周围是疏松的结缔组织，含有大量血管，但明显缺乏肌肉组织。

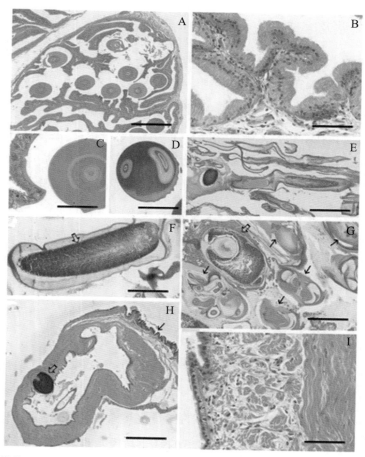

A. 章鱼尼登氏囊横截面；B. 在分支状褶皱和结缔组织血管轴上的单层厚的上皮细胞；C、D. 章鱼精荚，C为精荚分层结构，D为螺旋状的分泌物；E. 乌贼尼登氏囊切片中的精荚；F. 乌贼精荚含有螺旋索的精子；G. 精荚通过索和射精器之间的过渡（粗箭头），并通过尼登氏囊的不同层次（细箭头）可见复杂的精荚组织结构；H. 鱿鱼端器横切面，显示一个精荚（粗箭头所示）嵌在壁的纵向凹槽中，皮肤凸起（细箭头）；I. 上皮细胞以及纵向和环形的肌层。

A、C、E~I，HE染色；B、D，马松三色染色。

比例尺：A. 500 μm；B、I. 50 μm；C、D、F、G. 100 μm；E、H. 200 μm。

图11-29　成熟雄性乌贼、章鱼尼登氏囊切片

（Gestal等，2019）

4. 端器（terminal organ）

章鱼成熟的精荚储存在尼登氏器中，它可通过胴体腔或端器直接入水。虽然一些开眼亚目的端器［如大王鱿（*Architethis dux*）］非常长（达胴体长的80%），但它的功能并不是真正的阴茎的功能。

三、性成熟及繁殖

破膜而出的头足类幼体经过4～6个月的生长，就能达到性成熟。性成熟初期，卵巢快速生长，卵黄形成，缠卵腺和副缠卵腺（乌贼和鱿鱼）成熟。通常，大中型种类一年性成熟，而耳乌贼属、微鳍乌贼属等物种半年左右就可性成熟。一般采用胴体长、性腺指数、性比等指标来确定性成熟程度。雌、雄个体在上述指标上差异显著，如雌性短柔鱼（*Todaropsis eblanae*）在达到性成熟时，胴体长约168 mm，雄性平均只有130 mm；美洲大赤鱿（*Dosidicus gigas*）性成熟的雄性也小于雌性，而性腺指数和性比则代表了不同繁殖群体的生长状态。进入性成熟和繁殖期后，雌性胴体部生长明显变缓甚至停滞。在大多数沿海和海洋表层物种中，繁殖是季节性的，雄性和雌性都在产卵后不久死亡，或在胚胎发育期间［如真蛸（*Octopus vulgaris*）］护卵一段时间后死亡。头足类生殖后普遍死亡，主要是由于头足类性成熟是由视腺（optic gland）释放的激素控制，视腺及其分泌物的量不断发生着变化。然而，在深海底栖章鱼中可能存在长寿命的情况。

头足类动物繁殖过程包括交配、产卵与孵化等。这种求偶通常涉及复杂的颜色和身体模式的变化，包括争斗与展示、雌性配偶选择、精子移除和替代、护卫等一系列复杂的行为，在这个过程中所需的能量主要来源于消化腺中消化的食物。在繁殖季节期间，能观察到乌贼具有明显的争斗与展示现象。雄性拟目乌贼（*Sepia lycidas*）求偶过程中，会与其他雄性个体发生激烈的争斗行为，最初表现为双方个体的体色变化和腕的攻击性动作，对峙通常会持续5～50 s，失败的个体离开，否则对峙行为将升级为肢体接触，此时双方体色异常艳丽，并且通过腕互相攻击，最终失败者逃离，胜利者赢得交配权。章鱼也存在争斗与展示行为，其中短蛸（*Octopus ocellatus*）争斗行为相对激烈。有研究者指出蛸类动物的雄性个体喷墨可能是一种求偶信号。交配行为中，雌性个体对其配偶具有选择性，通常会拒绝大多数雄性的交配请求。对无针乌贼繁殖行为的观察发现，82组雄性个体交配请求中，只有41.4%（34组）成功。雌性的配偶选择性会加剧雄性个体间的竞争压力，使体形大、力量强的个体获得更多机会，有利于提高精子质量，对提升后代群体质量有显著作用，如雌性虎斑乌贼通常选择比自己体形大的雄性个体进行交配。雄性为提高自身精子占有率，进而提高受精成功的概率，通常在交配中采用精子移除与替代和护卫与伴游这两种生殖策略。精子移除与替代是指雄性头足类个体与雌性个体交配前，会花费大量的时间使用腕清除和漏斗水流冲刷雌性个体纳精囊和输卵管口，以清除之前其他雄性个体残留的精子或精荚，并用自己的精荚取而代之，这种现象在章鱼中也广泛存在。为提高受精率，将自身遗传物质传递给后代，雄性头足类个体还存在护雌行为。金乌贼交配后，雄性会伴游护卫，以保护雌性个体不受其他雄性个体干扰，顺利产卵。通常，金乌贼雄性个体与雌性距离在3~24 cm，其间雄性会伺机再次进行交配。

头足类动物具有多种交配方式（图11-30）。鱿鱼采用头对头和平行式交配，乌贼多为头对头式，而章鱼多采用距离式交配。一般认为乌贼"多夫多妻"交配模式对提高受精率具有显著作用，一次交配或许不能保证卵子全部受精，因此雌性通过"多夫多妻"的交配模式来增加交配次数，以期提高受精成功率，虎斑乌贼就存在同一雌性与不同雄性多次交配的现象。章鱼交配与乌贼相似，也没有固定交配伴侣，存在"多夫多妻"交配现象。薄其康等（2015）使用微卫星标记发现10组长蛸家系中，6组具有多父性现象。

头足类怀卵量及卵径大小因种而异，怀卵量从数百粒到几十万粒不等，卵径差别亦很大，从几毫米到几十毫米都有（表11-6）。大多数雌性会在洋底或任何其他硬物上产下成簇的大卵黄卵。然而，鱿科产卵时，卵群具有中性浮力，在水层中保持一个特定的位置，漂浮在密度略有不同的水层之间的界面上。头足类卵细胞的分裂是不均匀的，不像双壳贝类和腹足类呈螺旋状。

乌贼和鱿鱼不像多数双壳贝类和腹足类具有浮游幼虫阶段，但是，小卵型章鱼初孵幼体具有浮游期（paralarvae）。受精卵孵化时间受环境条件影响较大，条件适宜方能确保胚胎正常发育。章鱼胚胎发育中，还存在2次翻转现象，为幼体破膜孵化提供必要的条件。

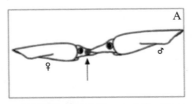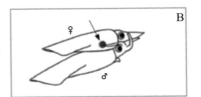
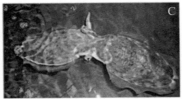

A. 头对头交配；B. 平行交配；C. 头对头交配；D. 距离式交配方式。

箭头所示为受精部位。

图11-30 鱿鱼、乌贼、章鱼的交配方式

（郑小东等，2009）

表11-6 中国主要经济头足类产卵量、卵径大小、孵化条件和天数

种名	产卵量/粒	卵径（长径×短径）/mm	孵化条件及天数		
			温度/℃	盐度	孵化天数/d
金乌贼	1 000 ~ 1 500	（14.55 ± 2.14）×（10.46 ± 1.69）	22 ~ 24	30	21 ~ 22
拟目乌贼	354	（39.7 ± 1.7）×（17.1 ± 1.1）	20 ~ 23	28	28 ~ 30
虎斑乌贼	500 ~ 3 000	（30.7 ± 2.4）×（13.4 ± 1.3）	23 ± 0.5	28	14 ~ 31
无针乌贼	800 ~ 2 000	（10 ± 0.10）×（5.5 ± 0.05）	20 ~ 26	25 ~ 32	17 ~ 26
短蛸	300 ~ 500	（5.5 ± 0.2）×（2.3 ± 0.1）	19.46 ~ 25.93	28 ~ 32	29 ~ 41
长蛸	9 ~ 125	（13 ~ 20）×（4-6）	21 ~ 25	28 ~ 31	72 ~ 89

资料来源：宋旻鹏等，2018。

本章思考题

（1）简述硬骨鱼类的性激素种类。

（2）简述硬骨鱼类性腺类固醇激素的生理作用。

（3）简述硬骨鱼类卵黄发生的机制。

（4）简述硬骨鱼类卵母细胞的最后成熟过程。

（5）比较卵胎生花鳉科、绵鳚科和平鲉科鱼类繁殖特点。

（6）简述虾蟹类精子发生与形成。

（7）简述虾蟹类卵子发生与形成。

（8）简述贝类的几种产卵方式。

（9）简述牡蛎性腺发育分期。

（10）影响单壳和双壳贝类性腺发育因素有哪些？

（11）单壳和双壳贝类排卵的影响因素有哪些？

（12）头足类性腺由什么器官组成？简述各器官的结构。

（13）简述头足类精子的发生过程。

（14）头足类性成熟判定方法包括哪些？

（15）头足类繁殖过程包括哪些阶段？为什么在生殖之后出现死亡？

主要参考文献

薄其康. 长蛸饵料分子学鉴定与人工繁育研究［D］. 青岛：中国海洋大学，2015.

［葡］玛丽亚·若昂·罗查，［挪］奥古斯丁·阿鲁克，［印］B.G.卡普尔. 鱼类繁殖学［M］. 温海深，齐鑫，译. 北京：中国农业出版社，2020.

宋旻鹏，汪金海，郑小东. 中国经济头足类增养殖现状及展望［J］. 海洋科学，2018，42（3）：151-158.

王克行. 虾类健康养殖理论与技术［M］. 北京：科学出版社，2008.

魏华，吴垠. 鱼类生理学［M］. 2版. 北京：中国农业出版社，2011.

温海深. 水产动物生理学［M］. 青岛：中国海洋大学出版社，2009.

郑小东，韩松，林祥志，等. 头足类繁殖行为学研究现状与展望［J］. 中国水产科学，2009，16（3）：459-465.

Gestal C, Pascual S, Guerra A. 2019. Handbook of Pathogens and Diseases in Cephalopods［M］. Switzerland: Springer Nature Switzerland AG. 2019.

Sage, M. and N.R. Bromage. 1970b. Interactions of the TSH and thyroid cells with the gonadotropic cells and gonads in Poecilid fishes［J］. General and Comparative Endocrinology. 1970, 14: 137-140.

Voss N A. A monograph of the Cephalopoda of the North Atlantic. The family Histioteuthidae［J］. Bulltion Marine Science, 1969, 19(4): 713-867.